Die Disziplinierung des Wassers
Eine kultur- und ideengeschichtliche Analyse

Historisch-anthropologische Studien
Schriftenreihe des Instituts
für Historische Anthropologie in Wien
Herausgeber: Hubert Christian Ehalt

Band 28

Der menschliche Naturumgang droht ob der signifikanten Überbelastung anthropogener Naturkontrolle defizitär zu werden. In einer Epoche des anhebenden Anthropozän gewinnt die Wasserthematik – vom globalen Meeresspiegelanstieg bis zur Trinkwasserknappheit – merklich an Relevanz. Vor dem Hintergrund ihrer Bedeutung für den gesamten Zivilisationsprozess und der Wichtigkeit der Naturressource im 21. Jahrhundert firmiert die *Disziplinierung des Wassers* als heuristisches Antwortmodell. Zudem bietet dieses die Chance für das Zurückgewinnen eines lebendigen Umgangs mit Wasser. In Ermangelung einer Philosophie, Kultur- und Ideengeschichte des Wassers ist die vorliegende Analyse bestrebt, diese Forschungslücke zu füllen: Im Spannungsverhältnis zwischen globaler Achtsamkeit und regional-nachhaltiger Subsidiarität wird die *Disziplinierung des Wassers* zu einem kulturellen Reflexionsgut erhoben; zählt sie doch in ihren kulturgeschichtlichen Dimensionen zu den bedeutsamsten Errungenschaften des Menschen.

David Manolo Sailer, geboren 1993, absolvierte geistes-, sozial- und wirtschaftswissenschaftliche Studien in Wien und New York, mit Bachelor- und Master-Abschlüssen an der Universität Wien und der Wirtschaftsuniversität Wien. Promotion 2020 mit ausgezeichnetem Erfolg (Dr. phil.); Auszeichnung der Dissertation mit dem Award of Excellence 2020, Staatspreis des österreichischen Bundesministeriums für Bildung, Wissenschaft und Forschung (BMBWF). Seine Forschungsschwerpunkte und laufenden Publikationstätigkeiten liegen auf den Gebieten der Kulturanthropologie und Ästhetik sowie Rechts- und Gesellschaftsphilosophie.

David Manolo Sailer

DIE DISZIPLINIERUNG DES WASSERS

Eine kultur- und ideengeschichtliche Analyse

Bibliografische Information der Deutschen Nationalbibliothek
Die Deutsche Nationalbibliothek verzeichnet diese Publikation
in der Deutschen Nationalbibliografie; detaillierte bibliografische
Daten sind im Internet über http://dnb.d-nb.de abrufbar.

Diese Publikation basiert auf der 2020 an der Universität für angewandte Kunst Wien approbierten Dissertation „*Die Disziplinierung des Wassers. Eine kultur- und gesellschaftsphilosophische Analyse. Erkundungen im Kontext der Stadtkultur*". Für die vorliegende Veröffentlichung wurde der Gesamttext vollständig überarbeitet und in erweiterter Neufassung vorgelegt.

Umschlagpapier und Covergestaltung:
Hubert Christian Ehalt

Umschlagabbildung:
Werk aus dem Zyklus „Wasserphantasien" von Hubert Christian Ehalt, ca. 1980.

Besonderer Dank ergeht an die
Universität für angewandte Kunst Wien,
die die vorliegende Publikation mit einem Druckkostenbeitrag gefördert hat,
und an die
Wiener Städtische Versicherung und die DONAU Versicherung,
Vienna Insurance Group
und an den Beirat des Instituts für Historische Anthropologie, u. a.
Ulrich Gansert, Helmut Konrad, Siegfried Sellitsch,
Andreas Weigl, Manfried Welan,
die die Arbeit des Instituts tatkräftig unterstützen.

ISSN 1430-0621
ISBN 978-3-631-85191-3 (Print) · E-ISBN 978-3-631-86429-6 (E-PDF)
E-ISBN 978-3-631-86430-2 (E-Book) · DOI 10.3726/b18871

© Peter Lang GmbH
Internationaler Verlag der Wissenschaften
Berlin 2022
Alle Rechte vorbehalten.

Peter Lang – Berlin · Bern · Bruxelles · New York ·
Oxford · Warszawa · Wien

Das Werk einschließlich aller seiner Teile ist urheberrechtlich geschützt. Jede Verwertung außerhalb der engen Grenzen des Urheberrechtsgesetzes ist ohne Zustimmung des Verlages unzulässig und strafbar. Das gilt insbesondere für Vervielfältigungen, Übersetzungen, Mikroverfilmungen und die Einspeicherung und Verarbeitung in elektronischen Systemen.

Diese Publikation wurde begutachtet.

www.peterlang.com

Für Konstanze und Paul

ἄριστον μὲν ὕδωρ
»Das Beste nämlich ist Wasser«
Pindar (*Olympische Oden* I, 1)

Inhalt

Vorwort des Reihenherausgebers 13

Eröffnung und Hinführung 17

I. GRUNDLEGUNGEN. VERSUCH EINER PHILOSOPHIE UND IDEENGESCHICHTE DES WASSERS

Grenzkulturwissenschaftliche Fundamente der Disziplinierung 27

Vom Grund und Anbeginn aquatischer Disziplinierung 29

Zur gegenwärtigen Debatte – Forschungsfeld Wasser und die methodischen Grundlagen seiner Disziplinierung 36

Zum Begriff der Disziplinierung und zur Etymologie von Wasser 47

Zur Ideengeschichte des Wassers. Quellen des Ursprungs zwischen Mythos und Lógos 51

Geflutete Mythen und epische Ströme – vom Wasser im und als Anfang ... 57

Zur ersten Disziplinierung altorientalischer Weltschöpfungserzählungen . 62

Antike Flutmythen und die Sintflut-Erzählung der Genesis 68

Zum Urgrund Wasser – griechische Wasserphilosophie 81

Wasserriten – Imperative und Symboliken 89

II. RAUM UND KULTUR. WASSER ALS ORT DER VERGESELLSCHAFTUNG

Geschichte der Stadtkultur als Entfaltungssphäre der Disziplinierung 107

Regulierungen der frühen Hydraulischen Kulturen – von mesopotamischen Stadtstaaten und altägyptischen Nilfahrten 114

Zwischen griechischer Kultivierung und imperial-römischer Technisierung 121

Schlaglichter frühneuzeitlicher Stadtkultur *sub specie disciplinae* 132

    A. Präkolumbianische Wasserdisziplinierung im Spiegel mesoamerikanischer Stadtkultur 133

    B. Serenissima – Venedig, eine Stadtkultur im Wasser 138

    C. Absolute Wasser – Gartenkunst und Wasserspiele in Versailles zwischen Ästhetisierung, Naturalisierung und Machtvisibilität 142

Zur Disziplinierung der Moderne. Von der Industrialisierung des Wassers zu den atmosphärischen Tiefendimensionen kulturanthropologischer Reflexion 149

Ströme der Industrialisierung – Wasserdisziplinierung im 19. Jahrhundert 154

Die schöne Aussicht – Atmosphären zwischen Wien und Adria im Fin de Siècle 162

Wiener Wasser und eine Stadtkultur, die niemals war 170

Atmosphärische Spiele am Wasser – die Erfahrung von Stadtwirklichkeit 181

Im Schlagschatten der Disziplinierung. Zur historisch-anthropologischen Bedeutung von Bad und Schwimmen 199

Das Bad als Heterotopie und Ort der Vergesellschaftung 201

Schwimmen als Kulturtechnik einer Wasserdisziplin 215

Exkurs und Ausblick: Nachhaltigkeits- und Umweltdiskurse zwischen Robustem Humanismus und der Disziplinierung von Natur 225

Abbildungsverzeichnis 239

Literaturverzeichnis 241

Hubert Christian Ehalt
Vorwort des Reihenherausgebers

Disziplinierung der Natur

Die Historisch-anthropologischen Studien setzen sich mit der Geschichte des Menschen, mit Naturbewältigung und -wahrnehmung aus einer interdisziplinären Perspektive auseinander. In den letzten 50 Jahren hat sich der Blickwinkel historischer Forschung ausgeweitet. HistorikerInnen interessieren sich für soziale Strukturen, Herrschafts- und Machtverhältnisse, für das Funktionieren von Gesellschaft, aber auch für dysfunktionale Elemente. Diesem gesellschaftsgeschichtlichen Zugang, der die Aufmerksamkeit stärker auf große Entwicklungslinien, auf makroökonomische Zusammenhänge, auf Geschichte als „Faktizität", die mit quantitativen Methoden erkundet wird, lenkt, steht eine mikrohistorische und -ökonomische Perspektive gegenüber, die auf den Alltag, auf Erlebnisse und Sichtweisen im überschaubaren Raum fokussiert. Diese historisch-anthropologische Sichtweise schärft den Blick für Bedeutung und Wirksamkeit von Ritualen und Symbolen, für die individuellen Bewältigungsformen und -strategien.

Die Forschungen im Bereich der Cultural Studies haben das Bewusstsein für die Bedeutung von Gedächtnis und Erinnerung, für die Konstituierung von Formen des kollektiven Gedächtnisses sensibilisiert. Für die Historisch-anthropologischen Studien sind beide Paradigmen – das gesellschaftsgeschichtliche und das historisch-anthropologische – wichtig; sie repräsentieren nicht eine Alternative, sondern sind Anregung und Aufforderung zur Komplementarität. Das Institut für Historische Anthropologie, das diese Buchreihe herausgibt und das ich leite, bietet eine Diskussionsplattform für unterschiedliche Perspektiven auf den Menschen als Natur- und Kulturwesen.

Zu den Themen der Historischen Anthropologie gehören die vielen Facetten der Auseinandersetzung des Menschen mit den ihn umgebenden Naturräumen und der ihm selbst innewohnenden „Natur". In der Geschichte vor dem 19. Jahrhundert wurden Natur- und Menschenbilder wesentlich durch Philosophie, Religion und Politik bestimmt. Erst die Durchsetzung eines naturwissenschaftlichen Weltbildes hat neue Formen und Wahrnehmungsweisen von Naturbewältigung geschaffen. Die aktuellen Wissenschaften erforschen den Menschen in seinen Austauschbeziehungen mit der ihn umgebenden Welt in einer Panoramaperspektive und mit einem mikroskopischen Blick: Biochemie,

Molekulargenetik und Nanotechnologie analysieren das Leben in seinen Grundbausteinen und -prozessen und verbuchen dabei am Ende des 20. und am Beginn des 21. Jahrhunderts eindrucksvolle Erfolge. Die Arbeit der Historischen Anthropologie analysiert immer genauer, wie die Menschen in unterschiedlichen kulturellen Situationen die Welt diskursiv erklärten, wahrnahmen und kommunizierten und wie sie ihre Lebenswelten gestalteten und gestalten.

Mit den großen Erkenntnisgewinnen in den Bereichen der Naturwissenschaften waren massive Eingriffe in Lebensräume und Lebensmöglichkeiten verbunden. Flüsse wurden reguliert, transkontinentale Eisenbahnlinien und Straßen gebaut, Sümpfe trockengelegt, Urwälder gerodet, ganze Landstriche wurden urbanisiert.

Bis vor 300 Jahren waren die Eingriffe der menschlichen Kulturen in die Zyklen der Natur verhältnismäßig sanft. Die Menschen passten sich in ihren Verhaltens- und Umgangsweisen mit der Natur und in ihrem Blick auf sie an die sie umgebenden pflanzlichen und tierischen Lebensformen an. Die Natur trat den Menschen machtvoll gegenüber und ließ nur geringe Spielräume. Es herrschte eine Art „Kreislaufwirtschaft" mit einem sehr oft auch religiös fundierten Zwang zur Wiederverwertung materieller Ressourcen. Jedes Gut, das eine bestimmte Aufgabe erfüllt hatte, wurde wieder zu einem Rohstoff, aus dem vielfältige neue Gebrauchsgüter hergestellt werden konnten.

Die Natur, mit der die Menschen konfrontiert waren – in den sie umgebenden Naturgewalten und in den Geschehnissen am eigenen Leib –, war mächtig und wurde als grausam, unberechenbar und nur schwer beeinflussbar erlebt. In der bäuerlichen Welt wäre es niemandem eingefallen, die Berge und die Wälder, die Flüsse und die Bäche autonom von ihrer Bedeutung als Naturgewalten und Ressourcen für das bäuerliche Leben wahrzunehmen. Die Thematisierung der Natur als schöne, wilde, romantische Landschaft entspricht einer städtischen Wahrnehmungsweise, die zu einem Zeitpunkt entstehen konnte, als die Bedrohungen der Natur jedenfalls bereits teilweise erkannt und gebannt waren, und die erst im 19. Jahrhundert voll zur Entfaltung kam.

Die Fragestellungen der Gesellschaftsgeschichte der Umwelt sind breit gefächert. Sie betreffen ganz unterschiedliche Bereiche der Wechselwirkung von „Natur" und „Kultur" als reale Auseinandersetzung der Menschen mit jenen Bereichen, die nicht dem sozialen und politischen Gestaltungswillen, sondern den „Naturgesetzen" unterliegen. Die Umweltgeschichte thematisiert aber auch die Diskurse, die Erzählungen, die Narrative über Natur.

Einen wichtigen Motor der Sozial-, Wirtschafts- und Kulturgeschichte gestalten die Bemühungen, die „Naturbewältigung" rationeller, effizienter und produktiver zu machen. Die Geschichte der Neuzeit wurde wesentlich durch

Entwicklungen und Perspektiven gestaltet, die den Umgang mit der Natur wissenschaftlich erklärten und interpretierten und damit gestaltbar und verfügbar machten. Wichtige Formen dieser Entwicklung waren die säkularen Prozesse der Regulierung und der Zivilisation. Diese Prozesse lassen sich in der Geschichte der Neuzeit in der Landwirtschaft, in der Gartengestaltung, in der Entwicklung städtischer Kultur, aber auch in der Geschichte der Mentalitäten und Verhaltensweisen der Individuen herauslesen. In der Neuzeit wurde die „Natur" und das „Natürliche" wissenschaftlich erklärt, reguliert, domestiziert, kolonisiert, ästhetisiert und romantisiert. Alle Bereiche, die sich diesen Entwicklungen in der Neuzeit entzogen, erschienen aus der Perspektive der Modernisierung als suspekt.

In der gesellschaftlichen Entwicklung der letzten zehn Jahre ist – immer stärker global – eine gegenläufige Bewertungs- und Analysedynamik von Naturphänomenen, -tatsachen und Entwicklungen wirksam. Die früher dem Menschen oft gefährliche Natur erscheint unter dem Eindruck ihrer Bedrohung durch Zivilisierungen, Verstädterung, Verbauung, Versiegelung durch die Menschen vor allem als schützenswerte Ressource. Das bewirkt eine Idealisierung und Verklärung ehemaliger „Naturgefahren", die durch naturwissenschaftliche Erkenntnisse einer positiv konnotierten Begrifflichkeit zu einem materiellen Natur- und Kulturerbe stilisiert werden.

Der vorliegende Band der Historisch-anthropologischen Studien von David Manolo Sailer über die Disziplinierung des Wassers versteht sich als kultur- und gesellschaftsphilosophische Analyse mit einer Fokussierung auf Erkundungen im Kontext der Stadtkultur. Der Autor geht von kulturphilosophischen Grundüberlegungen zum Thema des Wassers im Spannungsfeld von Mythos und Logos aus. Sein Gedanken- und Argumentationsgang führt von mythologischen Grundlagen zu Disziplinierungsphantasien in altorientalischen Weltschöpfungserzählungen, prägenden Narrativen von der „Sintfluterzählung" und der Genesis hin zu den Imperativen und Symboliken, die in Wasserriten zum Ausdruck kommen. Im zweiten Teil seines Buches setzt sich David Sailer mit Naturbewältigung am Beispiel von Wasser und Stadtkultur auseinander. Er zeigt die Geschichte der Stadtkultur als einen Gestaltungsprozess einer durchgehenden Disziplinierung.

Das Buch zeigt exemplarisch die Geschichte der Regulierungen von „frühen hydraulischen Kulturen" hin zu Venedig, einer Stadtkultur im Wasser sowie Gartenkunst und Wasserspiele in Versailles zwischen Ästhetisierung und Naturalisierung. Ein Kapitel über Disziplinierungen der Moderne handelt von der Darstellung der Industrialisierung des Wassers hin zu regional unterschiedlichen und eigentümlichen Auseinandersetzungsformen mit dem

Wasser. Wien zeigt einen sehr ambivalenten Umgang mit dem Wasser, zwischen einer Disziplinierung und Zurückdrängung fließender Gewässer aus der Stadtgestalt hin zur großen Bedeutung von Wasser und dem Umgang mit Wasser in sehr zahlreichen Bädern sowie der Gestaltung der Donauinsel. In einem eigenen Kapitel setzt sich der Autor mit der stadtkulturellen Bedeutung von Bad und Schwimmen auseinander.

Das Buch von David Sailer bietet eine sehr umfassende, eigenständige und originelle Auseinandersetzung mit dem Thema der Begegnung und Konfrontation von „Natur" und „Kultur". Es freut mich, seine sehr grundlegenden Überlegungen mit dieser Publikation der Öffentlichkeit zu übergeben.

Eröffnung und Hinführung

Wasser ist ein Weltthema; und – im fortschreitenden Anthropozän – ein Untersuchungsfeld von weltpolitischer Dimension. Insbesondere in Zeiten, in denen der menschliche Naturumgang ob der signifikanten Überbelastung anthropogener Naturkontrolle defizitär zu werden droht, dürfte die Wasserthematik weiter anschwellen, sich etappenweise ausweiten und sukzessive an globaler Relevanz gewinnen. Allein der Umgang mit Natur und Wasser scheint seit jeher *verordnet*, weil von reguliert-disziplinierter Natur; und so zeigt sich, dass die Disziplinierung des Wassers in ihren zivilisatorischen Dimensionen zu den bedeutendsten Errungenschaften des Menschen *an sich* zählt, d. i. *per se* und *an sich selbst*. Einem fließenden und sich in die Ebenen des Zivilisationsprozesses ergießenden Strom gleich, zieht sich die Disziplinierung des Wassers mäanderförmig durch die Kulturgeschichte der Menschheit. Ihre epochenüberspannenden Leistungen zählen zu den großartigsten inmitten aller soziohistorischer Wandlungsprozesse. Zugleich weiß sich die Geschichte aller Völker und Zeiten selbst nur als eine entlang der Wasserdisziplinierung *vollzogene*; doch es scheint, als habe *sie* dies vergessen. Ein Eindruck, der insofern weiter verstärkt wird, indem der kultur- und geisteswissenschaftliche Wert der Wasserdisziplinierung, zumindest in der deutschsprachigen Literatur, bisher lediglich periphere Betrachtung und kaum je interkulturell-holistische Zusammenschau erfahren hat. Die vorliegenden kulturanthropologischen und gesellschaftsphilosophischen Erkundungen versuchen, eingebettet in die Schriftenreihe *Historisch-anthropologische Studien*, ebendiese Forschungslücke zu schließen und sind bestrebt, die Disziplinierung des Wassers zu ihrem zivilisatorischen Recht kommen zu lassen.

Als Meilenstein der Zivilisationsentwicklung, in ihrem Ausmaß und ihrer Relevanz in etwa vergleichbar mit dem Sesshaftwerden des Menschen oder der Entwicklung der Schrift, darf die Kulturleistung der Disziplinierung des Wassers als elementarer *Grundpfeiler der Gesellschaftsgenese* überhaupt erachtet werden. Das feuchte Element steht dabei im Zentrum eines Diskursgeflechts von globalhistorischer Dimension und bietet sich als ideale Exemplifikation und Materie der Veranschaulichung an, ist es doch für den »Aufbau von Gesellschaft« von *grundlegender* Bedeutung. Vom Natur-Kultur-Dualismus, über neuzeitliche Naturkontrolle bis zur Regulierung von Gesellschaft steht die Disziplinierung des Wassers dabei derartig fest und *grundlegend* im Zentrum aller Prozessdynamiken: von Vergesellschaftung, politischen Machtinfrastrukturen und Herrschaftsprozessen sowie von Versorgungssicherheit, Wachstumsdynamiken sowie von technologisch-sozialem Fortschritt. Sie ist für den Aufbau des Zivilisationsprozesses derart fundamental, dass es gar scheint, als könne die Wasserdisziplinierung selbst, ob dieses *ihres Fundamentalcharakters* gleichsam *übersehen* werden. Sie erscheint uns als einer jener zivilisatorischen Grundpfeiler, die so weit in die Kulturgeschichte versenkt sind, so tief reichen und derart verborgen im Grund liegen, dass man sie von der Oberfläche zeitgenössischer Diskursregime kaum mehr zu erkennen vermag. Es handelt sich hierbei um Grundpfeiler, die nicht als gesamtgesellschaftliche Stützen, sondern vielmehr *als Vergesellschaftung* überhaupt empfunden werden. Nichtsdestotrotz sind es Grundpfeiler, die in ihrer Stützfunktion die Fundamente der Vergesellschaftung bilden. Vergleichbar mit den Fundamenten einer Brücke, die in ihrer abstützenden Funktion Stabilität und Halt gewähren, selbst jedoch unsichtbar und verborgen bleiben, mutet auch ebenjener innergesellschaftliche *Fundamentalcharakter* der Disziplinierung des Wassers an. *Als Fundament* und *atlantischer Stützpfeiler* aller Zeiten und Völker gilt es, dieselbe somit zu entbergen und nochmals zur Reflexion zu bringen.

Alte Wasserkulturen offerieren dabei nicht nur ein reiches Bedeutungsspektrum kultureller Verarbeitungsdispositive und wasserbaulicher Bewältigungsstrategien, sondern *entbergen* das Verhältnis von Mensch und Wasser noch ursprünglicher, ungefilterter und klarer. Um diese jedoch *lesen* zu können, bedarf es geballter interkultureller Anstrengungen und der konzentrierten Ineinssetzung einzelwissenschaftlicher Ansätze nach Art und Form einer kulturphilosophisch-dialektischen Synthese: d. i. das Vorstoßen zum sogenannten »gemeinsamen Grund«, gleichsam verstanden als Einlaufen im Hafen des *(inter-)kulturell Allgemeinen*, jenes allen Völkern und Zeiten *Gemeinsamen am Wasser*. Infolgedessen wird die Disziplinierung des Wassers in der vorliegenden Studie von ihren Quellfassungen bis in die unmittelbare Gegenwart hinein begleitet und in ihren ideengeschichtlichen, anthropologisch-mentalitätsgeschichtlichen, kulturphilosophischen sowie den damit verknüpften wasserwirtschaftlichen, infrastrukturellen und machtpolitischen Dimensionen und Instanziierungsformen in ihrem *Fluss und Werden* belauscht. Dabei eröffnet sich zwischen der Kultivierung und Technisierung des Wassers, d. i. zwischen mentalitäts- und ideengeschichtlichen Verarbeitungsdispositiven einerseits und hydrotechnisch-wasserbaulichen Bewältigungsstrategien andererseits, ein breites und von mannigfaltigen Hervorbringungen geprägtes kultur- und gesellschaftsphilosophisches Erkundungsfeld. Die der Wasserdisziplinierung inhärente Komplexität im Zivilisationsprozess offenbart sich in diesem Zusammenhang als kulturgeschichtlicher Steinbruch, aus dem zahlreiche Schlaglichter und singuläre Akzentuierungen gewonnen werden können. Zugleich wurde die *Kulturgeschichte und Philosophie des Wassers* noch nicht geschrieben – oder, um es präziser zu formulieren: Es scheint, als sei seit über 2.000 Jahren, seit der Entmythologisierung der Elemente in der griechischen Antike, keine *Philosophie des Wassers*, die ihrem Namen gerecht wird, entworfen worden zu sein; auch in den letzten Jahrhunderten wurde keine neuzeitlich verfasste *Geistes- und Ideengeschichte des Naturelements* je wieder unternommen; und bis auf einige wenige leuchtendende Ausnahmen ist auch kaum eine als *Kulturgeschichte des Wassers* zu bezeichnende Abhandlung in Antwort auf die *Profanisierung des Naturstoffs* vorgelegt worden. Kurzum, der menschliche Wasserumgang in allen seinen flüchtigen und manifesten Wechselbestrebungen scheint bis dato noch nicht *auf den Begriff gebracht* worden zu sein.

Die gegenständlichen kulturanthropologischen und gesellschaftsphilosophischen Besichtigungen intendieren ebendiesen selbstreflexiven Mangel zu beheben und die Disziplinierung des Wassers zu einem kulturellen Reflexionsgut zu erheben, um die Bedeutung derselben sowohl im kollektiven Bewusstsein einer breiteren Öffentlichkeit zu verankern, als auch diese selbst zu ihrem zivilisatorischen Recht kommen zu lassen. Auf gleichsam dialektischen Bahnläufen soll im Verlauf der nachfolgenden Analysen gezeigt werden, inwiefern die Menschen aller Völker und Zeiten entlang der gesamten Diachronie der Kulturgeschichte ähnliche Bewältigungsstrategien im Umgang mit und in Verarbeitung des Naturelements ersonnen haben. Oszillierend zwischen den beiden Gegensatzpaaren α (Wasser / Raum) und β (zu viel / zu wenig), bietet sich die *aquatische Erfahrung* seit Anbeginn urbaner Vergesellschaftungsprozesse als *Grundpraktik und Grundproblematik* dar, ist doch jedweder menschliche Wasserumgang seit jeher durch dessen Disziplinierung gesetzt. Ob als zähmende Bändigung oder verfügbarmachende Domestizierung definiert, im diachronen Fortschritt durch die Kulturgeschichte entfalten sich »realweltlich-wasserbauliche Technisierung« und »kollektiv-reflexive Kultivierung« des Naturstoffs auf jeder Stufe und in jeder Epoche der Zivilisationsentwicklung *nebeneinander*. Demgemäß besteht eine genuine Wechselwirkung in *symbiotischer Synchronizität* auf allen Stufen des zivilisatorischen Fortschreitens. Im Prozess der kulturgeschichtlichen Vergesellschaftung – der am Phänomen der Stadtkultur als »urbaner Kulturraumverdichtung« exemplifiziert wird –, scheinen hydrotechnische Disziplinierungsleistungen, soziokulturelle Praktiken sowie mythologisch-symbolische Verarbeitungsdispositive ineinander zu diffundieren und aufeinander zurück- bzw. einzuwirken. Denn was *am Wasser technisiert* wurde (Bewältigungsstrategien), musste sinnhaft verarbeitet und kulturell reflektiert werden; und was *als Wasser kultiviert wurde* (d. i. mentalitäts- und ideengeschichtliche Verarbeitungsdispositive), bedurfte einer technisch-wasserdisziplinierenden Bewältigung, musste konsequenterweise fortlaufend in raum-zeitlicher Verfügbarkeit gehalten werden. In diesem Zusammenhang werden Kultur- und Lebensräume insbesondere in ihrer Verdichtung zur Sprache kommen – Stadtkulturen als *Pharische Leuchttürme* nicht nur des neuzeitlich-modernen Selbstverständnisses von Vergesellschaftung.

Vom Ansinnen einer kulturgeschichtlich bewussten Reflexion getragen, bestehen Ziel und Zweck der nachfolgenden Erkundungen darin, die Disziplinierung des Wassers zu einem kulturgeschichtlichen Reflexionsgut von zivilisationshistorischer Qualität zu erheben. Entsprechend wird der erste Teil der vorliegenden Studie unter kulturphilosophischen und kulturanthropologischen Gesichtspunkten das Hauptaugenmerk auf Aspekte einer *Philosophie und Ideengeschichte des Wassers* legen, sohin den Fokus auf die kulturellen Verarbeitungsdispositive des Naturelements im Zivilisationsprozess richten. Von dieser soziokulturellen Reflexionsebene, die das Wasser als elementaren Bedeutungsträger erkennt, schreitet die Untersuchung im zweiten Teil zur sozialhistorisch-gesellschaftsphilosophischen Dimension des gelebt-vollzogenen Wasserumgangs fort: Nicht nur Herrschaftsarchitektur und Machtinfrastrukturen, sondern vielmehr die anthropogene Naturkontrolle per se rücken in den Blickpunkt der Betrachtungen, stehen sie doch selbst wesentlich und seit jeher unter dem Eindruck *verordnender Disziplinierung*. Machtkonstellationen, Regulierungsmechanismen und Disziplinarregime bilden im weiten Erkundungsfeld historisch-anthropologischer Studien die mitunter zentralen Stützpfeiler interkultureller Soziogenese. Zunächst setzt die Abhandlung im ersten Kapitel mit einer Einführung in die zentralen Begriffskategorien sowie die thematische Relevanz an und kulminiert in einem breit gefächerten »kulturgeschichtlichen Modell« der Wasserdisziplinierung. Dieses vermittelt sich wesentlich aus den beiden oben kurz angeführten Gegensatzpaaren, deren Leitdifferenzen Korsett und Abgrenzungsrahmen der Disziplinierung des Wassers bilden: Gegensatzpaar α (Wasser / Raum), entlang der Bruchlinien von Verräumlichung, sowie Gegensatzpaar β, im Spannungsfeld der beiden Extremwerte von »zu viel und zu wenig« Wasser. Ferner sind am *Modell der Disziplinierung* realweltliche Praktiken der hydrotechnischen Nutzbarmachung, Regulierung und Industrialisierung sowie der reflexiven Kultivierung des Naturelements als die Disziplinierung *verarbeitenden Momente* gesetzt. In diesem Zusammenhang stellt sich die Folgefrage, inwiefern aufgezeigt werden kann, dass die Disziplinierung des Wassers den Menschen tatsächlich bereits am Beginn kulturräumlicher Verdichtung betraf und er diese Betroffenheit auch reflektierte. Ausgehend von dieser Frage behandelt das zweite Kapitel »*Zur Ideengeschichte des Wassers. Quellen des Ursprungs zwischen Mythos und Lógos*« zunächst die frühen Epen und Mythen in ihrer schier unbegrenzt anmutenden Mannigfaltigkeit, um aus den unterschiedlichsten Überlieferungsströmen von Wassermotiven das allen Völkern und Zeiten *kulturell Allgemeine* zu destillieren. Kulturgeschichtlich scheint es, als ob das Wasser in seiner bedrohlichen Metaphorik archaischer Chaotik erst kraft Disziplinierung vollends zum Kulturträger umgearbeitet werden konnte. Mit der Verschriftlichung in Mythendichtungen, ersten Epen sowie durch Riten- und Symbolpraktiken eingeübt, konnte das Wasser der Welt *enthoben* werden; der Naturstoff stand *im Prinzip* nicht länger im gleichen Anschein von Grundsätzlichkeit und Göttlichkeit, sondern wurde als *vom Selbstbewusstsein distanziert*, in Sprache und Schrift *begriffen*.

Der Übergang zum dritten Kapitel »*Geschichte der Stadtkultur als Entfaltungssphäre der Disziplinierung*« zeichnet die *Metamorphosen des Wassers* nach und schlägt damit eine Brücke zur Soziogenese *sub specie disciplinae* und unter hydrotechnischen Gesichtspunkten. Der Aufbau dieser Verbindung ist entscheidend, bildet sie doch ebenjene *symbiotische Synchronie* ab, in der Technisierung und Kultivierung des Naturstoffs ineinanderscheinen. Eine Untersuchung, die die Disziplinierung des Wassers ausschließlich auf materieller Basis der Wasserinfrastruktur und als bauliche Schlüsseltechnologie zu begreifen suchte, würde nicht nur viele ihrer soziohistorischen und machtpolitischen Dimensionen, sondern in erster Linie auch die umfassende kulturgeschichtliche Einbettung jedweder gesellschaftsphilosophischen Verzahnung derselben verkennen. Während das Motiv der Wasserdisziplinierung bereits in den zu *ersten Erzählungen* geronnen Überlieferungen in reicher Mannigfaltigkeit reflektiert und verarbeitet worden war, nahmen hydrotechnische Infrastrukturen auf soziostruktureller Ebene im gesamten Zivilisationsprozess eine Quellposition und Schlüsselfunktion in Machtbeziehungen ein. Methodisch sollen die wasserbaulichen Disziplinierungsleistungen indes weder als Präkondition, noch als vorherbestimmbares Produkt bzw. Ergebnis bestimmter Herrschaftsformen oder Machtkonstellationen modelliert werden. Vielmehr besagt die hier vorgestellte Forschungsthese von der *Gleichzeitigkeit der Wechselwirkung*, dass die Disziplinierung des Wassers in ihrer herrschaftsstabilisierenden Funktion ein präzise orchestriertes Machtinstrumentarium bereitstellt, sodass eine Wechselbeziehung zwischen höhergradigen gesellschaftlichen Kontrollmaßnahmen und einer fortschrittlicheren Wasserdisziplinierung konstatierbar wird. In diesem Kontext treten in allen Völkern und Zeiten weitere Fragen nach machtpolitischem Kontrollverlust, innergesellschaftlichen Freiheitsgradationen und der Korrelation zwischen dem zivilisatorischen Aufblühen von Stadtkultur und der relativen Qualität disziplinierter Hydrotechnologien auf. Die Disziplinierung des Wassers ist insofern zugleich *Mittel* als auch *Ziel zur Verordnung* von Gesellschaft.

Der kulturgeschichtliche Bogen des dritten Kapitels spannt sich indessen über weite Strecken urbanisierender Zivilisationsentwicklung; d. i. über einen Zeitraum von etwa 4.000 Jahren und über fünf Kontinente, von den frühesten *Hydraulischen Kulturen*, über die antike griechisch-römische Welt bis in die frühe Neuzeit. Die ausgewählten Erscheinungsformen und Stadtkulturen sind dabei stets als paradigmatische Schlaglichter und gesellschaftshistorische Akzentuierungen zu begreifen, nie als dämmerstille Aufzählung all jener *Symptome*, die das Wasser in der Kulturgeschichte hinterlassen hat. Vor dem Hintergrund einer im Ausmaß der innergesellschaftlichen Verflochtenheit von Technisierung und Kultivierung exponentiell ansteigenden, inhärenten Komplexität der Disziplinierung des Wassers, sucht das vierte Kapitel »*Zur Disziplinierung der Moderne*«, von der Industrialisierung des Wassers ausgehend, zu den atmosphärischen Tiefendimensionen stadtkultureller Reflexion und aquatischer Einbettung vorzustoßen. Entlang der Bruchlinien von Gegensatz und Symbiose *(nicht-)diffundierender Verräumlichung* soll die *Natur der Beziehung* von Stadtkultur und Wasser erhellt werden. In einem atmosphärischen Spiel zwischen räumlicher Befindlichkeit und leiblicher Anwesenheit können Stadtkulturen am Wasser wie Landschaften durchstreift werden: Vermittels *Multiperspektivierungen* urbaner »Raum-Zeit-Praktiken« werden im vierten Kapitel Pfade des Umcodierens und Umschreibens von Räumen im Spannungsfeld von Stadtbild, Sehtradition und Stadtwahrnehmung flanierend beschritten. Dabei verharren städtische Kulturraumverdichtungen nicht in der reinen Funktionalität *gebauter Stadtkultur* oder *lokalisierter Plätze*. Vielmehr gelingt es durch die der Wasserdisziplinierung inhärente Komplexität, kulturästhetische Sinnbeziehungen zwischen Stadtkultur und Wasser aufzubauen, wodurch essenzielle Fragen städtischer Identität und urbaner Selbstwahrnehmung ins Naheverhältnis einer *Lebensweise* bzw. des *Lebens am Wasser* gerückt und präzise verortet werden können. Es sind ebendiese soziokulturellen Praktiken präziser Verortung, die den methodisch-inhaltlichen Übergang zum fünften Kapitel »*Im Schlagschatten der Disziplinierung*« bilden: Neben einem Beitrag zur historisch-anthropologischen Bedeutung von Bad und Schwimmen spielt die Disziplinierung des Wassers – im Gedankenpaar von *Zuweisung und Kontrolle* – weit in die Kultursphären von Badewesen und Bäderkultur hinein; als Vollzug einer wesentlichen Kulturtechnik kommt in diesem Hinblick nicht zuletzt auch dem Schwimmen eine bedeutungsvolle Sinnspitze der Wasserdisziplinierung zu.

Die Relevanz der vorliegenden Erkundungen, die im Wesentlichen einer Vergegenwärtigung des gelebten menschlichen Wasserumgangs aller Zeiten entspricht, schreibt sich nicht erst von rezenten Umwelt- und Klimadiskursen und anthropogenen Eingriffen in naturräumliche Umgebungslandschaften der näheren Gegenwart her. Bereits mit dem Ansetzen eines neuzeitlichen Natur-Kultur-Dualismus und der intendierten Naturkontrolle – d. i. des Umgangs mit Natur in Praktiken und diskursiven Reflexionsbestrebungen der Unterwerfung und des Verfügbarmachens von Natur – treten Momente der Bändigung, Domestizierung und Zähmung in den Blickpunkt historisch-anthropologischer Betrachtungen. Dieselben *umarbeitenden Eingriffe* hatten, im Ausmaß ihrer Disziplinierung, dem Wasser als Naturelement auf einer symbolisch-kulturellen Bedeutungsebene weite Teile seiner ursprünglichen Metaphorik ausgetrieben. Ebendiese scheint dem Wasser in der Moderne nunmehr gänzlich entschwunden zu sein, indem das feuchte Element vom kulturellen Bedeutungsträger (etwa als Lebenswasser, *aqua viva*) durch eine Profanisierung des Begriffs zur chemischen Summenformel H_2O transformiert worden war. Damit ist allerdings auch ein Großteil des in alten Wasserkulturen noch vorhandenen Bedeutungsspektrums sowie ideen- und kulturgeschichtlichen Gehalts des Wassers für den modernen Menschen bzw. moderne Gesellschaften verloren gegangen, sodass Wasser heute fast ausschließlich als Gebrauchsgut angesehen und allenfalls seine realweltlich-praktische Wichtigkeit als Trinkwasser und landwirtschaftliche Ressource erkannt wird. Kulturgeschichtlich wie gesellschaftsphilosophisch gilt es jedoch, ebendiese Profanisierung des Wassers reflektierend zu *vergegenwärtigen*: nicht allein um sie zu *überwinden*, sondern um sie *aufzuheben*, um die aquatische Metaphorik *im* und *am* Kontext von Stadtkultur aufs Neue *einzuholen* und auf diesem Wege ursprünglicher *zurückzugewinnen*, sodass der zukünftige Umgang mit dem Naturelement nachhaltiger erfolgen kann. Zugleich bieten die kulturgeschichtlichen Analysen vergangener Wasserkulturen einerseits sowie jene der Disziplinierung des Wassers andererseits gerade in Zeiten, in denen der menschliche Naturumgang defizitär zu werden droht, eine Chance: dass – qua *Aufhebung* ebenjener Destillation *aquatischer Metaphorik* als *eigentlicher Einholung* der kulturgeschichtlichen *Trägerrolle des Wassers* – auch ein nachhaltigeres Selbstbewusstsein des Menschen am Wasser erreichbar wird, ohne dass sich dadurch die Höhe des hydrotechnischen Disziplinierungsvermögens moderner Gesellschaften, in Abwehr archaischer Chaotik (Gegensatzpaare α und β), umkehrte. Als zivilisatorischer Wurf einer der bedeutsamsten kulturgeschichtlichen

Errungenschaften des Menschen erinnert und vergegenwärtigt, wird in der nachfolgenden Studie zur kulturgeschichtlichen Trägerrolle des Wassers vorgestoßen. Die Disziplinierung des Wassers bildet dabei, ob ihrer höhergradigen Abstraktions- und Reflexionsfähigkeit, das kontrollierend-verortende Korsett anthropogenen Naturumgangs. Abschließend sei noch betont, dass mit der *Disziplinierung des Wassers* nicht nur eine bloße Bezeichnung, sondern ein mit-sich-ringender und zu-sich-gekommener Begriff gefunden wurde, *eine Grundlegung*, die zugleich eine kulturgeschichtliche Basis und einen innergesellschaftlichen Stabilitätsanker repräsentiert. Als kulturwissenschaftlich-analytisches Totalmodell im interdisziplinär-interkulturellen Rahmen bietet die Disziplinierung des Wassers jene methodische Stabilität und wissenschaftliche Stringenz, vermittels derer sowohl weite Teile der ursprünglichen *aquatischen Metaphorik* zurückgewonnen als auch neue Politik-Antworten für das 21. Jahrhundert generiert werden könnten.

I. GRUNDLEGUNGEN.
VERSUCH EINER PHILOSOPHIE UND IDEENGESCHICHTE DES WASSERS

> „*Ever tried. Ever failed. No matter.*
> *Try again. Fail again. Fail better.*"
>
> Samuel Beckett[1]

Jedweder menschliche Wasserumgang ist seit jeher durch dessen Disziplinierung gesetzt. In ihren anthropologisch-zivilisatorischen Dimensionen eine Thematik von globalem Ausmaß, hat sich die Kulturgeschichte aller Völker und Zeiten über Jahrtausende *entlang* der Disziplinierung des Wassers vollzogen. Als Leitformel darf »Disziplinierung« als zutreffender Begriff für den menschlichen Natur- und Wasserumgang angesehen werden, sind doch sowohl die dem anthropogenen Natureingriff inhärente *Kontrolldisposition* desselben als auch die in der Forschung bis dato vielfach übergangenen Aspekte der *Internalisierung*, d. i. die geisteskulturelle Rückwirkung seiner eigenen Naturbeherrschung auf den Menschen, im Bedeutungsraum der Disziplinierung erfasst und vermittelt. In ihrem zivilisatorischen Werden und Wandel ist die Disziplinierung des Wassers seitens »der Kulturgeschichte« zwar mannigfaltig rezipiert worden, in den meisten Fällen jedoch nur implizit, als bereits *an-sich-vollzogen* verarbeitet. Im interdisziplinär-interkulturellen Rahmen reicht die Relevanz der vorliegenden Studie demgemäß auch über die rezenten Umwelt- und Klimadiskurse der näheren Gegenwart hinaus und weit in die Tiefen der Historie hinab, zählt die Disziplinierung des Wassers doch zu den bedeutendsten Errungenschaften des Menschen. Dennoch wurde die kultur- und geisteswissenschaftliche Bedeutung derselben, zumindest in der deutschsprachigen Forschung und Literatur, bis dato lediglich peripher reflektiert. Spätestens

---

1 Beckett, S.: *Worstward Ho*, S. 7

seitdem das Naturelement in der Neuzeit durch einen gleichsam sterilisierenden Reinigungsprozess zur chemischen Summenformel H_2O transformiert worden war, erscheint das Gros des in alten Wasserkulturen noch vorhandenen kulturellen Bedeutungsspektrums desselben nahezu verblichen. Und tatsächlich hat diese begriffliche Profanisierung dem Naturstoff einen Großteil seiner *aquatischen Metaphorik* ausgetrieben, sodass das Wasser im Maße seiner *kulturellen Destillation* als kulturgeschichtliches Reflexionsgut zu verblassen begann. Die an die Disziplinierung des Wassers herangetragenen Hauptfragen befassen sich mit diesen und zahlreichen weiteren kulturellen Reflexionsbestrebungen im Sinne einer »Ideengeschichte des Wassers«; zugleich kommen ausgewählte hydrotechnisch-wasserbauliche Bewältigungsstrategien im diachron-interkulturellen Vergleich zur Sprache, wobei beide Phänomene stets in einer dynamischen Verschränkung der Technisierung und Kultivierung des Wassers begriffen werden.

Grenzkulturwissenschaftliche Fundamente der Disziplinierung

> „I heard the old, old men say ‚Everything alters | And one by one we drop away'[...] ‚All that is beautiful drifts away | Like the waters'"
>
> William Butler Yeats[2]

Πάντα ῥεῖ – alles fließt.[3] Um *Fließendes* verorten und die kulturgeschichtlichen Strömungen des Wassers in tangentialer Annäherung an den Gedanken einer Disziplinierung desselben fassen zu können, bedarf es einiger Grundannahmen; Prämissen, die im *bewegten Charakter* des Naturelements ihre Entsprechung finden müssen. Beim Blick in die kulturwissenschaftlichen Abhandlungen zur Wasserthematik fällt zunächst zweierlei auf: Einerseits die immense Schwierigkeit einer präzisen kulturtheoretischen Verortung von Materie und Gegenstand, die wohl nicht zuletzt darin begründet scheint, dass vom *allgemeinen Wassercharakter* sowie vom *Wesen des Wassers* de facto kaum ein Bild gezeichnet werden kann. Andererseits, und damit *substanziell* zusammenhängend die Problematik, dass jedwede methodische Einengung dem Wassercharakter als solchem nicht gerecht würde. Stellt doch die aquatische *Nicht-Begrenzbarkeit* jede Untersuchung vor die Herausforderung, einem Element seine kulturgeschichtliche Trägerrolle zuzuweisen, welches die Zuweisung als Eindämmung seiner selbst wesenshaft abzulehnen scheint; oder anders formuliert: Die kulturgeschichtliche Trägerrolle des Wassers ist selbst und im Wesentlichen ein Zuweisen, das *Zuweisung* ablehnt. Doch eine Zuweisung, die ihr *Zugewiesenwerden* ablehnt, die sich gegen die eigene diskursive Verortung auflehnt und sich dieser gar zu widersetzen versucht – ob kulturphilosophisch oder realweltlich-technisch – ist gerade dadurch eine *Zuweisung*, die bereits zur »Disziplinierung« fortgeschritten ist.

Zunächst und zuvorderst ist die Disziplinierung des Wassers durch ihre Bestimmung und Aufgabe, durch ihr Tun und ihren lebensweltlichen Vollzug

---

2 »The Old Men Admiring Themselves In The Water« in: Yeats, W.: *In the Seven Woods*, S. 79
3 Vgl. Platon: *Kratylos*, 402A – zuerst von Platon dem Philosophen Heraklit zugeschrieben: Sokrates spricht im *Kratylos* von Πάντα χωρεῖ (*pánta chorei*), d. h. »alles sei in Bewegung und nichts habe Bestand«, vgl. dazu auch DK 12 B12 und B49a.

definiert. Darin ist sie jedoch vorerst nur rein funktional gesetzt. Näher begriffen ist die vorliegende Abhandlung bestrebt, zum *kulturell Allgemeinen*, dem allen Völkern und Zeiten *Gemeinsamen*, d. i. zum sogenannten »gemeinsamen Grund« vorzudringen. Kulturgeschichtlich stellt die Disziplinierung des Wassers, so die zentrale These, eine ähnlich bedeutsame zivilisatorische Errungenschaft dar, wie dereinst das Sesshaftwerden des Menschen,[4] die Entwicklung der Schrift(en) oder die Erfindung des Buchdruckes späterer Zeiten: d. i. ein in Ausmaß und Wirkung eines zivilisatorischen Wurfes sich vollziehender *qualitativer Sprung* in der Kulturgeschichte. „*Daß das Wasser für Aufbau und Geschichte der Gesellschaft grundlegend ist, wird in den Kulturwissenschaften kaum bedacht. Geschichte erscheint dem neuzeitlichen Bewußtsein als das, was der Mensch mit Natur und mit sich selbst macht. Die Umkehrung bleibt ohne Bewußtsein: was nämlich die Natur mit dem Menschen macht.*"[5] Mit dem epochenprägenden Heraufdämmern urbaner Stadtkultur entstand mithin auch in den „*Siedlungsgebieten* [...] *jeweils ein konzentrierter Wasserbedarf, der aus dem begrenzten lokalen Wasserdargebot heraus gedeckt werden mußte. Schwierigkeiten ergaben sich dabei oft aus der Tatsache, daß der Bedarf der Gesellschaft vom Lebens- und Arbeitsrhythmus der Menschen geprägt war, während das natürliche Wasserdargebot ganz anderen Gesetzmäßigkeiten unterlag.*"[6] Dass in diesem Bemühen bereits die frühesten Disziplinierungsbestrebungen ihre Kerben im kollektivkulturellen Reflexionskorpus hinterließen, davon legt nicht zuletzt die mythologisch-religiöse Mannigfaltigkeit an Wassermotiven beredtes Zeugnis ab. Und obwohl ein vielschichtiges symbolisch-reflexives Bedeutungsspektrum

---

4   Zur kulturwissenschaftlichen Dimension des Sesshaftwerdens des Menschen im Verlauf des Neolithikums vgl. u. a. Böhme, H.: *Kulturwissenschaft*, S. 201: „*Seit der sogenannten »neolithischen Revolution« (Gordon Childe), die heute als »ein monumentales Nichtereignis« (Radkau 2000, 79) bezeichnet wird, das sich im Raum zwischen dem Mittelmeer und dem Kaspischen Meer von 12000 bis 6000 v. Chr. entwickelte,* [...] *ist eine konsequente Territorialisierung des sozialen Lebens zu konstatieren.* [...] *Natur wird erstmals in einigen Segmenten nicht als dasjenige, das von sich aus da ist (physis), behandelt, sondern als Produkt von Eingriffen (téchnē).*"
5   Böhme, H.: *Kulturgeschichte des Wassers*, S. 12. Die Disziplinierung des Wassers sollte nicht als rein technische Entwicklung einer bestimmten Epoche erachtet werden, obgleich Entwässerungssysteme mit künstlichen Gewässerbetten bereits im 3. Jahrtausend v. Chr. in Ägypten (Altes Reich), den Gebieten der Induskultur, später auch in Mesopotamien zum Einsatz kamen. Ihre Bedeutung schreibt sich vielmehr auch von ihrer kulturgeschichtlichen Trägerrolle und symbolisch-mythologischen *Auflading* her.
6   Frontinus-Gesellschaft: *Die Wasserversorgung antiker Städte*, S. 13

nachweisbar ist, scheint der adäquate Überbau einer kulturphilosophischen Reflexion im Sinne einer »Ideengeschichte des Wassers« in den Kultur- und Geisteswissenschaften bis dato noch kaum unternommen.

Es ist daher die erklärte und an die vorliegende Abhandlung herangetragene Aufgabe, zum *Begriff* der Disziplinierung des Wassers vorzustoßen, um in weiterer Folge, im nachzeichnenden Besichtigen ihrer Funktionen und Rollen, zum *gemeinsamen Grund*, jenem allen Völkern und Zeiten *kulturell Allgemeinen*, voranzuschreiten. Letztlich ist es auch die Fragestellung, welche kulturgeschichtliche Trägerrolle dem Naturstoff im Durchgang durch den »Zivilisationsprozess« (Elias) zukam; welche Ausprägungsstufen und Erscheinungsformen in den unterschiedlichen Zeiten und Epochen, Kulturen und Völkern in mannigfaltigen Schattierungen und Differenzen *auftauchten*; und: welche Gemeinsamkeiten sich im Sinne eines höhergradig Allgemeinen gleichsam archäologisch entbergen lassen.

Vom Grund und Anbeginn aquatischer Disziplinierung

Vorangestellt sei zunächst der den weiteren Fortgang der Untersuchung leitende Fundamentalgedanke: dass, um die Disziplinierung des Wassers ihrem Begriff nach fassen zu können, um darin das *Wesen des Wassers* in seinem kulturimperativischen Disziplinargebot zu erkennen, zur kulturgeschichtlichen Quelle und zum *kulturell Allgemeinen*, d. i. zum *gemeinsamen Grund*, vorgedrungen werden muss. Methodisch gilt es in diesem Bestreben, der »nicht-greifbaren Greifbarkeit« sowie der »formbaren Nicht-Form« des Naturelements Wasser Rechnung zu tragen. Denn erst wenn sich im forschenden Nachfühlen Analyse und Methodik dem *Charakter des Wassers* in all seinen fluid-wogenhaften Wechselbewegungen anzugleichen beginnen, erst wenn das suchende Denken ebendiese ausufernd-zerfließende Unbegrenztheit akzeptierend erfahren kann, erst dann vermag sich die Disziplinierung des Wassers, im dialektischen Fortgang als Antwortkorridor und kulturgeschichtliche Manifestation eines allen Völkern und Zeiten gemeinsamen Bewältigungsstrebens, zu eröffnen und interkulturell abzuzeichnen. Ausgehend von den beiden Gegensatzpaaren α (Wasser / Raum) und β (zu viel / zu wenig) begeben sich die nachfolgenden Erkundungen auf die Spuren der kulturgeschichtlichen Trägerrolle des Wassers *sub specie disciplinae*. Allerdings nicht, um eine Aufzählung all jener Symptome darzubieten, die das Wasser im Zivilisationsprozess hinterließ, sondern um anhand des Phänomens von Stadtkultur zu zeigen, *dass und inwiefern* die Disziplinierung des Wassers *ist*, *was sie tut*; zuletzt um eine tangentiale Annäherung und einen ersten Versuch einer *Kultur- und Ideengeschichte des Wassers* vorzulegen.

Von alters her war der Mensch bemüht gewesen die *archaische Chaotik* der noch undisziplinierten Wasser in Maß und Form zu zähmen. In seiner Konfrontation mit dem Naturelement reflektierte sich der Mensch selbst, musste lernen mit seiner existenziellen Ausgesetztheit umzugehen und den eigenen Umgang mit ebendieser zu verarbeiten. Um nicht den impulsiven Wechselströmungen von Fluten und Trockenheiten ausgeliefert zu sein, suchte er nach Wegen, um den Naturstoff zu kontrollieren und zu regulieren. Zugleich zeigt sich entlang der kulturgeschichtlichen Diachronie aller gesellschaftlichen Entwicklungsstufen die Notwendigkeit der aquatischen Verräumlichung. Nur wenn das Wasser in lebensweltlicher Besonnenheit eingeholt und verräumlicht würde, anstatt in fremd gebliebener Räumlichkeit und als »Gegenbild zum Lebensraum«, d. i. als aquatischer Nicht-Ort, zu verharren, könne an den Abbruchkanten urbaner Räumlichkeit ein stadtkulturelles In-Gestalt-Setzen des Wassers gelingen. Indem die Disziplinierung des Wassers verräumlicht gedacht wird, d. h. entlang der Bruchlinie der Verräumlichung gezähmt (Gegensatzpaar α), erschließt sich das *Wesen des Wassers* aus dem *Geist seiner Disziplinierung*. Und obgleich der Mensch das feuchte Element niemals untertan machen konnte, so unternahm er doch den Versuch es zu domestizieren und in bändigender Zähmung verfügbar zu stellen. Allen Um- und Ausbrüchen zum Trotz, alle Sturmfluten und Dürren durchschreitend (Gegensatzpaar β), sollte sein Verfügbarmachen jedoch niemals zur erstrebten Unterwerfung gedeihen, sodass jedwede Disziplinierung stets nur ein vorläufiger Versuch einer zivilisatorischen *Antwortstrategie auf* und damit auch *gegen* die naturwüchsig-archaische Kraft des Wassers bleiben kann. Allein die Gefahr des bedrohlichen Zurückfallenkönnens in den chaotischen Naturzustand einer *Undiszipliniertheit* besteht darüber fort.

Angelehnt an einen ebensolchen Wasserumgang ist im Rahmen »urbaner Kulturraumverdichtungen« ein nicht unerheblicher Teil des menschlichen Bestrebens seit jeher darauf ausgerichtet die *dýnamis* (Aristoteles)[7] der kaum regulierbaren *Undisziplinierbarkeiten* des Wassers in den Griff zu bekommen. Als wohl angemessenstes Verfahren und faktisch einzige anthropogene Umgangsform, um diese *dýnamis* überhaupt fassen zu können, darf wohl »Disziplinierung« gelten; hält doch nur die Disziplinierung die widerspruchsvolle Spannung *nicht-greifbarer Greifbarkeit* in sich aus. In diesem *In-sich-halten-Können* von Widersprüchlichem liegt auch der tiefere Grund, weshalb sich die Ausformungen der Wasserdisziplinierung mit Notwendigkeit aus Gegensatzpaaren herleiten müssen. Dabei ruht das Aushalten ebendieser Spannung im

---

7   Vgl. Böhme, G.: *Feuer, Wasser, Erde, Luft. Eine Kulturgeschichte der Elemente*, S. 264 f.

Trennstich, der zwischen den beiden Gegensatzpaaren steht: Er bildet das *Tun der Disziplinierung* ab, indem er ein Bindeglied zwischen den Extremwerten von »zu viel« und »zu wenig« Wasser bzw. zwischen Wasser und Raum ist. An ihm und in ihm wird *im Abtrennen* je Entgegengesetztes[8] *verbunden*; im dynamisch-disziplinierten Vollzug scheinen die Gegensätze ineinander, wobei die Disziplinierung ihre eigenen Maßgaben und Formsetzungen je selbst setzt. Zugleich verlangt es ein Wasserumgang von gezähmter Symbiose und Koexistenz, sich einer gewissen Dynamik und Flexibilität zu verschreiben. Dies stellt eine erhebliche Herausforderung an die vorliegende Studie, an deren Methodik und theoretisches Korsett, die demzufolge allesamt *im Fluss gehalten* werden müssen; gleichsam umrandend und konturiert, allein nicht an allen Ufern derart scharf begrenzt, dass darüber der *kulturgeschichtliche Strom* erlahmte. Denn ebenso wie eine thematische Einengung in der Auswahl untersuchter Motive den chaotischen Wechselströmungen des Wassers im Zivilisationsprozess nie gerecht würde, so verfiele eine bloß additive Nennung einer quantitativ großen Anzahl an aquatischen »Verarbeitungsdispositiven« (Böhme) und Bewältigungsstrategien einem ebensolchen Irrtum, sollte darüber das *Wesen des Wassers* übersehen werden. Unter Umständen könnte dies mit ein Grund dafür gewesen sein, weshalb sich Literatur und Forschung in der »Frage nach dem Wasser« zu oft auf Irrwege begeben haben; zu leicht scheint es in eine dieser beiden methodischen Fallen zu tappen: Begrenzung, wo keine gebührt, und additive Aufzählung, ohne Wesentliches gesagt zu haben.

Zum gemeinsamen Grund

Der sogenannte *gemeinsame Grund* besagt streng genommen, dass sich die Disziplinierung des Wassers aus den beiden Gegensatzpaaren α (Wasser / Raum) und β (zu viel / zu wenig) erschließt und stellt als *kulturell Allgemeines* einen zeit- und völkerübergreifenden Wahrheitsanspruch: Erst im bzw. am *gemeinsamen Grund* vermitteln und reflektieren sich alle kulturgeschichtlichen Wassermotive als Instanziierungsformen der Wasserdisziplinierung selbst – und zwar in einer, vom je einzelnen Wassermotiv abstrahierenden Konvergenz aller aquatischen Ausprägungsstufen und Erscheinungsweisen.[9] Indem ebendiese

---

8 Vgl. Sailer-Wlasits, P.: *Die Rückseite der Sprache*, S. 72: Phänomenologisch ist dieser Trennstrich (als Grenze) „weder zum einen noch zum anderen [zu] zählen", er ist gar die „einzige indirekte Gemeinsamkeit; *die Trennlinie weist die Charakteristika eines tertium comparationis auf, sie ist weder Teil des primum noch des secundum.*"

9 In seiner Funktion, alle Instanziierungsformen der Disziplinierung des Wassers als Bestimmtheiten in sich logisch begreifend, gibt sich der »gemeinsame Grund« als

am *gemeinsamen Grund* in Vermittlung gesetzt sind, zeigen und erfüllen sich darin auch Funktion und Aufgabe der Disziplinierung des Wassers allgemein *an und für sich*.[10] Gleichzeitig wird die kulturgeschichtliche Trägerrolle des Wassers – d. i., was die Wasser im Verlauf der letzten 5.000 Jahre für den Menschen waren – in vollumfänglichem Ausmaß ihrer diachron-zivilisatorischen Weiten fassbar. Nicht zuletzt entbirgt sich hier, in jener am *gemeinsamen Grund* gesetzten Vermittlungsbeziehung, auch das bereits erwähnte sogenannte *Wesen des Wassers* – und zwar im Sinne eines »Kulturimperativs aquatischer Disziplinierung«: d. h., das Wasser möge *an sich* – per se und an sich selbst – diszipliniert werden. Es geht folglich weniger um eine qualitative Erörterung dessen, was Wasser *als solches* sei, als vielmehr darum, nachzuzeichnen, wie es sich *in Disziplinierung zeigt*: wie sich Momente der Bändigung, Zähmung und Domestizierung des Naturelements in mannigfaltiger Art und Weise vollzogen haben und wie dieses *Vollziehen*, von der sinnlichen Anschauung aufgegriffen, zunächst im anschauenden Vorstellen und nachfolgend im kollektiv-kulturellen Gedächtnis zur Selbstreflexion emporstieg. Wasserreflexion und Menschenbild spiegeln sich in der kulturgeschichtlichen Trägerrolle des feuchten Elements, sodass *„ohne ein historisch bewußtes und philosophisch fundamentales Wasser-Konzept von der Vielheit der symbolischen Bedeutungen und realen Verzweigungen des Wassers kein Bild"* gewonnen werden kann, das *„dem Phänomen Wasser gerecht würde."*[11] Es gilt in diesem Zusammenhang die Kritik einer

---

kulturell Allgemeines aller Völker und Zeiten zu verstehen, sofern die Vermittlungsbeziehung einem Ineinanderscheinen der Bestimmtheiten in Sinne eines In-sich-Reflektierens gleicht. Dazu Hegel, G. W. F.: *Wissenschaft der Logik II*, S. 81: „*Insofern von der Bestimmung aus als dem Ersten, Unmittelbaren zum Grunde fortgegangen wird* […], *so ist der Grund zunächst ein durch jenes Erste Bestimmtes.*" Im *Aufheben* und *Setzen* von Reflexionsbestimmtheit kommt „*das Wesen, indem es sich als Grund bestimmt, nur aus sich her. Als Grund also setzt es sich als Wesen, und daß es sich als Wesen setzt, darin besteht sein Bestimmen. Dies Setzen ist die Reflexion des Wesens, die in ihrem Bestimmen sich selbst aufhebt, nach jener Seite Setzen, nach dieser das Setzen des Wesens, somit beides in einem Tun ist.*" Vgl. auch Heintel, E.: *Grundriß der Dialektik Bd. I*, S. 134 ff.

10 Zum *An-* und *Für-sich-Sein* vgl. Hegel, G. W. F.: *Wissenschaft der Logik II*, S. 246, insbesondere wenn er konstatiert, dass die Substanz „*das Absolute, das an- und für-sich-seiende Wirkliche* [ist], – *an sich, als einfache Identität der Möglichkeit und Wirklichkeit, absolutes, alle Wirklichkeit und Möglichkeit in sich enthaltendes Wesen, – für sich diese Identität als absolute Macht oder schlechthin sich auf sich beziehende Negativität.*"

11 Böhme, H.: *Kulturgeschichte des Wassers*, S. 16

unvollständigen Mitreflexion des Naturstoffs zu präzisieren, denn die essenzielle Bedeutung von Wasser als fundamental lebensspendendes Element ist für die gesamte Kulturgeschichte der Menschheit nicht zu leugnen. Was indes entschieden beanstandet werden muss, ist das bislang unterbliebene kultur- und ideengeschichtliche Bemühen; sowie die seit der Antike de facto eingetretene Versandung jedweder Philosophie des Wassers. Was wir *vorfinden*, ist eine unterbeleuchtete Betrachtung des Wassers in ebenjenen Dimensionen seines kulturgeschichtlichen *Zu-sich-Findens*: eine Reflexion der Tatsache, dass sich der Mensch im Umgang mit Wasser seit jeher zu diesem verhalten musste und dass ebenjenes Verhalten-Müssen in seiner Verarbeitung faktisch einzig und allein in Form und nach Art der Disziplinierung erfolgen konnte. Alles, was die vorliegenden Erkundungen daher leisten möchten, ist zu zeigen, dass die Disziplinierung des Wassers zu den bedeutsamsten soziokulturell-technischen Errungenschaften des Menschen zählt und daher ihren *kulturgeschichtlichen Platz* neben dem Sesshaftwerden des Menschen sowie der Entwicklung der Schrift verdient, um, gleichberechtigt neben diesen stehend, als ebenbürtiger zivilisatorischer Wurf reflektiert zu werden.

Schwierigkeiten und Grundfragen

Aus der Zusammenschau des bisher Dargelegten ergeben sich spezifische Fragen nach der Art und Weise der Manifestationen einer kulturgeschichtlichen Trägerrolle des Wassers. Zunächst gilt es zu klären, inwiefern die Disziplinierung des Wassers den Menschen bereits *im Anbruch*[12] kulturräumlicher Verdichtung (»Stadtkultur«) *betraf* und er diese *Betroffenheit* in Mythologie, früher Philosophie sowie künstlerisch-literarischen Ausdrucksstilen reflektierte. Im Durchgang durch die Zeiten schreitet die Untersuchung daher von der antiken (Natur-)Philosophie graduell weiter zu einer Kultur- und Ideengeschichte des Naturelements. Allerdings müssen neben den kulturellen Reflexionsbestrebungen und mentalitäts- und ideengeschichtlichen Verarbeitungsdispositiven – d. h. der Ebene einer diskursiv-reflexiven Disziplinierung im Sinne der *Kultivierung*[13] – auch die tatsächlichen wasserbaulichen Bewältigungsstrategien

---

12 Vgl. Sailer-Wlasits, P.: *Uneigentlichkeit*, S. 119 ff.
13 Eine der zentralen forschungsleitenden Thesen besagt indes, dass zwischen »Kultivierung« und »Technisierung« ein Wechselverhältnis gegenseitiger Beeinflussung besteht, sodass gewisse Mechanismen und soziokulturelle Praktiken im Prozess der Vergesellschaftung ineinander diffundieren: d. h., es wird kulturell reflektiert, was *am* Wasser technisiert und es wird technisiert, was *als* Wasser kultiviert wurde.

besprochen werden; vornehmlich in Formen, Stilen und Zeugnissen der *Technisierung* zwischen Nutzbarmachung, Regulierung und Industrialisierung des Wassers. Die Ebene der tatsächlichen Sichtbarmachung und baulichen Verwirklichung der Disziplinierung des Wassers zieht zudem weitreichende Konsequenzen von Macht- und Herrschaftssemantiken nach sich. Gerade im Kontext der Kulturraumverdichtung sei nachfolgend zunächst eine potenzielle Korrelation zwischen dem zivilisatorischen Aufblühen von Stadtkultur und der relativen Qualität disziplinierter Hydrotechnologien herausgestellt. Zum anderen wird nach einer Gleichzeitigkeit der Wechselwirkung höhergradiger gesellschaftlicher Ordnungs- bzw. Kontrollmaßnahmen und einer fortschrittlicheren Disziplinierung des Wassers gefragt. Allgemeiner gefasst münden auch diese machtpolitischen Dimensionen infrastruktureller Herrschaftsarchitektur in das Gegensatzpaar β ein, sodass geklärt werden muss, inwiefern die Disziplinierung des Wassers auf realweltlicher Ebene als umfassende *zivilisatorische Antwort* des Menschen auf die lebensbedrohliche Diskrepanz von »zu viel und zu wenig« Wasser begriffen werden darf. Kulturphilosophisch und sozialanthropologisch gefasst, muss indes die *Art* bzw. *Natur der Beziehung* von Stadtkultur und Wasser erörtert werden, zeigt sich diese doch an der Bruchlinie von Gegensatz und Symbiose *(nicht) diffundierender Verräumlichung*, d. i. an Momenten des Übergehens von Wasser und Raum.

Die Notwendigkeit einer Studie dieser aquatischen *Grund-Fragen* bedingt sich nicht zuletzt durch den Prozess neuzeitlicher Säkularisierung und naturwissenschaftlicher Profanisierung des Wassers – Dynamiken, durch welche Mystik und Zauber weitestgehend aus dem Naturelement entschwunden sind. Indem Wasser in der Moderne zu H_2O wurde, hat nicht nur eine Destillation, d. i. Reinigung als gleichsam sterilisierende *Hygenisierung des Begriffs*, stattgefunden. Vielmehr ging in diesem Reinigungsprozess einer Transformation zur chemischen Summenformel H_2O auch ein Großteil der mit dem Wasser verbundenen Metaphorik, jenes in alten Wasserkulturen noch vorhandenen Bedeutungsspektrums, verloren, sodass »das Wasser« als kulturgeschichtliches Reflexionsgut nahezu verblasste. Die Wahrnehmungsschwelle des modernen Menschen überschreitet Wasser gemeinhin nur mehr als Gebrauchsgut, etwa aus dem Wasserhahn, in der Industrie als Hilfs- und Betriebsstoff und allenfalls im alltäglichen Freizeiterleben – jedoch fast ausschließlich und erschöpfend in jener funktional-sterilen Form von H_2O. Damit werden jedoch weder der enorme kulturgeschichtliche Überbau noch das weite Bedeutungsspektrum an Motivlagen und Symbolisierungsformen bedacht, die dem Naturelement in den letzten 5.000 Jahren eingeschrieben worden sind. Angesichts eines vordergründigen Nutzenpostulats, das – den *gemeinsamen Grund* verkennend – die

Disziplinierung des Wassers als *gegeben und vollzogen* hinnimmt, verschließt sich dem modernen Menschen die Metareflexion zur Trägerrolle des Wassers nahezu vollends. Als Resultat und in Ermangelung einer entsprechend diskursiv-reflexiven Würdigung verkommen die zivilisatorischen Leistungen der Wasserdisziplinierung gleichsam zu einem Versatzstück der Historie. Allenfalls im Umbruch, in Katastrophen- und Krisenmomenten, wenn das Archaische aus dem Urstoff tritt und das Wasser dem modernen Menschen des 21. Jahrhunderts als Lebenselixier abhandenzukommen droht, finden die Errungenschaften der Disziplinierung Gehör. Unterdessen sind die Gefahren und Bedrohungsszenarien zahlreich. Ob Dürre und Ernteausfälle durch Wasserknappheit, die Verschmutzung von Grundwasser und Weltmeeren oder Naturkatastrophen infolge von Flutstürmen, steigenden Meeresspiegeln oder monsunartigen Regenfällen; im globalen Maßstab kommt es an ebensolchen Kulminationspunkten chaotischer Archaik zu einem geradezu naiv anmutenden Moment *erschaudernden Aufschreckens*, der – so alt, wie die zu *ersten Erzählungen* geronnen Überlieferungen selbst – wohl bis an die Anfängnisse der Vergesellschaftung zurückreicht. Plötzlich und stets aufs Neue muss erkannt werden, dass die *Nicht-Disziplinierbarkeit des Wassers* seit Anbeginn der Zivilisationswerdung jenes Drohbild darbietet, vor dem der Mensch erzittert. Alle wasserbaulichen Strategien, von architektonischen Schutzwällen bis zu hydrotechnischen Disziplinierungsanlagen, sind in ihrem Kern Antworten auf ebendieses Erschaudern. Demgemäß ergibt sich die Notwendigkeit der vorliegenden Besichtigungen aus der Tatsache, dass die „*reiche Geschichte der Erforschung und der Nutzung des natürlichen Wasserpotentials und ihrer mannigfaltigen Verflechtungen mit der allgemeinen kulturgeschichtlichen und politischen Entwicklung [...] noch nicht geschrieben worden*" ist. Zwar gibt es zahllose Publikationen „*über die Geschichte der Künste, der Architektur, der Philosophie, der Medizin, um nur einige Bereiche zu nennen, aber es gibt vergleichsweise wenige Bücher und Veröffentlichungen über die Geschichte des Wasserwesens*", sieht man „*von Publikationen über Einzelaspekte ab*"[14] – zur Kultur- und Ideengeschichte des Wassers *sub specie disciplinae* gibt es faktisch keine. Insofern ist es das erklärte Ziel der nachfolgenden kulturanthropologischen und gesellschaftsphilosophischen Erkundungen, die Disziplinierung des Wassers im gebotenen Rahmen zu ihrem Recht kommen zu lassen, um sie auf diesem Wege zu einem kulturgeschichtlichen Reflexionsgut zu erheben.

---

14 Frontinus-Gesellschaft: *Die Wasserversorgung antiker Städte*, S. 9

Zur gegenwärtigen Debatte – Forschungsfeld Wasser und die methodischen Grundlagen seiner Disziplinierung

Die Literatur zur aquatischen Weltthematik und ihrer Manifestationen im Zivilisationsprozess bildet ein weites Feld mannigfaltiger Schwerpunktsetzungen und Ausprägungsarten. Doch nicht nur interdisziplinär angelegte, kulturtheoretische Abhandlungen zum Wasser in Kultur und Gesellschaft, sondern auch die bildende Kunst sowie zahlreiche literarische[15] Werke, von den frühesten Epen bis weit hinein in die Neuzeit und Gegenwart, stehen dabei vor der ähnlichen Grundschwierigkeit, dass sich das Wasser *substanziell* seiner Beschreibung entzieht. Nicht dass es unmöglich wäre, eine Pluralität an Wasserthemen in vergleichender Methodik für bestimmte Epochen, Kulturen oder Stilrichtungen nachzuweisen; doch derartige Unterfangen tendieren oftmals in Richtung einer Aufzählung all jener Symptome, die das Wasser in der Kulturgeschichte zurückließ. Dementsprechend spiegelt sich in der Literatur fast ungebrochen ein *Wasserbild*, das vor allem von beschreibenden Bestimmungen, additiv-quantitativen Auflistungen und kulturtheoretischen Querverweisen, verwoben mit narrativen Grundbeständen und angereichert um Anekdoten, gekennzeichnet ist. Als Instanziierungsformen[16] umranden diese zwar jene reichhaltige Mannigfaltigkeit, die das »Motiv Wasser« als *Spur* in der Kulturgeschichte hinterlassen hat, und erscheinen in einem ersten flüchtigen Hinblick auch als aquatische Reflexionsbestimmungen; allerdings sind sie dem *Wesen*

---

15 Literarische Beispiele für Wassermotive von mannigfaltiger Natur finden sich u. a. bei Heimito von Doderer (*Die Wasserfälle von Slunj*), Ödön von Horváth (*Eine Unbekannte aus der Seine*), Robert Musil (*Der Mann ohne Eigenschaften*), William Butler Yeats (*The Shadowy Waters, The Old Men Admiring Themselves In The Water*) oder Charles Baudelaire (*Le Jet d'eau, Le Port*); überdies bei Friedrich Schiller (*Der Taucher*), Franz Kafka (*Der große Schwimmer*) oder Franz Grillparzer (*Abschied von Gastein*); die Motive von Sommerfrische, Bäderkultur und Kurzentren behandeln etwa Henrik Ibsen (*Ein Volksfeind*) und Arthur Schnitzler (*Doktor Gräsler, Badearzt*).

16 In Abwandlung von Hegels »*Enzyklopädie der philosophischen Wissenschaften im Grundrisse*« (S. 327) kann konstatiert werden, dass das, was die einzelne Instanziierungsform diszipliniertern Wassers „*im Besonderen ist, das ist* [sie] *nur insofern, als* [sie] *vor allen Dingen*" die Disziplinierung des Wassers als solche und „*im Allgemeinen ist, und dies Allgemeine ist nicht nur etwas außer und neben anderen abstrakten Qualitäten oder bloßen Reflexionsbestimmungen, sondern vielmehr das alles Besondere Durchdringende und in sich Beschließende.*"

des Wassers zunächst *nur zugehörig*, wie beigestellt oder äußerlich hingestellt. Insbesondere im Bereich der kulturwissenschaftlich imprägnierten *Urban Studies* und *Cultural Studies* zeigt sich, von wenigen Ausnahmen abgesehen, dass das Spannungsfeld aus Wasser und Stadtkultur bisher nur peripher und wenig umfassend bearbeitet worden ist. Abgesehen von den zahlreichen einzelwissenschaftlichen Publikationen zu teils sehr spezifischen Wasserthemen bzw. wasserbaulichen Anlagen, sei für einen breiten interdisziplinären Bogen dezidiert die, mittlerweile auf neun Bände angewachsene Studie von T. Tvedt (et al.) mit dem Titel »*A History of Water*« hervorgehoben. Tvedt selbst geht auf ebenjene anhaltende Problematik einer kulturgeschichtlich-interdisziplinären Forschungslücke in der Einleitung des siebten Bandes (»*Water and Urbanization*«, 2014) ein: „*A summary of the content of all the volumes of the journal Urban Studies between 2006 and 2012 shows that out of 14,363 pages, only 86 pages were devoted to the water issue. These pages were not concerned with the physical or man-made environment impacting city development and affected by city development, or with its role in shaping patterns of social activities, power, or control.*" Und Tvedt weiter: „*The few articles dealt with water as a case in studies of political-economic issues, mainly and not surprisingly the water-pricing issue. There were altogether four articles that dealt with such issues. None analyzed the interaction between water systems and cities, and how these impacted the social and economic life of the people in the cities.*" Er fährt fort und kritisiert, dass die *Urban Studies* geradezu beharrlich „*the water issue and the interlinkages between city development and water*" vernachlässigt hätten. Ebenso die „*new »cultural geography« or human geography, concerned with unmasking the meaning of cities, landscapes or buildings, unpacking it as a text, have in general not been interested in unpacking the meaning of urban water landscapes.*"[17] Beinahe beiläufig scheint die Erklärung für diese wissenschaftliche Beobachtung mitgeliefert zu werden: Denn Wasserinfrastrukturen, ihre Zu- und Ableitungssysteme im Speziellen, seien kulturgeschichtlich *versteckt* geblieben, weil sie oftmals im Untergrund verliefen, und daher in ihrer materiellen Dimension kaum als Bestandteil »gebauter

---

17 Tvedt, T.: *A History of Water. Series III, Volume 1: Water and Urbanization*, S. 1 f. Für die anglo-amerikanische Literatur vgl. v. a. Tvedt, T.: *Ideas of Water. From Ancient Societies to the Modern World* für eine Studie, die sich auf die historiografischen Spuren einer »history of ideas of water« begibt.

Stadtkultur« reflektiert wurden. Demgemäß gibt es vergleichsweise wenige kulturtheoretisch übergreifende und explizit interdisziplinäre Arbeiten, die eine kontextualisierende Einbettung und Verflechtung unterschiedlicher Wasserdispositive anstreben.

Die Aufgabe, die infolgedessen an die Disziplinierung des Wassers herangetragen wird, besteht darin, sowohl deren realweltliche Erscheinungsformen, als auch deren kulturelle Reflexionsbestrebungen in einer dynamischen Prozesshaftigkeit zu begreifen, um hierdurch und erstmalig in der deutschsprachigen Forschungslandschaft eine »Ideengeschichte des Wassers« vorzulegen. In diesem Bestreben muss der methodische Weg über die interdisziplinäre Suche und Ineinssetzung zahlreicher einzelwissenschaftlicher Studien und Abhandlungen beschritten werden.[18] Dem Naturelement gegenüber erscheint dabei die methodische *„Ausdifferenzierung"* in Einzelphänomene fast *„unangemessen, ja gefährlich [...]. Die Ubiquität des Wassers in allem Lebendigen macht es zu einem absoluten Phänomen, dem gegenüber die Abschottung der Wissenschaften untereinander zu einem Verfehlen des Phänomens selbst führen muß."* Solange allerdings die *„Interdisziplinarität [...] auf ein additives Zusammenwirken verschiedener Wissenschaft[en] beschränkt bleibt, kann dies allenfalls ein erster Schritt zu einem angemesseneren Umgang mit dem Lebenselement Wasser sein."*[19] In ihrer Auseinandersetzung mit den hydrotechnisch-wasserbaulichen Disziplinierungsleistungen der *Technisierung* sowie jenen der *Kultivierung des Wassers* gewähren diese Einzelstudien und kulturhistorischen Dokumente jedoch nicht nur Einblick in die Wasserpraktiken unterschiedlicher Völker und Zeiten, mithin einen Einblick in den menschlichen Umgang mit dem Naturelement *per se*. Sie bieten darüber hinausgehend auch die Möglichkeit, jener oben angesprochenen Mannigfaltigkeit an Spuren, die das Wasser in die Kulturgeschichte einprägte, nachzuspüren.

---

18 So zeigt sich, dass archäologische und soziohistorische Studien, die die antike Welt behandeln, eine Tendenz zur überaus spezifischen Darlegung einzelner wasserbaulicher Detailangelegenheiten (Wasserspeicher, städtische Zuleitungssysteme) aufwiesen, um aus diesem materiellen Reichtum teils weiterführende Rückschlüsse auf soziokulturelle und machtpolitische Entwicklungsdynamiken abzuleiten. Hingegen scheinen Studien zum modernen Wasserumgang zwar detailreicher auf rechtliche, volkswirtschaftliche, global-politische sowie klimabezogene Themenfelder einzugehen, allein der kulturgeschichtliche Unterbau der menschlichen *Wasserbeziehung* wird zumeist an der Epochenschwelle der Industrialisierung des Wassers abgeschnitten.

19 Böhme, H.: *Kulturgeschichte des Wassers*, S. 8

Sofern also eine Interdisziplinarität von rein »additivem Zusammenwirken verschiedener Wissenschaften« durch die Disziplinierung des Wassers überwunden werden soll, muss nachvollziehbar werden, inwiefern Technisierung und Kultivierung auf allen Stufen des Zivilisationsfortschritts in *symbiotischer Synchronizität* ineinanderscheinen und aufeinander zurückwirken. Dabei beruht die Verknüpfung der Mannigfaltigkeit an Instanziierungsformen auf *Vermittlung*: in all diesen scheinbar äußerlich entrückten Themenbereichen vermittelt sich das *Wesen des Wassers* als alles »Besondere Durchdringende und in sich Beschließende«. Die einzelnen Ausprägungsarten der Wasserdisziplinierung scheinen, weil sie seit jeher in einem sie kontrollierend-verortenden Korsett im Sinne eines gesamtkulturellen *Imperativs aquatischer Disziplinierung* gedacht sind, wesentlich ineinander. Sofern es also um die kulturgeschichtliche Trägerrolle des feuchten Elements geht, ist die Disziplinierung des Wassers die jeweilig *mitgemeinte*. Dabei ist es weniger entscheidend, *allgemein-abstrakt* zu wissen, was »das Wasser« *an und für sich* sei. Um zu einer Aussage betreffend die kulturgeschichtliche Rolle und Funktion der Wasserdisziplinierung zu gelangen, gilt es vielmehr, im Synthetisieren der einzelwissenschaftlichen Erscheinungsformen, zum *kulturell Allgemeinen*, d. i. dem allen Völkern und Zeiten *Gemeinsamen*, vorzudringen. Dieser sich kulturgeschichtlich als »Urgedanke« (Schelling) offenbarende *gemeinsame Grund* besagt in seiner ikonischen Konstanz, dass sich die Disziplinierung des Wassers wesentlich aus den beiden Gegensatzpaaren α (Wasser / Raum) und β (zu viel / zu wenig) erschließt. Erst *im und am* einheitlichen Grund sind alle Erscheinungsformen und Ausprägungsarten aquatischer Disziplinierung als Vermittelte bereits vollständig *in Totalität*, d. i. in einer *„Unmittelbarkeit, die durch Aufheben der Vermittlung hervorgegangen"*[20] ist, *begriffen*. Sofern alle Instanziierungsformen der Wassermotive in der Kulturgeschichte, im und am *gemeinsamen Grund* gesetzt, in einer *„atmosphärisch wirksamen, synoptischen, synästhetischen Totalität konfiguriert"*[21] aus dem Geiste jener sie verortenden Zuweisung aufgehoben erscheinen, mag der Begriff der *Disziplinierung des Wassers* mit Alexander von Humboldt[22] funktional sowie auch seinem Wesen nach als hinreichend erfüllt erachtet werden.

---

20 Hegel, G. W. F.: *Wissenschaft der Logik II*, S. 401
21 Böhme, H.: *Kulturgeschichte des Wassers*, S. 34
22 Der Begriff der Totalität stellt in Alexander von Humboldts mehrbändigem Werk »*Kosmos. Entwurf einer physischen Weltbeschreibung*« zunächst ein persönliches

Grenzkulturwissenschaftliche Fundamente der Disziplinierung

Methodische Blaupausen – Arbor Disciplinae

Bevor nachfolgend der Versuch eines fokussierten Erschließens der historisch-anthropologischen *Trägerrolle des Wassers* unternommen wird, um die Disziplinierung des Wassers auf die Ebene eines kulturgeschichtlichen Reflexionsgutes zu erheben, und um zu zeigen, inwiefern sie weniger eine funktionale, als vielmehr eine umfassende zivilisatorische Antwort auf das Spannungsverhältnis der Gegensatzpaare α (Wasser / Raum) und β (zu viel / zu wenig) ist, seien zunächst einige modellhafte Entwürfe ihres gesamtkulturellen Zusammenwirkens vorangestellt. Um die Wasserdisziplinierung folglich *als Antwort* denken, verorten und anwenden zu können, bedarf es eines klar strukturierten, methodischen Grundgerüstes – ein ebensolches »kulturgeschichtliches Modell« der Disziplinierung des Wassers, *Arbor Disciplinae*, sei nachfolgend vorgelegt.

Dieses kulturgeschichtliche Modell der Wasserdisziplinierung, *Arbor Disciplinae*, sei nur als *vorläufige Anführung* verstanden, dessen Richtigkeit sich in der Einteilung der Bestimmtheiten und Differenzsetzungen im Durchgang der Arbeit bewahrheiten mag. Es gilt dabei die aquatischen Erscheinungsarten in deren Totalität, die im *gemeinsamen Grund* gesetzt ist, entlang der gesamten Kulturgeschichte nachzuzeichnen, um zum *kulturell Allgemeinen*, dem allen Völkern und Zeiten Gemeinsamen zu gelangen, in dem die Wasserdisziplinierung *ihre Wahrheit* findet. Dabei erschließt sich der Begriff der Disziplinierung des Wassers im Grunde aus zwei Gegensatzpaaren: Diese sind weniger im Sinne einer binären Codierung gesellschaftsstruktureller Teilsysteme (N. Luhmann), als in einem dialektischen Prozess des sich vermittelnden Übergehens durch Differenzsetzung zu

---

Bestreben dar, die Natur in einem »allgemeinen Zusammenhang« und als ein »durch innere Kräfte bewegtes Ganzes« zu ergründen, wie er in der Vorrede zu Bd. 1 festhält. Gleichzeitig bringt Humboldt den Begriff der Totalität auch explizit zur Sprache, wenn er etwa in Bd. 4 konstatiert, dass nicht einzelne Gesichtspunkte dargelegt würden, sondern „*vorzugsweise [...] eine nach Totalität strebende Ansicht der Natur und ihrer wirkenden Kräfte*" erstrebt wird; in Humboldt, A.: *Kosmos*, S. 15. Raumkonzepte teilen sich im Anschluss an Humboldt im Wesentlichen in mikro- und makrokosmische Kulturtechniken von *raummodellierender* Natur, d. h., diese unterliegen als Analyse- und Organisationspraktiken je eigenen Gesetzmäßigkeiten des *Auffassens* und *Einteilens* von Räumen; vgl. dazu weiterführend Böhme, H.: *Kulturwissenschaft*, S. 193.

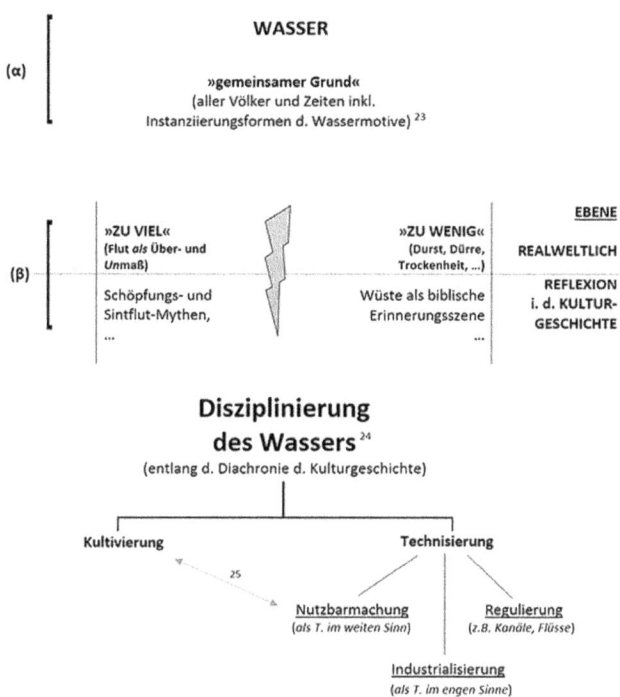

Abbildung 1: Arbor Disciplinae – Modell der Disziplinierung des Wassers

---

23 Im *gemeinsamen Grund* sollen alle kulturgeschichtlichen Instanziierungsformen *vermittelt* und unter dem Aspekt ihres kulturimperativischen Disziplinargebots in Totalität gesetzt sein. Damit spiegelt sich in diesem gleichzeitig der Begriff der Disziplinierung des Wassers wider; er selbst hat sich indes zum *kulturell Allgemeinen*, dem allen Völkern und Zeiten *Gemeinsamen*, fortentwickelt.

24 Aus der potenziell tödlichen Diskrepanz von »zu viel« und »zu wenig« Wasser (Gegensatzpaar β) ergibt sich ein Spannungsverhältnis, aus welchem – durch den grauen Riss grafisch dargestellt – die absolute Notwendigkeit, Funktion und Aufgabe der Disziplinierung des Wassers hervorgeht. Während die Disziplinierung des Wassers *ist, was sie tut*, muss sie dies kulturgeschichtlich auch zeigen. Dabei ist zu beachten, dass sich die Wasserdisziplinierung entlang der gesamten Diachronie der Kulturgeschichte nach der Art und Weise einer *symbiotischen Gleichzeitigkeit* vollzieht, sodass sich realweltliche Technisierung und reflexive Kultivierung wesentlich zueinander erschließen und *als Erschließende* fortentwickeln.

25 Zwischen »Kultivierung« und »Nutzbarmachung« besteht eine *kulturelle Überlappungszone*, die am treffendsten als »(Re-)Naturalisierung« bezeichnet werden kann und einen Wasserumgang zwischen kritisch-reflektierender *Benutzung* und ästhetischer *Gestaltung* (Gartenbau, Kunstlandschaften) des Elements umfasst.

denken.²⁶ Indem sich die Wasserdisziplinierung zunächst in Beziehung *zu Anderem* begibt, sich gegen *ihr Anderes* abgrenzt, in solcher äußerlichen Distanzierung (zum Gegensatz) allerdings nicht verharrt, sondern den Differenzraum erfüllend in *ihr Anderes* übertritt – wie auch ihr Anderes in sie, d. i. ein Ineinanderscheinen als In-sich-Reflektieren –, vermag sie in dieser Vermittlungsbeziehung *sich selbst*, als vollständigen Begriff der Disziplinierung des Wassers, zu erreichen. Als je Anderes wurde für »Wasser« im Rahmen der vorliegenden Erkundungen »Raum«²⁷ bestimmt, sodass sich für das Gegensatzpaar α der Differenzraum entlang der *Bruchlinie von Verräumlichung* entfaltet:

Gegensatzpaar α   WASSER / RAUM

↓

VERRÄUMLICHUNG

	Wasser *als* Raum	Wasser *und* Raum
	Wasser verräumlicht und in Gestalt gesetzt	Wasser wird als Gegensatz, als das Andere *zum* Raum gedacht
Ausprägung	Wasserräume	Raum heißt nur: Kulturraum, Stadt (Urbanität), Naturlandschaft
Beispiel und Bedeutung von Wasser	Hafen von Triest *als Stadtteil* reflektiert, damit Wasser *als Raum* Teil dieser Stadtidentität: »innerurbane Wasserfläche«	Offenes Meer *als Gegenpol* zur städtischen Raumidentität oder natürlichen Räumlichkeit gedacht: Wasser als »Nicht-Raum«

Im Umgang mit Wasser wird dessen Verräumlichung erlebbar – und zwar entlang der Bruchlinie der Verräumlichung (*Differenzraum*), entweder in Symbiose oder als Gegensätzlichkeit. Wasser wird hierbei entweder *als* Raum reflektiert, d. h. *Wasserraum*, oder aber in einem sich kulturgeschichtlich perpetuierenden Gegensatz *zum* Raum, als das Andere erfahren, während sich

---

26 Zur umfassenden Theorie gesellschaftsstruktureller Evolution und Ausdifferenzierung vgl. Luhmann, N.: *Soziale Systeme* sowie Ders.: *Gesellschaft der Gesellschaft*. Bd. 1. und Bd. 2

27 Hierbei sei »Raum« in seiner Räumlichkeit v. a. als tatsächliches *Land* (Festland, Insel) oder in einem weiteren Sinne als *Lebensraum* zu denken; einen Grenzfall bildet jedwedes atmosphärische *au bord de la mer*.

Kulturräume als *Vom-Wasser-Abgegrenzte* bestimmen. Präziser ausgeführt: Wo immer Wasser als Raum begriffen und durch die Disziplinierung des Wassers zur Räumlichkeit geformt wird, dort findet ein In-Gestalt-Setzen des Wassers statt; das feuchte Element wird dann als *verräumlicht-diszipliniert* und als *in Ordnung seiend* begriffen. Bleibt indes die Gegensätzlichkeit von »hier: Wasser – dort: Raum« bestehen und unterbleibt jedwede Verräumlichung des Wassers, verharrt das Element als Antipol *zum* Raum oder droht undiszipliniert in archaische Chaotik zurückzufallen und geht als ebensolches Gegenbild in die kollektiv-reflexive Selbstidentifikation einer Stadtidentität ein. Aus dem Blickwinkel der Räumlichkeit wird das Wasser in diesem zweiten Fall von einem *Gegenbild des Lebensraumes* zum absoluten »Nicht-Raum« und »Nicht-Ort« umcodiert. Gleichsam im Status des »Nicht-Raumes« verharrend, wird *als* Raum nur mehr Land bzw. die städtische Raumidentität begriffen, d. i. jene, die sich auf den *Kulturraum der Stadt* in ihrer festländischen Urbanität bezieht; allenfalls auf die Naturlandschaft, in deren Räumlichkeit günstigenfalls noch natürliche Flussläufe und Quellen eingeschrieben sind. Folglich spaltet sich das erste Gegensatzpaar α »Wasser / Raum« an der Bruchlinie von Gegensatz und Symbiose *(nicht-)diffundierender Verräumlichung*, fragt nach der Form dieses Differenzraumes und hat seine Entsprechung im Kontext der Stadtkultur. Damit wird ersichtlich, dass sich die zentrale Leitdifferenz von »Stadtkultur« mitunter nicht nur aus dem Geiste der Verräumlichung herschreibt, sondern auch ein vielgestaltiges Spannungsfeld zwischen Stadtbild, Stadtwahrnehmung und Stadtidentität eröffnet. Zugleich steht das Wasser immer schon unter dem Eindruck von Maß und Form; und obgleich erst die Disziplinierung dem feuchten Element Gestalt gibt, ist sie selbst doch notwendiger Ausfluss bzw. Resultat eines Zusammenspiels archaischer Drohbilder. In letzter Konsequenz ist es ihre Funktion und erklärte Bestimmung zu verhindern, dass das Wasser in einen der beiden Extremwerte hineinkippt – der Gehalt des zweiten Gegensatzpaares β findet sich demnach in der Bemessung von »zu viel« oder »zu wenig« Wasser. Denn nur, wenn Wasser auf eine »qualitativ bestimmte Quantität«, d. i. mit Hegel gesprochen, in ein Maß[28] gebracht und somit diszipliniert wird, bleibt es *Lebenswasser* und Lebenselement. Wird das Maß jedoch *unter-* oder gar *überschritten*, verlieren Gewässer und Wasserläufe ihre Form und fallen zurück in chaotische Drohbilder einer undisziplinierten aquatischen Archaik. Kulturgeschichtlich betrachtet dürften dem Gegensatzpaar β eine Vielzahl „urgeschichtliche[r] *Erfahrungen existentieller Bedrohung durch Übermacht und Unmaß*

---

28 Vgl. Hegel, G. W. F.: *Wissenschaft der Logik I*, S. 80

des Naturelements" vorangegangen sein: ob *"Tod durch zu viel (Sintflut),* [oder] *Tod durch zu wenig Wasser (Wüste). Sintflut und Wüste bilden in der biblischen Tradition die Erinnerungsszenen, in denen die elementare Bedrohung des Lebens durch Wasser bleibend aufbewahrt wird.* [...] *Dem Urwasser wohnt eine ursprüngliche Dämonie inne (Rahab, Leviathan), eine archaische Chaotik und schreckliche Feindlichkeit, vor welcher der Mensch, der weit von Naturbeherrschung entfernt ist"*[29], sich schützen muss. Die Aufgabe der Disziplinierung des Wassers besteht folglich darin, keines der beiden Extreme schlagend werden zu lassen und sohin ebenjene »Dämonie des Wassers« auf ein Maß zu disziplinieren, das Leben ermöglicht. Die Möglichkeit eines jederzeit eintretenden, geradezu *apokalyptischen Zurückfallenkönnens* des Wassers in seinen chaotischen Naturzustand schwingt darüber hinaus auch weiterhin im diskursiven Hintergrund vieler aquatischer Erzählungen und Reflexionen mit.

Die Disziplinierung des Wassers dient einem Zweck für den Menschen, weniger ist sie bloße Freude an Naturunterwerfung. Von ihrem soziokulturellen Verwendungspostulat einer bändigenden Zähmung und Domestizierung urtümlicher Chaotik ausgehend, mündet dieser Zweck, einem ins Meer strebenden Flusslauf gleich, in die kulturgeschichtlichen Aufgaben der *Kultivierung* und *Technisierung* des Naturelements ein. Der anthropogene Wasserumgang am Gegensatzpaar β geht dabei auf zwei Ebene vonstatten: Zunächst muss real- und lebensweltlich mit der Wirklichkeit umgegangen werden und das bedeutet mit der Faktizität von Dürrekatastrophen, von Wasserknappheit in der Versorgung von Metropolen oder auch mit Überflutungen und winterlichen Eisstürmen – Problemstellung, die allesamt technisch-pragmatische Bewältigungsstrategien benötigen. Die Technisierung lässt sich dabei näher untergliedern in *Regulierung, Nutzbarmachung*[30] und, ab der Moderne, *Industrialisierung des Wassers,* d. i. eine Technisierung im engeren Sinne. Dabei scheint es zwischen hydrotechnischer Nutzbarmachung und einer, auch das Ästhetische bzw. künstlerisch Schöne inkludierenden Kultivierung eine gewisse Verbundenheit und Nähe zu geben: Miteinander verflochtene Grenzbereiche ebendieser *Naturalisierung*

---

29 Böhme, H.: *Kulturgeschichte des Wassers*, S. 28
30 Man denke etwa an Flussregulierungen oder Hochwasserdämme bzw. allgemeiner an wasserbauliche Anlagen und Praktiken zur regulierten In-Gestalt-Setzung von Wasser. Die Nutzbarmachung von Wasser kann als Technisierung *im weiteren Sinne* als ein, über die bloße Regulierung hinausgehendes aktives Handeln verstanden werden: Kanäle *als* Verkehrsstraßen oder *zur* Bewässerung in der Landwirtschaft, Aquädukte zur Trinkwasserversorgung. Sie entspricht damit dem soziokulturellen *Verwendungspostulat* von Wasser *ursprünglicher.*

lassen sich u. a. in Gartenkunst und Kunstlandschaften, in Renaturierungsbestrebungen und nicht zuletzt auch in Formen von sportlicher Ertüchtigung und Körpererleben *im* Wasser finden. Demgegenüber wird die Mannigfaltigkeit an mentalitäts- und ideengeschichtlichen Verarbeitungsdispositiven sowie symbolischen, mythisch-literarischen bzw. künstlerischen Wassermotiven, Erinnerungsszenen und Narrativen auf der Reflexionsebene der Kultivierung verarbeitet. Sohin zeigt sich die kulturgeschichtliche *Aufgabe der Wasserdisziplinierung* zum einen als Kultivierung in Selbstreflexion und zum anderen als Technisierung, im Sinne der realweltlichen Bewältigungsstrategie zur Lösung konkreter Wasserprobleme. Und während der Kultivierung die Rolle des soziokulturellen Reflexionsträgers zukommt, ist die Technisierung der tatsächliche *Umgang mit Wasser* – fortlaufend ist es im Wechselspiel beider zu einer stofflichen Transformation und Wandlung, zu einer gleichsam kulturreflexiven Metamorphose der Substanz Wasser, gekommen. Indem Leben nur *im Umgang mit* Wasser möglich ist, verbleibt der zivilisatorisch einzig gangbare Weg für den Menschen in umfassender Disziplinierung des Naturgutes. Wesentlich für die weiteren Erörterungen und Ausführungen ist es daher zu bedenken, dass beide Ebenen gleichberechtigt in den *Begriff* der Disziplinierung des Wassers Einzug halten und in ihrer Verflochtenheit ineinandergreifen. Die einzelnen Momente des Modells, die beiden Gegensatzpaare α und β sowie zentrale Leitdifferenzen und Disziplinierungsstränge sind aus diesem Grund in einer *inneren Vermittlungsbeziehung* zu denken, nicht in einem bloß *äußerlichen Nebeneinander* der Bestimmtheiten. Als solche ist die Vermittlung *an-und-für-sich* und keine an einem Anfangspunkt *gesetzte*; als *an-und-für-sich gesetzte Vermittlung* entfalten sich alle Momente der Disziplinierung des Wassers im Fortgang der Kulturgeschichte, d. i. entlang der Diachronie unterschiedlicher Zeiten und Epochen, jeweils in Synchronizität.[31] Näherungsweise kann somit festgehalten und logisch mitgeführt werden, dass sich die beiden Stränge der Kultivierung und der Technisierung – d. i. Nutzbarmachung, Regulierung und moderne Industrialisierung – entlang des Zivilisationsprozesses in synchroner Mannigfaltigkeit auffächern.

---

31 Wohl nur aufgrund des *ikonisch-überzeitlichen Dauerns* kann konstatiert werden, dass sich der menschliche Wasserumgang immerfort aus den Gegensatzpaaren α und β erschließt; und dass in der kulturgeschichtlichen Trägerrolle des Wassers die Disziplinierung *desselben* seit jeher implizit mitreflektiert wurde.

Abbildung 2: Vincent van Gogh – Sternennacht über der Rhône (1888)[32]

---

32 Van Goghs Gemälde »Nuit étoilée sur le Rhône« offenbart einen ebensolchen Moment zu-sich-gekommener, disziplinierter Wasser, in denen sich die klare Sternennacht spiegelt. Wird damit nicht nur die Wasserfläche prominent in Szene gesetzt und als aquatischer Stadtraum von Arles wahrgenommen, so erscheinen die Wahrnehmungsmomente in einem *atmosphärischen Spiel* von räumlicher Befindlichkeit in gefühlt-leiblicher Anwesenheit, welche durch das Paar im Bildvordergrund weiter intensiviert wird. Unweit seiner Unterkunft im sogenannten *Gelben Haus*, war van Goghs Südfrankreich-Aufenthalt auch ein Suchen nach jenem Licht, das „*alle Dinge in der klaren Kraft ihrer Farben erscheinen läßt*"; er selbst meinte zu diesem und weiteren Gemälden der Arles-Periode (u. a. »Schlafzimmer in Arles«): „*allein die Farbe muss hier alles fertigbringen und durch ihre Vereinfachung den Dingen einen großartigen Stil verleihen*", nach Eschenburg, B.: *Malerei der Welt Bd. II*, S. 522.

Zum Begriff der Disziplinierung und zur Etymologie von Wasser

Bevor, unter methodischer Anwendung des präsentierten *Arbor Disciplinae*, aufgezeigt werden kann, wie sich Kulturgeschichte und Disziplinierung des Wassers aneinander vollzogen haben, bedarf es noch der begrifflichen Klärung von »Disziplinierung« sowie einer etymologischen Herleitung von »Wasser«. Wurde oben konstatiert, dass der *gemeinsame Grund* ein *Bild des Wassers* im Sinne der *dýnamis* nachzeichnet, so ist es die Disziplinierung *eo ipso*, die an das Wasser den Kulturimperativ eines *zu Disziplinierenden* heranträgt. Dabei rührt Disziplinierung von »Disziplin« her, lat. *disciplina* für »Ordnung, schulisch-militärische Zucht; auch: Wissenschaftszweig«. Als Ableitung von *discipulus* (Lehrling, Schüler)[33] steht *Disziplin*, wie auch das franz. *discipline*, mit dem Beginn der Neuzeit ferner für geistige Züchtigung, Kasteiung und im Zeitverlauf für eine allgemeine schulisch-militärische Ordnung.[34] Dieser gesellschaftsstrukturelle Ordnungsgedanke weitet sich im Laufe des 19. Jahrhunderts qualitativ und nimmt den Bedeutungsumfang einer Ahndungs- und Bestrafungsmöglichkeit im Sinne eines umfangreichen Disziplinierungsapparates an. In Anlehnung an Foucaults Begriffsverständnis von »Disziplin« steht die Disziplinierung ihrem Wesen nach unter der äußeren Beziehung von Verräumlichung. Denn die verteilend-verräumlichende Disziplin bietet auf soziodynamischer Ebene eine höhergradige Kontrollmöglichkeit, indem Ordnungen *(ein)gehalten* und Produktionskräfte, wie auch militärische Kräfte, *fokussierter* zentriert und eingesetzt werden können. Mit Blick auf die Disziplinierung des Wassers zeigen sich indes nicht nur deren technische und kulturelle Schlagseiten, sondern – im Lichte ebenjener »Disziplin«, die das Wasser *einhalten* muss – auch eine folgenreiche Analogie. Vergleichbar mit der nicht-fokussierten, willkürlichen und ungeordneten Verteilung von Individuen im Raum, sind auch die natürlichen Wasserläufe – realweltlich, wie in anschauender Reflexion – für den Menschen, sofern sie ohne Maß und Ziel bleiben, kaum fassbar und im Falle ihrer Anmassung gar unkontrollierbar. Der zentrale Gedanke ist nunmehr nicht jener, dass *Disziplinierung* die Wasser schlicht verräumlicht, sondern vielmehr, dass sich diese Verräumlichung als eine Ausschaltung und Neutralisierung negativer Interventionen und

---

33 Bezeichnenderweise selbst gebildet aus *dis-* (»apart, away«) und proto-italisch **kapelo* (»who takes«), vgl. Vaan, M.: *Etymological Dictionary of Latin and the other Italic Languages*, S. 172.
34 Vgl. den Eintrag »Disziplin« in: Pfeifer, W.: *Etymologisches Wörterbuch des Deutschen*.

"*Unannehmlichkeiten*", d. i. als Ausfluss von Nicht-Disziplinierung vollzieht. In Anlehnung an das „*Prinzip der elementaren Lokalisierung oder der Parzellierung* [...] *geht* [es] *gegen die ungewissen Verteilungen, gegen das unkontrollierte Verschwinden* [...], *gegen* [...] *diffuses Herumschweifen, gegen* [...] *unnütze und gefährliche Anhäufung*" – und zwar nicht nur von Individuen, sondern auch von Wasser. Kurzum: die „*Disziplin organisiert einen analytischen Raum.*"35 Den Raum organisierend, steht die Disziplinierung somit unter dem Eindruck von »Maß und Form«. Letztere reflektiert sich primär im Gegensatzpaar α als Disziplinierung *der* und *in der Form*; Ersteres strebt im Gegensatzpaar β, als *richtig bemessenes Maß*, nach einer *disziplinierten Mitte* der beiden Extreme von »zu viel« und »zu wenig« Wasser. Nur wenn die Disziplinierung der *Einfassung des Wassers* zähmendes Maß anlegt, bändigende Form gibt und dieses in-Gestalt-setzt, können die chaotisch-unkontrollierten Wasser domestiziert und zum lebensspendenden Element transformiert und umgearbeitet werden.

Zum Bedeutungsraum von Disziplinierung sowie weitere etymologische Begriffsbestimmungen

Hat die Disziplinierung Erfolg, bleibt dieser kulturgeschichtlich oftmals insofern unbedankt, da die Wasser als *Immer-schon-Disziplinierte* reflektiert werden. Darüber hinaus kann konstatiert werden, dass sich der Begriff *Disziplinierung* in einem doppelten Sinne erschließt; zunächst aus einem vermittelnden Gegenüberstellen von Wasser und Raum, als *Differenzraum* entlang der Bruchlinie der Verräumlichung. Sofern Wasser selbst *in Räumlichkeit* gedacht, d. i. verräumlicht und damit zum Lebens- und Wasserraum wird, erscheint Wasser als »Disziplinarraum« (Foucault). Sofern es als Gegenbild zu Räumlichkeit, Raum-Erleben oder schlicht Stadtkultur begriffen ist, wird Wasser vom Lebensraum abgegrenzt und, diesem gegenüberstehend, als *Nicht-Raum* gedacht. In einer zweiten, schärfer umrissenen Approximation an die Foucaultsche »Disziplin« kann Disziplinierung auch in tangentialer Annäherung an die menschliche Körperlichkeit begriffen werden.36 Das verräumlichende

---

35 Foucault, M.: *Überwachen und Strafen*, S. 183 f.
36 Vgl. Edba, S. 181 ff.: Nach Foucault bezweckte die Disziplin die Verteilung einer Anzahl von Individuen in einem gegebenen Raum, wobei der Zweck durch unterschiedliche Techniken erreicht werden kann. Diese umfassen etwa eine bauliche Trennung und tatsächliche Ein- bzw. Abschließung eines bestimmten Ortes (*Heterotopie*) von anderen Orten, die oben angeführten *Disziplinarräume* (Lokalisierung und Parzellierung) oder auch die Zuweisung von Funktionsstellen sowie die individuelle

Ordnen einer »ungewissen Verteilungsmenge« von Individuen, die Rückbezüglichkeit auf die je eigene Körperlichkeit sowie die daran anknüpfende Überwachung aller kleinen Gesten und Details (Reglement und Übung); anhand dieser Kriterien tritt uns Foucaults Begriff der Disziplin im Freizeiterleben in Form der *Kulturtechnik des Schwimmens* in anderer Erscheinungsform entgegen. Schwimmen ist die Disziplinierung des Wassers *am* und in erster Linie *durch* den je eigenen Körper; gleichzeitig ist Schwimmen die *Disziplinierung des Köpers* am und im Wasser.

Aus den frühesten Überlieferungen einer indogermanischen Sprache – aus hethitischen Texten des zweiten Jahrtausends v. Chr. – ist das Wort *wa-a-tar* (𒉿𒀀𒋻) belegt. Einer heteroklitischen Flexion folgend, ist etymologisch in verwandten Sprachen neben „dem *r-Stamm *watar (ursprünglich *wedōr), auch in ae. wæter, afr. water, weter, wetir"* auch ein „*n-Stamm* [...] *(ursprünglich *uden-) erhalten in gt. wato (n-Stamm), anord. vatn (a-Stamm). Die heteroklitische, schon für die indogermanische Grundsprache vorauszusetzende, Flexion ist am besten"* im Hethitischen, konkret „*in* [...] *watar (Nom.), wetenaš (Gen.)*"[37] bewahrt. Eine stärkere Umbildung erfolgt im griechischen ὕδωρ *(hýdōr)*, ähnliches gilt auch für das lat. *unda* (Welle, Woge, Gewässer). Jedenfalls dürfte aus *watar, der westgermanischen Bildung mit r-Suffix, schließlich ab dem achten Jahrhundert das „*ahd. waʒʒar* [...]*, mhd. waʒʒer*"[38] hervorgegangen sein. Die weiteren etymologischen Begriffsbestimmungen, die am kulturgeschichtlichen Modell der Wasserdisziplinierung als Momente gesetzt sind, umfassen »Regulierung« – vom lat. *regula* (Maßstab, Regel), vermutlich von der indogerm. Wurzel *reg- abgeleitet – und »Technisierung«. Letzteres stammt ab von latinisierten Schreibweisen des altgriech. τέχνη *(téchnē)* als Fähigkeit und Können im Sinne des Handwerks oder auch der Kunstfertigkeit; den *locus classicus* bildet hier die *Nikomachische Ethik* (VI 4-5). Indem Aristoteles das Hervorbringen vom Handeln trennt, seien auch „*das mit Vernunft verbundene handelnde Verhalten von dem mit Vernunft verbundenen hervorbringenden Verhalten verschieden.*" Die Kunst als solche „*und ein mit richtiger Vernunft verbundenes hervorbringendes Verhalten [werden] dasselbe sein [...]; und zwar ist*

---

und doch austauschbare Verortung und Zirkulierung von Individuen in Netzen von Macht und Relationen.
37 Kluge, F: *Etymologisches Wörterbuch der deutschen Sprache*, S. 778 – ähnlich auch der Eintrag »Wasser« in: Grimm, J. u. W.: *Deutsches Wörterbuch*, Bd. 27, S. 2295 ff.
38 »Wasser« in: Pfeifer, W.: *Etymologisches Wörterbuch des Deutschen*. In Übersetzung von waʒʒar darf angenommen werden, dass auch dessen Bedeutungsspektrum von »das Feuchte / Fließende« *mitgemeint* ist.

der Ursprung im Hervorbringenden und nicht im Hervorgebrachten. Denn es gibt weder eine Kunst bei dem, was aus Notwendigkeit ist oder wird, noch bei dem, was sich von Natur bildet. Denn beides hat seinen Ursprung in sich selbst."[39] Aristoteles geht es dabei um die „Leitung des Tuns durch ein Wissen" und dieses liege dort „vor, wo die Griechen von ›Techne‹ sprechen. Das ist die Kunstfertigkeit, das Wissen des Handwerkers, der Bestimmtes herzustellen weiß." Jenes *Wissen-über*, das sich im Arbeitsprozess als ein *Verfügen-über* zeigt – wodurch ein gegebener Stoff nutzbar und das Wasser scheinbar untertan wird – meint „als Wissen immer noch die Praxis, […] und […] so kann Aristoteles doch mit Recht das Dichterwort zitieren: »Techne liebt Tyche und Tyche liebt Techne.« Das will sagen: Glückliches Gelingen ist am meisten bei dem, der seine Sache gelernt hat"[40]; und zwar nach Art einer überlegten Überlegenheit. Ebendieser, gerade für die Moderne folgenschwere Gedanke des unterwerfenden Verfügbarmachens aus tatsächlicher oder vermeintlicher Überlegenheit des Menschen *über* das Wasser, sei in technischer Disziplinierung desselben als Reflexionsbestimmung stets mitbedacht.[41]

---

39 Aristoteles: *Nikomachische Ethik*, 1140a 1 ff.
40 Gadamer, H.: *Wahrheit und Methode*, S. 320 f.
41 Vgl. Böhme, H.: *Vom Cultus zur Kultur(wissenschaft)*, S. 48 ff., für eine kritische Diskussion zum Natur-Kultur-Dualismus zwischen *physis* und *téchnē* sowie zur historischen Semantik des Kulturbegriffs selbst.

Zur Ideengeschichte des Wassers. Quellen des Ursprungs zwischen Mythos und Lógos[1]

> *„Wer in denselben Fluss steigt, dem fließt anderes und wieder anderes Wasser zu."*
>
> Heraklit (Fr. B12)

Die zu *ersten Erzählungen* geronnen Überlieferungen und ihre Motive – von Göttern, Menschen sowie der Natur- und Weltwerdung selbst –, ebendiese Mythen, frühen Epen und der mit dem Anfangsstadium der Schrift sich vollziehende *„Übergang von ritueller zu textueller Kohärenz"*[2], öffnen sich unserem Verstehen nicht zuletzt als Institutionen zur »Überwindung von Zeit«. Dadurch, dass sie sich zu verstehen geben, vermitteln sie Dauer, sind *Über-Dauernde*. Die darin mittransportieren Wassermotive entfalten sich in einer breiten Mannigfaltigkeit, reflektieren sie auf symbolisch-kultureller Ebene doch das Wesen des Wassers als solches. In ihrem Kern sind sie damit mehr als *„vergangen[e] Traditionen der Wasser-Kultur"*, kennzeichnen sie schließlich als früheste *„Überlieferungsströme"* den kulturgeschichtlichen Angelpunkt einer *„Imagologie des Wassers"*[3], die weit in die Neuzeit und bis zur Schwelle der modernen Profanisierung (H_2O) prägend hineinreichen sollte. Allein eine »Ideengeschichte des Wassers«, die nachfolgend in ersten Ansätzen skizziert wird, scheint bis dato *sub specie disciplinae* noch nicht unternommen worden zu sein. In all seinen wechselförmig-chaotischen Zerstrebungen kommt dem Wasser von alters her, im Weltbild antiker Zivilisationen,

---

1 Vgl. Nestle, W.: *Vom Mythos zum Logos* sowie Sailer-Wlasits, P.: *Hermeneutik des Mythos. Philosophie der Mythologie zwischen Lógos und Léxis*.
2 Assmann, J.: *Das kulturelle Gedächtnis*, S. 87 f.; das In-Gang-Halten der Welt und die dieselbe ordnenden Wissensbestände waren etwa in Ägypten v. a. ritueller Natur. Demgegenüber formten sich durch die Verschriftlichung – d. h. von den piktografisch und ideografisch fixierten Symbolgehalten früher Bilderschriften (Hieroglyphen, frühe Keilschrift) bis zur entikonisiert-abstrakten Schriftlichkeit (etwa Hebräisch) – textliche Auslegungstraditionen. Genauer (ebda., S. 92 f.): neben Alltags- und Gebrauchstexten wuchs *„ein Vorrat von Texten normativen und formativen Anspruchs, die nicht als Vertextung mündlicher Überlieferung, sondern aus dem Geist der Schrift heraus"* entstanden. Dabei brachte den *„entscheidenden Umschlag von ritueller zu textueller Kohärenz […] nicht schon die Schrift, sondern erst die kanonisierende Stillstellung des Traditionsstromes."*
3 Böhme, H.: *Kulturgeschichte des Wassers*, S. 37

Hydraulischer Kulturen (Hochkulturen) und bei einer Vielzahl indigener Völker, eine gewichtige und überaus bedeutsame Rolle zu: Wasser sei eines „*der vier Grundelemente, aus denen alles entsteht*", vielleicht sogar das „*alleinig[e] Urprinzip des Seins* [...]. *Mythologie und Religion leihen ihm in der Verehrung der Wassergötter, im Quellenkult, in der Mantik, in seiner Verwendung als Lebens-, Weih- und Reinigungswasser einen ganz hervorragenden Rang.*" In zahlreichen Schöpfungs- und Weltentstehungserzählungen ist Wasser nicht nur *als* Anfang gesetzt, es schneidet auch tiefschürfend durch die Kulturgeschichte und tritt als zu disziplinierende Urgewalt an bedeutsamen Scheidepunkten der Weltwerdung und Zivilisationsentwicklung auf: um kataklystisch zu reinigen und zu tilgen (»zu viel«) oder in völliger Ermangelung zu vertrocknen (»zu wenig«). Doch in jedem Fall, ob archaisch-zügelloses Herausquellen oder restloses Versiegen (Gegensatzpaar β), die Disziplinierung allen Wassers gibt der Schöpfung *Raum* und setzt menschliches Kulturerleben erst *in Gestalt* (Gegensatzpaar α). „*Während der Großstadtmensch unserer Zeit sein Wissen vom Wasser in einigen Banalitäten erschöpft und er die Summe seines Denkens in die nackte Formel H_2O zusammenfaßt, wird dem Naturmenschen jede Betrachtung desselben zum ganz neuen Erlebnis, weil es ihm eben belebt ist. Mit tiefem Seherblick schaut er darin ein Stück Weltgeschehen, das sich ihm zum Symbol zusammenballt. Er kann uns darum nichts sagen über seine Zusammensetzung und nur sehr wenig über seine tatsächlichen Wirkungen. Dagegen schildert er uns sein Erlebnis in immer neuen Farben in seiner eigenen symbolischen Sprache.*"[4]

Das Entfesseln und dessen Zurückdrängen begegnen zunächst als archaische Urtümlichkeit: in diesem Begegnen wird der Mensch gleichsam mit dem Unzumutbaren konfrontiert, die mannigfaltigen Erzählungen zur Sintflut verarbeiten dieses *Zumuten* im Mythos. Zugleich wird das göttliche Bändigen oftmals nur in zweiter Instanz angesprochen, dominiert auf narrativer Ebene zunächst noch die Entfesselung der Sturmfluten. Es scheint gar, als ob erst im Übergang vom *Mythos* zum *Lógos*[5] die Disziplinierung des Wassers kulturgeschichtlich in ein *zweites Moment*, jenes der menschlichen Zähmung übergeht. Die Mythendichtung als Göttergeschichte steht dagegen dem Gedanken einer *uranfänglichen* Disziplinierung allen Wassers aus Chaos und Urflut, der Ur-Bändigung noch wesentlich näher.[6] Sofern das Verfügbarmachen des Wassers

---

4 Ninck, M.: *Die Bedeutung des Wassers im Kult und Leben der Alten*, S. X f.
5 Vgl. Nestle, W.: *Vom Mythos zum Logos*.
6 Wenngleich zumindest für die sumerische erzählende Literatur eine scharfe Trennung der Gattungen noch strittig erscheint, sei der Mythos indes wesentlich Göttergeschichte, während das Epos vom Menschen handle. Nach Römer, W.: *Weisheitstexte,*

seinem Zweck nach immer konkreter wird, ohne indes je zur erstrebten Unterwerfung zu erwachsen, so scheinen die sumero-akkadischen Mythen noch stark vom Motiv der göttlichen Entfesselung und Bändigung des Wassers durchwaltet. Indessen beginnt im Epos die *vermenschlichte* Zähmung des Wassers in den Vordergrund zu rücken und funktional reflektiert zu werden.[7] Letztlich schreitet dieses Bestreben, die archaischen Naturkräfte des Wassers unter Kontrolle und menschlichen Einfluss zu bringen, zum Versuch einer umfassenden, alles Kulturerleben durchdringenden Domestizierung des Wassers voran, mit dem Ziel, das Lebenselement nicht nur verfügbar zu machen, sondern es vielmehr um seiner Vernutzung willen in Verfügbarkeit zu (be)halten. In solcher Betrachtungsweise mündet das Verfügbarstellen seinem Zwecke nach in einer Art realweltlichem Aufgabentandem der Wasserdisziplinierung ein: Kultivierung und Technisierung, oder herrschafts- und machtpolitisch formuliert, Konservierung und Kontrolle der Naturressource.

Die vorliegende Abhandlung setzt mit den mesopotamischen Mythendichtungen an, die vor dem Hintergrund einer Einbettung der Erzählungen in ein gesellschaftspolitisch-hegemoniales Geflecht untereinander konkurrierender Stadtstaaten, theologischer Einflussfaktoren sowie der soziokulturellen Wichtigkeit von Wasserressourcen im Zweistromland – d. h. angesichts der allgegenwärtig drohenden Trockenheit und Wasserknappheit – gelesen werden müssen. Ausgangspunkt sind hierbei altorientalische und ausgewählte außermesopotamische Weltschöpfungsmythen, denen die Topoi des Zurückdrängens der Urflut, des scheidenden Trennens der Wasser, dem Schöpfen aus archaischem Wasser bzw. der Welt *aus* dem Meeresgrund, als auf den *gemeinsamen Grund* der Disziplinierung des Wassers bezogene Instanziierungsformen gemein sind. Diesen mythologischen Motivszenen einer *ersten Disziplinierung* stehen Erzählungen einer kataklystischen Tilgung in Form der

---

Mythen und Epen. Bd. 3,3. Mythen und Epen 1, S. 351 könnte sohin – unter Verweis „*auf die Auffassung von J. Krecher*" – festgehalten werden, dass „*Mythen als Berichte über »einmalige Ereignisse in der teils urweltlich beschriebenen und der durch Kultorte charakterisierten Welt der Götter [...]«, Epen als Berichte über »einmalige Ereignisse unter frühzeitlichen Königen«*" zu verstehen sind. Eine andere Position, etwa vertreten durch W. Soden, würde eine Einteilung in „*Schöpfungs- und Weltordnungsmythen* [...], *Auseinandersetzungen und Kämpfe zwischen Göttern, Sumerische Heroenmythen* [...], *Babylonische Lebensmythen*" sowie weitere „*konstruierte Mythen*" präferieren.

7 Etwa als literarisches Motiv der Überquerung (*traversée*) im hegemonialen Kontext politischer Eroberungsbestrebungen, vgl. dazu Anthonioz, S.: *L'eau enjeux politiques et théologiques, de Sumer à la Bible*, S. 37 ff.

Sintflut gegenüber, die kulturgeschichtlich als Inbegriff von »zu viel Wasser« gelesen werden kann. In ihrem Kern tragen die Sintflutmythen kosmogonische Motive und narrative Momente einer *umkehrenden Aufhebung* der Schöpfung in sich. Zudem findet eine gewisse ordnungsgebende Übertragung statt, da zutiefst menschliche Spannungen, Entladungen und Konflikte, d. h. Fragen von Gemeinschaft, Herrschaftsbegründung oder Grundlegitimation, von der Ebene der menschlichen Gesellschaft in die Sphären des göttlich-mythologischen Wirkens emporgehoben werden. Kosmische und menschliche Ordnungen setzen Grenzen; ein Durchbrechen derselben lässt sowohl die Schöpfung als auch die Gesellschaft in ungeordnete Chaoszustände zurückfallen. Auf die Disziplinierung des Wassers bezogen bedeutet dies: die Ordnung hält, sofern die Grenzen *erhalten* und nicht überschritten werden; d. i. wenn sich das Wasser in Gegensatzpaaren zwischen »zu viel« und »zu wenig« *auf Maß* und *in Form* disziplinieren lässt. Um im Folgenden jedoch einige dieser Mythen und Epen – allen voran den altbabylonischen Atraḫasis-Mythos (auch: *Atramchasis*), ergänzt um einige sumerische Mythendichtungen sowie das Weltschöpfungsepos *Enūma eliš* – auf ihre Wassermotive *sub specie disciplinae* hin untersuchen zu können, muss der Tatsache Rechnung getragen werden, dass die „*ältesten vorliterarischen Mythen den uns bekannten Dichtungen, die oft nicht die ersten schriftlichen Gestaltungen der Mythen darstellen dürften, zeitlich meist so weit vorausliegen, dass wir, ohne uns in Spekulationen zu verlieren, recht wenig über sie sagen können.* […] *Die seit der Ur III-Zeit bezeugten sumerischen Mythendichtungen gehören*" für Soden[8] ebenso „*wie die*

---

8 An dieser Stelle muss kritisch auf die NSDAP- und SA-Mitgliedschaft des Altorientalisten Wolfram von Soden hingewiesen werden: Soden trat 1934 der SA bei, wurde später (1944) als Parteimitglied in die NSDAP aufgenommen bzw. eingegliedert. Korrespondierenden Meinungen zufolge (u. a. der Universität Göttingen) sind zahlreiche seiner Arbeiten – u. a. *Grundriss der akkadischen Grammatik* sowie das *Akkadische Handwörterbuch* – vom wissenschaftlichen Standpunkt der Altorientalistik betrachtet als Standardwerke wegweisend für die moderne Forschung. Der vielfach vorgebrachte Vorwurf in kulturtheoretischer Hinsicht eine verstärkte Tendenz zur Abwertung des semitischen gegenüber dem indogermanischen Kulturkreis vorgenommen zu haben, besteht darüber hinaus jedoch weiterhin. Der Einfluss seiner politischen „*Vergangenheit* […] *wird kontrovers diskutiert*", obgleich dieser „*bislang nicht wissenschaftlich aufgearbeitet*" sei – vgl. den Eintrag »Wolfram Soden« in: *Neue Deutsche Biographie*, Bd. 24, S. 525. Aus diesem Grund wird in der vorliegenden Arbeit in Fragen der soziopolitischen Einbettung der Wasserdisziplinierung allen, wenn auch nur potenziell ideologisch mitmotivierten Interpretationen einschlägiger kulturell-codierter Betrachtungsweisen explizit *nicht* gefolgt.

altbabylonischen bereits zur Kategorie der reflektierten Mythen, die nicht nur ‚archaisch erzählen', sondern an den Mythen bestimmte Überzeugungen veranschaulichen wollen, die den Dichtern wesentlich erscheinen."[9] Gleichzeitig sei darauf hingewiesen, dass im Prozess der Textkompilation und narrativen Verknüpfung auch immer „*Texte in Vergessenheit*" gerieten, andere kamen „*hinzu, sie [wurden] erweitert, abgekürzt, umgeschrieben, anthologisiert in wechselnden Zusammenstellungen.*" Dabei erringen gewisse „*Texte [...] aufgrund besonderer Bedeutsamkeit zentralen Rang, werden öfter als andere kopiert und zitiert und schließlich als eine Art Klassiker zum Inbegriff normativer und formativer Werte.*"[10] Soll ein Teil ebendieser reichen Symbolik nachfolgend mit einer Schwerpunktsetzung auf den außereuropäischen Kulturraum und in Fokussierung auf die altorientalische Mythendichtung im Stadtkontext untersucht werden, so mögen weniger die darin mannigfaltig enthaltenen Ausprägungsstufen und Überlieferungsströme altorientalischer Wassermotive breit aufgefächert nachgezeichnet werden.[11] Vielmehr sei der Versuch unternommen, eine dahinterliegende Grundstruktur menschlichen Denkens zu *entkleiden*, um aufzuzeigen, dass die Disziplinierung des Wassers den Menschen bereits im Anbeginn und Anbruch *kulturräumlicher Verdichtung*[12] betraf und er diese Betroffenheit auch reflektierte. Neben einer Tendenz zur Rezeption bekannter

---

9   Soden, W.: *Reflektierte und konstruierte Mythen in Babylonien und Assyrien*, S. 149 f.
10 Assmann, J.: *Das kulturelle Gedächtnis*, S. 92
11 Selbst die Summe aller Instanziierungsformen hätte, logisch betrachtet, *nur* die Bestimmtheit »Alle«, d. i. alle Einzelnen, erschlossen. Folglich nur die *Allheit* erfassend, sei damit noch nicht zur (kulturellen) »Allgemeinheit« vorangeschritten. Dazu Gadamer, H.: *Wahrheit und Methode*, S. 317: „*Wenn das hermeneutische Problem seine eigentliche Spitze darin hat, daß die Überlieferung als dieselbe dennoch je anders verstanden werden muß, so handelt es sich darin – logisch gesehen – um das Verhältnis des Allgemeinen und des Besonderen. Verstehen ist dann ein Sonderfall der Anwendung von etwas Allgemeinen auf eine konkrete und besondere Situation.*"
12 Als *Anbeginn* urbaner Kulturgeschichte wird in der vorliegenden Abhandlung weniger ein konkreter Zeitpunkt vorgeschlagen, wenngleich die sogenannte Uruk-Zeit (ca. 4. Jahrtausend v. Chr.) dafür durchaus geeignet erschiene, als jener kulturgeschichtliche Sprung, der sich im Zuge derselben ereignete. Der Prozess der frühen Urbanisierungen und Stadtwerdung (»Ursprung der Stadt«) im südlichen Zweistromland vollzog sich im Gleichklang mit einer Vielzahl soziopolitischer, technischer sowie wirtschaftlicher Entwicklungen. Herausragend ist hier v. a. die Erfindung der Schrift, wodurch ebenjene »Überwindung von Zeit« qua schriftlicher Fixierung der *ersten Erzählungen* gelang – vgl. zum Begriff des Anbruchs auch Sailer-Wlasits, P.: *Uneigentlichkeit*, S. 119 ff.

Mythenmodelle scheinen einzelne Wassermotive vergleichsweise häufiger aufgegriffen worden zu sein, sodass sich trotz aller kulturspezifischen Transformationen und diachronen Umwandlungen gewisse Kontinuitätslinien in den Motivlagen nachzeichnen lassen – anders formuliert: dass einige der Mythendichtungen auf ältere Modelle vorliterarischer Mythen zurückzugreifen scheinen und die Disziplinierung des Wassers darin als *Urgedanke* (Schelling) durchschimmert. Dabei ist die „*ikonische Konstanz [...] in der Beschreibung von Mythen das eigentümlichste Moment. Die Konstanz seines Kernbestandes läßt den Mythos als erratischen Einschluss noch in Traditionszusammenhängen heterogener Art auftreten.*" Sie ist das, was „*die Griechen am Mythos als sein archaisches Alter beeindruckte. Die hochgradige Haltbarkeit sichert seine Ausbreitung in der Zeit und im Raum, seine Unabhängigkeit von lokalen und epochalen Bedingungen.*"[13] Obgleich etwa die Sintflut-Erzählung wohl aus vorliterarischer Zeit in das Gilgamesch-Epos und in biblische Erinnerungsszenen eingeflossen sein dürfte, liegt ihr narrativer Kernbestand nicht zuletzt in ebenjener Antinomie der Disziplinierung, in ihrem Widerstreit mit dem aquatischen Un- und Übermaß. Und mag diese Antinomie auch wesentlich mythischen Ursprungs sein, so ist sie doch allen Völkern und Zeiten zur realweltlichen Aufgabe *am* Wasser geworden. Für den gesuchten Ursprung der Disziplinierung des Wassers gilt damit wohl das „*griechische mython mytheisthai*", welches besagt, dass „*eine nicht datierte und nicht datierbare, also in keiner Chronik zu lokalisierende, zum Ausgleich dieses Mangels aber in sich selbst bedeutsame Geschichte*"[14] zur Erzählung kommt. Wie somit Leben im Spannungsfeld aus zu viel und zu wenig Wasser gelingen kann, wie sich das Überhaupt-thematisieren-Können dieser naturhaften Widersprüchlichkeit äußert, auch darin kulminiert der Symbolgehalt der frühen Wassermotive. Die »mythische Logik« erhellt den Weg zum Urgedanken und es stellt sich die Frage, inwieweit bereits die *ersten Erzählungen* die Wasserdisziplinierung mitreflektierten: Oszillierend zwischen Möglichkeit und Wirklichkeit kann die „*äußere Form der Erzählung zahllose Gestalten annehmen, vom epischen Gesang über die Lyrik bis hin zur bildenden Kunst und Musik eröffnen sich Räume für eine Vielfalt von Erzählweisen. Gemeinsam ist allen theogonischen Narrationen jedoch, daß auch ihre Verstehensprozesse in die Möglichkeit drängen und sich darüber hinaus in der Möglichkeit aufhalten, dergestalt, daß sie als stets zuhandenes Mögliches kontinuierlich Realität innerhalb einer modalen Welt erzeugen.*" So folgt aus der

---

13 Blumenberg, H.: *Arbeit am Mythos*, S. 165
14 Ebda., S. 165

Mannigfaltigkeit der Ausprägungsformen des Mythos und dem Verflochtensein von „*modaler und realer Anschauung* [...] *auch* [ein] *Teil der Erklärung seiner ikonischen Konstanz.*"[15] Zugleich sei mit diesen Anführungen zum *kulturell Allgemeinen* gerade kein Begriff von »Weltzivilisation« konstatiert, d. i. ein „*abstrakte*[r] *Begriff, dem wir einen entweder moralischen oder logischen Wert beimessen: einen moralischen Wert, wenn wir den vorhandenen Gesellschaften damit ein Ziel weisen, einen logischen Wert, wenn wir die durch Analyse erkennbaren gemeinsamen Elemente der verschiedenen Kulturen mit einer Vokabel bezeichnen wollen.*" Vielmehr sei gezeigt, dass die Disziplinierung des Wassers zwar im Anbeginn und Anbruch der Kulturgeschichte bereits mitreflektiert worden war, aber nicht überall in gleicher Instanziierung. Lévi-Strauss zufolge bestehe der „*wirkliche Beitrag der Kulturen nicht in der Liste ihrer besonderen Erfindungen, sondern in dem ›differentiellen Abstand‹* [écart différentiel], *den sie voneinander haben.*"[16] Alles, was sich *darüber hinaus* – d. i. über je einzelne kulturelle Verarbeitungsdispositive hinausgehend – zeigen lässt, ist der sich entlang von Trennung (écart différentiel) und Ineinanderscheinen mitvermittelnde *gemeinsame Grund.* Allein die *Verschiedenheit* als solche bleibt bestehen und muss entlang der gesamten Diachronie der Kulturgeschichte in einer Synchronizität von »Kultivierung« und »Technisierung« mitgeführt werden – nicht zuletzt deshalb, weil die Disziplinierung des Wassers ebenjenen überzeitlichen Gültigkeitsanspruch zu stellen sucht.

Geflutete Mythen und epische Ströme – vom Wasser im und als Anfang

Zu Anbeginn der *Mythendämmerung,* jener ersten verschriftlichten Gestaltung vorliterarischer Mythendichtungen, erscheinen die darin reflektierten Instanziierungsformen des Wassers *sub specie disciplinae* noch wesentlich *als Anfang.* Es ist die Rede von einer Trennung von Himmel und Erde, vom Scheiden der Wasser oder dem Zurückdrängen der chaotischen Urflut. Allesamt als scheinbare Metaphern des Zer- und Aufteilens sind sie jedoch vielmehr *Verräumlichend-Einteilende* – sind damit gar *Ersteinteilende,* indem sie uranfänglich einteilend schöpfen und der Schöpfung *als Raum* ihre Ordnung geben: aus dem Chaos der Kosmos. Nur auf dem Wege eines ebensolchen

---

15 Sailer-Wlasits, P.: *Hermeneutik des Mythos,* S. 150 f.
16 Lévi-Strauss, C.: *Das Zusammenwirken der Kulturen,* S. 73

ersteinteilenden In-Gestalt-Setzens der Schöpfung vermag schließlich auch das Gegensatzpaar α (Wasser / Raum) zu erwachsen.

Mit dem Wasser *im* und *als* Anfang korrespondieren mythologische Vorstellungen und religiöse Glaubensbilder einer uranfänglichen *ersten Disziplinierung*. Diese ist nicht notwendigerweise eine Disziplinierung allen Wassers, die auch explizit als solche angesprochen wäre. Auch variiert der Hergang der Schöpfung selbst in den unterschiedlichen Welterschaffungserzählungen. Zwei der uranfänglichen Reflexionsbestrebungen verdienen nachfolgend nähere Betrachtung: Zunächst der Weg vom »Wasser im Anfang« hin zum weltschöpfenden Motiv seiner *ersten Disziplinierung*, d. i. die uranfängliche göttliche Bändigung des Wassers, um der Schöpfung Platz zu machen und Raum zu gewähren. Anschließend die Sintflut, als die in die Negativität der Schöpfung eingehende Umkehr und Aufhebung derselben, der göttliche Ausbruch und strafende Kataklysmus.[17] Indem diese und gleichartige wasserhafte Motivszenen in einer Vielgestaltigkeit und einem überwältigend reichen Spektrum in nahezu allen Völkern und Kulturen *auftauchen*, kann der dahinterstehende Ideengang zum Wasser als tangentiale Annäherung an das *kulturell Allgemeine* gelesen werden. Denn „*es gibt kein Gefühl, keine Kunst, kein Sprechen, kein Handeln, keine gesellschaftliche Einrichtung, keinen Raum auf dieser Erde, der nicht materiell oder symbolisch, direkt oder indirekt*" – und sei es aus Gegensatzpaaren und in Negativität erschlossen – „*mit dem Wasser zu tun hat.*" Um somit eine Annäherung an den *Kulturimperativ aquatischer Disziplinierung* finden zu können, muss zunächst anerkannt werden, dass keine singuläre, kulturell tradierte Motivszene den *gemeinsamen Grund* als solchen enthält oder diesen explizit zur Sprache bringt. „*Ursache für die Unerschöpflichkeit des Wassers als Reservoir kultureller Symbolwelten ist der Reichtum und die Evidenz seiner Erscheinungen*"[18]; erst qua in-eins-setzender Zusammenschau und anhand der sich an den Reflexionsbestimmungen offenbarenden Kultivierung vermag die Disziplinierung des Wassers unter mythologischen, symbolisch-religiösen

---

17 Die Bezeichnung *Kataklysmus*, griech. κατακλυσμός, wird im Folgenden in der Bedeutung der »großen, tilgenden Katastrophe« verwendet; im biblischen Kontext (*Septuaginta*) findet der Begriff in Gen 6,17 als »Sintflut« Erwähnung. Bemerkenswerterweise kommt die darauffolgende Zähmung des Wassers in vielen der *ersten Erzählungen* kaum zur Sprache, sodass das Abschwellen und Re-Disziplinieren des Wassers gegenüber dem entfesselnden Ausbruch der Sintflut narrativ – mit Ausnahme von Gen 8 – klar in den Hintergrund treten.
18 Böhme, H.: *Kulturgeschichte des Wassers*, S. 13

sowie ideen- und mentalitätsgeschichtlichen Gesichtspunkten in den *gemeinsamen Grund* zu gehen.[19]

Die Bandbreite der wasserhaften Weltschöpfungsszenen entfaltet sich in einem weiten Spektrum, dessen Variationen von der *creatio ex nihilo*, über die Schöpfung aus dem Chaos, bis hin zur Entstehung des Landes aus dem Wasser respektive Meeresgrund reichen. Aus dieser Mannigfaltigkeit an Schöpfungsmythen seien jene Überlieferungsstränge herausgegriffen, in denen die chaotische Urkraft und uranfängliche Archaik des Wassers *sub specie disciplinae* reflektiert werden. Dass das In-Gestalt-Setzen der Schöpfung per effectum *verräumlichend-ersteinteilend* wirkt, wurde oben bereits angeschnitten (Gegensatzpaar α); im Rahmen einer Untersuchung der Disziplinierung des Wassers muss jedoch auch die Funktion der Erzählung *in Reflexion* des Wassers beleuchtet werden. So folgen dem Bild eines kosmischen Urozeans, *primordial water*, auch zahlreiche mythologische Vorstellungen antiker Völker: Einem „*indischen Mythos* [zufolge] *stieg der Gott Vishnu in die Tiefe der Urwasser hinab und zog die Erde hervor*"; das Hervorholen des Meeresschlamms durch verschiedene Tiere wird bei den „*Munda-Völkern*" in Indien und Bangladesch erwähnt, nachdem „*Singbonga, der große Ahne, eines Tages aus der Tiefe des Wassers durch einen hohlen Lotosstängel an die Wasseroberfläche*" gekommen war; oder auch im ägyptischen Glauben, wonach „*der erste Schöpfungsakt darin* [bestand], *daß eine Schilfinsel aus dem Ur-Ozean auftauchte*" und der „*Schöpfergott Atum mit der mythischen Urinsel aus den Wassern*"[20] emporstieg. Weitere

---

19 Das religiöse Bedeutungsspektrum des Wassers und seine sakralen Konnotationen in Anschauung des Naturelements – sowohl im Christentum, in den mono- und polytheistischen Weltreligionen, als auch im autochthonen Glauben indigener Völker (ethnische Religionen) – ist von kaum zu überschätzender Vielschichtigkeit und Signifikanz. Damit sei jedoch keine *qualitative* Gleichstellung von mythologischen und religiösen Vorstellungen unternommen, wenngleich einzelne Erinnerungsszenen einander teils stark ähneln, wie etwa die Flutgeschichte im Atraḫasis-Epos und die korrespondierenden biblischen Erinnerungsszenen. Vom Blickpunkt einer *Wasserimagologie* (H. Böhme) ist nicht nur der interkulturelle, sondern v. a. auch der diachrone Kulturvergleich in interdisziplinärer Betrachtung interessant. Für weiterführende Literatur zum Wasser im Kontext der Elementenlehre vgl. Böhme, G.: *Feuer, Wasser, Erde, Luft. Eine Kulturgeschichte der Elemente*; Bachelard, G.: *L'eau et les rêves. Essai sur l'imagination de la matière*, S. 126 ff.; darüber hinaus Illich, I.: *H2O und die Wasser des Vergessens* sowie aus ethnologischer Perspektive auszugsweise die vierbändige *Mythologica* von C. Lévi-Strauss, hier insbesondere Bd. II (1976) *Vom Honig zur Asche*.

20 Selbmann, S.: *Mythos Wasser. Symbolik und Kulturgeschichte*, S. 10 f.

ethnisch-religiöse Erzählungen und Glaubensvorstellungen berichten von großen Schildkröten, Krabben und ähnlichen Wasserlebewesen, die im Urgewässer schwimmend schon bald den Wunsch verspürten, »Land zu schaffen« bzw. sich auf solchem auszuruhen; auch ist von stammelterlichen Götterpaaren die Rede, die das Land durch *Verfestigung* des Salzwassermeeres (*Izanagi und Izanami*, Japan)[21] oder gar die Götter selbst durch die »Vermischung ihrer Wasser« (Theogonie des mesopotamischen *Enūma eliš*) schufen. Mit dem Bild des »Schöpfens aus dem Wasser« – sei es als ein erster göttlicher Aufstieg aus den Wassern dargestellt oder als uranfängliche Disziplinierung des Wassers, als Heraufholen des Landes aus dem Meeresgrund – fallen mythologische und religiöse Erinnerungsszenen der *Teilung* und des *Scheidens* der Wasser zusammen. Nicht zuletzt ist es die biblische Schöpfungserzählung der Genesis[22], in der Gott die *erste Disziplinierung* vollzieht: „*Im Anfang schuf Gott den Himmel und die Erde. Und die Erde war wüst und leer, und Finsternis war über der Tiefe; und der Geist Gottes schwebte über dem Wasser.* […] *Und Gott sprach: Es werde eine Wölbung mitten im Wasser, und es sei eine Scheidung zwischen dem Wasser und dem Wasser! Und Gott machte die Wölbung und schied das Wasser, das unterhalb der Wölbung, von dem Wasser, das oberhalb der Wölbung war. Und es geschah so. Und Gott nannte die Wölbung Himmel. Und es wurde Abend, und es wurde Morgen: ein zweiter Tag. Und Gott sprach: Es soll sich das Wasser unterhalb des Himmels an einen Ort sammeln, und es werde das Trockene sichtbar! Und es geschah so. Und Gott nannte das Trockene Erde, und die Ansammlung des Wassers nannte er Meere. Und Gott sah, dass es gut war.*"

Die Trennung von Himmel und Erde sowie das Zurückdrängen der chaotischen Urflut werden mithilfe von Metaphern des *Zer-* und *Aufteilens* beschrieben. Im »Einrichten der Zeit« werden auch die Tag-Nacht-Abfolgen sowie die Schöpfung selbst *als Anfang*[23] gestiftet. Dabei ist die „*biblische Urgeschichte* […]

---

21 Ebda., S. 16 ff.
22 Anm.: Sämtliche der nachstehenden, im Fortgang der Arbeit angeführten Bibelstellen – vorrangig des *Pentateuch* (fünf Bücher Mose) – halten sich in ihrer deutschen Übersetzung an die Elberfelder-Bibelübersetzung; für die lateinischen Textstellen wurde indes die *Vulgata*, für griechische die *Septuaginta* herangezogen.
23 Lambert, W.: *Enuma Elisch*, S. 567: Mitunter fallen unterschiedliche Kosmogonien ineinander, etwa die Vorstellung, dass „*Himmel und Erde aus der Spaltung eines einzigen stofflichen Körpers hervorgehen*" – diese ist gleichwohl selbst „*ein Mythos, der zwischen Ägäis und Indus allgemein verbreitet ist. Das einzige kennzeichnende Merkmal*" des *Enūma eliš* ist, dass die „*gespaltene Materie angeblich Wasser*" sei. Die Anfangsworte des Epos »als oben« verweisen auf die *Negativität des Noch-Nicht* der Schöpfung, ein Motiv, das eine gewisse Nähe zum biblischen »Im Anfang« – im

die höchst individuelle Ausprägung des Mythos von Uranfang"; und die Trennung „des ungeschiedenen Wassers der Urflut in Himmel, Meer und Land am zweiten und dritten Schöpfungstag etabliert den Raum (Gen 1, 6-8, 9-13)."[24] Während der göttliche Geist in Gen 1, 2 noch über den vorschöpflichen Wassern schwebte, disziplinierte Gott am zweiten und dritten Tag die Wasser, schuf Räumlichkeit als solche und gab dem Raum *Gestalt*, nannte das Trockene *Erde* (Land) und das verbliebene Wasser *Meer*; mithin die Etablierung des Gegensatzpaares α an der Bruchlinie der uranfänglichen Verräumlichung, d. i. Wasser, das von nun an als Gegensatz und *das Andere* zum Raum gedacht werden kann. *"Der Zustand der ‚ungeschaffenen' Erde wird außer durch das sprichwörtliche ‚Tohuwabohu' (tōhū wā-bōhū) noch durch die [...] ‚Finsternis' (ḥōšæk) [sowie] ‚Urflut' (tᵉhōm) [...] charakterisiert"* – *beides Qualitäten, die auch aus „mesopotamischen, ägyptischen, phönizischen und griechischen Vorweltschilderungen bekannt sind. [...] Für den alttestamentlichen Text wird man sagen können, dass die uneingeschränkte Finsternis und die grenzenlose Urflut diejenigen Charakteristika der Vorwelt sind, welche das Fehlen der beiden konstitutiven Ordnungskategorien der Erfahrungs- und Lebenswelt symbolisieren: Zeit und Raum."*[25] Die innere Verwobenheit von »Urflut«, »Tiefe« und »Wasser in der Tiefe« im hebr. Begriff תְּהוֹם (tᵉhōm), griech. *ábyssos*, scheint Parallelen zu kosmogonischen Motivszenen mesopotamischer Mythen zutage zu fördern. So wurde immer wieder vorgebracht, dass eine Wechselbeziehung zwischen תְּהוֹם, dem als *Tiefe* oder *Urflut* charakterisierten Urgewässer, und *Tiamat* bestehen könnte. Schließlich repräsentierte *Tiamat* in der altorientalischen Vorstellungswelt das

---

Hebräischen בְּרֵאשִׁית (*bᵉ-rēšīt*) oder *in principio* (Vulgata) – aufzuweisen scheint. Das biblische בְּרֵאשִׁית wird zumeist als *nomen regens* klassifiziert und bewegt sich in der theologischen Auslegungstradition im Spannungsverhältnis zwischen einem voraussetzungslosen und absoluten *Anfang* und dem auf das fortschreitende Schöpfungshandeln Gottes bezogenen *Beginnen* desselben, vgl. hierzu Gertz, J.: *Das erste Buch Mose Genesis. Die Urgeschichte Gen 1-11*, S. 34 ff. Zum philosophischen Begriff des Anfangs gelangen wir, E. Heintel zufolge, mit R. Hönigswald indes erst durch dialektische Überwindung: Chaos und Kosmos seien beide nach der »Idee des Anfangs« gesetzt, sodass auch die Anfängnis des Chaos in sich die *Bestimmtheit* als „das ‚Nochnicht-Sein' des ὄν, nicht aber [als] das ‚Auf-keine-Weise-Sein' des οὐκ ὄν" hege. Und insofern befände sich auch Gott nicht in einem bestimmungslos-vorschöpflichen Medium, sondern „die Schöpfung selbst ist ‚Anfang', und als dieser ‚Anfang' Gott" – Hönigswald, R.: *Vom erkenntnistheoretischen Gehalt alter Schöpfungserzählungen*, S. 35 ff., zit. nach Heintel, E.: *Grundriß der Dialektik*, Bd. I, S. 67.

24 Gertz, J.: *Das erste Buch Mose Genesis. Die Urgeschichte Gen 1-11*, S. 25 ff.
25 Ebda., S. 39 ff.

uranfängliche Chaos und stellte zugleich Gottheit sowie das als *personifiziert reflektierte Prinzip* des uranfänglichen Salzwassers dar.[26] Treten diese vollständig undisziplinierten Wasser kulturgeschichtlich als Chaos und das Zügellose selbst auf, so stehen sie zugleich für ebenjene archaischen Naturkräfte des Wassers, die der Mensch unter Kontrolle und Einfluss zu bringen sucht. Indem die Wasser dem Menschen im Mythos urtümlich und unvermittelt entgegentreten, wird diesem die je eigene existenzielle Ausgesetztheit und Ohnmacht vergegenwärtigt. Gleichzeitig bildet der Mythos in Untersuchung der Wasserdisziplinierung einen ersten kulturgeschichtlichen Ankerpunkt. In zweifacher Verortung wird die Disziplinierung des Wassers zunächst *im* Mythos erstmals kultiviert, d. i. zur Sprache gebracht. Darüber hinaus findet sie *als* Mythos ihre erste zeitliche Verortung mit Anbruch *urbanisierender* Kulturgeschichte und sobald die vorliterarischen Mythen erstmals verschriftlicht wurden. Neben ihrem realweltlichen Vollzug begründet die Disziplinierung des Wassers ihren Anspruch, *kulturell Allgemeines* zu sein, in der *Unerfindbarkeit* ihrer Motivlagen sowie deren narrativer Dichte und ikonischer Konstanz, sodass sie hierin wohl ihre früheste kulturgeschichtliche *Reflexion-an-Sich* erfuhr.

Zur ersten Disziplinierung altorientalischer Weltschöpfungserzählungen

Kulturgeschichtlich *sich selbst* reflektierend, tritt die Disziplinierung des Wassers in den *ersten Erzählungen* – d. i. altägyptischen Mythen und Weisheitstexten[27], sumero-akkadischen Epen und Mythendichtungen sowie biblischen

---

26 Vgl. Gunkel, H.: *Schöpfung und Chaos in Urzeit und Endzeit* nach kritischerer Betrachtung in Gertz, J.: *Das erste Buch Mose Genesis. Die Urgeschichte Gen 1-11*, S. 41 ff.; zur Rolle und zum Prinzip von *Tiamat* sogleich unten.

27 Zu nennen wäre etwa das altägyptische *Nutbuch* (»Grundriss des Laufes der Sterne«), das eine Sammlung kosmografisch-astronomischer Beobachtungen enthält. In den §§ 31–38 wird u. a. die himmlische Urflut »Nun« als *Ort der Finsternis*, mithin als lichtlose Leere in Gottesferne charakterisiert. Nach Lieven, A.: *Grundriss des Laufes der Sterne*, S. 60: „*Jeder Ort breitet nun jeden Schatten aus. Er ist gänzlich mit Finsternis überdeckt, hin zu jedem Platz, das heißt, die Wasser*" (§ 37). Als weitere ägyptisch-religiöse Vorstellung vom Urgewässer sei auf „*das Bild der Himmelskuh* [verwiesen], *der Mehetweret, der »großen Urflut«, wie sie in den Beischriften der Tutanchamun-Version genannt wird, die den kuhgestaltigen Himmel abbildet*" – so Sternberg el-Hotabi, H.: *Der Mythos von der Vernichtung des Menschengeschlechtes*, S. 1019.

Erinnerungsszenen[28] – als göttlich-bändigendes Tun und als jene Kraft in Erscheinung, die im Hergang der Schöpfung die Urflut und das Chaos, jene Sinnbilder der vollständig undisziplinierten Wasser, zurückdrängen, sodass mithin von einer uranfänglich-ersten Disziplinierung gesprochen werden kann. Gerade in altorientalischen Weltschöpfungserzählungen wird das Wasser *im Anfang* jedoch in einem, auch für den Untersuchungsgegenstand der Disziplinierung, lebens- und erfahrungsweltlich weitaus greifbareren Horizont verortet. Prinzip und Gottheit des Wassers verschmelzen hier uranfänglich nicht nur miteinander, oftmals sind es die Götter selbst, die jene *erste Disziplinierung* unternehmen (Atraḫasis-Mythos). Für den mesopotamischen Kulturraum sei zunächst das altbabylonische Weltschöpfungsepos *Enūma eliš* angeführt, das in der Antike unter dem Titel seiner beiden Anfangsworte »enūma eliš«, d. h. »als oben«, bekannt war.[29] Stellt die Schöpfungserzählung inhaltlich in erster Linie eine theogonisch-machtpolitische Legitimation des Aufstiegs des babylonischen Stadtgottes *Marduk* an die Spitze des Pantheons dar, so scheint für eine kulturphilosophische Analyse des Wassers *als Anfang* im Kontext seiner *ersten Disziplinierung* die Theogonie des *Enūma eliš*, samt uranfänglichem Götterpaar von *Apsu* und *Tiamat* bedeutsam; die ersten Verse des Epos lauten:

„*¹ Als oben der Himmel noch nicht existierte*
² und unten die Erde noch nicht entstanden war –
³ gab es Apsu, den ersten, ihren Erzeuger,
⁴ und Schöpferin Tiamat, die sie alle gebar;
⁵ Sie hatten ihre Wasser miteinander vermischt,
⁶ ehe sich Weideland verband und Röhricht zu finden war –
⁷ als noch keiner der Götter geformt
⁸ oder entstanden war, die Schicksale nicht bestimmt waren,
⁹ da wurden die Götter in ihnen geschaffen"[30]

---

28 Im biblischen Kontext tritt das Spannungsverhältnis aus »Wüste und Wasser« auch im *Pentateuch* zentral hervor, man denke etwa an die Wasserwunder in Ex 15,22 ff. und in Ex 17,1 ff. oder die quasi-disziplinierende *Teilung der Wasser* des Roten Meeres in Ex 14,10 ff.
29 Eine erste Verschriftlichung der Erzählung ist für das frühe erste Jahrtausend v. Chr. bezeugt, allerdings erweisen sich die Datierungsversuche des *Enūma eliš* als schwierig, zumal der Aufstieg des babylonischen Stadtgottes *Marduk* und das Verdrängen älterer Gottheiten, wie *Enlil*, früher begonnen haben dürften. Vertrieb also *Marduk* den Götterkönig *Enlil* von der Spitze des Pantheons, so müsste man etwa die Rolle *Enlils* im Atraḫasis-Epos mit jener im *Enūma eliš* vergleichen: während im *Atraḫasis* noch jedwede Erwähnung von *Marduk* fehlt, findet *Enlil* im *Enūma eliš* wiederum kaum Erwähnung; vgl. weiterführend Lambert, W.: *Enuma Elisch*, S. 565 f.
30 Lambert, W.: *Enuma Elisch*, S. 569

In diesen ersten Versen ist die babylonische Vorstellung des *Apsu* (auch *Abzu/ Engur*), des unterirdischen Süßwasserozeans, bereits zur Sprache gebracht: denn *Apsu* ist das *personifizierte Wasser in der Tiefe*, das gleichzeitig Gottheit *und* Prinzip des Süßwassermeeres[31] ist. Sein weiblicher Gegenpart *Tiamat* ist Gottheit *und* Prinzip des Salzwassermeeres; die *Vermischung* ihrer Wasser ließ die ersten Gottheiten entstehen.[32] Im *Enūma eliš* wurde in ebenjenem Heiligtum des »reinen Apsu« (Z. 82 f.) *Marduk* geboren.[33] Die mythologischen Parallelen zwischen mesopotamischen Motiven vom »Wasser in der Tiefe«, sei es nun als Gott oder als Prinzip begriffen, und altgriechischen hydrografischen Vorstellungen unterirdischer Wasserreservoirs und Unterweltsströme stechen hervor. Als Beispiel mögen etwa die altgriechischen *Raumskizzen* in Platons *Phaidon*[34] dienen, in denen von unterirdisch flutenden Strömungen, grundlosen Quellen und vom Wasser *in Bewegung*, das sich in Kanälen und Wasserströmen an die Oberfläche ergießt, die Rede ist; ebenso scheinen auch Parallelen zur Lehre des Thales, vom Wasser als *archē*, plausibel.[35] Zunächst muss die Untersuchung vom »Wasser in der Tiefe« allerdings zurück an die Oberfläche hydrografischer

---

31 Vgl. Maul, S.: *Ringen um göttliches und menschliches Mass*, S. 169: Mit dem unterirdischen Süßwassermeer dürfte wohl jener in Mesopotamien vergleichsweise hohe Grundwasserspiegel gemeint sein, aus dem sich nach altorientalischem Glauben alle Flüsse, Seen und Quellen speisten.

32 Vgl. Römer, W.: *Weisheitstexte, Mythen und Epen. Bd. 3,3. Mythen und Epen 1*, S. 386 ff.: Nach alter Vorstellung wurde *Apsu* vom Gott *Enki/Ea* (Stadtgott von *Eridu*, Gott der Weisheit und Beschwörung) getötet, der damit zum »Herr des Apsu« aufstieg und als Gott des unterirdischen Süßwasserozeans, gleichsam auf dessen Leichnam, seine heilige Stätte bzw. seinen Tempel errichtete (*Enūma eliš* Tafel I, Z. 65 ff.) – er wird zumeist als »der in der Wassertiefe Liegende« dargestellt, wie etwa im sumerischen Mythos »*Enki und Ninmach*«.

33 Später im Epos (Tafel IV) wird es *Marduk* sein, der *Tiamat* tötet und er „[137] [...] *teilte sie wie einen Stockfisch in zwei Teile:* [138] *eine Hälfte davon stellte er hin, breitete sie als Himmelsdach aus.*" Und auf Tafel V weiter: „[53] *Er legte ihren Kopf hin und goß.. [...] aus,* [54] *er öffnete die Tiefe, und sie wurde gesättigt mit Wasser.* [55] *Aus ihren beiden Augen ließ er Euphrat und Tigris fließen* [...] [61] *[Er stellte] ihren Unterleib auf – er keilte den Himmel fest*" – in: Lambert, W.: *Enuma Elisch*, S. 587 – und schuf so aus *Tiamat* nicht nur die Quelle der beiden Hauptflüsse des Zweistromlandes, sondern aus ihren Hälften auch Erde und Himmelszelt.

34 Für die Vorstellung von *Tartaros* und den Unterweltsströmen vgl. v. a. Kap. 60 u. 61 in Platons *Phaidon*.

35 Vgl. Ninck, M.: *Die Bedeutung des Wassers im Kult und Leben der Alten*, S. 3 ff.; einige dieser Hydrografien und Wasservorstellungen werden diskutiert, ohne dass jedoch der Versuch unternommen sei, die griechische *Wasserphilosophie* einzig und

Mythen und Epen emporsteigen, um von den uranfänglich-ersten Disziplinierungen des Wassers zu handeln.

An der diskursiven Oberfläche zeigt sich zunächst, dass das *Flutmotiv* in seiner zutiefst erdverbundenen Ausprägungsform, des im Jahreszyklus periodischen Auftretens der Frühfluten im Zweistromland, für die Fruchtbarkeit der Böden von entscheidender Bedeutung war. Es mutet daher plausibel an, dass ebendieses Motiv der (künstlichen) Bewässerung im Kampf gegen die Unberechenbarkeit von Euphrat und Tigris einerseits sowie im Zurückdrängen der Wüste vermittels aufwendiger Disziplinierungs- und Regulierungsleistungen andererseits, in der mesopotamischen Mythologie mannigfaltig rezipiert wurde. Insbesondere im Atraḫasis-Epos findet sich eine Erzählung von Göttern, die in einer *ersten Disziplinierungsarbeit* noch selbst die Wassergräben und Bewässerungskanäle für das Ackerland gruben.[36] Dabei hebt sich der Atraḫasis-Mythos aus der *„großen Zahl religionsgeschichtlicher Vergleichstexte zur biblischen Urgeschichte (Gen 1-11) dadurch heraus, daß es nicht nur Parallelen zu einzelnen ihrer Motive liefert, sondern ihr auch als Ganzes in ihrem Gesamtaufbau entspricht. Auch der Aufbau dieser ›babylonischen Urgeschichte‹ ist bestimmt von dem polaren Gegenüber von Schöpfung und Flut, von der Erschaffung und der Vernichtung des Menschen."*[37] So setzt die erste Tafel des Atraḫasis-Mythos zu einer Zeit an, als „*¹ [...] die Götter (auch noch) Menschen*" bzw. *da die Götter Mensch waren*, damals „*² trugen sie die Mühsal, schleppten den Tragkorb.*" Es waren die Götter selbst, die die ersten Bewässerungsarbeiten im Zweistromland und somit die erste irdische Disziplinierung des Wassers vollbrachten:

---

allein aus einer kleineren Anzahl altorientalischer oder ägyptischer Kosmogonien in direkten Kontinuitätslinien abzuleiten.
36 Vgl. Soden, W.: *Der altbabylonische Atramchasis-Mythos*, S. 612: Wohl ist anzunehmen, dass für keinen der im Atraḫasis-Mythos behandelten Themenkreise – Götterkämpfe, Menschenschöpfung bis zur Verhängung der Plagen und der Sintflut – sich *„der babylonische Dichter an eine sumerische Dichtung anlehnen [konnte], wenn er auch wesentliche Motive aus der sumerischen Mythologie übernahm, diese aber ganz neu zu einem reflektierenden Mythos verarbeitete. Der Mythos enthält keine Theogonie; diese war vielleicht das Thema eines eigenen Mythos.*" Darüber hinaus (vgl. S. 613, Fußnote e) handle es sich bei den die Grabungsarbeiten leistenden Göttern nicht um die sumerischen Hauptgötter (*Anunna*), sondern um eine Art *Zweitgattung* von Göttern (*Igigu*).
37 Albertz, R.: *Geschichte und Theologie: Studien zur Exegese des Alten Testaments und zur Religionsgeschichte Israels*, S. 1

„*[19] [Die Anunnaku] des Himmels*
[20] [leg]ten [die Mühsal] auf die Igigu.
[21] [Die Götter begannen, Flüsse zu] graben,
[22] [Kanäle öffneten sie, das] Leben für das Land.
[23] [Die Igigu begannen, Flüsse zu] graben,
[24] [Kanäle öffneten sie, das] Leben für das Land.
[25] [Die Götter gruben den] Fluß Tigris
[26] [und den Euphrat da]nach."[38]

Doch die zum Dienst und Bau an Kanalnetz und Flussbetten gezwungenen Götter (*Igigu*) sollten, nach Jahrtausenden der Fronarbeit von ihrer schweren Mühsal ermüdet, aufbegehren und den Aufstand gegen den obersten Gott *Enlil*, den Hauptgott des sumero-akkadischen Pantheons, beschließen. Was folgt, ist ein Aufstand und Götterstreik, in dem die *Igigu* in „*hoffnungsfrohe[r] Erwartung, dass der «Aufseher der alten Zeit» erschlagen werde und endlich eine neue Zeit anbrechen möge, frei von der schlimmen Mühsal des Kanalbaus, [...] ihre Tragkörbe*" verbrennen und ihre „*Schaufeln und Hacken*" zerbrechen, um vor den göttlichen Palast zu ziehen. Bezeichnend ist an dieser Situation sowohl die Tatsache der ungleichen Verteilung der Lasten zwischen den Göttern als auch das Aufbegehren der *Kinder-Generation* des obersten Gottes. Das Urbild einer bedrohten göttlichen Ordnung, durch das über „*Göttergenerationen* [...] *Sichausdifferenzieren der Göttlichkeit*"[39], ist selbst ein Motiv von zutiefst menschlicher Furcht.[40] Im Resultat kommt es allerdings nicht zum Götterkrieg, sondern zur Erschaffung des Menschen. Von nun an soll der Mensch »den

---

38 Soden, W.: *Der altbabylonische Atramchasis-Mythos*, S. 618 f. Anm.: die Schreibung in eckigen Klammern verweist auf Lücken und Ergänzungen in den keilschriftlichen Originaltexten, die in den Übersetzungen zwecks besserer Lesbarkeit hinzugefügt worden sind.
39 Maul, S.: *Ringen um göttliches und menschliches Mass*, S. 171 f.
40 Mit geradezu humoristischem Unterton wird geschildert, wie *Enlils* Wesir, der Lichtgott *Nusku*, diesen fragt, warum er denn derartig in Furcht gerate, schließlich seien »das dort« vor dem Palast »doch nur deine Kinder« (Tafel I, Z. 93 ff.). Nach dessen, für einen Götterkönig „*recht hilflos*" anmutender Reaktion kommt es – „*charakteristisch nicht nur für diesen babylonischen Mythos*" – nicht zum Äußersten: vielmehr suchen die Götter „*in Verhandlungen einen neuen modus vivendi [...]. Da Enlil das Anliegen der Igigu als berechtigt anerkennen mußte, die Weiterarbeit an dem Kanalnetz aber auch nicht unterbleiben durfte, mußte eine dritte Gruppe für diese gefunden werden.*" Daher die Erschaffung des Menschen: nach göttlichem Beschluss „*[191] [...] soll der Mensch den Tragkorb des Gottes tragen!*" – in: Soden, W.: *Der altbabylonische Atramchasis-Mythos*, S. 614 ff.

Tragkorb des Gottes tragen« (I, 197) und damit das Joch von Kanalgrabungen und Bewässerungsarbeiten an Euphrat und Tigris (Deiche, Dämme, Fluren) sowie die Bestellung des fruchtbaren Landes für die »Hungerstillung und den Unterhalt der Götter« (I, Z. 339) fortsetzen. Scheint die *erste Wasserdisziplinierung* in den altorientalischen Erzählungen noch in der Sphäre des Göttlichen verortet worden zu sein, konnte das Leben – und mit ihm der Beginn mesopotamischer Kulturgeschichte im Zweistromland – erst erwachsen, *nachdem* die Götter das Kanalnetz zur Verteilung des Flusswassers von Euphrat und Tigris geschaffen hatten. Erst indem sie die Bewässerungssysteme gegraben und die Natur gezähmt hatten, konnte die alljährliche Frühflut als »Lebenswasser« wirken. Weitere Ausprägungsformen dieses Motivs finden sich etwa auch in der sumerischen Dichtung »*Enki und die Weltordnung*«, welche die frühjährliche Überschwemmung thematisiert[41], und in der sumerischen Komposition »*Lugal ud me-lám-bi nir-ĝal*«[42], in die Frühflut der Bergflüsse als *noch ungezähmt* dargestellt wird; als weiterer sumerischer Mythos wäre zudem »*Enki und Ninsikila*« zu nennen, in dem berichtet wird, wie die Trockenheit und brackigen Trinkwasservorräte von *Tilmun* durch göttliches Einwirken auf ein lebensermöglichendes Maß (»Wasser im Überfluss«) vermehrt werden sollen, sodass dereinst fruchtbares Land aufgehen möge.[43]

Mythen und frühe Erzählungen brachten die Disziplinierung des Wassers nicht nur explizit zur Sprache und verschriftlichten diese erstmalig in der Kulturgeschichte, sondern sind im *Ansprechen* der Disziplinierung als solcher noch sehr viel ursprünglicher am Wesen des Wassers und dessen *kulturimperativischen Disziplinargebot* gelegen. Gleichzeitig geben sie beredte Auskunft

---

41 Vgl. Römer, W.: *Weisheitstexte, Mythen und Epen. Bd. 3,3. Mythen und Epen 1*, S. 420: „*⁴⁴⁶ Von j[e]tzt an kehrte die Flut zu ihren Ufern zurück, kehrte das Land fürwahr in seine alte Lage zurück.*"
42 Ebda., S. 434 ff.: „*Der zweite Teil erzählt, wie Ninurta die Bergströme und dadurch den Tigris reguliert und so die für [das Land] Sumer lebensnotwendige Bewässerung ermöglicht.*" Geschildert wird darin erneut eine Zeit (»damals«), zu der sich das „*heilsame Wasser, das aus dem Boden kommt, (noch) nicht auf die Felder*" ergossen und der „*Tigris [...] in seinem Hochstand (noch) nicht seine Hochflut empor*" getragen hat (Tafel VIII, Z. 334; 340), sodass der Ackerbau misslang und als Konsequenz im ganzen Land Hunger herrschte.
43 Ebda., S. 363 ff.: So sollte „*das urzeitliche Tilmun mit frischem Wasser versehen [werden]*, *nachdem Enki, der Gott von Eridu, der hier als seine Gemahlin, aber auch als seine Tochter bezeichneten Göttin Ninsikila, Tilmun zum Geschenk gemacht und diese ihren Vater auf den dortigen Wassermangel, der das Land für sie nutzlos mache, aufmerksam gemacht hatte.*"

über die Vorstellung, dass die „*Anlage eines Kanalnetzes in Babylonien, ohne das eine Besiedelung Babyloniens nicht möglich gewesen wäre*", nur von den Göttern erbracht worden sein konnte. Eine derart „*große Leistung*" musste diesen zugeschrieben werden, weil „*sie den Menschen allein nicht hätte gelingen können.*" Denn die Idee und tiefere Einsicht eines ebensolchen Unterfangens sei mit dem menschlichen Verstand unvereinbar, unmöglich und übersteige diesen, schließlich wurde dem Menschen „*mehr als die für die geplanten Arbeiten unverzichtbare Planungsfähigkeit* [...] *zunächst nicht zugebilligt.*"[44] Man könnte konstatieren, dass die frühen sumero-akkadischen Mythendichtungen dem Menschen im Sinne der disziplinierenden Technisierung zwar die Nutzbarmachung – d. i. das Bestellen von Feldern und Äckern sowie das Bauen von Brunnen und basalen Be- und Entwässerungsanlagen – zugestanden hatten, jedoch nicht die hochkomplexe Regulierung des Wassers, mithin das Schaffen des Kanalnetzes sowie die Entwässerung und Entsalzung der Böden. Nur ein alltägliches Abarbeiten der Grabungsleistungen wurde in menschlichen Sphären verortet, die Idee und Erkenntnis von der Notwendigkeit einer ebensolchen Regulierung *per se* indes im Göttlichen. Neben dem Motiv einer ersten göttlichen Disziplinierung spielt in den sumero-akkadischen Dichtungen, im Atraḫasis-Mythos, aber auch im Epos *Enūma eliš*, oftmals auch die Überfülle des Wassers, *l'eau d'abondance*, eine gewichtige Rolle. Vor einem realweltlichen Hintergrund von Trockenheit und Wasserknappheit müsse die aquatische Überfülle noch *auf Maß* und *in Form* diszipliniert werden: Das Motiv selbst „*permis de tracer les traditions suméro-akkadiennes de l'eau d'abondance, ses enjeux politiques et théologiques au sein du corpus mythologiques et sa fonction comme motif dans la théologie royale de la médiation au sein du corpus des inscriptions royales. Ainsi, l'eau jaillit dans les mythes d'origine avec abondance*" und dieser Überfluss „*antédiluvienne, mythique et divine, jaillit sans cesse dans et par le roi, médiateur parfait de dieux.*"[45]

Antike Flutmythen und die Sintflut-Erzählung der Genesis

Sofern Wasser *als* Anfang die Bestimmtheit als »Noch-nicht-Sein des ὄν«[46] zukommt, erfahren auch die Mythen als *erste Erzählungen* mit Anbruch der Schriftlichkeit ihre früheste verschriftlichte Fixierung – beeindruckend ihre

---

44 Soden, W.: *Der altbabylonische Atramchasis-Mythos*, S. 614
45 Anthonioz, S.: *L'eau enjeux politiques et théologiques, de Sumer à la Bible*, S. 608
46 Vgl. Hönigswald, R.: *Vom erkenntnistheoretischen Gehalt alter Schöpfungserzählungen*, S. 35

ikonische Konstanz, archaisch anmutend ihr narratives An- und Fortdauern. Die in den Schöpfungsmythen vermittelten aquatischen Disziplinierungsmomente finden in den Sintflut-Erzählungen ihr geradezu konterkarierendes Pendant, d. i. die *Umkehrung* der Schöpfung. An dieser Stelle soll keine detaillierte chronologische Abhandlung der unterschiedlichen Fluterzählungen basierend auf facheinschlägigen Vergleichsstudien vorgelegt werden. Vielmehr gilt es, sich auf die Literatur zum Thema stützend[47], auf eine präzise Darstellung des Sintflut-Topos als Inbegriff des absoluten Über- und Unmaßes des Wassers zu fokussieren, da sich die Sintflut kulturgeschichtlich als große Weltenflut und kataklystischer Ausbruch von »zu viel« Wasser zeigt.

Die Verbreitung des Topos einer (welt)umfassenden Sturmflut[48] gleicht vordergründig einer Auflösung jedweder Disziplinierung allen Wassers, dem vollständigen Bruch des *Disziplinierungsrahmens*, der die Menschheit zurück in die archaische Chaotik der Vorzeit stürzen lässt[49] – zugleich ähnelt dies einer

---

47 Für den sumero-akkadischen Kulturkreis sind dies v. a. die Flutmotive im Atraḫasis-Mythos und Gilgamesch-Epos – vgl. dazu: Soden, W.: *Der altbabylonische Atramchasis-Mythos*, S. 614 ff.; Dalley, S.: *Myths from Mesopotamia* oder auch George, A.: *The epic of Gilgamesh*. Für eine breiter angelegte Studie zu Sintflut und Arche in den uns heute bekannten antiken Quellen des Vorderen Orients vgl. Finkel, I.: *The ark before Noah*. Schließlich sei angemerkt, dass das Übermaß an Wasser (Sintflut-Erzählung) nicht nur in der griechischen Fluterzählung »Deukalion« vorkommt, sondern kulturgeschichtlich ein *allen Völkern und Zeiten* gemeinsames Motiv bilden dürfte. Die mannigfaltige, weltweite Verbreitung von Flutgeschichten reicht vom Alten Ägypten, dem antiken Griechenland und Europa, über Indien und weite Teile Asiens bis hin zu Flutmythen aus Australien, Melanesien und Mikronesien und findet sich überdies bei zahlreichen indigenen Völkern Altamerikas. Zugleich wurde das Motiv der Sintflut auch in der Malerei vielfach aufgegriffen, so u. a. in Gemälden von Iwan Konstantinowitsch Aiwasowski, Antonio Carracci, Francis Danby, Gustave Doré, Théodore Géricault oder William Turner.
48 Zur Einbettung von *Flut* und *Wasser* im mesopotamischen sowie biblischen Kontext vgl. u. a. Anthonioz, S.: *L'eau enjeux politiques et théologiques, de Sumer à la Bible*; die Analysen zum Mythos im altorientalischen Kontext stützen sich verstärkt auf die Schriftenreihe von Kaiser, O.: *Texte aus der Umwelt des Alten Testaments (TUAT)*. Für die philosophischen Studien zum Mythos vgl. Schelling, F.: *Einleitung in die Philosophie der Mythologie*; Blumenberg, H.: *Arbeit am Mythos* sowie Sailer-Wlasits, P.: *Hermeneutik des Mythos*.
49 Eine über die ikonische Konstanz der Fluterzählungen hinausgehende zeitliche Verortung der Sintflut bzw. die Frage nach ihrem tatsächlichen *Stattgefunden-Haben*, z. B. gemäß Impakt- oder Überschwemmungstheorien, wie dem Schwarzmeer-Wassereinbruch, wurde hier dezidiert nicht angestrebt.

Bestrafung durch göttlichen Urteilsspruch. Dem Motiv göttlicher Bestrafung steht jenes der Reinigung und dem Chaos der Anspruch auf Ordnung, d. h. auf Neuordnung, Wiederherstellung und Reinstitutionalisierung menschlicher Herrschafts- und Lebensverhältnisse, gegenüber. Die Zerstörungen der Sintflut und ihr Tilgungsmoment sind nicht absolut – der Mensch überlebt; der Neubeginn von Leben geschieht damit nicht *ex nihilo*, sodass die *erneuerte Ordnung* nach der Sintflut auch Wiederherstellung eines ursprünglich Geschaffenen ist. Dennoch bleibt sowohl im kultischen wie auch im soziopolitischen Selbstverständnis die kulturgeschichtliche Abbruchkante der Flut *als Umbruch* reflektiert. Sie wird nicht nur als vorübergegangener Einschnitt erachtet, sodass die Neuordnung keine gleichwertige Restitution oder Wiedereinsetzung verklungener Herrschaftsverhältnisse ist, sondern muss vielmehr als verstärkte *Neubegründung* der untergegangenen Verhältnisse im Heraufdämmern der Gegenwart gedeutet werden. Sofern die Sintflut-Erzählungen keine bloße Auxiliarfunktion im kultischen Leben erfüllten, waren sie – ähnlich den Schöpfungsmythen als *Ur-Einteilende* – *Ordnung-Gebende*, und zwar im Hinblick auf die chronologisch einteilende Abgrenzung zwischen einem vorsintflutlichen *Goldenen* oder *Ehernen Zeitalter* und der fortlaufenden menschlichen Kulturgeschichte seit diesem.

Das neuerliche Heraufdämmern der Kulturgeschichte wird in eindrücklichen Worten, und in dieser Form wohl zum ersten Mal in der Kulturgeschichte, in der sogenannten *sumerischen Königsliste* geschildert, einem Keilschriftdokument auf dem *Weld-Blundell-Prisma* (frühes zweites Jahrtausend v. Chr.), das die dynastischen Königsherrschaften vom Moment, als sie »vom Himmel herabgestiegen« sind, über die Zeit vor der Flut bis ca. 1900 v. Chr. einteilt. Ein bedeutsamer Umbruch tritt in der *sumerischen Königsliste* um die Zeit der großen Flut ein, wobei das sumerische *a-ma-ru* in etwa mit »Sintflut«[50] übersetzt werden könnte; in der ersten Kolonne der Königsliste (Z. 39-41) steht geschrieben:

[39] *a-ma-ru ba-uir-ra-ta*
[40] *egir a-ma-ru ba-uir-ra-ta*
[41] *nam-lugal an-ta e-de-a-ba*

---

50 Vgl. *Leipzig-Münchner Sumerischer Zettelkasten*, S. 10 ff.: im Sumerischen steht *a-ma-ru* für »Sturmflut« und *abūbu* für »Überschwemmung, Regenguss bzw. Sintflut«.

In Übersetzung: „³⁹ *The Deluge came up (upon the Land).* ⁴⁰ *After the Deluge had come,* ⁴¹ *The rulership which descended from heaven*"⁵¹ lag als neuerlich herabgestiegene Herrschaft sodann in der Stadt *Kiš* (Z. 42) begründet. Angesichts der teils Jahrtausende währenden Regentschaft der Herrscher weniger als ein historisch präzises Quelldokument zu betrachten, verweist die *sumerische Königsliste* doch auf das *Motiv der Göttlichkeit* der frühen Könige. Es klingt jenes divine Element an, das in der Institution der Königsherrschaft als verkörpert angesehen wurde. Die Motivlage der Flut kommt dabei einem echohaften Widerhallen auf unterschiedlichen kulturellen Stufen gleich: Indem die frühkönigliche Lebenszeit und Herrschaft gleichsam von *übermenschlicher Dauer* ist, die erst mit der Flut endet, legt die Königsliste Zeugnis davon ab, wie weit die je eigenen Traditionslinien – d. i. die »Kultur von Sumer« – im kulturellen Selbstverständnis und sumerischen Selbstbild als in ein *kosmisches Zeitalter* zurückreichende begriffen worden sind. In diesem Dauern der Königsherrschaft scheint eine gewisse Urstandslegitimation des Sumerischen mitvermittelt. Die Ordnung war gesetzt und wurde gebrochen, ihre Reinstitutionalisierung wird *am Umbruch* gemessen.⁵² Dieser Umbruch *ist* die Sintflut.

---

51 Transliteration und Übersetzung folgen dabei Langdon, S.: *Oxford Editions of Cuneiform Texts*, S. 9 – eine Abschrift des sumerischen Keilschrifttexts findet sich auf S. 37. Kontextualisierend sei festgehalten (S. 1 ff.): „*Nippurian theologians regarded the pre-diluvian period as an Utopian age, and their views are represented in the Epical poems on the Flood and Paradise [...]. On the other hand the Ellasar texts regard the pre-diluvian period as profane history.*" Für die zitierte Stelle meint Langdon weiter: „*Ninurta is ordinarily regarded as the god who sent the Flood*" – und dies ist insofern beachtlich, da es zumeist den Göttervätern (*Enlil, Zeus*), nicht aber der Wasser- oder Meeresgottheit, vorbehalten blieb die Flut zu schicken; ein narratives Grundphänomen, das sich im Atrahasis-Epos oder im Deukalionischen Flutmythos in Beendigung des *Ehernen Zeitalters* findet.
52 Die Flut ordnet die Herrschaft in Verzeitlichung und führt auf spezifische Weise das Motiv des Historischen in den Mythos ein; Anthonioz, S.: *L'eau enjeux politiques et théologiques, de Sumer à la Bible*, S. 607: „*Cette insertion clé a permis de mettre au jour l'enjeu « historique » du motif, puisqu'il sanctionne le passage d'une temporalité mythique à une temporalité « historique ». En même temps, il ne peut être séparé de la royauté et de la théologie de la médiation royale propre á la Mésopotamie: de même que le déluge est au cœur de l'Histoire pour en instaurer la temporalité, de même le déluge est au cœur de la royauté pour en permettre la médiation.*" In dieser Ambivalenz legitimieren Flutmotiv und *sumerische Königsliste* als Quellzeugnis derselben die neuerliche Königsherrschaft, die vom Himmel in ebendiese Historizität herabstieg.

Die Sintflut in Atraḫasis-Mythos, Gilgamesch-Epos und Genesis

Bemerkenswerterweise wird der mitunter als »babylonischer Noah« bezeichnete *Ziusudra*, oder Ξίσουθρος bzw. *Xisuthros* bei Berossus[53], als König und Archenbauer Protagonist der sumerischen Flutgeschichte (etwa 17. Jh. v. Chr.), Langdon zufolge auf dem *Weld-Blundell-Prisma* mit keinerlei Erwähnung gewürdigt. Die unterschiedlichen vorderorientalischen Flutmythen scheinen damit zwar teils zu divergieren, weisen jedoch auch distinkte Parallelen in der Schilderung der Flut und ihrer jeweiligen Fluthelden auf – *Ziusudra* in der sumerischen Flutgeschichte[54], *Atraḫasis* im gleichnamigen Mythos und *Uta-napišti* als Archenbauer im Gilgamesch-Epos –, sodass hierin eine Verbindungslinie zwischen *sumerischer Königsliste*, Atraḫasis-Mythos, Gilgamesch-Epos und biblischer Sintflut-Erzählung aufgebaut werden kann. Scheint das Flutmotiv indes auf vorliterarische Mythendichtungen zurückzugehen, wobei die frühesten verschriftlichten Sintflut-Fragmente wohl als *reflektierte Mythen* gedeutet werden dürfen, so lässt sich heute der älteste narrative Kernbestand

---

53 Maul, S.: *Ringen um göttliches und menschliches Mass*, S. 162 f.: In dem Geschichtswerk »Babyloniaka« des Berossos, ein „*Marduk-Priester aus Babylon*" (ca. drittes Jh. v. Chr.), wurde „*die Geschichte Babyloniens von ihren Uranfängen bis zur Zeit Alexanders des Großen* [dargestellt]. *Der wichtigste Einschnitt in den Ablauf der Zeiten war* [...] *eine allumfassende Weltenflut.*" Nach etwa „*432.000 Jahren der Königsherrschaft habe Xisuthros, der Sohn des letzten der zehn langlebigen vorsintflutlichen Könige, auf Weisung des Kronos*" eine Arche gebaut, um so Familie und Tiere vor der Sintflut zu retten; zum Dank wird *Xisuthros* zu den Göttern entrückt.
54 Römer, W.: *Weisheitstexte, Mythen und Epen. Bd. 3,3. Mythen und Epen 1*, S. 455 f.: Ziusudra, den Rat des Gottes *Enki* vernehmend (IV, 6-10): „*⁶ Durch unsere Hand [wird] eine Sturmflut über die*" Städte und das „*Lande Sumer hinwegfahren, ⁷ den Samen der Menschheit zu zerstören, [ist das Schicksal bestimmt], ⁸ [einen, der] das abgeschlossene Urteil, das Wort der (Götter)versamml[ung widerruft, gibt es nicht]*" – und weiter (V, 1-11): „*¹ Alle bösen Stürme, alle Ungewitter stellten sich zusammen auf, ² der Flutsturm fährt mit ihnen zusammen über die Städte [...] hinweg. ³ Nachdem sieben Tage lang, sieben Nächte lang ⁴ der Flutsturm über das Land Sumer hinweggefahren war, ⁵ nachdem der böse Sturm das sehr große Schiff auf dem großen Wasser hin und hergeschleudert hatte, ⁶ kam Utu [Sonne] zum Vorschein, der im Himmel (und) auf Erden Licht schaffte.*" Ziusudra erhält von den Göttern für seine Taten »dauerhaftes Leben«, d. i. Unsterblichkeit; passenderweise bedeutet *Ziusudra* im Sumerischen nach Finkel, I.: *The ark before Noah*, S. 92, „*something like He-of-Long-Life. The name of the corresponding flood hero in the Gilgamesh Epic is Utnapishti, of roughly similar meaning. In fact, we are not sure whether the Babylonian name is a translation of the Sumerian or vice versa.*"

des Mythos nur mehr grob bis an die Grenzen des zweiten vorchristlichen Jahrtausends nachverfolgen und damit nicht mehr auf *die eine*, erste verschriftlichte Erzählung zurückführen.[55]

Neben den Schilderungen der *sumerischen Flutgeschichte* mit ihrem Fluthelden *Ziusudra*, treten im Atraḫasis-Mythos zwei, für die Disziplinierung des Wassers distinkte Momente in die Erzählung. Wurde oben angeführt, dass sich der Autor jenes Mythos an keinen gleichwertigen sumerischen Dichtungen und allenfalls an einzelnen Mythenmotiven anlehnen konnte, so schuf er, in Beschreibung der Plagen zur Dezimierung der Menschen sowie der Sintflut-Erzählung selbst, eine völlige Neukomposition in Form eines *reflektierenden Mythos*.[56] Im Atraḫasis-Mythos sind es die Überbevölkerung und das Lärmen der vorsintflutlich noch unsterblichen Menschen (»das Land lärmt wie Stiere«; Tafel I, Z. 354), die den Göttervater *Enlil* zur Entfesselung der als Strafmaßnahme konzipierten Plagen veranlassen. Nach Krankheit, entsendet er Trockenheit und straft den Menschen durch ein »zu wenig« des Wassers, lässt das Naturelement versiegen und jedwede Disziplinierung versanden (Tafel II).[57] Die Plagen werden jeweils durch göttliche Intervention, genauer durch die Ratschläge des *Ea/Enki* an *Atraḫasis*, dessen akkadischer Name frei übersetzt in etwa »Der überragend Weise« bedeutet, abgewendet. Nach einer dritten Abfolge von Plagen manifestiert sich das andere Extrem des Gegensatzpaares β in Form einer Sintflut: Diese letzte und größte Strafmaßnahme wird, anders als in der biblischen Erzähltradition, nicht umgehend, sondern erst als *ultima poena* entfesselt. Das wiederum hat „*in den anderen uns bekannten Sintflutmythen*

---

55 Finkel, I.: *The ark before Noah*, S. 88: „*Quite soon after writing had reached the point of recording language in full, at the beginning of the third millennium BC, we see that narratives concerning the gods come to be written down. [...] The Flood Story [...] does not seem to have made it ‚into print' at such an early date. The earliest tablets with any part of the story appear in the second millennium BC, a thousand years or more after the first experiments with writing on clay. We can only imagine how Sumerian and Babylonian storytellers might have spun tales of the Great Flood in the meanwhile, for it must long have been a staple of their craft.*"

56 Vgl. Soden, W.: *Der altbabylonische Atramchasis-Mythos*, S. 612

57 Ebda., S. 629 – und *Enlil* sprach: „*[7] Zu lästig wurde mir nun das Geschrei der Menschen; [8] infolge ihres lauten Tuns entbehre ich den Schlaf. [9] Schneidet ab den Menschen den Lebensunterhalt; [10] selbst für die dürftigste Hungerstillung sollen die Pflanzen zu wenig werden! [11] Seine Regenwolken wische Adad weg; [12] gut (wirkend) komme [13] kein Hochwasser aus der Wassertiefe! [14] Der Wind fahre daher, [15] entblöße das Land, [16] die Wolken mögen sich prall füllen, [17] und doch tropfe das Naß nicht herab!*"

so keine Entsprechung", hatten die zuvor *"in großen Abständen [...] immer schwerer werdenden Plagen"* als Strafmaßnahmen das Ziel *"die Menschen [zu] dezimieren, aber nicht"* zu vernichten. Im gleichen Zuge stellt die Sintflut somit *"die letzte ganz große Krise im Verhältnis der Götter zu den Menschen"*[58] dar. Dieser letzte, krisenhaft kataklystische Ausbruch in Form einer Entfesselung der Sturmfluten und der vollständigen Aufhebung jedweder Disziplinierung des Wassers gemäß göttlicher Beschlussfassung, wird auf der dritten Tafel des Atraḫasis-Epos in drastischen Worten[59] geschildert und weist durchaus korrespondierende Vergleichsmomente zur Tafel XI[60] des Gilgamesch-Epos sowie zum 1. Buch Mose (Gen 6-9) auf, obgleich die narrativen Traditionsstränge und Hintergründe hinsichtlich ihrer direkten Vorlagewirkung kontroversiell bleiben dürften.

Auf besagter Tafel XI des Gilgamesch-Epos sucht *Gilgamesch* den einzigen Sintflut-Überlebenden *Uta-napišti*[61] auf – denn *Uta-napišti* war dank eines Rates des Gottes *Ea* den Sturmfluten dereinst entkommen –, um von diesem

---

58 Ebda., S. 615 f.
59 Mit Hereinbrechen der Sintflut, markiert durch das Brüllen des Gottes *Adad* in den Wolken (III, 53), verriegelt *Atraḫasis* die Türen der Arche und legt das Schiff mit den herandonnernden Sturmwinden ab (III, 54-55). Als zermalmendes Ungewitter (S. 639 f.) stürzte *"heraus die Sintflut, ¹² [wie eine Schlacht] kam über die Menschen die Vernichtungswaffe. ¹³ [Nicht] konnte sehen der Bruder seinen Bruder; ¹⁴ [nicht] waren sie erkennbar in der Katastrophe. ¹⁵ [Die Flut] tobt laut wie Stiere; ¹⁶ [wie ein] mordender Adler [rausch]t der Sturmwind. [Dicht war] die Finsternis, ¹⁷ die Sonne blieb unsichtbar"* – das Tosen der Sintflut.
60 Tafel XI des Epos wird, nach der Erstrekonstruktion der einzelnen Tontafelstücke durch George Smith 1873, auch gemeinhin als »Fluttafel«, *flood tablet*, bezeichnet. Der Sintflutbericht im Gilgamesch-Epos geht vermutlich auf eine noch ältere Tradition zurück; dazu Finkel, I.: *The ark before Noah*, S. 97: *"While it is certain that the Late Assyrian Gilgamesh Ark-cum-Flood narrative derives from earlier accounts written in the second millennium BC, there is no known example of an Old Babylonian Gilgamesh story that deals with these iconic events. All our Flood Story sources form that time belong to Atrahasis."*
61 Hecker, K.: *Das akkadische Gilgamesch-Epos*, S. 728: *"Zu den wichtigsten Neuerungen des Gilgamesch-Epos gehören, daß der Sintflutheld, der jetzt Utnapischtim (statt Atramchasis) heißt, die Flut als Augenzeuge schildert, daß kein Motiv für die Götter, die Flut zu machen, genannt ist und das Überleben der Flut die Begründung für Utnapischtims Unsterblichkeit liefert. Gilgamesch kann, da keine neue Flut zu erwarten ist, das ewige Leben, das er sucht, natürlich nicht gewinnen, ja er ist nicht einmal imstande, 7 Tage und Nächte, so lange wie die Flut dauerte, wach zu bleiben."* Sohin bleibt ihm nur die Rückkehr in seine Stadt, Uruk, dessen große Stadtmauer, ob ihrer Prächtigkeit

zu erfahren, wie man als Mensch Unsterblichkeit erlangen könne.[62] Wie auch im Atraḫasis-Mythos besteht der Rat an den Fluthelden darin, eine Arche zu bauen, nachdem die Götter die Entfesselung der Sintflut beschlossen hatten (XI, 21-31); die korrespondierende Stelle in der Bibel (Arche Noah) wäre Gen 6, 13-17. Als schließlich die Sintflut hereinbricht, fürchten selbst die Götter *ihr Wüten* und ziehen sich reuevoll und weinend in den höchsten Himmel, jenen des *Anu* (XI, 114), zurück: Und an jenem Morgen „*[97] stieg vom Horizont schwarzes Gewölk auf, [98] Adad brüllt darin, [...] [102] Ninurta*[63] *geht, läßt das Wasserbecken aus [...]. [105] Adads Totenstille überzieht den Himmel, [106] alles Helle wurde in Finsternis verwandelt. [107] Das [weite] Land zerbrach wie ein Topf, [108] Einen ganzen Tag lang [toste] der Südsturm [...] [110] Wie ein Kampf kamen über [die Menschen die Wasser]: [111] der eine kann den anderen nicht sehen, [112] nicht sind erkennbar die Menschen im Regen.*"[64] Die biblische Sintflut (v. a. Gen 7) kennt hier einige Parallelen, doch auch signifikante Unterscheidungsmomente; bemerkenswert ist, wie das Hereinbrechen der Sintflut in Gen 7, 10-12 beschrieben wird: „*[10] Und es geschah nach sieben Tagen, da kam das Wasser der Flut über die Erde. [11] Im 600. Lebensjahr Noahs, im zweiten Monat, am siebzehnten Tag des Monats, an diesem Tag brachen alle Quellen der großen Tiefe auf, und die Fenster des Himmels öffneten sich. [12] Und der Regen fiel auf die Erde vierzig Tage und vierzig Nächte lang.*"[65]

Es ist bezeichnend, dass es sich bei »der großen Tiefe« um *ebenjene* aus Gen 1, 2 handelt und diese sohin synonym für die »Urflut« (*t^ehōm*) steht. Im Hinblick auf die Disziplinierung des Wassers *im* und *als* Anfang, doch vor allem in Anlehnung an die erwähnten mesopotamischen Wassermotive und Mythenbilder, erleichtert die lateinische *Vulgata* in diesem Kontext das Verständnis:

---

seinen Namen über die Epochen *fortdauern* lässt. Und auch das Motiv der *traversée*, des Überquerens von Todes- und Lebenswasser, wird anhand des strebenden Suchens von *Gilgamesch* offenbart.

62 Auf diese Szene der Fluttafel scheint auch bereits Tafel I zu referenzieren, wenn es zu Beginn des Epos (ebda., S. 672) heißt: „*[5] Geheimes sah, Verborgenes öffnete er, [6] brachte Zeit von vor der Sintflut. [7] Einen fernen Weg ging er, fand nach den Mühen dann doch zur Ruhe [8] [und schrie]b auf eine Stele die ganze Mühsal.*"

63 *Adad* ist der babylonische Wettergott, *Ninurta* der babylonische Kriegsgott.

64 Hecker, K.: *Das akkadische Gilgamesch-Epos*, S. 732

65 Es soll mit diesen Ähnlichkeitsmomenten weniger eine qualitative Gleichstellung von Genesistext und mythologischer Erzähltradition, samt des darin enthaltenen symbolischen Beiwerks konstatiert werden, als angezeigt werden, dass sich bereits der biblische Sintflutbericht auf schriftliche Quellen mesopotamischer Epik im antiken Vorderen Orients stützen konnte.

„*¹¹ [...] rupti sunt omnes fontes abyssi magnae, et cataractae caeli apertae sunt: ¹² et facta est pluvia super terram quadraginta diebus et quadraginta noctibus.*" Die *fontes abyssi* verweisen auf die »Urflut«, die als Chaoswasser in der bzw. als »große Tiefe« gelegen war: d. h., die in der Schöpfung geschiedenen Wasser, die als unterirdische Quellen – im Sinne des »Wassers in der Tiefe« (*fontes abyssi*) – Disziplinierung fanden. Äquivalent ist das Motiv des »Wassers in der Höhe« zu erkennen: Zunächst erscheint eine theologisch- bzw. symbolisch-erzählende Reflexionsbestimmung des »Wassers in der Höhe«, als *aqua coelestis* oder schlicht als Regen in diesem Kontext und im Anschluss an die *fontes abyssi* zu kurz gegriffen. Denn die sich öffnenden *cataractae caeli* umranden sprachlich neben dem Bedeutungsspektrum der »Schleuse« auch noch die Begriffe von »Fenster«, »Wasserfall« oder auch »Schranke«. Die *Septuaginta* spricht gar von »καταρράκται τοῦ οὐρανοῦ« und führt im Begriff des οὐρανός (statt *caelum*) noch weitaus ursprünglicher die darin mitvermittelten Konnotationen des gewölbehaften Himmelszeltes mit sich, hinter dessen *Schranken* bei der Schöpfung, qua *erste Disziplinierung*, die Chaosmächte gebunden und die chaotische Urflut diszipliniert worden waren. Damit greift der „*Vers auf die Ankündigung in Gen 6, 17 zurück, stellt aber deutlicher die kosmischen Dimensionen heraus [...]. Die Urflut (tᵉhōm; Gen 1, 2), die durch den schöpferischen Akt zum unterirdischen Ozean geworden ist, der in seiner regulierten Gestalt das Land bewässert und fruchtbar macht (vgl. Am 7, 4; Ez 31, 5. 15; Ps 78, 15; Hi 38, 30), strömt ungebremst nach oben. Zugleich stürzen die Wasser des Himmelsozeans (mē ham-mabbūl) durch die Öffnungen des Himmelsgewölbes (ᵃrubbōt haš-šāmayim) auf die Erde (2Kön 7, 2. 19; Jes 24, 18; Mal 3, 10), sodass die Trennung des Wassers durch die Himmelsfeste teilweise aufgehoben ist (vgl. Gen 1, 6-8).*"⁶⁶ Dieses Einreißen der Schranke und die göttliche Öffnung der *cataractarum caeli* sind damit *nur per effectum* eine Entfesselung der all-tilgenden Sintflut. *Als Akt* sind sie das Aufheben *dessen*, was die Wasser zurückhält. Das Öffnen der Schleuse entspricht also der *Aufhebung* des *schöpferischen Disziplinierungsaktes*. Der Sintflutausbruch vermag damit auch weniger als *entfesselnde Herbeirufung* des Kataklysmus zu erscheinen, denn als bewusster, göttlich herbeigeführter Dammbruch⁶⁷, durch den die Urflut schlicht das tut, was vollends undisziplinierte Wasser in Überfülle – d. i. in

---

66 Gertz, J.: *Das erste Buch Mose Genesis: die Urgeschichte Gen 1-11*, S. 262
67 Vergleiche hierin den Unterschied zur Tafel III des Atraḫasis-Epos, in dem selbst die mesopotamischen Götter, ob der Gewalt der Sintflut erschaudernd, ihren Beschluss, der »ohne rechte Überlegung« (V, 42) gefällt worden war, schon bald bereuen.

Aufhebung von Gegensatzpaar α und β – immer tun: ohne Maß und Form *Raum greifen*, um ergreifend zu vereinnahmen. Insofern ist das Sintflutmotiv auch jene bedeutungsschwere Reflexion des Wassers als absoluter *Nicht-Ort*, an dem Wasser zu einem alles Land geradezu verschluckenden »Gegenpol des Raumes« – verstanden als Leben, Ordnung und Schöpfung – und zum Gegenpol der *Räumlichkeit per se* fortgeht.

Zu Restitution, Paradoxie und überzeitlichem Gültigkeitsanspruch der Sintflut-Erzählung

Die weiteren Charakteristika des biblischen Sintflutberichtes in Gen 7 und 8 weisen einige genuine Ähnlichkeiten, aber auch spezifische Unterschiede zu den mesopotamischen Sintflutmythen auf, die im Folgenden nicht vollumfänglich beleuchtet werden sollen.[68] Allein das Ende der Sintflut kommt in allen Erzählungen der Rückkehr der Wasser in Maß und Form, der Restitution von Gegensatzpaar α und β sowie der Wiedereinsetzung der Disziplinierung allen Wassers gleich. Vergleichsweise unspektakulär, als schlichtes Abschwellen der Flut und Absinken des Wassers (Gilgamesch XI, 129), wird diese Restitution geschildert; nur Gen 8, 2 verweist neuerlich auf das schöpferische Moment der *ersten Disziplinierung*: „*Und es schlossen sich die Quellen der Tiefe und die Fenster des Himmels, und der Regen vom Himmel her wurde zurückgehalten.*" Es ist bemerkenswert, wie sehr die Entfesselung der Sintflut und das Hereinbrechen der chaotischen Archaik, als Sanktionsmoment vermittelt, in ihrer allumfassenden Bedrohlichkeit den *dominanten Erzählstrang* bilden, während das Abschwellen der Flut sowie das Absinken und Versiegen der Wasser demgegenüber durchaus als rezessive, *sekundäre Erzählstränge* bezeichnet werden können. Unzureichend und in knapp bemessenen Worten wird das Moment der göttlichen *Re-Disziplinierung* allen Wassers in den Sintflut-Erzählungen zur Sprache gebracht, sodass diese als sekundärer Diskurs kaum vergleichbare Reflexion und Tradierung erfuhr. Dennoch kann die Sintflut, als kollektive kulturgeschichtliche Erinnerungsszene, im Außerkraftsetzen und neuerlichen Disziplinieren der Urflut auf vorsintflutartige Verhältnisse einer gewissen Paradoxie nicht entgehen: ihre Tilgung kann in Anbetracht des überlebenden

---

68 Auszugsweise umfassen diese etwa die Dauer der Sintflut (7 Tage zu 40 Tagen), das *Auf-Grund-Laufen* der Arche am Berg *Nisir* (Gilgamesch XI, 140) bzw. am Gebirge *Ararat* (Gen 8, 4), das Entsenden der Vögel, die Opfergaben nach dem Ende des Kataklysmus sowie der göttliche Entschluss, keine neuerliche Sintflut zu entfesseln (Gilgamesch XI, 140; Gen 8, 21).

Sinthelden *nicht absolut* sein.⁶⁹ Der Ausfluss dieser Paradoxie ist *mythischer Natur* und doch zugleich menschliche Erfahrung *am* und *in Reflexion von* Wasser. Denn der naturhafte Umgang mit Wasser offenbart sich dem Menschen auch als *Umgehenmüssen mit Extrema*, wie Sturmfluten, Wassermangel oder Dürre. Intendierte Naturkontrolle und der Umgang mit aquatischer Chaotik, als Ausfluss ihrer inhärenten *Nicht-Disziplinierung*, entsprechen im zeitgenössischen Diskurs auch jenen Bewältigungsstrategien, *coping strategies*, die ein grundlegendes Naheverhältnis zur Resilienz von Siedlungsräumen aufweisen. Der Mensch ist Natur und Wasser im Wesentlichen ausgeliefert, doch unternimmt er stets und immer wieder, Millennium für Millennium den Versuch, das aquatische Chaos zu zähmen. Sein Ausgeliefertsein nagt an ihm; so sehr, dass er bereits den Versuch zur Disziplinierung in seinem »ursprünglichen

---

69 Die *Paradoxie der Sintflut* liegt u. a. darin begründet, dass sie auf narrativer Ebene für die vollständige Tilgung und Vernichtung steht – und doch überlebt der Mensch. Im Subtext ist dieselbe Paradoxie der Sintflut-Erzählung jedoch zutiefst und geradezu bildlich im kulturellen Selbstverständnis eingebettet. In den sumero-akkadischen Sintflutberichten, wie auch in späteren griechisch-römischen Erzählungen der *Deukalionischen Flut* – u. a. in Ovids »Metamorphosen« (I, 253 ff.) –, wird thematisiert, wie ein *Obsiegen* des einzelnen Menschen gegen den Göttervater gelingen kann. Dazu Maul, S.: *Ringen um göttliches und menschliches Mass*, S. 206: Speziell für „*die griechischen und die altorientalischen Traditionen*" kommt darin der Umstand zu tragen, dass „*sich durch das Überleben des Flutheros eine gewisse Machtlosigkeit des obersten Gottes offenbart.*" Angesichts des mythologischen Beiwerks und einem Pantheon an Göttern erscheint die Paradoxie insofern noch *aufhebbar*, als die Menschen zwar vom Göttervater bestraft werden, das singuläre Überleben des Flutheros indes durch einen, ihm wohlgesonnen Gott erst gelingen kann; im Atraḫasis-Mythos etwa dank Ea (»wie konnte ein Mensch in der Katastrophe überleben?« auf Tafel III I, 10). Spannungsgeladener erscheint die Konstellation indes in der Genesis, wenn es heißt (Gen 6, 7-8): „*Der Herr sagte: Ich will den Menschen, den ich erschaffen habe, vom Erdboden vertilge*n, [...] *denn es reut mich, sie gemacht zu haben. Nur Noah fand Gnade in den Augen des Herrn.*" Zweierlei scheint beachtenswert: zum einen entgeht, anders als dem Göttervater *Enlil*, der Flutheld der »göttlichen Aufmerksamkeit« nicht. Zum anderen ist ebendiese Aufmerksamkeit im 1. Buch Mose geradezu als »Gnade« zu deuten. Die sumero-akkadischen Mythen schweigen zur Frage der Schuld: Zwar lärmt das Menschengeschlecht »wie Stiere«, doch ihr Schicksal finden sie alle unter dem *Prinzip der generischen Bestrafung*; der Flutheld entkommt nur durch den Beistand und raffinierten Rat eines anderen Gottes ebendieser generischen Bestrafung. In Gen 6, 11 ff. gelangt die Frage der Schuld hingegen offen zur Sprache – »die Erde war verdorben und voller Gewalttat« –, allein ob seiner göttlichen »Gnadenerrettung« vermag Noah zu überleben; vgl. hierzu auch Gertz, J.: *Das erste Buch Mose Genesis*.

Sagen«[70] thematisiert. Allein die Überwindung dieses Ausgeliefertseins bleibt erfolglos, der Versuch ambivalent, ist er im Zeitverlauf doch stets dem Versagen preisgegeben; und ebendieses Versagen wird eingestanden, *„comme le confessent nos mythes dont c'est là, précisément, la fonction."*[71]

Sohin zeigt sich, dass Widerspruch und Paradoxie per se, die dem menschlichen Zusammenleben wesenhaft innewohnen, im menschlichen *Versagen* und damit auch im aquatischen Disziplinarbestreben liegen. Der Mythos müsste im Grunde an ebensolchen inhärenten Antinomien logisch scheitern – »*cherche à surmonter sans y parvenir*« (Lévi-Strauss) –, holte er dieses *Scheitern* nicht innerlogisch wieder ein: „*La relation du mythe avec le donné est certaine, mais pas sous forme d'une re-présentation. Elle est de nature dialectique, et les institutions décrites dans les mythes peuvent être inverses des institutions réelles. Ce sera même toujours le cas, quand le mythe cherche à exprimer une vérité négative.*"[72] Die Funktion der Mythen jedoch einzig im Eingestehen menschlichen Versagens zu begreifen, erschiene gewagt. Denn das Eingestehen des naturhaft-realweltlichen menschlichen Scheiterns käme einem *Delegieren auf höhere Ebene* gleich. Die Sphäre des Versagens könnte verlassen, gar losgelassen werden, indem durch einen ebensolchen auxiliaren Akt reflexiven Delegierens *in* den Mythos die inhärente Paradoxie zumindest partiell überwunden wäre. In mythologischer Anschauung des Kataklysmus gäbe das Thematisieren des Versagens – um im impliziten Eingeständnis des Scheiterns, die *Überwindung* desselben zu suchen – gleichzeitig den Blick auf den ikonischen Kernbestand der Disziplinierung des Wassers frei. Eine andere Perspektive wiederum bietet die Annahme, dass in den Sintflut-Erzählungen und der *sumerischen Königsliste* weniger der Kataklysmus menschlichen Untergehens ob der Zügellosigkeit der entfesselten Wassermassen thematisiert wird, als vielmehr *deren* Überwindung. Die ikonische Konstanz ergibt sich nicht so sehr ob einer „*story of all-embracing catastrophe. It is the story rather of surviving such a catastrophe.*"[73] Das Überleben als menschliches Trotzen wird zu einem *Der-Paradoxie-Trotzen* im Angesicht des göttlichen Urteils und naturhaften Ausgeliefertseins – das Überleben als Wiederaufblühen: das Zurückdrängen und Domestizieren der

---

70 Vgl. Sailer-Wlasits, P.: *Hermeneutik des Mythos*, S. 7
71 Lévi-Strauss, C.: *La geste d'Asdiwal*, S. 28. Paradigmatische Bedeutung haben für die vorliegende Arbeit weniger die erzählten Vorkommnisse, denn ein spezifisch-mythisches Element, das von Lévi-Strauss anhand der »Geschichte von Asdiwal« aufgedeckt wurde: das Eingestiftetsein des *Widerspruchs als solchem* im Mythos.
72 Lévi-Strauss, C.: *La geste d'Asdiwal*, S. 30
73 Jacobsen, T.: *The Eridu Genesis*, S. 140

Flut, ein neuerliches Herabsteigen des Königtums vom Himmel, die der Flut folgende Wiederherstellung von Norm und Ordnung sowie die Sicherung des Fortgangs von Macht und Kulturerleben. Die ikonische Konstanz wird im Fortbestehenkönnen vermittelt, d. i. Fortgang der Kulturgeschichte in seinem »Seit-dem«: *als die sintflutartigen Wassermassen wieder in Maß und Form ihre Disziplinierung fanden.*

Trotz der Einbettung der Mythendichtung in eine diachrone Geschichtlichkeit, d. i. Geschichten, die „*aus einem Konglomerat von Materien*" bestehend, in „*bezug auf das Vorher und Nachher unterschiedlich qualifiziert sind*", muss der Mythos aus struktureller Perspektive, neben Paradoxien und Widersprüchlichkeit, auch auf eine gewisse »Unschärferelation« (Lévi-Strauss) stoßen, die jeden *„später untersuchten Mythos sowohl zu einer lokalen Transformation von Mythen macht, die ihm unmittelbar vorausgingen, wie zu einer globalen Totalisierung aller oder eines Teils derjenigen Mythen, die innerhalb des Untersuchungsfeldes liegen.*"[74] Die Ambivalenz des Flutmotivs bewegt sich in der Gegensätzlichkeit von »zu viel« und »zu wenig« Wasser und ist wohl der *Ambivalenz des Naturelements* selbst geschuldet: Erhabenheit und zerstörerischer Schrecken von Lebens- und Totenwasser, die in chaotische Archaik zurückfallenden Wasser, das fluthafte Hervorquellen als epochaler Einschnitt. Ohne Maß und Form drohen die entfesselten Sturmfluten die vorsintflutliche Herrschaft nicht nur tilgend hinwegzuspülen, sondern gar in Aufhebung der Disziplinierung allen Wassers die Schöpfung selbst zu revidieren. Gleichzeitig liegt *darin* nicht nur Drohpotenzial, findet sich in ihrer Aufhebung auch ein *Anspruch*, den die Disziplinierung des Wassers zu stellen weiß: ein *kulturimperativisches Gebot*, das Wasser seinem Wesen nach als *zu-disziplinierendes* aufzufassen, gar zu begreifen, dass sich der menschliche Wasserumgang wesentlich aus den Gegensatzpaaren α und β erschließt. Es ist ebendieser Gedanke, der als Urgedanke einen *überzeitlichen Gültigkeitsanspruch* zu stellen vermag und der auf der »Unerfindbarkeit des Mythos« (Blumenberg) fußt.[75] Die in den Sintflut-Erzählungen zahlreicher Völker mitgeführten kulturgeschichtlichen Sedimente und Motivlagen zeigen indes, dass jene *ersten Erzählungen* die Disziplinierung des Wassers in Mythos und Epos bereits zum *gemeinsamen Grund* hatten.

---

74 Lévi-Strauss, C.: *Mythologica II. Vom Honig zur Asche*, S. 389
75 Vgl. Blumenberg, H.: *Arbeit am Mythos*, S. 165. Blumenberg nimmt an dieser Stelle Bezug auf Schellings *Philosophie der Mythologie*: der Mythos, konkret ist hier die Rede vom Feuerraub des Prometheus, sei „*kein Gedanke, den ein Mensch erfunden*" haben könnte, sondern „*einer der Urgedanken, die sich selbst ins Dasein drängen*" – in: Schelling, F.: *Einleitung in die Philosophie der Mythologie*, S. 482.

Zum Urgrund Wasser – griechische Wasserphilosophie

In der altorientalischen Mythenwelt erstmals zur Sprache gebracht, ist in Betrachtung der frühen Symbolik und Semantik in klaren Konturlinien erkennbar, dass sich die Kulturgeschichte der Menschheit wesentlich in anschauender Reflexion des Naturelements Wasser und *entlang der Disziplinierung des Urstoffes in dessen zähmender Bändigung* vollzogen hat. Auch sind es die *„Traditionen einer Philosophie des Wassers, womit vor 2500 Jahren die europäische Philosophie überhaupt begonnen hatte; der ungeheure kulturelle Reichtum von Wassermythen, Wasserbildern und -symbolen in allen Kulturen"*; doch insbesondere im Nahen und Mittleren Osten sowie im Zweistromland, scheinen diese wesentliche Bezugspunkte, nicht nur für die spätere griechische Philosophie, sondern auch für die christliche Erzähltradition gewesen zu sein.

Im Zeitverlauf wich jedoch die *„Achtung, die der vormoderne Mensch der Natur als Macht oder Schöpfung zollte, [...] der Achtung, die der Mensch sich selbst erweist, insofern er sich aus der Abhängigkeit der Natur befreit und die Erde zum dominium hominis umarbeitet."*[76] Auskunft zu geben und die Art und Weise dieser Umarbeitung zu analysieren, die *an sich* selbst disziplinierend wirkt, kann gelingen, wenn man die Rolle der Naturelemente bei der *Entstehung der Welt* als »Urgrund des Seins« näher beleuchtet. Sowohl in biblischer Erzähltradition als auch in der griechischen Philosophie sind es archaische Restbestände mythischen Denkens und einer Eigenreflexion des Menschen am Wasser, die aus den orientalischen Mythendichtungen weit in den hellenischen Kulturraum eindrangen und auf kulturgeschichtlichen Bahnen der »Entmythologisierung« (Bultmann) beschritten wurden.

Am und *als* Anfang steht wiederholt das unterschiedslose Chaos, das etwa bei Ovid als *prima potentia* weniger klaffende Leere und gähnende qualitätslose Wüste (*tᵉhōm*), als eine *Unform* und *vermischte Unmasse* alles später Seienden ist. Ovid setzt an, ohne einen *„Schöpfungsgott"* benannt zu haben und ohne *„mit der Ordnung der Elemente"* zu beginnen, weder *„mit dem platonischen Demiurgen noch dem stoischen fabricator mundi noch mit der vorsokratischen ,Physik' der Elemente. [...] Ovid beginnt wie Hesiod, der in der ,Theogonie' (um 700 v. Chr.) die Welt aus dem Chaos [...] abheben läßt."*[77] Vergleichbare Weltschöpfungsszenen – das Scheiden von Himmel und Erde bzw. Trennen der Wasser aus dem ungeschiedenen, prästrukturellen Chaos – finden sich

---

76 Böhme, H.: *Kulturgeschichte des Wassers*, S. 10 f.
77 Böhme, G.: *Feuer, Wasser, Erde, Luft. Eine Kulturgeschichte der Elemente*, S. 32

indes in verschiedenartiger Form auch bei Diodor von Sizilien, Lukrez sowie Anaxagoras.[78] Denn eine *creatio ex nihilo* kenne „*die antike Tradition so wenig wie die biblische. Am Anfang war nicht das Nichts, sondern – nicht nur bei Ovid – die Unordnung. Sie, nicht das Nichts, ist der Gegensatz zum Kosmos.*"[79] Worin sich altorientalische Mythendichtung, biblische Erzähltradition und griechische Theogonie indes gleichen, ist der Sachverhalt, dass die mit dem wasserhaften Chaos assoziierte *Vorzeitigkeit* in *Sprachformeln der Negation*[80] ausgedrückt wird (vgl. Enūma eliš): „*An der Grenze der Welt sind diese Urformeln zugleich an der Grenze von Sprache. Der Ausschluß beider Seiten eines Gegensatzes, die sich selbst verneinende Frage, die Negation und die Iteration schaffen aus dem lebensnah Konkreten der Natur die Vision eines absoluten Abstrakten, das gleichwohl konkrete Potenz hat. [...] Das Ungeschaffene wird [...] mit dem Namenlosen identifiziert. Der weltlose Urzustand ist das Sprachlose*"; analog für „*die imago mundi: das Chaos ist Welt ohne Bild, darum nicht abbildbar.*"[81]

Im Gedanken der *Verräumlichung des Wassers* als ersteinteilende In-Gestalt-Setzung der Schöpfung wurde aufgezeigt, dass den chaotisch-unkontrollierten Wassern kulturgeschichtlich nur qua Disziplinierung zähmendes Maß und bändigende Form angelegt werden konnte. Indes reichen die griechischen Reflexionsbestimmungen im Rahmen der »aquatischen Kosmogonien«[82] weit

---

78 Es war Anaxagoras, der als Erklärung für die Nilschwelle die Schneeschmelze in Äthiopien ins Treffen führte (Aet. IV 1,3 nach DK 46 A91). Aus seiner Stofflehre ist überliefert, dass er das Entstehen und Vergehen als Sich-Mischen oder Sich-Trennen der Stoffe betrachtete (Fr. 17); Aristoteles (Phys I 4, 187a) berichtet: „*Es scheint aber Anaxagoras zahllose Urstoffe angenommen zu haben, weil er die gemeinsame Ansicht der Physiker für wahr hielt, daß nichts aus dem Nichts entsteht. Deswegen äußert er sich ja so:* »*Ursprünglich waren alle Dinge zusammen*«, *und ein solches Entstehen ist ein Sich-Verändern*" – in: Capelle, W.: Die Vorsokratiker, S. 259.
79 Böhme, G.: *Feuer, Wasser, Erde, Luft. Eine Kulturgeschichte der Elemente*, S. 36
80 Vgl. Schier, K.: *Die Erdschöpfung aus dem Urmeer und die Kosmogonie der Völospá*, S. 310: Dabei wird in „*einer Reihe von Negationen [...] festgestellt, was es alles noch nicht gab, als schon das Urwesen oder die Urmaterie existierte. In der Aufzählung der Dinge, die noch nicht sind, liegt zugleich schon ihre zukünftige Beschwörung. Diese Chaosumschreibung nach der Formel 'Als A noch nicht war und B noch nicht war, ... da war X (aus dem die Welt erschaffen wird)'* liegt" zahlreichen Kosmogonien zugrunde.
81 Böhme, G.: *Feuer, Wasser, Erde, Luft. Eine Kulturgeschichte der Elemente*, S. 37 f.
82 Mit »aquatischen Kosmogonien« bezeichnet Schier, K.: *Die Erdschöpfung aus dem Urmeer und die Kosmogonie der Völospá*, S. 310 die, in der „*Antike in verschiedensten Kulturen verbreitet*[e] *Chaos-Auffassung*", dass das Chaos „*nicht eine Leere, sondern*

über derartige Zähmungsgedanken des allvermischten Chaotisch-Formlosen hinaus. Stellten die altorientalischen Götter *Apsu* und *Tiamat* noch gleichzeitig Gottheit *und* personifiziertes Prinzip des Wassers dar, so treten bei den vorsokratischen Philosophen, allen voran bei Thales von Milet, nunmehr einige genuine Spezifika hervor. *„Zwar scheinen die frühgriechischen Philosophen die Urelemente nicht mehr mit bestimmten Göttern namentlich identifiziert zu haben, aber die Urelemente waren für sie weiterhin [wohl] etwas Göttliches, etwas zugleich Materielles und Geistiges."*[83] Dass insbesondere Thales aufgrund der handelsstrategischen Lage von Milet in Kleinasien und seiner regen Reisetätigkeiten[84] auch Kenntnisse der vorderorientalischen Mythendichtungen erlangt haben könnte, wird als nicht unwahrscheinlich erachtet.[85] Als zentrale Überlieferung des Thales, da keine Originalfragmente auf uns gekommen sind, dient auch heute noch der von Aristoteles abgefasste Gedanke vom stofflichen Urgrund aller Dinge: *„Denn woraus alle Dinge bestehen, und woraus sie als Erstem […] entstehen und worein sie als Letztes […] vergehen, indem die Substanz zwar bestehen bleibt, aber in ihren Zuständen wechselt, das erklären sie für das Element und den Urgrund ‹Arché› der Dinge […]. Über die Anzahl und die Art eines solchen Urgrundes haben freilich nicht alle dieselbe Meinung, sondern Thales, der Begründer von solcher Art von Philosophie, erklärt, als den Urgrund*

---

eine prima materia, oft auch eine prima potentia [ist], aus der alles Künftige hervorgeht, in dem also auch alles Künftige bereits beschlossen ist." Der Mythos muss „*das Chaos, etwas Unanschauliches, sinnlich wahrnehmbar machen. Das geschieht oft dadurch, daß das Chaos einer bekannten Materie gleichgesetzt oder doch ähnlich gedacht wird. Zumeist ist diese erste Stofflichkeit das Wasser, allerdings wird der Urozean als Chaosmacht nicht immer mit dem in Wirklichkeit sichtbaren Meer identifiziert."*

83 Detel, W.: *Das Prinzip des Wassers bei Thales*, S. 49
84 Schadewaldt, W.: *Die Anfänge der Philosophie bei den Griechen*, S. 222: Thales Reisetätigkeit ist *„sehr wahrscheinlich in einer Stadt wie Milet, die als der wichtigste Handelsplatz Kleinasiens reiche Möglichkeiten bot, ins Ausland zu kommen. Weiter wird behauptet, er sei geradezu ein Schüler ägyptischer Priester gewesen, wohl übertrieben; aber möglich, daß er da gewesen ist und sich dann natürlich auch um die Dinge des Wissens gekümmert hat. Er habe eine Meinung über die Nilschwelle gehabt, die Herodot überliefert: Daß nämlich die Stauung des Wassers zurückgehe auf die Einwirkung der sommerlichen Nordwinde."*
85 Detel, W.: *Das Prinzip des Wassers bei Thales*, S. 48: *„Mit hoher Wahrscheinlichkeit ist Thales' Gleichsetzung des Prinzips oder der Quelle aller Dinge mit dem Wasser von vorderorientalischen Mythen abhängig und beeinflußt, die […] ebenfalls das Wasser als göttlichen Urgrund aller Dinge dargestellt haben."*

das Wasser (daher glaubt er auch, daß die Erde auf dem Wasser ruhe)."[86] Die Auslegungen von Wasser als *archḗ* wurde kontrovers diskutiert; neben der klassischen Deutung sei daher in diesem Kontext die Auslegung W. Schadewaldts vorgebracht, die weitreichende Kontextualisierungsmöglichkeiten zur *Eingebettetheit* Thales' in die mythologischen Traditionsstränge des Vorderen Orients bietet: *„Wenn also bei Thales diese Frage* [nach Wesen und *archḗ*] *gestellt wird, erscheint sie uns nicht als die Frage nach Prinzipien und Elementen, sondern, nach den Möglichkeiten des damaligen Denkgeschehens, in der Form der Frage nach der Genesis, dem Von-Woher, dem Ursprung oder Urgrund […]. Wir sehen auch an der Stelle selbst, wie Thales mit dieser Frage Vorgänger gehabt hat, eben Homer, der den Okeanos nennt* [Ilias 14, 201 u. 246], *den großen Weltstrom, aus dem alles Wasser und auch die Götter und alle anderen Wesen entstehen.*" Insofern könnte dann die *„Form, in der Thales das Wasser als Element ansetzte* […] *in seiner Denkform gelautet* [haben]: *Das Wasser ist die Genesis von allem*"; und zwar in dem Sinne, in dem es so oft als mythologische Stimulanz gedient hatte: als *„die Grundform von ›allem‹ oder von ›allem Seienden‹*", womit Thales gerade *„nicht nach einer Urmaterie*"[87] fragte. Damit ging Thales einen elementaren und philosophisch entscheidenden Schritt über die orientalischen Mythendichtungen und auch Homer hinaus. Zunächst, indem er seine Aussagen primär auf Beobachtung stützte, um dadurch auf Tatsachen zu verweisen. Für die kulturgeschichtliche Genese der Disziplinierung des Wassers bedeutsamer, erscheint eine *erste Reduktion*: Es ist nicht mehr das *göttlich personifizierte* Wasser (*Apsu*) und nicht mehr der homerische *Okeanos*, der als „göttlich-mythische[r] Weltstrom" als Ursprung gedacht wird. *„Damit sei nicht gesagt, daß dieses Wasser des Thales einfach identisch ist mit dem Wasser, wie wir es heute chemisch fassen.*" Es scheint *„irgendwie mehr* [zu sein], *auch ein Belebtes und damit vielleicht Göttliches. Aber es ist doch das Wasser anstelle der göttlichen Gestalt.*" Und dies allein gibt Hinweis auf eine vektorielle Tendenzverschiebung in Richtung *Lógos* und „*Entmythisierung*", obgleich, von seinem Ursprung gelesen, von „*lebendiger Art*"[88] bleibend.

Sofern der *Urgrund Wasser* (ἀρχή) als »Grundform« und »Genesis« *von allem* gedacht – d. h. die vorderorientalischen Mythendichtungen und auch

---

86 Die Übersetzung von Aristoteles (*Metaphysik* A3, 983b 6 ff.) folgt hier Capelle, W.: *Die Vorsokratiker. Die Fragmente und Quellenberichte*, S. 70; der griechische Originaltext bei Diels, H.; Kranz, W.: *Die Fragmente der Vorsokratiker*, S. 10 – im Folgenden als DK zitiert, hier: DK 1 A12.
87 Schadewaldt, W.: *Die Anfänge der Philosophie bei den Griechen*, S. 226
88 Ebda., S. 226 f.

die Bestimmungen der Disziplinierung des Wassers *in-sich-reflektierend* – und Wasser nicht als »Urmaterie« in einem profan-modernen Sinne begriffen wird, eröffnet sich zwischen »Entmythologisierung«[89] (Bultmann) und einem Wasserverständnis als »Ursprung von lebendiger Art« (Schadewaldt) ein elementarer, symbolisch-hermeneutischer Korridor. Wurde der *Apsu* noch *gleichzeitig* als personifizierte Gottheit *und* Prinzip des Wassers begriffen, so verdrängt Thales den Gott *aus* dem Wasser. Er drängt das sich im Wasser als solches manifestierende *Personifiziert-Göttliche* zurück und stellt das *Prinzip des Wassers* in den Vordergrund. Als Prinzip ist es jedoch weiterhin symbolisch aufgeladen und als »Lebenswasser« (*aqua viva*) zutiefst mit einer *kulturlebendigen Kraft* erfüllt – mithin *Urgrund von allem* und keinesfalls triviales, profansteriles H_2O oder chemische Urmaterie. Führt man in diesem Gedanken die Reflexionsbestimmungen des vorderorientalischen Wasserverständnisses und der Wasserdisziplinierung logisch mit, wird erkennbar, dass das Wasser nur insofern *auch* Prinzip (alles Seienden) sein kann, wenn es als Lebenswasser bzw. *aqua viva* auch in Maß und Form gesetzt ist. Nur innerhalb des Spannungsbogens des Gegensatzpaares β ist Wasser auch *Leben* (für den Menschen) und kann nur insofern *Prinzip* und *Ursprung* sein. Fällt dieser Disziplinierungsrahmen hingegen weg, drohen die Wasser in ebenjene archaische Chaotik zurückzufallen, in der sie *als* Anfang ihre verräumlichende Ersteinteilung erfuhren. Nur im Trennen der Wasser und Zurückdrängen des Chaos, jener Verräumlichung beim Schöpfungsfortgang – als Ausfluss des Gegensatzpaares α (Wasser / Raum)[90] –, nur in dieser In-Gestalt-Setzung qua Disziplinierung allen Wassers werden Ordnung, Kosmos und letztlich kulturgeschichtliches Erblühen denkbar. Das Durchscheinen mesopotamischer Kosmogonien in der Lehre des Thales sei damit nicht absolut gesetzt, sehr wohl jedoch maßgeblich mitbedacht. Abgesehen von Thales spielt das Naturelement Wasser auch in den Lehren anderer Vorsokratiker eine gewichtige, wenngleich keine vergleichbar uranfängliche Rolle. Während Anaximander mit dem *apeiron* (ἄπειρον als das

---

89 Vgl. den zitierten Begriff der »Entmythisierung« Schadewaldts mit jenem der »Entmythologisierung«; dazu näher Bultmann, R.: *Neues Testament und Mythologie. Das Problem der Entmythologisierung der neutestamentlichen Verkündigung*.
90 Vgl. auch Fränkel, H.: *Dichtung und Philosophie des frühen Griechentums*, S. 299: „Man kann sich weiter vorstellen, daß Thales die ganze Welt aus dem Widerspiel der beiden gegensätzlichen Dinge „Wasser" und „Erde" gedeutet hat, bei dem das Wasser sozusagen die Funktion der Seele hat und die Erde die des Leibes."

»Unbegrenzte«) und Anaximenes mit *aēr* (Luft) von Thales abweichen[91], tritt Wasser in der *Vier-Elemente-Lehre* des Empedokles wiederum prominent als einer der *Grundstoffe* in Erscheinung. Simplikios zufolge hieß es bei Empedokles: „*Ein Doppeltes will ich verkünden. Bald wächst nämlich ein einziges Sein aus Mehrerem zusammen, bald scheidet es sich auch wieder, aus Einem Mehreres zu sein.* […] *Denn die Vereinigung aller Dinge zeugt und zerstört die eine, die andere, eben herangewachsen, fliegt wieder auseinander, wenn sich die Elemente trennen. Und dieser beständige Wechsel hört nimmer auf: bald vereinigt sich alles zu Einem in Liebe, bald auch trennen sich wieder die einzelnen Dinge im Hasse des Streites.*" Und weiter: „*Bald wächst nämlich Eines zu einem einzigen Sein aus Mehrerem zusammen, bald scheidet es sich auch wieder, aus Einem Mehreres zu sein: Feuer, Wasser, Erde und der Luft unendliche Höhe, sodann gesondert von diesen Elementen der verderbliche Streit, der überall gleich wuchtige, und in ihrer Mitte die Liebe, an Länge und Breite gleich.*"[92] Diese vier, sich im Widerstreit befindlichen und Ausgleich suchenden Elemente verweisen auch auf das Wesen der Metamorphose und in diesem auf eine grundsätzliche Ambivalenz des Wassers, d. i. sein wogenhaftes Oszillieren *im Gegensatzpaar* β.

---

91 Das Wasser kommt zudem in einigen Fragmenten des Xenophanes (DK 11 B29 ff.), Epicharmos (DK 13 B8 ff.), Parmenides (DK 18 B15a ff.), Melissos, Philolaos und Anaxagoras vor. Insbesondere Anaxagoras (DK 46 B15 ff.) spricht dabei vom *Entstehen*, *Übergehen* und *Vergehen*, das auch im Spannungsverhältnis zu μεταβολή (u. a. in Aristoteles: *Physik*, II 1, 193a) sowie den elementaren *Primärqualitäten* des Warmen/Kalten bzw. Trockenen/Feuchten (v. a. in Aristoteles *De generatione et corruptione* sowie *Phys* III 5, 204b) gelesen werden kann. Aristoteles kannte zudem wohl die Schrift des Anaximander (vgl. *Phys* I 4, 187a); auch seine Aussage zu *Grundstoffen* und *Unbegrenzten* – „*Woraus alles besteht, in das löst es sich auch wieder auf*" (*Phys* III 5, 204b) – erinnert an Anaximander (DK 2 A9): „*Woraus aber ihnen die Geburt ist, dahin geht auch ihr Sterben nach der Notwendigkeit*" – und in Übersetzung von Simplikios' Kommentar (*Phys* 24, 13 ff.) nach Capelle, W.: *Die Vorsokratiker*, S. 82: „*Woraus aber die Dinge ihre Entstehung haben, darein finde auch ihr Untergang statt, gemäß der Schuldigkeit.*" Vgl. Diels, H.; Kranz, W.: *Die Fragmente der Vorsokratiker*; zur Kontextualisierung der frühen griechischen Philosophie u. a. Fränkel, H.: *Dichtung und Philosophie des frühen Griechentums* sowie Schadewaldt, W.: *Die Anfänge der Philosophie bei den Griechen*.

92 DK 21 B17 (nach *Phys* 157, 25 ff.); zum Mischen und Trennen der Elemente bei Simplikios (*Phys* 33, 18 ff.): „*Abwechselnd herrschen die vier Elemente im Umschwung des Kreises und vergehen und entstehen in und aus einander in festbestimmtem Wechsel. Denn nur diese vier Elemente gibt es* […]. *Insofern nun auf diese Weise Eines aus Mehrerem zu entstehen pflegt und Mehreres* […] *aus dem Zerfall des Einen*" entspringt (DK 21 B26).

Es ist dieses Wogenhafte selbst, das *bewegte Wasser*, welches sich fließend ergießt und als »Bewegung im Fluss« aufgefasst werden kann. In einem engeren Sinne treten Fluss- und Quellenmotive[93] in der griechischen Dichtung, im Mythos und Ritus tatsächlich in mannigfaltiger Form in Erscheinung. Doch neben ihrer Symbolkraft wohnt der »Bewegung im Fluss« in einem breiteren Sinnhorizont auch Metaphorisches inne, etwa als *Wasser der Verwandlung*. Die sich in steter Veränderung befindliche Welt gleiche nach Heraklit dem Hinfortströmen des Flusses: „*Wer in denselben Fluß steigt, dem fließt anderes und wieder anderes Wasser zu*" (Fr. 12); darüber hinaus, wiewohl weniger gesichert, Fragment 49a: „*In dieselben Fluten steigen wir und steigen wir nicht: wir sind es und sind es nicht.*"[94] Zudem finden wir in Plutarchs »De E apud Delphos«: „*Man kann nicht zweimal in denselben Fluß steigen nach Heraklit und nicht zweimal eine ihrer Beschaffenheit nach identische vergängliche Substanz berühren, sondern durch das Ungestüm und die Schnelligkeit ihrer Umwandlung zerstreut und sammelt sie wiederum und naht sich und entfernt sich.*"[95] Diese in den »Flussfragmenten« als Umwandlung begriffene, sich durch die Kulturgeschichte perpetuierende Veränderung zeigt den prozessualen Wandel allen Werdens und

---

93 Man denke dabei u. a. an das Motiv *fließender Gewässer* in Dichtung und Mythos (heilige Ströme, Quellenkulte), aber auch an die Unterweltflüsse wie *Styx* oder *Lethe*. Andererseits sind die Fluss- und Gewässernamen selbst zu erwähnen: Der These von Krahe in »*Die Struktur der alteuropäischen Hydronymie*« zufolge, würden zahlreiche europäische Flussnamen einen gemeinsamen Ursprung in einer indoeuropäischen Sprache aufweisen, so etwa die Flüsse Dnepr, Don und Donau aus der Wurzel **dānu* (Fluss, fließen).
94 Capelle, W.: Die *Vorsokratiker*, S. 132 – DK 12 B49a. Vgl. ähnlich auch DK 12 B12: „*Wer in denselben Fluten hinabsteigt, dem strömt stets anderes Wasser zu. Auch die Seelen dünsten aus dem Feuchten hervor.*" Die Authentizität des zweiten Teils von Fr. 12 (»dünsten aus dem Feuchten«) sowie Fr. 49a – dass die heranströmenden Wasser des Flusses, wie auch wir selbst nicht dieselben seien – wird indes von Held, K.: *Heraklit, Parmenides und der Anfang von Philosophie und Wissenschaft*, basierend auf den Untersuchungen von G. Kirk, angezweifelt (S. 326). So sei besagter zweiter Teil von Fragment 12 „*nur durch ein Mißverständnis in den Kontext des Flußgleichnisses gelangt. Außerdem [scheide] als [...] unecht der Text von Fragment 49a aus*", da dessen zweite Texthälfte eher einem „*Heraklitisieren*" gleiche, während „*die erste Hälfte einen ganz schwachen Anklang an die Originalfassung*" darstelle. Nach Kirk sei „*die erste Hälfte von Fragment 12 als die Urfassung*" zu betrachten, d. i. ebenjenes Fragment der stets aufs Neue zufließenden Wasser.
95 Plutarch »*De E apud Delphos*« (18p 392B) in: DK 12 B91

Vergehens auf – in ihrer Kurzform auf die Formel πάντα ῥεῖ (»alles fließt«)⁹⁶ gebracht.

Für die Untersuchung der Disziplinierung des Wassers sind es weniger die Zeit-Metaphern, als das ontologische Spannungsfeld aus »Ruhelosigkeit des Fließens« (Veränderung im Wechsel) und »Stetigkeit des Flusslaufes« (Konstanz in Kontinuität), mithin der Einheit der Gegensätze – oder präziser: *„die dialektische Einheit, die in solche Sätze gleichsam zusammengepreßt ist. [...] Da ist der Fluß, in dem alles im ständigen Wechsel dahinfließt. Aber es ist der gleiche Fluß. Auch der Fluß ist also am Ende ein Beispiel für die Einheit der Gegensätze, von der Heraklit in unzähligen Wendungen"* spricht. Und an ebendieses »Einssein von allem« schließt *„sich das Beispiel des Flusses bestens an, als die Einheit des Flußlaufes und die Ruhelosigkeit seines Fließens. Das geheimnisvolle Problem, das sich hinter all diesen Gegensätzen zeigt, ist offenbar, daß dasselbe sich übergangslos als ein anderes zeigt. In all diesen Beispielen liegt das vor, was die Griechen ›Metabole‹ (μεταβολή) nannten, Umschlag. Ihn zeichnet jähe Plötzlichkeit aus."*⁹⁷ Darin von den Griechen wohl mitgemeint, wiewohl im engeren Sinne der heraklitischen Lehre kaum dezidiert mitbezeichnet, findet sich etwas, das seit jeher auch im Wesen des Wassers *sub specie disciplinae* auf dem Weg in den *gemeinsamen Grund* enthalten war: die *„Selbigkeit als Beständigkeit einerseits, Herbeikommen von anderem und immer anderem andererseits."*⁹⁸ Aus diesen Gedanken wird erkennbar, weshalb sich die Disziplinierung des Wassers seit jeher wesenshaft aus Gegensatzpaaren *zum Begreifen* brachte, weshalb sie *an sich* zur Reflexion und Versprachlichung in Mythos und Epos heranreifen musste. Obgleich die heraklitischen Fragmente weit mehr erfassen als Flussläufe in ihrem Strömen, wird in ihnen – neben allen weiterführenden ontologischen Bestimmungen, u. a. das Zeitgleichnis zwischen Identität und einem

---

96 Abgesehen von Platon: *Kratylos*, 402A (Πάντα χωρεῖ), wurde die Kurzformel des Πάντα ῥεῖ allerdings erst im Aristoteles-Kommentar des Simplikios erstmals wortwörtlich erwähnt – die entsprechende Stelle (*Phys* VIII 8. 9 [Arist. p. 265a 2.13]) findet sich in Diels, H.: *Simplicius. In Aristotelis physicorum libros quattuor posteriores. Commentaria*, S. 1313; kritisch zu den Fragmenten auch Held, K.: *Heraklit, Parmenides und der Anfang von Philosophie und Wissenschaft*, S. 325 ff. im Kontext von Umschlag und Identität.
97 Gadamer, H.: *Der Anfang des Wissens*, S. 42 f.
98 Fleischer, M.: *Anfänge europäischen Philosophierens*, S. 30 f. – und weiter: *„Seine Selbigkeit als Beständigkeit verdankt der Fluß seinem Flußbett mit den begrenzten Ufern. Ohne es wäre er nicht und bliebe er nicht dieser Fluß. Aber er wäre kein Fluß, käme nicht immer anderes Wasser in seinem Flußbett herbei."*

»Wechsel der Erfahrungsarten«[99] –, per effectum der *gemeinsame Grund* partiell (nach)vollzogen. Denn die Disziplinierung lässt die Wasser niemals zum ruhevollen Erliegen und Erlahmen kommen (»Ruhelosigkeit des Fließens«), sie legt nur dem sich-ergießenden Strömen und rastlosen Wogen ein Korsett und einen Rahmen an; im Falle des Flusses ein Flussbett (»Stetigkeit des Flusslaufes«), in dem sich die Wasser in der disziplinierten Beständigkeit von Maß und Form doch ständig fortbewegen. Allerdings kann ein derartiges Ineinanderscheinen auch als gegenseitiges Bedingen von Form und Inhalt aufgefasst werden: das Flussbett als Formales, der Wasserlauf darin als Materielles. Das Vermögen der Disziplinierung liegt darin begriffen, ebendieses *grundlegend Gegensätzliche* des Wassers, dessen *Ambivalenz-in-Sich* und das *Oszillieren-zwischen-Anderen*, d. i. Gegensatzpaaren, in sich fassen und als »Bewegung im Fluss« fortwährend halten zu können.

Wasserriten – Imperative und Symboliken

Das kulturgeschichtliche Auftreten von Wassermotiven als Ausfluss *gefluteter* Mythendichtungen geht über den Corpus altorientalischer Epen, biblischer Erinnerungsszenen und ionischer Naturphilosophie hinaus. Motivhaft wie symbolisch manifestierten sich Wassermetaphern in zahlreichen Glaubensbildern, religiösen Vorstellungen, Riten sowie kulturellen Praktiken. Dabei diffundiert ihr Bedeutungsgehalt teils weit in korrespondierende theologisch-philosophische Debatten. Da jedoch weder „*in den Religionswissenschaften die Geschichte der Wasser-Theologie umfassend dargestellt ist noch in der Philosophie über die antike Elementenlehre hinaus die naturphilosophische Dimension des Wassers besondere Bedeutung findet*"[100], wird am hier vorgelegten »kulturgeschichtlichen Modell der Disziplinierung des Wassers« und dem darin eingebetteten Gedanken der Kultivierung des Wassers einem ebensolchen

---

99 Vgl. Held, K.: *Heraklit, Parmenides und der Anfang von Philosophie und Wissenschaft*, S. 328. Die Erfahrung ebenjener »Bewegung im Fluss« als sich-ergießendes Strömen tritt mit der Vorstellung Heraklits zusammen, nicht an „*verschiedenen Stellen, sondern zu verschiedenen Zeiten*" ein Bad im Fluss zu nehmen. Darin wird implizit der „*Wechsel, das Kommen und Gehen des Wassers*" mitgeführt; mithin eine »Erfahrung von Identität« sowie, mit Kirk, die »Erfahrung von der Kontinuität des Strömens« – eine Kontinuität des Strömens und Werdens, die nicht abreißen darf. Für eine weiterführende Deutung der vorsokratischen »Gegebenheitsweisen von Welt« und damit auch des Elementes Wasser, unter besonderer Berücksichtigung von Heraklit – vgl. ebda., S. 96 ff.
100 Böhme, H.: *Kulturgeschichte des Wassers*, S. 27.

interdisziplinären Forschungsansatz nachgespürt. Dies vor allem, um ausgewählte kulturelle Aspekte einer »Ideengeschichte des Wassers« in einem wissenschaftlichen Spannungsfeld zwischen Historischer Anthropologie, Kulturphilosophie und Mentalitätsgeschichte zu beleuchten.

Eine Untersuchung der Disziplinierung des Wassers, die sich selbst nicht zuletzt als Kultivierung des Naturelements – d. i. in Antwort auf eine Vielzahl symbolisch-mythologischer und künstlerischer Wassermotive in der Kulturgeschichte, sohin als *sich selbst reflektierend* – zu begreifen gibt, sollte sich dennoch nicht dazu hinreißen lassen, ebendiese Mannigfaltigkeit deskriptiv anzuführen. Denn eine solche additive Aufzählung von Motivszenen ginge am *gemeinsamen Grund* der Disziplinierung des Wassers vorbei und verfiele geradewegs in die Ufer- und Schrankenlosigkeit einer *verwässerten* kulturphilosophischen Betrachtung. Es gilt darüber hinaus auch die religiösen Bedeutungsdimensionen des Wassers als gesetzte und kulturell geronnene Manifestationen anzuerkennen und sie im Fortgang der Arbeit logisch, d. i. im *gemeinsamen Grund*, mitzuführen, ohne sie jedoch in ihrer *Allheit* zunächst beschrieben zu haben. Im Folgenden seien schlaglichtartig zwei Grundformen symbolisch-narrativer Wassermotive herausgegriffen. Der spezifische Fokus sei hierbei auf *Imperative* und *Symboliken* des Wassers *sub specie disciplinae* gelegt, zählt doch das *„Ursymbol Wasser [...] zu den ältesten und am weitesten verbreiteten Archetypen der Menschen."*[101] Neben seinen symbolischen Manifestationen hat das Naturelement in den vergangenen Jahrhunderten allerdings auch eine »semiotische Neutralisierung« (Assmann) erfahren, sodass durch die symbolisch-chemische »Zusammenballung« (Ninck) auf die Summenformel H_2O, diese gleichsam sterilisierende Profanisierung des Begriffs, viel *Mystisches* aus dem Wasser entschwand.

Von altorientalischen Fluchformeln zu Metamorphosen des Wassers

Die sich selbst als Welterleben reflektierende Kultivierung des Wassers erachtete im Anbeginn von Urbanisierung und Verschriftlichung das Gegensatzpaar β (zu viel / zu wenig) noch wesentlich als Fluch und Segen; sie erfasste die aquatische Disziplinierbarkeit in Fluchformeln und Segenssprüchen. Neben der agrikulturellen Bedeutung und kulturellen Motivfülle des Naturelements als »Alltagsszene der Regulierung«, ließen die drohende Archaik und chaotische Urtümlichkeit des Wassers sowie seine überlebenswichtige Funktion im Vorderen Orient, Wassermotive in teils eigenwilligen Verfluchungen, sogenannten

---

101 Selbmann, S.: *Mythos Wasser. Symbolik und Kulturgeschichte*, S. 7

»Fluchformeln«, in Erscheinung treten. So gelangten Wasserthematik und Disziplinierung bereits im Epilog des Codex Hammurapi[102] – konkret bei den »drohenden Ermahnungen« in Fällen einer Nicht-Beachtung oder Verzerrung der Gesetzesparagrafen – in Form ebensolcher Fluchformeln zur Sprache.[103] Ähnlich, wenngleich etwas später, findet sich das *Wasser als Verfluchung* auch in Erzählungen des an das Zweistromland im heutigen Anatolien angrenzenden Volkes der Hethiter. Dabei nimmt das heth. *wa-a-tar* (𒀀 𒉿 𒋻) als Motiv und Fluchformel sowohl in den hethitischen »Vorschriften für königliche Diener« (Wasserträger) als auch in der hethitischen »Erzählung über die Belagerung der Stadt Ursu« eine interessante Rolle ein.[104] Die darin erwähnten *"Wünsche des Königs, ‚möge euch doch Tarhun(ta) hinwegschwemmen', und weiter unten ‚Oh würdest du doch zu Wasser werden' sind Verfluchungen, die besagen, daß von seinen Offizieren wie von versickerndem Wasser nichts übrigbleiben soll. Die Analogie des Versickerns des Wassers mit dem wohl ad hoc gebildeten Verbum wattariya- liegt auch"* an anderen Stellen vor, wie etwa bei *"Selbstverfluchungen bei militärischen Eidschwüren"*. Gleich dem von der Erde verschluckten Wasser soll den Soldaten bei Eidbruch eine verzehrende Tilgung widerfahren, sodass keine Spur mehr von ihnen übrigbleiben möge. Damit setzt *"der Text* [allerdings] *ein Publikum voraus. Die Intention besteht in der Darstellung der Unfähigkeit der hethitischen Heeresführung"* und einer herben *"Kritik an der*

---

102 Vgl. Borger, R.: *Rechts- und Wirtschaftsurkunden. Historisch-chronologische Texte 1,1. Rechtsbücher*, S. 39 ff.: Der Codex dürfte „*in den späteren Regierungsjahren des Königs Hammurapi von Babel (nach der sog. mittleren Chronologie 1793–1750) entstanden sein.*" Er beginnt „*mit einem politisch-religiösen Prolog im Himmel*", in dem Hammurapi als „*Herr, der Uruk belebte, Wasser der Fülle seinen Einwohnern vorsetzte, […] der reichen Ertrag […] aufhäufte*", kurzum als šar mīšarim, d. h. als König der Gerechtigkeit (XLVIII, 96), charakterisiert wird.

103 Ebda., S. 78 f.: Die Hauptgötter mögen denjenigen, der den Codex dermaßen missachte, strafen und *Ninlil* möge die „*Zerstörung seines Landes, Untergang seiner Leute, Ausgießung seiner Seele gleich Wasser*" vollstrecken, Ea möge „*seine Flüsse […] an der Quelle verstopfen […]. Der Sonnengott […] möge […] seine Totengeister nach Wasser dürsten lassen. […] Adad, der Herr des Überflusses, der Kanalinspektor des Himmels und der Erde, […] möge ihm die Regengüsse im Himmel, die Hochflut in der Quelle wegnehmen, […] über seine Stadt möge er zornig brüllen, sein Land in eine Sintflutruine verwandeln.*"

104 Vgl. Ebda., S. 124 f.: So sollen die königlichen Wasserdiener das Wasser stets reinigen, filtern und rein halten. Bei Verabreichung von verdorbenem oder unreinem Wasser an den König findet sich als Fluchformel der Aufruf an die Götter, sie mögen die Seele jenes Dieners »wie Wasser ausgießen«.

Generalität; auch das undankbare Verhalten der vom König Begünstigten ist [...] enthalten."[105]

Diese Fluchformeln erscheinen nicht zuletzt deshalb essenziell, da sie, im Zwischenbereich von religiös-göttlichen Legitimationsnarrativen der königlichen Herrschaft und aufkeimenden Legalitätsdiskursen im Vorderen Orient, sowohl realweltlich als auch auf reflexiver Metaebene – und sei es zunächst noch als *Imperative der Verfluchung* – die Disziplinierung des Wassers zur Sprache bringen. Es ist die Rede vom Verstopfen und Versiegen von Quellen, vom nach Wasser dürstenden Totengeist, von Regengüssen und sintflutartigen Sturmfluten; letztlich ist es das Bild vom »Ausgießen der Seele *gleich* Wasser«, welches fast am äußersten Grenzbereich der Disziplinierung des Wassers zu liegen scheint, erinnert es doch primär an Gedanken der vollumfassend verzehrenden Tilgung, des Auslöschens und Vergehens jedweder Erinnerung im Nahebereich der *damnatio memoriae*. Geradezu unerbittlich erscheinen derartige Fluchformeln; es möge nicht einmal mehr eine *Rest-Spur des Ausradierens* verbleiben. Ohne jede Spur und Hinweis, als ein gleichsam passives *von* und *aus sich* selbst zerfließendes *Vergehen* desjenigen, der vom Fluch getroffen war, gleichen die altorientalischen Fluchformeln einem versiegenden Flusslauf; Leid und Fluch werden darin in Metaphern der »Nicht-Disziplinierbarkeit« des Wassers greifbar. Die Wasserflüche tragen in sich zugleich einen Endgültigkeitsanspruch, rekurrieren sie doch auf kein *Danach* mehr: indem sie bereits die *Möglichkeit zum Danach* nehmen, beanspruchen sie Endgültigkeit in ihrer Tilgung.

Somit kann konstatiert werden, dass den Fluchformeln eine grundlegende Metaphorik von Transformation und Verwandlung eingeschrieben ist, wodurch ein zentrales Charakteristikum des Wassers erfasst wird. Im Bersten und Brechen von Maß und Form – sei es als Versiegen, als Fluten oder, symbolisch verstanden, als qualitative *Wandlung-in-Anderes*[106] – verweisen Transformation und Verwandlung auf die Wechselförmigkeit des Naturelements, auf die »Metamorphosen des Wassers« selbst. Während im Mythos und in der

---

105 Haas, V.: *Die hethitische Literatur*, S. 42 ff. – grundsätzlich handelt die Erzählung indes von den taktischen Anweisungen des Königs Ḫattušili I. (ca. 16. Jh. v. Chr.) an seine Heerführer und Generäle.
106 Vgl. Ninck, M.: *Die Bedeutung des Wassers im Kult und Leben der Alten*, S. 138 ff., für eine nähere Betrachtung der Wechselbeziehung von Wasser und Verwandlung von den homerischen Epen, über die griechische Mythologie (v. a. in ihrer Beziehung zu Wasser und Wassergottheiten, wie *Okeanos*), bis in den kultischen Bereich des Zauberhandelns (verwandelnde Kraft des Wassers, Wassertauche und -reinigung).

Symbolik der Moment des *Eintauchens in*, *Sturzes in* oder *Trinkens von Wasser* metamorphisch konnotiert ist, bleibt für das Naturelement dessen ureigenste Wesensbestimmung der Umbruchhaftigkeit festzuhalten, d. i. die Ambivalenz des Wassers. Es liegt geradezu im „*Wesen des Flüssigen, nie ein und dasselbe, sondern immerfort dieses und zugleich auch schon ein anderes zu sein.*" Wo der Übergang in seine eigene Negativität und die in Gegensatzpaaren vermittelte Möglichkeit zur *metamórphosis* angelegt ist, dort schimmert jene Ambivalenz des Wassers durch: „*Nirgends erscheint es in fester, greifbarer Gestaltung, ja selbst da, wo es im Gefäße gefaßt wird, härtet es sich nicht zu endgültiger*" Form, bleibt nur vorläufig und zunächst diszipliniert und passt „*sich einer veränderten Unterlage jederzeit mit gleicher Geschmeidigkeit neu an, indem es sich bald durch die feinsten Öffnungen windet und gleich darauf wieder die größten Flächen erfüllt. Am wandelbarsten zeigt es sich in der Strömung des Flusses, wo immer neue Fluten heran sich wälzen und eine Welle die andere jagt.*"[107]

Wassersymbolik zwischen Quellkult und Dichtung

Es ist diese wandelbare, stets in der Möglichkeitsform einer Disziplinierbarkeit gehaltene Ambivalenz des Wassers, die auch im griechisch-römischen Kulturkreis und insbesondere in der hellenischen Dichtung ein weites Symbolspektrum an Wassermotiven[108] hinterlassen hat. So finden sich etwa bei Hesiod Wassersymboliken, die von heiligem Wasser oder dem Wassertrunk aus heiligen Quellen handeln. Bei anderen Autoren sind es Anklänge wasserhafter Traumszenen, die auf das Seelenleben verweisen. So kommt etwa bei

---

107 Ebda., S. 157
108 Wurde der Gedanke des »Wassers in der Tiefe« im Kontext altorientalischer Weltschöpfungserzählungen angeführt, so sei angesichts der Lehre des Thales vom Wasser als *arché* eine weitere orientalisch-griechische Parallele im Ergründen des Wassers angezeigt. Es geht um den, nach Ninck, M.: *Die Bedeutung des Wassers im Kult und Leben der Alten*, S. 5 ff., überaus „*bedeutungsvollen Qualitätsunterschied zwischen aqua viva oder nativa einerseits und aqua coelestis oder collectiva andererseits. Jenes speist vom Erdinnern aus Quellen, Flüsse, Seen und Meere*", ist allerdings in einen breiteren Bedeutungshorizont eingebettet, als die schlichte Übersetzung mit »Grundwasser« implizieren würde. „*Dieses* [hingegen] *strömt im Regen vom Himmel herab, versickert oder sammelt sich in Lachen und Pfützen, um beidemal spurlos unterzugehen. Äußerst bedeutsam ist dieser Unterschied darum, weil* […] *die alte Welt fast ausschließlich nur jenem* [aqua viva] *ihre Verehrung gewidmet und es*" schon fast mit einer Überfülle von „*Wundereigenschaften ausgestattet hat*", während das *aqua coelestis* „*kaum einmal mehr zu nennen*" sein wird.

Kallimachos Wasser als Symbol für den Vollzug der Dichterweihe zur Sprache; ebenso der Ort *dieser Weihung* sowie die Nähe zu Musen und Nymphen. In allen diesen Sprachspielen erscheint die Verflochtenheit von Wassersymbolik und Traumszenen – u. a. Trinken und Durst, Gesundheit und Reinheit – teils sehr unmittelbar.[109] Ferner nähern sich Traumszenen und Ekstase in ihrer Wasser-Metaphorik einander an, wenn *„die Bilder auf den Schauenden einströmen, ohne daß er sie zu fassen vermöchte"*; wenn die Disziplinierung des Wassers auf reflexiver Ebene *aufgehoben* wird, so *„fluten die wandelbaren Wasser des Stroms"*, ohne Führung und Ordnung, beständig *„neu heran und entgleiten doch zerrinnend jedem Griffe."*[110] Die Ströme und Wellenspiele der Traum- und Nachtzustände stehen letztlich der Totenfahrt sehr nahe, denn *„das Bild vom Strom* [hat] *für das unbewußte Erleben etwas von der unmittelbaren Notwendigkeit eines urbildlichen, natürlichen Geschöpfes an sich* [...]. *Andererseits muß sich dort, wo die natürliche Ordnung der Dinge verlassen wird, die Wahrheit des Bildes lockern."* Jenseitsvorstellungen, ob als Insel oder jenseitig des Traumstromes begriffen, erfahren ihre glaubensbildliche Entrückung, sobald das »Ziel« der Seelenfahrt *„nach oben, d.i. in den Himmel verlegt"* wird. In der Weltanschauung *„verflüchtigt sich* [...] *das Traummeer* [dann] *zum Äthermeer, und aus der Totenfahrt der Seele wird eine Himmelfahrt."*[111] In gleichem Maße, wie sie Traum- und Totenfahrt nahestehen, sind die natürlichen Wasserquellen in ihrem Symbolgehalt auch Urbilder kreativer Inspiration: So weiß etwa Pausanius *„zu berichten, daß Homer nach der Legende in einer Grotte bei den Quellen des Flusses Meles bei Smyrna sein Werk geschaffen"*[112] hat. Die Symboliken von Fluss (lat. *flumen*, griech. ποταμός) und Quelle bzw. Grotte entfalten sich im Kontext von Dichterweihe, Dichtung und Poesie in einem breiteren Reflexionsspektrum. Bei Properz sind *„Wasser und Lorbeer*

---

109 Vgl. Kambylis, A.: *Die Dichterweihe und ihre Symbolik*, S. 98 ff.; darüber hinaus Ninck, M.: *Die Bedeutung des Wassers im Kult und Leben der Alten*, S. 100 ff.: Die traumartige Mannigfaltigkeit der Motivszenen erscheint im »Kult der Alten« geradezu überwältigend. Sie reicht vom harmonisierenden Naheverhältnis von Rhythmus und Wellenbewegung, vom Beziehungsgeflecht »Trinken/Durst« oder »Gesundheit/Reinheit«, über die Bedeutung aquatischer *Selbstvergessenheit* (im Meer oder Traum) und das Motiv der *Selbstpreisgabe* (in der Flut bzw. im Strudel von Eindrücken oder Gefühlen), bis hin zum *Selbstverlust* (in Wahnsinn oder wahnhafter Raserei).

110 Ninck, M.: *Die Bedeutung des Wassers im Kult und Leben der Alten*, S. 119
111 Ebda., S. 123
112 Kambylis, A.: *Die Dichterweihe und ihre Symbolik*, S. 103

[...] *Symbole des delphischen Apollon*" und der Fluss tritt u. a. symbolisch für die epische Dichtung selbst auf: „*Was hast du mit solch einem Fluß zu schaffen? (Quid tibi cum tali, demens, est flumine)*"[113], fragt der warnende Apollon. Jenes im Fluss gesetzte dynamisch-stürmische Strömen, das teils überschwemmend *in* und *mit sich* alles fortträgt, wird in Ansätzen bei Aristophanes und später bei Horaz – in Antwort auf Pindar[114] – gar zum Symbol für dichterische Stilmittel oder die sprachliche Dichtung antiker Poeten: „*Der Bach, der Fluß ist [...] ein Symbol für das dichterische Kunstwerk, er ist ein Stilsymbol*" und es ist die Rede von einer »Flut von Reimen/Versen« und einem »unaufhaltsamen Redefluss« (Horaz). Bemerkenswerterweise sei etwa „*für Kallimachos [...] das Große*[115] *mit dem Unsauberen der Dichtung gleichzusetzen. [...] Der Fluß ist also bei ihm das Symbol sowohl für den 'lärmenden' [und] 'aufgeschwollenen' Stil als auch für den verworrenen Stoff großer Dichtung.*" Anstatt des Flusses[116] kommt in einem ästhetischen Kontext zwischen Allegorie und Symbol oftmals auch dem Meer als Motivszene – v. a. im Kontext von Schifffahrt bzw. Schiffbruch – die Rolle des Sehnsuchtsortes, der Passage (*traversée*), aber auch des in seiner chaotischen

---

113 Ebda., S. 139 f.
114 So beginnen die *Epinikia* Pindars, konkret die *Olympischen Oden* (I, 1), mit den Worten »ἄριστον μὲν ὕδωρ« (»Das Beste nämlich ist Wasser«). In diesem ersten Spruch, zur Lobpreisung und Verherrlichung der Olympischen Spiele, liegen nach Fränkel, H.: *Dichtung und Philosophie des frühen Griechentums*, S. 538 f. „*heraklitische Ideen*" begriffen. Etwa, wenn das Wasser als „*Element des vegetativen Lebens gegenüber der toten und trägen Erde*" hervorgehoben wird. Auch scheint im Fortgang des Gedichts ein „*charakteristischer Spruch Heraklits (Fr. 90 [...]) das Vorbild für ein [...] Paar von aufsteigenden Kontrasten bei Pindar*" gewesen zu sein: so könne „*kein Stern [...] auch nur gesehen werden, wenn die Sonne scheint. Ebenso überstrahlt ein olympischer Sieg alle Erfolge in anderen Spielen. Der Liedeingang ist also dazu bestimmt, durch Beispiele aus verschiedenen Gebieten den Begriff eines überragenden Wertes einzuprägen*" und den Sieg „*in die Klasse höchster Werte*" einzureihen.
115 Vgl. Kambylis, A.: *Die Dichterweihe und ihre Symbolik*, S. 145 ff.: Mit »dem Großen« ist mithin *das Große* in den epischen Dichtungen (etwa Homer) gemeint, d. i. die heroische Stoffdichte und Motivfülle sowie der Stil per se. Der Fluss steht symbolisch für ebendieses »Große« und ebenso könne auch das Meer hierfür als Symbol dienen. Das von Apollon bei Properz vorgebrachte *Motiv der Seefahrt* bzw. das »Hinauswagen aufs offene Meer« – sinnbildlich für das *Sich-zum-Epos-Wagen* – dient indes geradezu als Beschwörung, man möge sich doch in Küstennähe, d. i. an die eigenen *dichterischen Kräfte*, halten.
116 Man denke an realweltliche Flüsse, etwa Nil, Euphrat oder Tigris, als auch an die vier Paradiesflüsse der Bibel sowie die großen Unterweltströme der griechischen Mythologie, wie *Styx*, *Acheron* oder *Lethe*.

Nicht-Disziplinierbarkeit Unbeherrschbaren zu.[117] Die Quelle andererseits müsse „*vielmehr heilig sein (πῖδαξ ἱερή), an der* [...] *die ‚geringe Feuchte' (ὀλίγη λιβάς), die rein und unberührt hervorsprudelt*", sich sammelt; ein Bild einer ins Erhabene tendierenden Anmut, versetzt in eine Aura der „*Vollendung des Schönen* [...], *die sich in einer ausgesprochen religiösen Atmosphäre vollzieht*"[118], scheint assoziativ nicht ausgeschlossen.

Vom Wassercharakter als »Bewegung im Fluss«

Bemerkenswert erscheint, wie sehr die Wesensbestimmungen des Wassers sprachgeschichtlich, jedoch auch im Sinne des *kulturell Allgemeinen* seit Anbeginn im Begriff selbst mitvermittelt waren. Wurde im ersten Kapitel eine etymologische Herleitung von Wasser bis zum hethitischen *wa-a-tar* (𒉿𒀀𒋻) unternommen, so zeigen sich im Gang der Wortfortbildung höchst bedeutsame Implikationen für das Wesen des Wassers auf dem Weg zum *gemeinsamen Grund*. Zunächst hat sich beispielsweise im lat. *unda* das *wasserhafte Strömen* und die *Unruhe* der wogenden Wassermenge und der chaotischen Archaik des Wassers in einem metaphorischen Sinn bedeutungsmäßig (mit)erhalten. Neben seiner Charakteristik der Bewegung in Form des *strömenden Unsteten* erscheint sodann auch das Motiv des *sich ergießenden Fließens* der Wasser-Etymologie zutiefst eingeschrieben. Zunächst bedeutet das ahd. *wazzar* in etwa »das Feuchte, das Fließende«; gleichzeitig ist das heute weitaus geläufigere „*lateinische Wort aqua* [...] *dagegen mit dem germanischen Wort ǫ (dän. ø), mnd. eyland = ›vom Wasser umgeben‹, verwandt.*"[119] Beachtlich sind auch die unterschiedlichen etymologischen Konnotationen, da das dem lat. *aqua* entsprechende gotische *aƕa* (𐌰𐍈𐌰), vom germ. **ahwō, eine ähnliche Bedeutung

---

117 Für die mannigfaltigen literarischen Reflexionen des Meeresmotives zwischen *Imagination, Entsetzen* und *Erhabenheit* – und v. a. in Einbettung des Bildes vom »Hinauswagen auf offenes Meer« – vgl. etwa Brittnacher, H.: *Seenöte, Schiffbrüche, feindliche Wasserwelten. Maritime Schreibweisen der Gefährdung und des Untergangs*; Blumenberg, H.: *Schiffbruch mit Zuschauer*; Bachelard, G.: *L'eau et les rêves. Essai sur l'imagination de la matière*; Anthonioz, S.: *L'eau enjeux politiques et théologiques, de Sumer à la Bible*; sowie auszugsweise Böhme, H.: *Kulturgeschichte des Wassers*. Für eine weiterführende Darstellung der Meeresmotive bei Pindar, Properz und Vergil sei auf Kambylis, A.: *Die Dichterweihe und ihre Symbolik* verwiesen.
118 Kambylis, A.: *Die Dichterweihe und ihre Symbolik*, S. 145 f.
119 Böhme, H.: *Kulturgeschichte des Wassers*, S. 65 u. a. in Anlehnung an Walde, A.: *Lateinisches Etymologisches Wörterbuch* – zum Eintrag »aqua« vgl. S. 39; zum Eintrag »unda« vgl. S. 682 f.

von »Fluss, Gewässer« aufweist.[120] Das lat. *unda* steht hingegen „*in der Mitte zwischen aqua und fluctus*", denn es „*bezeichnet, wie Welle, das sich scheinbar selbst bewegende, dagegen fluctus und fluenta, wie Wogen, das von aussen her, durch Stürme u.s.w. bewegte Wasser, und zwar fluctus die Wogen mehr im Zusammenhang mit dem Ganzen, das wogende Meer, fluentum dagegen die einzelne Woge. Nur das stürmische Meer, der wilde Strom treibt fluctus, aber jedes nicht völlig stagnierende Wasser wirft undas.*"[121] Funktional zeigt sich der Wassercharakter damit zunächst als Fließen, Strömen, Plätschern – mithin als »Bewegung im Fluss«. Eine Bewegtheit, die ihrerseits mit dem aristotelischen »dýnamis« (Vermögen) auf dem Weg zum »Wasser als Naturkraft« zu korrespondieren scheint.[122] Mehr noch: jedwede Art sich-ergießender Bewegungen weckt zuvorderst *wasserhafte* Assoziationen, ist doch in der menschlichen Vorstellung das *Strömende* des Stroms selbst wasserhaft konnotiert und auch der flüssige Aggregatzustand, als *flüssige Bewegung*, bleibt mit dem *bewegten Fließen* des Wassers verbunden. Das Wasser als »Bewegung im Fluss« wird im Sinne des Strömens und Plätscherns als *sich-ergießendes Fließen* gesetzt. Der allgemeine Charakter des Wassers erschöpft sich indes nicht in seiner Funktionalität ebendieses sichergießenden Fließens, sondern vermittelt sich zudem als *Nässe* in der naturhaften äußeren Gestalt des Wasserkreislaufs, einer Bewegung in Zyklizität. Was die Disziplinierung des Wassers von ihrem Begriff her ist, zeigt sie, indem sie es kulturgeschichtlich vollzieht: Sie *ist* äußeres Korsett, indem sie der Nässe in zyklenhafter Bewegung und dem Wasser als sich-ergießendem Fließen einen Disziplinierungsrahmen anlegt, d. i. kontrollierend, zähmend, hemmend das Wasser in-Gestalt-setzt und in Verräumlichung verortet.

---

120 Vgl. Köbler, G.: *Gotisches Wörterbuch*, S. 17: die altgriechische Entsprechung wäre hier etwa ποταμός (»fließendes Gewässer, Fluss, Strom«), lat. *flumen* und *fluvius*.
121 Döderlein, L.: *Handbuch der lateinischen Synonymik*, S. 21
122 Vgl. Böhme, G.: *Feuer, Wasser, Erde, Luft. Eine Kulturgeschichte der Elemente*, S. 264 f.: Es ist Aristoteles, der das Wasser als Naturkraft weniger ob seines inhärenten Charakteristikums potenziellen Kippen-Könnens in chaotische Archaik, sondern vielmehr als »dýnamis« betrachtet. Ein Begriff, der „*in der antiken Naturphilosophie* [...] *nicht Kraft, sondern Vermögen oder Möglichkeit*" bedeutet. Wasser als reine Naturgewalt korrespondiert partiell mit der „*Auffassung der Elemente als Kräfte*"; ein Aspekt, der den Elementen „*schon von ihrer kosmologischen Herkunft her*" anhing, ihnen „*in ihrer Repräsentation durch Götter erhalten*" blieb und seinen „*deutlichsten Ausdruck in der Zuordnung der vier Elemente zu typischen Naturkatastrophen* [fand]. *Die Elemente als Naturkräfte sind aber eher die schon gezähmten Naturgewalten.*"

II. RAUM UND KULTUR. WASSER ALS ORT DER VERGESELLSCHAFTUNG

> *„Des Menschen Seele | Gleicht dem Wasser:*
> *Vom Himmel kommt es, |Zum Himmel steigt es*
> *Und wieder nieder | Zur Erde muß es*
> *Ewig wechselnd."*
>
> Johann Wolfgang von Goethe[1]

Jedwede Reflexion hinsichtlich der Disziplinierung des Wassers gleicht zunächst und zuvorderst einem *Klarwerden* und einer *Aufklärung*: Von der Quelle ausgehend zu denken entspricht der Klärung des Bandes von Mensch und Wasser, sodass sich eröffnen möge, was wesentlich in ebendieser symbiotischen Beziehung angelegt und kulturgeschichtlich mitvermittelt ist. Die vorangegangenen Erkundungen im Rahmen dessen, was als »Kultivierung« Bezeichnung fand, wurden aus diesem Grund von ihren frühesten Manifestationen bis zur Höhe der griechischen Philosophie vorangetrieben. Es galt zu zeigen, dass die Disziplinierung des Wassers als solche immer schon angelegt, vollzogen und als Vollzogene zu Bewusstsein gekommen war: explizit in Mythen und Symbolträgern, implizit im rituellen Kulturerleben – in jedem Fall jedoch am und als Anbeginn der Kulturgeschichte mitreflektiert. Doch ein derartig gewonnener Brückenkopf in der Zeit vermag nichts Geringeres zu besagen, als dass die Disziplinierung des Wassers nicht zu einem gewissen singulären Zeitpunkt der Kulturgeschichte plötzlich *auf-* und in selbige *eintrat*, sondern dass es vielmehr die Kulturgeschichte selbst ist, die sich seit jeher, d. i. in allen Völkern und Zeiten, entlang der Disziplinierung des Wassers in den mannigfaltigsten Schattierungen vollzogen hat. Diese Einsicht eines *grundsätzlichen Vollzogen-Seins* mag der vorliegenden Abhandlung uranfängliches Fundament und Brückenkopf

---

[1] »*Gesang der Geister über den Wassern*« in: Goethe, J. W. v.: *Gedichte. Maximen und Reflexionen*, S. 68

sein, ihr sogar weitere methodische Stabilität gewähren, jedoch sollte sie nicht einfach als gegeben *hingenommen*, sondern vielmehr in einem tieferen Sinne *angenommen*, d. h. im Durchgang und im Fortgang der Arbeit mitgenommen und mitgeführt werden. Allein wäre *damit* – d. i. in Anbetracht des »kulturgeschichtlichen Disziplinierungsmodells« – bisher nur die Ebene der Kultivierung und darin nur deren mythologisch-symbolisches Bedeutungsspektrum erfasst. Weder die real- und lebensweltliche Trägerrolle, die dem Wasser kulturgeschichtlich zukommt, noch das Spannungsfeld aus Wasser und Stadtkultur wurden näher besprochen. Zur Erörterung dieser Wechselbeziehung seien daher, nach einer kurzen Diskussion des Begriffs von »Stadtkultur«, im Folgenden spezifische Manifestationen stadtkultureller Ausprägung in der Alten und Neuen Welt als passende *Quellorte* wasserbaulicher Disziplinierungsleistungen im diachronen Vergleich untersucht.

In diesem Bestreben scheint es zunächst geboten, »Stadtkultur« als *Entfaltungssphäre* der Disziplinierung des Wassers näher zu diskutieren, wobei sich schon die klare Begriffsdefinition von »Stadt« im Kontext der Urbanität, lat. *urbanus*, als durchaus schwierig erweisen könnte. Ähnliches gilt für den Begriff der Stadtkultur, tritt dieser doch von mesopotamischen Stadtstaaten, über griechische *Poleis*, römische *Municipia* und *Coloniae* bis zu ausgewählten Städten der frühen Neuzeit und Megacities der näheren Gegenwart in mannigfaltigen Ausprägungsformen auf. Erschwerend kommt die Vielzahl methodischer Untersuchungszugänge und einzelwissenschaftlicher Konzepte in der Erörterung von Stadtkultur hinzu: ein Bogen, der von stadtsoziologischen, soziopolitisch-anthropologischen und sozialräumlichen über städtebauliche, architektonische sowie technisch-wirtschaftliche bis hin zu kunst- und kulturhistorischen Diskursen reicht. Innerhalb all dieser Diskurse sind es wiederum zahlreiche *Einzelaspekte*, die Stadtkultur ausmachen. Insbesondere in der stadtsoziologischen Literatur treten oftmals soziale Dynamiken und Interaktionsmuster *in* urbanen Zentren gegenüber Analysen der »verobjektivierten Stadt« als Untersuchungsgegenstand in den Vordergrund: kollektive Identitäten sowie städtische Authentizität[2], Stadtbewohner und deren Netzwerke stehen neben Fragen sozialräumlicher Gliederungen und heterogener Interaktionsmuster – man denke an Lebensstile, Milieus und Alltagspraxen, aber auch

---

2 Vgl. Zukin, S.: *Urban Culture: In Search of Authenticity*, S. 87 ff.: Wobei Authentizität betrachtet wird als „*experience of buildings and areas of the city that are felt to be local, historical, and individually distinctive*", als weitere Dimensionen werden „*local character, historical significance and distinction*" (S. 97) angeführt.

Anonymität.³ Überdies spielen Öffentlichkeit und sozialstrukturelle Kontrolle im Dialog mit Fremdheit und Mobilität⁴ ebenso eine gewichtige Rolle, wie das Phänomen städtischer Raumverdichtung.⁵ Letzteres ist insbesondere am Spannungsfeld traditioneller Industrien sowie neuer und historischer Bausubstanz abzunehmen. Es sind diese und zahlreiche weitere Faktoren, die sich mitunter zu einem stadtspezifischen *Lebensgefühl* und einer urbanen *Lebensqualität* zu verdichten scheinen.⁶ In ihrer zu untersuchenden Gegenstandsbestimmung zielt »Stadtkultur« jedoch auf ein, über soziale Dynamiken und Interaktionsmuster *in* Städten hinausgehendes, verobjektivierendes Begriffsverständnis ab. Es wird weniger nach dem je milieu- oder gruppenspezifischen *Zusammenleben in* der Stadt, sondern nach den sich *an-und-für-sich* in Horizont und Sphäre von »Stadtidentität am Wasser«, d. i. Stadtkultur *in ihrer Existenz*, vollziehenden Disziplinierungsprozessen gefragt.

Eingangs muss für die Stadtkultur europäischer Prägung indes konstatiert werden, dass sie in ihrer soziostrukturell-evolutiven Rolle im interkulturellen Vergleich und trotz aller historischen Bedingtheiten und lokalen Mannigfaltigkeiten einerseits einen genuinen Zuschnitt aufweist, während sie andererseits in ihrer spezifisch-europäischen Situiertheit spätestens seit der Renaissance emanzipatorische Prozesse beförderte. Diese reichten von der Überwindung „*der Oikoswirtschaft*" im Übergang „*zu Privateigentum und freiem Tausch*" unter Marktgesetzen, über die politische und teils revolutionäre „*Emanzipation aus feudalistischer Herrschaft* [hin] *zu demokratischer Selbstverwaltung*" sowie parlamentarischer Partizipation, bis zur „*individuelle*[n] *Emanzipation aus den persönlichen*" Abhängigkeitsverhältnissen, somit aus den „*sozialen*

---

3 Vgl. hierzu Wirth, L.: *Urbanism as a Way of Life*. Forschungsgeschichtlich war es nicht zuletzt Georg Simmels Aufsatz »*Die Großstädte und das Geistesleben*« (1903), der für die sich herausbildende Stadtsoziologie, wie auch später für die *Chicago School of Sociology* zum Grundlagentext avancierte, und der neue Impulse in Richtung einer mentalitätsbezogenen Individualität großstädtischen Typs geben sollte.
4 Vgl. Häußermann, H.: *Die soziologische Theoretisierung der Stadt und die New Urban Sociology*, S. 25 ff. sowie Siebel, W.: *Die Kultur der Stadt*.
5 Vgl. Harvey, D.: *The Condition of Postmodernity*
6 Walter Benjamin nimmt auf Baudelaires melancholischen Flaneur Bezug, der durch eine Stadt flanierend, diese in einer atmosphärisch-allegorischen Art wahrnimmt, die qualitativ dem Panorama als »Ausdruck eines neuen Lebensgefühls« gleichkäme. Vgl. Benjamin, W.: *Paris, die Hauptstadt des XIX. Jahrhunderts*, S. 45 ff.: Weitere ebensolche Elemente spezifisch stadtkultureller Atmosphäre und Individualität erkennt er etwa in den Passagen, Straßenfluchten oder auch Barrikaden.

Kontrollen [...] und den naturhaften Arbeitszwängen agrarischer Produktion."[7] Mit der anbrechenden Industrialisierung standen jedoch bourgeoise Perspektiven und Utopien bürgerlicher Emanzipation im krassen Gegensatz zu den frühindustriellen Realitäten proletarischer Milieus, die – in einem *doppelten Sinne frei*[8] –, nur über ihre Arbeitskraft und keinerlei sonstige Produktionsmittel verfügend, dieselbe auf dem Markt anbieten mussten. Es ist ebenjene multiple Verflechtung von Kapital, Lebensstil und Urbanität, die den *Kulturbegriff* heutzutage nicht mehr als rein städtisch-eingebettet oder durch Urbanität begründet, sondern *selbst* als wesentliches Produkt moderner Verstädterung und Urbanisierung begreifen lässt.[9] Allein Kultur warenartig, im Sinne einer Kommodifizierung und d. h. als Kulturprodukt, und Stadt als zentrale *Verdichtungszone* von »Kulturindustrie«[10] zu verstehen, gibt im urbanen Kontext den Blick auf wirtschaftspolitische – d. i. Investitionen in Standort, Humankapital und eine differenzierte Sphäre von Kulturangeboten – und sozialintegrative Schlagseiten – d. i. identitätsstabilisierende Funktionen der Kulturpolitik – von Stadtkultur frei. Kulturkritische Positionen auf der anderen Seite rücken in diesem Zusammenhang Statuskonkurrenz sowie sozialstrukturelle und räumliche Selektivität zwischen Zentrum und Peripherie, samt der damit verbundenen unterschiedlichen Entwicklungspotenziale und Handlungsmöglichkeiten in den Fokus.[11]

---

7 Siebel, W.: *Stadtkultur und städtische Lebensweise*, S. 647
8 Vgl. Marx, K.: *Das Kapital*, S. 183: „*Zur Verwandlung von Geld in Kapital muß der Geldbesitzer also den freien Arbeiter auf dem Warenmarkt vorfinden, frei in dem Doppelsinn, daß er als freie Person über seine Arbeitskraft als seine Ware verfügt, daß er andererseits andre Waren nicht zu verkaufen hat, los und ledig, frei ist von allen zur Verwirklichung seiner Arbeitskraft nötigen Sachen. [...] Eins jedoch ist klar. Die Natur produziert nicht auf der einen Seite Geld- oder Warenbesitzer und auf der andern bloße Besitzer der eignen Arbeitskräfte.*"
9 Vgl. Müller, M.: *Kultur der Stadt. Essays für eine Politik der Architektur*, S. 15 ff.
10 Vgl. das Kapitel »Kulturindustrie, Aufklärung als Massenbetrug« in: Horkheimer, M.; Adorno, T.: *Dialektik der Aufklärung*, S. 128 ff.
11 Vgl. Siebel, W.: *Stadtkultur und städtische Lebensweise*, S. 643 ff. sowie Hauser, S.; Kamleithner, C.: *Ästhetik der Agglomeration*, S. 20 ff.; überdies weist Harvey, D.: *The Condition of Postmodernity*, S. 305 auf eine postmoderne Tendenz hin, in der „*aesthetic production has [...] been [...] thoroughly commodified and thereby become really subsumed within a political economy of cultural production*", sodass auch ein städtischer Kulturbegriff nicht mehr vor der kommodifizierten Produktionslogik des Kulturangebot-Schaffens geschützt scheint.

In diesem Prozess der urbanen Modernisierung traten als spezifische Charakteristika des »Großstadtlebens« im Fin de Siècle insbesondere „*Mobilität und Beschleunigung*" hinzu. Für Robert Musil entsprechen sie etwa „*eine*[r] ,*totale*[n]' *Identität einer Stadt, jenes Spezifikum, woran sie klarer erkennbar ist als an irgendeinem noch so signifikanten Einzelmerkmal. Die Großstadt*" wird zu einer „*Metapher für ,Modernität' schlechthin*" und forciert die „*Verschränkung von symbolischer Sphäre und materieller Stadtgestalt*", geht es doch um „*die Linearitäten und Kontingenzen des Sozialen, um Beschleunigung und Stillstand von Lebensformen*", aber auch um Kommunikation als solche und letztlich um „*die Verdinglichung von sozialen Relationen und Referenzen in den spezifischen Formen der Urbanität.*" Für zahlreiche europäische Großstädte, wie Berlin, Paris oder Wien, ging der „*Übergang von den ländlich verfaßten, vorindustriellen Vororten zur modernen, industriellen Vorstadt* [...] *also mit der Entstehung von frühen, prototypischen Formen von Massenkultur einher.*"[12] Schließlich dürfen auch soziohistorische Prozesse der »Veröffentlichung« nicht übersehen werden, d. i. eine Entfaltung und Nutzung ebenjener Form von Sozialräumlichkeit, die heute gemeinhin *öffentliche Räume* ausmacht. Entscheidend bleibt, dass sich bis in die Gegenwart zahlreiche Vorstellungen vom *Wesen der Stadt* und damit von Stadtkultur per se konzeptuell an dessen spezifisch-europäischer Ausprägungsform orientieren. Entspricht die „*Imagination von Stadt*" oftmals einem kollektiv-europäischen Standard, so kommt der *Wahrnehmung von Stadt* eine „*planungsleitende Rolle*" in Stadtentwicklungsprozessen zu. Denn Stadtmodelle, die »gebaute Stadtkultur« und letztlich die Stadtidentität selbst orientieren sich in ihrem Werden insbesondere „*in Auseinandersetzung*[en]" mit der „*Europäische*[n] *Stadt*"; doch darin findet sich nicht nur ein „*Muster für den künftigen Siedlungsbau*"[13] wieder. Im Extremfall wird kollektiv nur noch *jenes* als Stadt wahrgenommen und damit identitätsweisend als Stadtkultur legitimiert, was ebendieser spezifischen Lesart entspricht. Dadurch läuft der Diskurs allerdings Gefahr, dass *Zwischenräume*, nicht-bebaute oder gar nicht-festländische (aquatische) Räume als *nicht-zugehörig*, gar als Gegenbild zur »gebauten Stadtkultur« reflektiert werden. Mögen diese ersten, skizzenhaften Anführungen primär die Heterogenität der Fragestellungen sowie die Polyzentriertheit

---

12 Maderthaner, W.: *Die Logik der Transgression: Masse, Kultur und Politik im Wiener Fin-de-Siècle*, S. 98 f.
13 Hauser, S.; Kamleithner, C.: *Ästhetik der Agglomeration*, S. 11. Darüber hinaus sei die „*Europäische Stadt*" als solche „*ein historisierendes Konstrukt der Stadt, das historische Schichten vermischt und – das ist seine eminent wichtige Funktion – populäre Wünsche an die heutige Stadtentwicklung bündelt.*"

der Forschungsdiskurse und ihrer methodischen Verständnisse anzeigen, so erscheint es für die nachfolgenden Erkundungen lohnend, neben einer städtebaulichen auch materielle und normativ-mentalitätsgeschichtliche Dimensionen von Stadtkultur einzuholen und im Disziplinierungsrahmen des Wassers zu diskutieren.

Aus dem Dargelegten kristallisiert sich, abstrakt begriffen, »Räumlichkeit«[14] als elementares Leitkriterium heraus. Folglich muss für die Disziplinierung des Wassers in diesem interdisziplinären Bedeutungsfeld stadtkultureller Ausprägungsformen die gesuchte Annäherung über *Konzepte des Raumes* verlaufen: d. i. Stadtraum und Stadt können näherungsweise als »Agglomeration« und urbane »Kulturraumverdichtung« begriffen werden.[15] In diesem Zusammenhang ist Kultur zunächst in eine „*Vielzahl von Räumen*" eingebettet, sowohl „*zum Zweck der Bewegung (Verkehr, Kommunikation) wie der Beständigkeit (Ruhen, Lagern, Wohnen)*"; der Vergleich zur »Bewegung im Fluss« in seiner Disziplinierung – Ruhelosigkeit des sich-ergießenden Strömens, Stetigkeit des Flusslaufes – klingt darin an. Stadtkultur ist „*also von Anbeginn die Entwicklung von Topographien*", während die „*Semantik von Kultur*" indes anzeigt, dass „*es bei jedweder Kultivierung auf die Sicherung von räumlicher Beständigkeit und zeitlicher Stetigkeit*"[16] ankommt. Gleichzeitig spielt Wasser im „*Aufbau von Landschaftsphysiognomien [...] eine bedeutende Rolle, wie an der Landschaftsmalerei, der literarischen Landschaft wie auch an alltagsästhetischen Erfahrungen mit ›freier Natur‹ und ›Stadtlandschaften‹ nachzuprüfen ist. Doch sind hier Typologien, Semiotiken, historischer Stilwandel von Wasserphysiognomien kaum erforscht.*"[17]

---

14 Hierzu auch Führ, E.: *Architektur/Städtebau*, S. 46: „*Raum findet sich als Thema der theoretischen Reflexion und der konzeptionellen Arbeit erst am Ende des 19. und im 20. Jahrhundert*", dennoch lassen sich unterschiedliche Positionen veranschaulichen: „*eine kunstwissenschaftlich-architekturhistorische [...], eine funktionalistische [...], eine strukturalistische [...], eine soziopolitische [...] und eine phänomenologische.*" Vgl. zudem Moser, A.: *Raum und Zeit im Spiegel der Kultur*.

15 Vgl. Hauser, S.; Kamleithner, C.: *Ästhetik der Agglomeration* sowie Böhme, H.: *Vom Cultus zur Kultur(wissenschaft)*. Weiterführend sei verwiesen auf Berking, H.: *Die Wirklichkeit der Städte*; Böhme, G.: *Architektur und Atmosphäre*; Henningsen, B.: *Die inszenierte Stadt*; Siebel, W.: *Die Kultur der Stadt* sowie Ders.: *Stadtkultur und städtische Lebensweise* und Simmel, G.: *Die Großstädte und das Geistesleben*.

16 Böhme, H.: *Kulturwissenschaft*, S. 190

17 Böhme, H.: *Kulturgeschichte des Wassers*, S. 34

Abbildung 3: Katsushika Hokusai – Die große Welle vor Kanagawa (um 1831)[18]

Um die kulturgeschichtliche Entfaltung der Disziplinierung des Wassers in Ansätzen nachzeichnen zu können, sei ihr Vollzug daher in den bereits angedeuteten Bahnen eines geradezu dialektischen Fortgangs in-sich-reflektierender Gegensatzpaare begriffen. Folgerichtig muss auf die Gegenüberstellung von Wasser und Raum rekurriert werden (Gegensatzpaar α). Entweder wird Wasser selbst *in Räumlichkeit*, d. i. verräumlicht und als Raum, oder aber als *Gegenbild zu* einer Räumlichkeit gedacht, die Raum-Erleben ausschließlich als festländischen Lebensraum begreift, d. h. als Kultur- oder Naturraum, Stadtkultur oder Urbanität. In diesem zweiten Fall wird Wasser als abgegrenzte Sphäre, als ein der festländischen Räumlichkeit gegenüberstehender *Nicht-Raum* aufgefasst.

---

18 Als faktisch fremdgebliebene Wasser (*Nicht-Räumlichkeit*, Gegensatzpaar α) oszilliert Hokusais Farbholzschnitt »Die große Welle vor Kanagawa« zwischen archaischer Bedrohlichkeit und kraftvoller Erhabenheit des offenen Meeres. Der Holzschnitt stellt als Teil der Serie »36 Ansichten des Berges Fuji« (1829–1833) eines der bekanntesten japanischen Werke des sogenannten *Ukiyo-e*-Stils dar – in etwa übersetzbar mit »Bilder einer fließenden Welt« (im Sinne des Vergänglichen, ähnlich der Vanitas) –, wobei v. a. die geometrisch-fraktalartigen Strukturen der brechenden Wellen auffallen; vgl. Forrer, M.: *Hokusai. Mountains and water, flowers and birds*.

Für die folgenden Kapitel eröffnen sich daraus die beiden ausschlaggebenden Untersuchungsstränge: einerseits die Frage nach der kulturgeschichtlichen Trägerrolle des Wassers, erörtert am Gegensatzpaar α (Wasser / Raum); andererseits die Analyse hydrotechnischer und wasserbaulicher Bewältigungsstrategien im interkulturellen Vergleich, die theorieimmanent am »kulturgeschichtlichen Disziplinierungsmodell« in einem Spannungsfeld aus Regulierung, Nutzbarmachung und Industrialisierung des Wassers erarbeitet werden. Erfährt Wasser *als Raum* und Bestandteil von Stadtidentität in urbanen Kontexten seine substanzielle Zuweisung und konnte bis dato gezeigt werden, dass sich die Disziplinierung des Wassers in mannigfaltiger Art und Weise selbst sichtbar machte, so sei nunmehr der Versuch unternommen, darzulegen, inwiefern sich Kulturgeschichte und »Zivilisationsprozess« (Elias) wesentlich *entlang* und *im Verlauf* der Wasserdisziplinierung vollzogen und entfaltet haben. Die nachfolgend herausgegriffenen stadtkulturellen Exemplifikationen seien daher nicht als deskriptive Aufzählungen unterschiedlicher Einbettungsformen des Wassers in technisch-disziplinierter Form begriffen; vielmehr sollen sie schlaglichtartig anzeigen, auf welche Weise Städte und urbane »Kulturraumverdichtungen« *als* Entfaltungssphären der Wasserdisziplinierung verstanden werden können. Dazu werden die untersuchten Stadtkulturen in einem Spannungsfeld architektonisch-infrastruktureller, soziokultureller sowie historisch-anthropologischer Dimensionen eingefasst. Gerade in Einfassung all jener äußerlich scheinbar entrückter Themenbereiche vermittelt sich das *Wesen des Wassers* als das alles »Besondere Durchdringende und in sich Beschließende« (Hegel). Die einzelnen aquatischen Disziplinarmomente greifen kulturell ineinander, da sie seit jeher in einem sie kontrollierend-verortenden *Korsett ihrer Disziplinierung* harmonische Einbettung erfahren hatten. Das Verhältnis aus Wasser und Stadtkultur ist ebendiese Einbettung.

Geschichte der Stadtkultur als Entfaltungssphäre der Disziplinierung

> „... *es gibt in der weiten Welt nur einige Dutzend Menschen, die selbst von einem so einfachen Ding, wie es Wasser ist, das gleiche denken; alle anderen reden davon in Sprachen, die zwischen heute und einigen tausend Jahren früher irgendwo zu Hause sind.*"
>
> Robert Musil[19]

Im Durchgang durch ihre mannigfaltigen Instanziierungen und diachronen Veränderungsströme bleibt die Disziplinierung allen Wassers seit Anbeginn doch die gleiche. Entlang der Diachronie der Kulturgeschichte, in synchroner Mannigfaltigkeit aufgefächert, werden die Ausprägungsformen aquatischer Disziplinierung jedoch nicht nur mitreflektiert – d. i. ein *In-sich-Reflektieren* im Rahmen der Kultivierung – sondern auch realweltlich vollzogen. Damit stehen kulturelle Verarbeitungsdispositive und wasserbauliche Bewältigungsstrategien, Kultivierung und Technisierung, in allen Aspekten der Wasserdisziplinierung gleichberechtigt, zeitgleich und verflochten nebeneinander, sodass gezeigt werden kann, dass wesentliche kulturgeschichtliche Entwicklungsschritte der Urbanität und Stadtwerdung entlang und in Reflexion der Disziplinierung des Wassers ihre jeweilige Entfaltung erfuhren.

Auf dem Weg zum *gemeinsamen Grund* vermag hingegen der Gedanke wasserhafter Funktionalität den klärenden Blick oftmals zu trüben. Um daher die kulturgeschichtliche Trägerrolle des Wassers im diachronen Vergleich beschreiben zu können, muss die oben angeführte *Destillation*, d. i. die Reinigung des Wassers als gleichsam sterilisierende Profanisierung des Begriffs in der Moderne (H_2O), nicht nur überwunden, sondern *aufgehoben* und die

---

19 Vgl. Musil, R.: *Der Mann ohne Eigenschaften*, S. 113: Musils *Mann ohne Eigenschaften* fallen in Beschäftigung mit dem Wesen des Wassers (I, 28) zwar einige der im vorangegangenen Kapitel beschriebenen symbolischen Motivlagen ein, im Großen und Ganzen jedoch erkennt er, der „*auch das neuzeitliche Wissen irgendwo im Bewußtsein*" hat, Wasser allerdings als „*eine farblose, [...] geruch- und geschmacklose Flüssigkeit*" an. Als solche ist das Naturelement für ihn bereits durch den Prozess der modernen, sterilisierenden Profanisierung des Begriffes hindurchgegangen, sodass aus dem Lebenselement Wasser in der anschauenden Reflexion gleichsam eine *Substanz* und ein *Naturstoff ohne Eigenschaften* wurde.

wasserhafte Metaphorik im und am Kontext von Stadtkultur eingeholt und zurückgewonnen werden. Nicht zuletzt gilt es den als neuzeitlich zu klassifizierenden Subjekt-Objekt-Dualismus mit Blick *auf das Wasser* kritisch zu hinterfragen. Denn das *"Wasser zu objektivieren, es zu einem dem Menschen gegenüberstehenden Stoff zu verfremden, der als eben fremder erkannt und dann technisch verfügbar gemacht wird: das entspricht zwar dem allgemeinen neuzeitlichen Zug zum Fremdmachen der Natur. Doch in solche Erkenntnis kann die unaufhebbare Angewiesenheit des Menschen auf das Wasser ebensowenig eingehen, wie die Tatsache, daß der Mensch"* – selbst in seiner Leiblichkeit großteils aus Wasser bestehend – *"niemals als souveränes Subjekt dem Stoff Wasser gegenübertritt."*[20] Diese existenzielle Angewiesenheit widerspiegelnd scheint ebenjener moderne Subjekt-Objekt-Dualismus in den *ersten Erzählungen* noch nicht vollzogen, sodass wir das Naturelement als Symbolträger in einem bedeutungsschweren Reichtum an Reflexionsbestimmungen eingebettet finden. Ebenso verwundert es auch kaum, dass die realweltlichen Hydrotechnologien, jene Anlagen, Bauten und Gerätschaften zur technischen Disziplinierung des Wassers, seit jeher einem menschlichen Überwindungsbestreben gegenüber den Kräften des Elements und dem je eigenen Ausgeliefertsein gleichkamen. Wurde einführend Stadtkultur als Untersuchungssphäre umrissen und näherungsweise als »Kulturraumverdichtung« anhand mehrerer Dimensionen gefasst – einer architektonisch-infrastrukturellen, einer soziokulturellen, einer historisch-anthropologischen sowie zuletzt einer gesellschaftsphilosophischen Dimension –, soll nachfolgend der sich in Horizont und Sphäre von Stadtidentität (d. i. Stadtkultur *in ihrer Existenz*) vollziehenden Disziplinierung des Wassers nachgegangen werden. Das lebensweltliche Spannungsfeld, das sich aus dem naturräumlichen Angebot der Wasserpotenziale einerseits und der urbanen Nachfrage, dem Wasserbedarf, andererseits ergibt, sei dabei stets mitbedacht. Die *Technisierung des Wassers* soll in ihrer Mittlerrolle Diskrepanzen überbrücken und die Wasserversorgung und Wasserentsorgung sowie deren Aufbereitung und Reinhaltung gewährleisten. Bezug nehmend auf die vorgestellten Forschungsfragen sollen, ausgehend von den beiden Gegensatzpaaren α (Wasser / Raum) und β (zu viel / zu wenig), auf der Ebene einer realweltlichen Technisierung zudem zwei Thesen im Kontext von Stadtidentität und Stadtkultur am Wasser ergründet werden. Spürt die erste These einer Korrelation zwischen dem zivilisatorischen Aufblühen von Stadtkultur und der relativen Qualität disziplinierter Hydrotechnologien nach, rückt die zweite These

---

20 Böhme, H.: *Kulturgeschichte des Wassers*, S. 11

Geschichte der Stadtkultur als Entfaltungssphäre der Disziplinierung 109

die *Gleichzeitigkeit der Wechselwirkung* höhergradiger gesellschaftlicher Ordnungsmechanismen und Kontrollmaßnahmen sowie einer fortschrittlicheren Wasserdisziplinierung in den Fokus der Betrachtungen. Historisch vermochten urbanisierende Zentren nur bis zu einem gewissen Grad des Bevölkerungswachstums ihren Brauch-, Frisch- und Trinkwasserbedarf durch vereinzelte Quellen im Stadtgebiet oder am Stadtrand sowie mittels Wasserschöpfen aus Brunnen zu decken. Darüber hinaus erwuchs die Notwendigkeit, durch Technologieeinsatz umliegende wie auch weiter entfernte Wasserpotenziale zu nutzen, zu *disziplinieren*. In Fragen der technischen Nutzbarmachung des Wassers stießen die antiken Bauherren allerdings auf zwei bedeutsame Problemfelder: Distanz und Zeit. Zudem musste jene naturgegebene Diskrepanz zwischen topografischen Wasserpotenzialen und -dargebot sowie gesellschaftlichem und damit städtischem Wasserbedarf überwunden werden. Die sich dadurch „*zwangsläufig [ergebenden] Diskrepanzen zwischen den Realitäten der Natur und den Ansprüchen der Gesellschaft*" konnten einzig durch „*wasserwirtschaftliche Eingriffe in den natürlichen Wasserhaushalt*"[21] überwunden werden – die Disziplinierung des Wassers ist dieser urermöglichende Eingriff. Die erste der beiden Thesen stellt aus diesem Grund die Frage nach der Korrelation zwischen höhergradigen Disziplinierungsleistungen und dem Erblühen und Entfalten von Stadtkultur in den Vordergrund. Denn nicht immer waren lebensspendende Quell- und Grundwasservorkommen im Stadtgebiet in ausreichender Menge vorhanden, um die wachsenden Versorgungsengpässe decken zu können. Zur Erschließung neuer Wasservorkommen mussten vielfach weite Distanzen überbrückt werden, wobei manuelle Transportwege von den Quellfassungen bis in die Städte allein ob der schieren Wassermengen de facto ausgeschlossen blieben.[22] Die meisten antiken Hydrotechnologien

---

21 Frontinus-Gesellschaft: *Die Wasserversorgung antiker Städte*, S. 9
22 So umfasste die Zuleitungsmenge im antiken Pergamon pro Tag ca. 40.000 m³ (400-500 l/s) und jene Roms in etwa 520.000-635.000 m³ Trinkwasser (1. Jahrhundert n. Chr., nach Angaben Frontinus). Damit liegt der tägliche Wasserverbrauch der antiken Städte pro Kopf *im* und teils *über* dem Schnitt moderner Städte im 21. Jahrhundert: täglich ca. 250 Liter/Bewohner (Pergamon) oder gar 600 Liter/Bewohner (Rom), im Vergleich zu Deutschland mit rund 125 Litern/Bewohner (Stand 2019). Dabei ist allerdings die ungleichmäßige Wasserversorgung verschiedener Bevölkerungsschichten antiker Städte einerseits zu beachten, andererseits die Tatsache, dass der „*Wert 600 l nicht den tatsächlichen Verbrauch der römischen Bevölkerung darstellt. Der kontinuierliche Zufluß von rund 600.000 m³/Tag passierte die Stadt (öffentliche Brunnen, Thermen, Privatanschlüsse) in einem stetigen Strom und war nicht regulierbar*" – in: Garbrecht, G.: *Meisterwerke antiker Hydrotechnik*, S. 97.

nutzten daher natürliche Gefälleneigungen, um das Distanzproblem durch den Bau von Fernwasserleitungen zu überwinden. Konnte damit das Problemfeld der *Distanz-Überbrückung* vermittels Wasserzuleitungssystemen aus dem urbanen Umland gelöst werden, musste jenes der *Zeit* durch Wasserspeicheranlagen, wie Zisternen, Talsperren oder Reservoirs, in Angriff genommen werden. Die Überbrückung zeitlicher Diskrepanzen, etwa von winterlichen Niederschlägen und Sommerhitze, war und ist eine der primären Aufgaben jedweder Wasserdisziplinierung. Im Jahreszyklus konnten durch das Auffangen und Sammeln von Regenwasser vielfach Wasservorräte angelegt werden, die im Falle von Wassernot oder etwa militärischer Belagerung den städtischen Wasserbedarf (bis zu einer gewissen Stadtgröße) über mehrere Monate hin zu decken vermochten. Obgleich dem „*Auffangen, Sammeln und Verwenden von Niederschlagswasser, im Mittelmeerbereich vor allem von Regenwasser, [...] in allen Teilen und zu allen Zeiten der antiken Welt eine wirkungsvolle und nicht zu unterschätzende*" Bedeutung zukam, so ist diese doch „*in den Schatten der großen Leitungsbauten gerückt. Forschungsgeschichtlich äußert sich das unter anderem in dem Umstand, daß bis heute*" nur einige wenige „*systematische Bearbeitung*[en] *der antiken Zisternen*"[23] und Wasserspeicheranlagen vorliegen. Ein Umstand, der eine durchaus interessante Parallele zur reflexiven Ebene im Bereich antiker Wasserkultur aufweist: Dem Quellkult und dem »Wasser in der Tiefe« (*aqua viva*) wurde eine überragende Bedeutung und Verehrung zuteil, während das *aqua coelestis*[24] scheinbar weder in Mythendichtungen, noch auf Ebene realweltlicher Wasserdisziplinierung eine umfassendere kulturgeschichtliche Reflexionsbemühung zu erwecken wusste. Neben Technologien der Wasserversorgung sind im Kontext und Spannungsfeld aus hydrotechnischer Disziplinierung und dem Erblühen von Stadtkultur auch Anlagen der Wasserentsorgung, wie etwa Ableitungen, Abwasserkanäle oder Kanalisationen, sowie Bauten zur Regulierung des Wassers zu nennen. Letztere umfassen neben Regulierungsbestrebungen, wie der Umleitung von Flüssen, Talsperren, Damm- und Deichbauten, zudem Entwässerungssysteme, die u. a. bei der Trockenlegung von Sümpfen, wie dem ursprünglich sumpfigen *Velabrum* in Rom, den Pontinischen Sümpfen der Latium-Region oder jenen des Podeltas, zur Anwendung kamen. Reservoirs sind als Hydrotechnologie hingegen eher zwischen Nutzbarmachung und Regulierung zu verorten: dienten sie einerseits der Wasserspeicherung und damit der Nutzbarmachung, so waren sie als

---

23 Tölle-Kastenbein, R.: *Antike Wasserkultur*, S. 106
24 Vgl. Ninck, M.: *Die Bedeutung des Wassers im Kult und Leben der Alten*, S. 5 ff.

Endreservoirs andererseits Auffangbecken einmündender Wasserleitungs- und Regulierungssysteme.[25]

Doch der Forschungsstand bezeugt auch, dass Prozesse der Urbanisierung, städtischer Zentrumsbildung und »Kulturraumverdichtung« durch integrierte Maßnahmen zur vermehrten Wasserdisziplinierung begleitet werden mussten, nicht zuletzt aufgrund steigender Bevölkerungszahlen und eines erhöhten Wasserbedarfs. Sobald jedoch die hydrologischen und naturräumlichen Rahmenbedingungen einer ebensolchen Kulturraumverdichtung die *Bearbeitung der Natur* notwendig machten, trat unweigerlich zur Problemstellung technologischer auch jene der administrativen Machbarkeit hinzu. Bedurfte es hierfür eines mit umfassender Macht ausgestatteten »Bürokratieapparats« (Max Weber), so stellen sich in diesem Zusammenhang Fragen nach der Ausgestaltungsform angewandter Kontrollmechanismen und danach, ob derartige Disziplinierungsleistungen nur durch eine strikt-hierarchische gesellschaftliche *Verordnung* verwirklicht werden konnten. Dies insinuierte, dass dieselben Kontrollmechanismen, die qua Zwangsarbeit auf ebenjenes Arbeitskräftepotenzial tausender Menschen, das zur Errichtung von Schwerwasserbauten notwendig war, zurückgriffen, de facto auch auf autokratisch-despotischen Herrschaftsstrukturen (stadtstaatliche Diktaturen, Tyrannis, absolute Monarchie) aufbauten bzw. sich aus *diesen* legitimieren mussten. Erstmals war dieser Gedanke einer Korrelation von Schwerwasserbauten und verstaatlichten Großorganisationen unter despotischen Herrschaftsstrukturen von Karl Wittfogel in seiner Untersuchung »Oriental Despotism« (1957) vorgebracht worden.[26] Zwar

---

25 Vgl. Tölle-Kastenbein, R.: *Antike Wasserkultur*, S. 121 ff., auf die Ursprünge von Wasservorräten hinweisend: „*als direkte Wasservorkommen wurde Quellwasser in eigenen Fassungen [...], Grundwasser in Sickerstollen mit vorgelagerten Schöpfbecken [...], Regenwasser in Zisternen [...] und Flußwasser in Talsperren gesammelt.*" Dennoch ist es „*ein wesentlicher Unterschied, ob man abgestandenes Regenwasser mit der Hand aus einer Zisterne schöpft, oder ob frisches Leitungswasser fließend seinen Zielort erreicht.*" Griechen und Römer unterschieden sich hier technologisch: während fast alle römischen Fernwasserleitungen über Endreservoirs verfügten, mündete der Großteil aller „*griechischen Wasserleitungen* [...] *in einer Entnahmestelle, in einer Krene*", ein.

26 Darin hält Wittfogel fest (S. 24 f.): „*The characteristics of hydraulic economy are many, but three are paramount. Hydraulic agriculture involves a specific type of division of labor. It intensifies cultivation. And it necessitates cooperation on a large scale.*" Auch das Spannungsfeld des Gegensatzpaares β wird angesprochen, denn „*the fight against the disastrous consequences of too little water may involve a fight against the disastrous consequences of too much water.*" Darüber hinaus und in Bezug auf die

merkte er selbst an, dass „*too little or too much water does not necessarily lead to governmental water control; nor does governmental water control necessarily imply despotic methods of statecraft*"²⁷ – dennoch sei die »Wittfogelsche These« nachfolgend mitbedacht, wenngleich nicht unkritisch vollends übernommen.

Vielmehr sei mit dieser zweiten These auf eine Tendenz verwiesen, die sich kulturgeschichtlich abzuzeichnen schien: Relativ ungeachtet der gesamtgesellschaftlichen Freiheitsgradationen war der *Durchgriff auf Menschen* – ob auf autokratischer oder naturrechtlicher Basis, ob als feudales, absolutes oder positiviertes Durchgriffsrecht – für die Disziplinierung des Wassers von elementarer Bedeutung. Zur Errichtung von Schwerwasserbauten, der Regulierung von Flusssystemen und der Abwehr der Extremwerte des Gegensatzpaares β, brachten Gesellschaften im diachronen Vergleich Kontrollmechanismen zur Anwendung, die es ermöglichten, auf menschliche Arbeitskraft *zuzugreifen*, teils in Form von Zwangsarbeit, teils durch innergesellschaftliche Abhängigkeitsverhältnisse. Die Annahme einer *Gleichzeitigkeit der Wechselwirkung* setzt jedoch weder autokratisch-despotische Herrschaftsstrukturen als Präkondition der Disziplinierung des Wassers voraus, noch will sie jene als Quelle und kausal verantwortlich für die Herausbildung sowie den Erhalt ebensolcher Machtkonditionen verstanden wissen.²⁸ Entscheidender als die je spezifische Ausgestaltungsform der Arbeitsverhältnisse, die historisch bis weit in die Neuzeit nur

---

Schwerwasserbauten (S. 28 ff.): „*Heavy water works feed the ultimate agrarian producer one crucial auxiliary material: water*" und erfüllen zudem „*important protective functions*" für ganze Herrschaftsgebiete und Landstriche.

27 Ebda., S. 12. Neue Untersuchungen schlagen hier einen anderen Weg ein, so u. a. Hans „*Nissen's theory that the alluvium, at least around Uruk, quite suddenly became available with huge resource potential that could be maximized without too much initial effort in terms of labour expenditure, proved an important counterpoint to earlier theorists who had emphasized that artificial irrigation and its supervision produced a bureaucratic élite who were the motors of social change into oriental despotism*" – in: Leick, G.: *Mesopotamia. The invention of the city*, S. 45.

28 Dahinter steht u. a. die Annahme, dass einige Kulturen und Zivilisationen durch höhergradige Disziplinierungsleistungen nicht nur einen spezifisch technologischen Wissensvorsprung erreichten, sondern auch ein kulturell-machtpolitisches Aufblühen erlebten – nicht zuletzt in Form neuer, oftmals weit ins Umland greifender städtischer Zentren. Die These von der *Gleichzeitigkeit der Wechselwirkung* erkennt indes das kulturelle Aufblühen von Stadtkulturen sowohl als *Folge* der Wasserdisziplinierung als auch als *Fundamentalursache* an, d. h. als Voraussetzung im Sinne der Urheberschaft: Schwerwasserbauten, die trotz aller regionalen Unterschiede nur in und von bestimmten Gesellschaften errichtet werden konnten.

Geschichte der Stadtkultur als Entfaltungssphäre der Disziplinierung 113

allzu oft auf ebensolchen herabgesetzten Freiheitsgraden der die Disziplinierungsarbeiten vollführenden Personen[29] fußten, erscheint die Korrelation aus machtpolitischer Kontrolle (gesellschaftliche Ordnungsfunktion) und der Bändigung der Naturkräfte. „*War die Bändigung der Wasserkräfte bei Machiavelli noch Vergleich für die gesellschaftliche Aufgabe des Fürsten, so haben im 17. Jahrhundert die Höfe zunehmend nicht nur die Gesellschaft, sondern auch die Natur geordnet und geprägt.*"[30] Insofern fragt die zweite These nicht nur nach der Korrelation von gesellschaftlichen Kontrollmaßnahmen[31] – und letztlich der *Notwendigkeit* von Zwangsarbeit zur Errichtung vieler Schwerwasserbauten und Hydrotechnologien – und höhergradigen Niveaus der Wasserdisziplinierung. Darüber hinaus soll analysiert werden, ob in Phasen des machtpolitischen Kontrollverlustes der jeweiligen Herrschaftsformen und potenziell zunehmender Freiheitsgradationen auch die Entwicklungen der Disziplinierung des Wassers stagnierten. Damit könnten von der Antike bis in die Neuzeit Zusammenhänge und synchrone Wechselwirkungen aus staatlicher Kontrolle und wasserbaulicher Disziplinierungskapazität einer Gesellschaft aufgezeigt werden.

---

29 Neben Wittfogels »*Oriental Despotism*« sei aus Kontextualisierungsgründen auch auf den postulierten kulturphysiognomischen Zusammenhang von Wasser und Kulturform in E. Kapps Werk »*Philosophische oder vergleichende Erdkunde als wissenschaftliche Darstellung der Erdverhältnisse und des Menschenlebens nach ihrem inneren Zusammenhang*« (1845) hingewiesen. Wilson, A.: *Drainage and Sanitation*, S. 170 ff. führt indes an, dass nach Plinius die Wartungsarbeiten in den römischen Abwasserkanälen durch Sklaven oder Straftäter vollführt wurden: „*Unsettled conditions in Late Antiquity led to a decline in urban authority and control over civic planning and development, with a concomitant decline in the effectiveness of urban drainage.*" Zudem die methodisch vergleichende Untersuchung von Holt, E.: *Water and Power in Past Societies*, der die innergesellschaftlichen Spannungsverhältnisse von Wasser und politischen Machtstrukturen beleuchtet. Schließlich konstatiert Brown, N.: *Wittfogel and Hydraulic Despotism*, S. 104: „*Any endeavour, through the better control of its water cycle, to make a region more able to support civilised society year on year, is liable to encourage population growth and, indeed, raise expectations all round.*"

30 Krolzik, U.: *Wasser als theologisches Thema der deutschen Frühaufklärung bei Johann Albert Fabricius*, S. 201

31 Für eine umfangreiche Studie zur soziopolitischen Kontrolle vgl. LaPiere, R.: *A Theory of Social Control*.

Regulierungen der frühen Hydraulischen Kulturen – von mesopotamischen Stadtstaaten und altägyptischen Nilfahrten

Die Disziplinierung des Wassers setzt nicht *grundlos* auf der Ebene der kulturellen Selbstreflexion anthropologisch-aquatischer Beziehungen mit den ersten Epen und vorliterarischen Mythenmotiven im Zweistromland an. Denn die Entstehung und Entfaltung jener kulturellen Hochblüten, die gemeinhin als »frühe Hochkulturen«, aber auch als »Flusstal-Zivilisationen«[32] oder »Hydraulische Kulturen« bezeichnet werden, allen voran Mesopotamien und Ägypten, scheint mit der Notwendigkeit der Wasserdisziplinierung in Form und nach Art technischer Regulierung und Nutzbarmachung zu korrespondieren. Seit Anbeginn urbanisierender Kulturgeschichte wurde auf realweltlicher Ebene die Disziplinierung des Wassers mittels hydrotechnischer Bewältigungsstrategien tatsächlich vollzogen; dies wurde reflektiert, in Mythen und Epen mitverarbeitet und kultiviert. Mehr noch waren diese ersten Disziplinierungsleistungen mitunter selbst wesentlich *als Anbruch* urbanisierender Kulturgeschichte gesetzt, kam es hier doch erstmals zu einer ganzheitlichen Verkettung der Kultivierung und Technisierung aller Wasserkräfte.

Tatsächlich bleiben diese soziohistorischen Umstände mit zwei, heute als vollkommen profan betrachteten und, abgesehen von Krisendynamiken, kulturtheoretisch selten mitbedachten »Großtechnologien« der Wasserdisziplinierung verbunden: die Beckenbewässerung einerseits sowie Technologien zur (künstlichen) ganzjährigen Bewässerung andererseits.[33] Davon abgeleitet lassen sich zwei vektorielle Zielausrichtungen wasserbaulicher Schlüsseltechnologien im Altertum festmachen: jene der Wasserversorgung und jene der Wasserentsorgung. Umfassten Letztere in Ägypten und im Zweistromland vornehmlich Abwassersysteme und Ablaufkanäle großer Flüsse zur Entlastung bei Hochwasser und Überschwemmungen, sollten Wasserversorgungstechnologien in erster Linie dem Drohszenario von zu wenig Wasser vorbeugen und die Gefahr

---

32 Mit Flusstal-Zivilisationen, *river valley civilizations*, werden in der Literatur neben Ägypten (Nil) und Mesopotamien (Euphrat, Tigris) zudem auch die Industal-Kultur, das antike China (Huang He) und teilweise die Anden-Kultur in Peru bezeichnet, die bereits früh über ein großes baulich-technologisches Wissen zur Wasserdisziplinierung verfügten. In diesem Zusammenhang vgl. u. a. Nigro, L.: *Aside the Spring. Ancient Jericho: Tale of an Early City and Water Control in Ancient Palestine* sowie Jansen, M.: *Mohenjo-Daro, Indus Valley Civilization*.

33 Vgl. Smith, N.: *Mensch und Wasser. Bewässerung, Wasserversorgung, von den Pharaonen bis Assuan*, S. 12 ff.

von Missernten *regulierend* minimieren. Vordergründiges Ziel jedweder Wasserdisziplinierung war zunächst die Trinkwasserversorgung, die zumeist durch Wasservorrats- und Wasserspeichersysteme, v. a. Zisternen, sowie Wasserzuleitungen und Kanate, gedeckt wurde, gefolgt von der landwirtschaftlich sachgerechten Bewässerung und *Nutzbarmachung* der Felder.[34]

Beckenbewässerung (Ägypten) und ganzjährige Bewässerung (Mesopotamien) unterschieden sich als Großtechnologien der Wasserdisziplinierung zwar technologisch, beide stellten jedoch auf die Sicherstellung fruchtbarer Ackerböden ab, welche durch eine zyklische, parzelliert-regulierte Überschwemmung der Anbaufelder erzielt werden konnte.[35] Dem teils vorgebrachten Argument eines gänzlichen Fehlens von Talsperren oder größeren Damm- und Deichanlagen am Nil wird hier v. a. angesichts des *Sadd el-Kafara*-Damms nicht gefolgt.[36] Als mitunter „*älteste Großtechnologie überhaupt*" dienten diese ersten „*Dammanlagen [...] dem Schutz vor Hochwasser, der Kanalisierung und der Rückhaltung großer Wassermassen.*" Entstanden und gebaut „*vor mehr als 5000 Jahren in den Gebieten des Euphrat und Tigris einerseits und des Nils andererseits*" sind sie „*Produkte der frühesten Hochkulturen oder, vielleicht sollte man

---

34 Vgl. Garbrecht, G.: *Meisterwerke antiker Hydrotechnik*, S. 55
35 Vgl. Smith, N.: *Mensch und Wasser*, S. 11 ff.: In Ägypten kommt es alljährlich und in regelmäßigen Zyklen (etwa Mitte August) zum Nil-Hochwasser, in dessen Verlauf der Fluss fruchtbare Sedimente mit sich führt und ins Mündungsdelta spült. Dadurch wird das Ackerland fruchtbar gehalten, wobei die Ägypter im Zeitverlauf zur Bewässerung jene Form der „*Beckenbewässerung*" erdachten, bei der an „*den Ufern des Stromes [...] große Landparzellen geschaffen* [wurden]*, die mit dem Nil sowie untereinander durch Kanäle verbunden*" waren. Mesopotamien kann indes als „*ein Land der Staudämme*" bezeichnet werden. Die drohende Wasserknappheit für größere Gesellschaftsschichten basierte hier v. a. auf den mäanderförmigen Flussläufen sowie den unregelmäßigen, wenngleich starken Überschwemmungen, die – anders als im Falle der periodisch und während der Wachstumsphasen auftretenden Frühfluten am Nil – wohl seit jeher des menschlichen Eingreifens bedurften. „*Die ganzjährige Bewässerung erfordert eine zuverlässige Strömungsregelung zwischen Primärkanälen und dem Netz der von ihnen gespeisten Sekundärkanäle*", ermöglichte jedoch andererseits mehrere Ernten pro Jahr.
36 Vgl. für das angebliche Fehlen ägyptischer Staudämme Smith, N.: *Mensch und Wasser*, S. 12 ff.; demgegenüber aus der rezenteren Literatur Tölle-Kastenbein, R.: *Antike Wasserkultur*, S. 114 ff. sowie Hodge, T.: *Reservoirs and Dams*, S. 331 f. und maßgeblich Garbrecht, G.: *Meisterwerke antiker Hydrotechnik*, S. 9 ff.: Ein Beispiel für einen altägyptischen Talsperrenbau ist der Staudamm *Sadd el-Kafara* (ca. 2.600 v. Chr.) im Trockental *Wadi al-Garawi* südlich von Kairo, der bei seiner Zerstörung rund 600.000 m³ Wasser freigesetzt haben dürfte.

umgekehrt sagen, die Entstehung dieser frühen Hochkulturen verdankt sich der Notwendigkeit, großräumige Wasserfluten zu bewältigen und zu bewirtschaften"[37] – in anderen Worten: der Notwendigkeit einer Regulierung und Nutzbarmachung der Ressource Wasser. Bedingt durch den soziopolitischen und kulturhistorischen Aufstieg Ägyptens und Mesopotamiens, das Bevölkerungswachstum sowie den damit einhergehenden gesteigerten Nahrungsbedarf, wurden wasserbauliche Nutzungs- und Regulierungstechnologien zur *Disziplinierung des Überschwemmungswassers* notwendig – eine Notwendigkeit, die am Gegensatzpaar β zugleich in zahlreichen Mythendichtungen mitreflektiert worden war.

In Untersuchung der kulturgeschichtlichen Trägerrolle des Wassers *sub specie disciplinae* muss indes, neben den bautechnischen Aspekten der ägyptischen Beckenbewässerungen und den mesopotamischen Flussregulierungsnetzen samt eigener Abwassersysteme, auch die soziopolitisch-kulturanthropologische *Einwirkung* des Wassers dezidiert zur Sprache gelangen. Denn die *„immense technische, soziale, politische und kulturelle Bedeutung der künstlichen Bewässerung im Altertum"* dürfte sich weniger aus den Technologien per se, denn *„aus dem riesigen Umfang"*[38] ihrer Anwendung ergeben haben. Aufgrund des Wachstums der jeweiligen Stadtbevölkerungen vermochten Wasserheben, Schöpfen von Grundwasser sowie das Sammeln von Regenwasser sehr bald nicht mehr die gestiegenen Versorgungsbedürfnisse sowie die notwendigen Trink- und Brauchwassermengen abzudecken. Über größere Distanzen wurde das Naturelement vermittels Disziplinierungstechnologien und weitläufiger *„network[s] of pipes [...] transported and distributed. Moreover, [these] network[s were] designed in such a way as to be able to cope with changes in both supply and demand. To this end arrangements were made for the overflow and storage of water."* Obgleich derartige Wasserdistributionsnetze insbesondere für die hellenische Epoche und das imperiale Rom detaillierter untersucht wurden, lasse sich doch feststellen: *„Most investigations concerning water supply focus on the long distance conduits and neglect to describe what happens after the*

---

37 Böhme, G.: *Feuer, Wasser, Erde, Luft. Eine Kulturgeschichte der Elemente*, S. 275
38 Smith, N.: *Mensch und Wasser*, S. 16 und weiter im Kontext von mesopotamischer Stadtkultur, S. 22: *„Die Stadtstaaten des alten Sumererreichs waren im Grunde genommen Bewässerungseinheiten oder -provinzen – Drucker bezeichnet sie gar als ‚Bewässerungsstädte' –, und eine häufige Ursache für kriegerische Auseinandersetzungen waren Bewässerungskonflikte."*

water entered the city"[39] – ein Missverhältnis, das am Beispiel mesopotamischer Stadtkultur eklatant hervorsticht.

Das Aufblühen der ersten Stadtstaaten in Mesopotamien als sich perpetuierenden Prozess urbaner Kulturraumverdichtung zu verstehen, der nicht zuletzt durch Landflucht – u. a. bedingt durch Bodenversalzung und Trockenheit – verstärkt wurde, leitet über zur Frage einer potenziellen Korrelation zwischen dem Auftauchen von Schwerwasserbauten und Prozessen der Verstaatlichung in Stadtkontexten. Ohne damit der oben vorgestellten »Wittfogelschen These« zur Gänze folgen zu wollen, dass *„gesellschaftliche Großorganisationen, d. h. also die ersten Staaten, mit ‚Schwerwasserbauten' korrelieren",* sei darauf hingewiesen, dass die *„Bildung stabiler hierarchischer Formen, die bürokratische Durchorganisation zum Zwecke der Arbeitsverpflichtung, des Einsatzes und der Verpflegung großer Menschenmassen, das Zählen, Messen und schließlich auch das Schreiben, ferner Kalenderkonstruktion und Astronomie"* sich mitunter und nicht zuletzt *„der Notwendigkeit, periodische Fluten zu bewältigen"*[40] zumindest mitverdanken könnte. Angesichts der umfangreichen Regulierungen wusste bereits Herodot (*Historien* I, 193), dass ganz *„Babylonien […] wie Ägypten von Gräben durchzogen"*[41] war. Allein *„gebe es zwischen beiden Ländern in der Art der Bewässerung einen großen Unterschied: In Ägypten lasse man den Fluß über die Felder treten, in Babylonien dagegen gieße man das Wasser in Handarbeit und durch Schöpfwerke über die Äcker."*[42] Allerdings erschloss sich ebendieser *„Segen, der noch von Herodot gepriesenen, geradezu unglaublichen Fruchtbarkeit des Zweistromlandes […] nicht von selbst, sondern erst durch harte gemeinschaftliche Arbeit. Im semiariden Klima des südlichen Zweistromlandes ist Regenfeldbau nicht mehr möglich."* Als Resultat ist der *„Ackerbau dort auf das Wasser von Euphrat und Tigris angewiesen. Aber anders als*

---

39 Jansen, G.: *Urban water transport and distribution*, S. 103. Einige der mesopotamischen, hethitischen und auch minoischen Städte hätten über *„long distance conduits* [verfügt,] *carrying water to citadels, palaces and settlements,* [but] *we have no evidence of the urban distribution systems […]. It seems […] that those cities which have been excavated extensively, such as Mari in Mesopotamia (3000 B.C.) or Mohenjo-Daro in the Indus-Valley (2650 B.C) had no water pipe system."* Als weitere bedeutende Beispiele können auch das überregionale Wasserversorgungssystem von Ninive (um 700 v. Chr.) sowie die Wasserdisziplinierung Babylons angesehen werden, vgl. hierzu Pedersén, O.: *Waters at Babylon*.
40 Böhme, G.: *Feuer, Wasser, Erde, Luft. Eine Kulturgeschichte der Elemente*, S. 275
41 Herodot: *Historien*, S. 88
42 Radkau, J.: *Natur und Macht*, S. 114 f.

in Ägypten, wo der Nil die fruchtbaren Wasserfluten zur rechten Zeit vor der Feldbestellung bringt, ist im südlichen Mesopotamien das Wasser dann besonders knapp, wenn es benötigt wird. Viel zu spät, erst wenn die Zeit der Ernte gekommen ist, bringen die langsam fliessenden Ströme Euphrat und Tigris die reichlichen Schmelzwasser aus den Gebirgen Anatoliens und Irans heran. Dann aber droht die Wasserflut zur Unzeit die Ernte zu ertränken und das Land zu überschwemmen."[43] Die Bewässerung der fruchtbaren Böden der Flussebenen sowie Kanal- und Wasserbauten, samt Bodenversalzung als Folgeproblem der Regulierungssysteme – allen diesen Teilaspekten technischer Wasserdisziplinierung kam eine gewichtige herrschaftslegitimatorische Bedeutung zu. Denn die Kontrolle der Natur- und Wasserkräfte hieß *Beherrschung*, die seit jeher mit politisch-hegemonialem Machtstreben korrelierte.

Wenngleich sich das Motiv der Zwangsarbeit zur Vollführung der wasserbaulichen Disziplinierungsleistungen auch aufzudrängen scheint (vgl. Atraḫasis-Mythos), darf nicht übersehen werden, dass es vornehmlich einer staatlich-zentralen Führungsmacht bedurfte, eines mit Macht ausgestatteten Bürokratieapparates, der die Disziplinierungsarbeiten überwachen, vollführen lassen und gegebenenfalls unterbinden konnte. Monokausal und mit Notwendigkeit daraus auf eine rigide binäre Einteilung zwischen „*hydraulic landscapes conductive to despotic political economies and non-hydraulic ones favouring freer institutional and cultural forms*" zu schließen, erscheint ob der lokalen geophysiognomischen Variationen der Landschaften und ihrer vielfältigen hydrologischen Dynamiken, wie „*soil quality salination, river basin topographies, groundwater, silting or climate change*"[44], als unverhältnismäßige Komplexitätsreduktion hochdifferenzierter Kulturen und ihrer politischen Systeme. Es scheint jedoch gesichert, dass die Disziplinierung des Wassers nicht ohne größere Anstrengungen vollzogen werden konnte und dass eine, wie auch immer verfasste *disziplinierende Macht* mit Notwendigkeit auch verrechtlicht werden musste. Die Verflochtenheit soziokultureller, wasserbaulicher und machtpolitischer Implikationen im Zusammenhang mit Schwerwasserbauten und dem Entstehen gesellschaftlicher Großorganisationen wie Stadtstaaten, findet eine ihrer frühesten Manifestationen vermutlich u. a. in den §§ 53–56

---

43 Maul, S.: *Ringen um göttliches und menschliches Mass*, S. 170 und weiter: „*Der Wasserreichtum des Landes kann daher nur gewinnbringend genutzt werden, wenn eine überregionale Führungsmacht dauerhaft sicherstellt, dass durch die harte, disziplinierte und koordinierte Arbeit von vielen Tausenden das Land von einem ausgeklügelten Kanalsystem durchzogen wird.*"

44 Brown, N.: *Wittfogel and Hydraulic Despotism*, S. 114

des Codex Hammurapi. Explizit und im stadtkulturellen Kontext wird etwa die hohe Relevanz agrikultureller Disziplinierungsleistungen verrechtlicht. Die in Ansätzen als »kodifizierte Rechtssätze« verschriftlichten Paragrafen behandeln in präziser Form spezifische Fragen der Wasserregulierung bzw. die Rechtsfolgen einer *Nicht-Regulierung*, wobei der privatrechtliche Charakter der für die sogenannten Wasserschäden relevanten Paragrafen hervorzuheben ist.[45] Entscheidend ist in diesem Zusammenhang, dass im Gegensatz zu den *„vertragsrechtlichen Bestimmungen der §§ 42–52 […] die §§ 53–56 außervertragliche Schadenhaftungen von Grundstücksbewirtschaftern für Ernteschäden* [vorsehen], *die sie Nachbarfluren und -feldern schuldhaft oder schuldlos im Zusammenhang mit Bewässerungsarbeiten zufügen."*[46] So werden in diesen Gesetzesparagrafen des Codex Hammurapi die Sonderfälle einer missglückten Wasserregulierung und die damit verbundene Inkaufnahme partieller Überflutungen von Ackerböden und Nachbarfeldern an die Tathandlung eines geradezu bewussten Geschehenlassens, im Sinne subjektiv verschuldeter Wasserschäden, rückgebunden. Die unerlaubte Handlung, d. i. die aus Unachtsamkeit unterlassene Wasserdisziplinierung, erfolgt dabei zumeist aus Gründen der Fahrlässigkeit, sodass als Rechtsfolgen außervertragliche Schadenhaftungen vorgesehen sind.[47] Doch auch in anderen Rechtssätzen des Codex (§§ 108,

---

45 Für die folgenden Ausführungen ist es unter rechtssystematischen Gesichtspunkten zunächst sekundär, ob es sich um subjektiv verschuldete Wasserschäden oder um Wassernot aufgrund höherer Gewalt (§§ 45, 46) und damit verbundene Missernten handelte. Die Einteilung des Codex in einen Teil des öffentlichen Rechts und einen des Privatrechts folgt Petschow, H.: *Zur Systematik und Gesetzestechnik im Codex Hammurabi*, S. 153 ff., wobei Petschow auf die Unterscheidungen »innerhalb der Sachgruppen nach juristischen Gesichtspunkten« hinweist.

46 Petschow, H.: *Zur Systematik und Gesetzestechnik im Codex Hammurabi*, S. 155 So lautet etwa § 56 in Übersetzung nach Leonard King (»*The Code of Hammurabi*«, 1910): „*If a man let in the water, and the water overflow the plantation of his neighbor, he shall pay ten gur of corn for every ten gan of land."* Eine Alternativübersetzung bietet Borger, R.: *Rechts- und Wirtschaftsurkunden. Historisch-chronologische Texte 1,1. Rechtsbücher*, S. 51: „*Wenn ein Bürger Wasser einläßt und auf die Weise das Wasser die Pflanzungen des Feldes seines Nachbarn wegschwemmen läßt, so soll er pro 6 ½ Hektar zehn Kor* [ca. 3.000 Liter (!), da Volumenmaß] *Getreide zahlen"* – Gan und Gur sind mesopotamische Hohl- und Flächenmaße. Der Konditionalis »wenn ein Bürger« (altbabylonisch *šum-ma a-wi-lum*) bildet im Übrigen eine geläufige Formel in den Formulierungen der Rechtssätze des Codex.

47 Vgl. Borger, R.: *Rechts- und Wirtschaftsurkunden. Historisch-chronologische Texte 1,1. Rechtsbücher*, S. 23. Bemerkenswerterweise scheinen nach W. Römer die §§ 53–56 des Codex Hammurapi auch auffallend starke Parallelen in der Formulierung zu

129, 133, 143, 155), die ebenfalls die Individualsphäre berühren, tritt Wasser des Öfteren als Bestrafungsmotiv in Erscheinung.[48] Vor allem in Fällen des Betruges oder der Vernachlässigung ehelicher oder häuslicher Pflichten ist wiederholt vom »zur Strafe ins Wasser werfen«, mithin *Todesstrafe durch Ertränken*, zu lesen.[49] Obgleich der Codex und andere „*keilschriftliche Rechtskorpora*" wohl in weiten Teilen „*als Literaturwerke königlicher Ideologie*" verstanden werden können, die „*der Apologie des Königs vor Volk, Nachfolger und den Göttern, ein gerechter König (šar mīšarim) gewesen zu sein, dien*[*t*]*en*"[50], sind sie als kulturhistorische Dokumente in ihrer Thematisierung und Auseinandersetzung mit dem Spannungsverhältnis von Wasser, Stadt und Herrschaft von kaum zu überschätzender Bedeutung.

Die Reflexion der Notwendigkeit einer verwaltungsmäßigen und technisch-infrastrukturellen Regulierung und Nutzbarmachung des Wassers lässt Implikationen von kulturgeschichtlicher Tragweite erkennen. Nicht nur wird ein Wegfallen oder Versagen der Wasserdisziplinierung mit den damit verbundenen existenziellen und hegemonialen Krisendynamiken sprachlich verbunden. Erstmals werden Kulturraum und Wasser ansatzweise in ebenjener symbiotischen Beziehung verortet, in der sich die Disziplinierung des Wassers in den darauffolgenden Jahrtausenden des Zivilisationsprozesses vollziehen sollte: eine Kulturgeschichte der Stadt, die sich in hohem Maße entlang der

---

den noch älteren sumerischen Gesetzestexten des Königs *Urnammu* von Ur (dritte Dynastie von Ur, nach mittlerer Chronologie ca. 2111-2094 v. Chr.) aufzuweisen.
48 Vgl. Petschow, H.: *Zur Systematik und Gesetzestechnik im Codex Hammurabi*, S. 156 ff., für den Wortlaut der Paragrafen vgl. auch Borger, R.: *Rechts- und Wirtschaftsurkunden. Historisch-chronologische Texte 1,1. Rechtsbücher*, S. 51 ff.
49 Ob und inwieweit es in der täglichen Rechtsprechung tatsächlich zur Urteilsvollstreckung kam, ist in den aktuellen wissenschaftlichen Debatten nach wie vor umstritten. Unter anderem wird diskutiert, ob es sich beim Codex Hammurapi und anderen mesopotamischen Rechtssammlungen um erstmalige verschriftlichende Kompilationen tradierten Gewohnheitsrechts handelt – so etwa Otto, E.: *Altorientalische und biblische Rechtsgeschichte*, S. 62 ff. –, um Reformgesetze bzw. königliche Entscheidungen, um Rechtsbücher oder vielmehr um ein sprachliches Denkmal zu propagandistischen und herrschaftslegitimatorischen Repräsentationszwecken der Königsherrschaft. Während Petschow auf die *Systematik* der *Gesetzestechnik* verweist, sind einige der Hauptkritikpunkte einer ebensolchen rechtspraktischen Betrachtungsweise, dass eine systematische Ordnung fehle sowie die Tatsache, dass sich weder in gerichtlichen Prozessakten, noch in Verträgen und Urkunden der Codex Hammurapi als Autorität und Rechtsquelle finde.
50 Otto, E.: *Altorientalische und biblische Rechtsgeschichte*, S. 63

Wasserdisziplinierung als *Vollzogene* weiß (Gegensatzpaar α). Gleichzeitig werden die wasserbaulichen Disziplinierungsleistungen als Reflexionsbestrebungen implizit in Mythendichtungen, explizit im Codex Hammurapi, verschriftlicht und gleichen damit »kulturellen Verarbeitungsdispositiven«[51] der Disziplinierung des Wassers in Verarbeitung des Gegensatzpaares β. Wie zahlreiche altorientalische Glaubensvorstellungen bezeugen, wurde die Stadt im Zweistromland seit jeher als Keimzelle der Zivilisation begriffen und als solche, weit über technische Disziplinierungsleistungen der Bewässerungs- und Kanalsysteme hinausgehend, als in Symbiose mit dem Naturelement stehend empfunden. Allerdings erschließen sich aus den spannungsgeladenen Gegensatzpaaren nicht nur die Phänomene disziplinierender Ordnung, der Gliederung *als* und *im* Raum sowie der Abgrenzung zum Wasser, sondern auch religiös-metaphysische Inkorporationen, Vereinnahmungen und *In-Gestalt-Setzungen* des Wassers.[52] In innerer Reflexionsbeziehung stehend, mussten sich die mesopotamischen Stadtstaaten *zum Wasser verhalten* und eine natürliche Einbettung des Naturelements suchen, um dieses in der Sphäre je eigener Stadtidentität einzuholen.

Zwischen griechischer Kultivierung und imperial-römischer Technisierung

Die kulturgeschichtlichen Leistungen der Disziplinierung des Wassers erreichten in der hellenischen *Polis* und später, im imperialen Rom zu Zeiten des Prinzipats, eine qualitativ neue Dimension ihrer stadtkulturellen Einbettung. Sofern wir Pindars Wort »ἄριστον μὲν ὕδωρ« (*Olympische Oden* I, 1) Glauben schenken möchten, kam dem Wasser in der griechisch-römischen Antike, insbesondere in seiner jeweiligen urbanen Verortung (*Polis*, römische *Colonia* oder *Municipium*), eine hervorragende Rolle zu. Die umfassenden

---

51 Vgl. Böhme, G.: *Feuer, Wasser, Erde, Luft. Eine Kulturgeschichte der Elemente*, S. 274
52 Vgl. Leick, G.: *Mesopotamia. The invention of the city*, S. 19 ff.: „*Every temple in Mesopotamia [...] had its own artificial and miniature version of the Apsu – either a small pool, or simply a polished vessel filled with water.*" Die in Tempelbauten vollzogene Wasserdisziplinierung erhebt diese in den Rang eines kollektiv-religiösen Reflexionsgutes: „*Water was the sacred substance par excellence – not least because of its fundamental importance for the economy of the desert climate. Water was essential, in magic, to purify and carry the spell, to assist in divination. The ideas associated with the Apsu demonstrate how a particular geophysical setting inspired a religious and metaphysical concept. This was embodied in the buildings of the city of Eridu.*"

Wasserversorgungsleistungen einer Vielzahl an Zu- und Abflusstechnologien trugen dazu bei, dass die Städte soziokulturell und machtpolitisch an Einfluss gewinnen konnten. Eine offensichtliche Korrelation zwischen höhergradigen gesellschaftlichen Ordnungs- und Kontrollmaßnahmen und einer fortschrittlicheren Disziplinierung des Wassers auf der einen Seite sowie ein Zusammenhang zwischen dem kulturell-zivilisatorischen Aufblühen von Städten und der relativen Qualität einer als *diszipliniert* zu begreifenden Wasserversorgungstechnologie andererseits, umranden im Folgenden das wesentliche Untersuchungsfeld.

Die wasserbaulichen Errungenschaften im Imperium Romanum und in Rom selbst schienen am Zenit antiker Disziplinierungsleistungen angekommen; sie führten zu einer kulturgeschichtlich bis dahin unerreichten Symbiose aus Wasser und erblühender Stadtkultur. Gleichzeitig ist das Ansinnen über *„das Wasser bei Griechen und Römern erschöpfend sprechen zu wollen [...] so hoffnungslos, wie der Versuch der Danaiden in der Unterwelt, ein löchriges Fass mit einem Sieb mit Wasser zu füllen."* Obgleich bereits zahlreiche kulturelle Verarbeitungsdispositive hellenischer und orientalischer Wassersymbolik thematisiert wurden – vom *„Wasserholen am Brunnen als Motiv der Begegnung"* in Quellkult und Dichtung (Dichterweihe, heiliges Wasser, *aqua viva*) über die mythologische Bedeutung des Elements in Weltschöpfungsszenen (*Verräumlichung des Wassers*) bis hin zur naturphilosophischen Dimension des Wassers als Urgrund (ἀρχή), im Kontext der *Vier-Elemente-Lehre* des Empedokles oder in den Heraklitischen Flussfragmenten –, decken diese die technische Seite der antiken Wasserdisziplinierung nicht ab. Umfasst diese etwa *„griechisches und römisches Badewesen, [...] Frontinus* [oder] *die römischen Wasserleitungen"*, konnte bisher nur sichtbar *„gemacht werden, mit welcher Hochachtung und Ehrfurcht, ja Verehrung, die Menschen des Altertums dem Wasser gegenübertraten."*[53] Eingangs war gezeigt worden, dass der Disziplinierung des Wassers zur Überbrückung von Distanz eine *Wasserleitungsfunktion* und zur Überbrückung von Zeit eine *Wasserspeicherfunktion* zukommt; beide dienten der Wasserversorgung antiker Städte. Der innerstädtischen Wasserverteilung standen an der Rückseite jenes Kreislaufsystems wasserbauliche Einrichtungen zur Wasserentsorgung gegenüber, darunter Ableitungen, Kanalisationen und Abwasserkanäle.[54] Ebendiese städtebaulich-infrastrukturellen und

---

53 Alpers, K.: *Wasser bei Griechen und Römern*, S. 89
54 Vgl. für die griechisch-römische Wasserentsorgung u. a. Wilson, A.: *Drainage and Sanitation*, S. 163 ff.: Unter den antiken Abwasserleitungen ist die römische *Cloaca Maxima* hervorzuheben. Dieser unter dem späteren *Forum Romanum* verlaufende

architektonischen Schwerpunkte der *Technisierung des Wassers* erweiterten das Spektrum von Nutzbarmachung und Regulierung gegenüber den mesopotamischen Stadtstaaten um zahlreiche wasserbauliche Errungenschaften. Neben den bereits aus Mesopotamien und Ägypten bekannten Hydrotechnologien, wie etwa Bewässerungs- und Kanalsystemen, Damm- und Deichanlagen[55] oder Trinkwasserspeichern, kamen in hellenistischer und römischer Zeit modernere und größere Anlagen in Erfüllung der Wasserleitungs- und Wasserspeicheraufgaben hinzu, u. a. private Zisternen, größere Sammelzisternen und Reservoirs.

Vom antiken Pergamon im dritten und zweiten Jahrhundert v. Chr. bis weit in die römische Kaiserzeit ist der Bau immer umfangreicherer Wasserzuleitungssysteme zu beobachten, wobei aus der Vielzahl antiker Wasserbauten der Bautypus römischer Aquädukte herausgegriffen und im Kontext der Technisierung des Wassers erörtert werden soll. Grundsätzlich gehorchten die Wasserversorgungen antiker Städte im Allgemeinen sowie die dazu erforderlichen wasserbaulichen Zuleitungs- und Abwassersysteme im Besonderen den Gesetzmäßigkeiten des naturräumlichen Wasserangebots und der städtischen Wassernachfrage. Die Entwicklungsläufe der unterschiedlichen Hydrotechnologien betrachtend, umfasste eine vorläufige Ersteinteilung von Wasserbauten zunächst *Technologien der Grundwassernutzung*, wie Quellfassungen, Sickergalerien, Brunnen, Kanate oder Hebeanlagen, sowie *Wasserleitungssysteme*, u. a. Rohre, Stollen unterschiedlicher Art, Kanal- und Tunnelsysteme, Druckleitungsstrecken sowie Aquädukte; darüber hinaus Anlagen zur *Wasserverteilung*, d. i. Anschlüsse an ebensolche Leitungssysteme. Die bereits angeführten Einrichtungen zur Wasserentsorgung komplettieren das ausgefeilte System städtischer Wasserkreisläufe.[56]

Abwasserkanal wurde bereits zur römischen Königszeit (um 600 v. Chr.) errichtet; der mehrere Hundert Meter lange Kanal diente ursprünglich der Sumpftrockenlegung (*Velabrum*) und wurde erst von Marcus Vipsanius Agrippa (um 33 v. Chr.) baulich überdacht.

55 Größere Talsperren wurden meist weniger aus Gründen der Wasserversorgung, als primär zur Eindämmung lokaler Überschwemmungen und zum Hochwasserschutz angelegt, vgl. Wilson, A.: *Land Drainage*, S. 303 ff.

56 Vgl. Garbrecht, G.: *Mensch und Wasser im Altertum*; Koutsoyiannis, D.: *Water Control in Ancient Greek Cities*, S. 130 ff.; Lamprecht, H.: *Bau- und Materialtechnik bei antiken Wasserversorgungsanlagen*; Spagnoli, F.: *Phoenician Cities and Water*, S. 89 ff.; Thommen, L.: *Umweltgeschichte der Antike*, S. 106 ff.; Tölle-Kastenbein, R.: *Antike Wasserkultur*, S. 200 ff. sowie Garbrecht, G.: *Meisterwerke antiker Hydrotechnik* und Wikander, Ö.: *Handbook of ancient water technology*.

Aspekte hellenischer Disziplinierung

Die Wasserleitungs- und -speicherfunktion für die Versorgung antiker Städte wurden in ihrer Relevanz bereits von Aristoteles erkannt, als er im elften Buch seiner *Politiká* konstatierte, dass die *Polis* in »gleichmäßiger Verbindung« mit Festland und Meer stehen müsse. *„Quellen aber und fließendes Wasser sind am besten am Orte selbst in genügender Menge vorhanden; wenn es aber daran fehlt, so erhält man den erforderlichen Bedarf durch Anlegung vieler großer Zisternen zur Aufnahme des Regenwassers, so daß die Bewohner, wenn sie im Kriege vom Lande abgeschnitten sind, niemals Wassermangel leiden."* Gesundes, frisches Trinkwasser sei dabei entscheidend, denn für die Gesundheit der Bewohner *„muß auch hierauf keine geringe Sorge verwandt werden. [...] Deshalb muß in wohlberatenen Städten, wo nicht alles fließende Wasser gleich gut oder nicht in Fülle vorhanden ist, das Wasser zum Trinken und das zum anderen Gebrauch gesondert gehalten werden."*[57] Die Bedeutung des Wassers fand in weiterer Folge auch in den verschiedenen Gesetzgebungen klassischer und hellenistischer Zeit ihren Niederschlag, wobei die Quellenlage im Vergleich zu den altorientalischen Wassergesetzgebungen der mesopotamischen Stadtstaaten, insbesondere jener des Codex Hammurapi, ungleich reichhaltiger ausfällt. Bereits mit den griechischen *Nomoi* kam es zu einer qualitativen Weitung des wassergesetzlichen Spektrums: Neben den von Platon erwähnten »alten trefflichen Gesetzen«[58] ließe sich auch eine weiterführende Grobeinteilung in *öffentliche Wasserrechte* und *Wasserrechte mit Privatrechtscharakter* treffen.[59]

---

57 Aristoteles: *Politik*, 1330b
58 Vgl. Platon: *Gesetze*, 844a-c und 845d-e
59 Dabei lassen sich mehrere Teilaspekte unterscheiden, die sich auf je spezifische Regelungsbereiche zu beziehen scheinen: gegenständlich die landwirtschaftliche Wassernutzung, Wassereigentum sowie Fragen der Trinkwasserversorgung und der öffentlichen Wasserzufuhr in die *Poleis*. Wassergesetze, die etwa die öffentlichen Bäderanlagen betreffen, sind indes verhältnismäßig kaum überliefert. Für eine vergleichende Studie der unterschiedlichen Wassergesetzgebungen von Mesopotamien über Ägypten, die Arabische Halbinsel und das Hethiterreich bis nach Griechenland und Rom vgl. Brunn, C.: *Water Legislation in the Ancient World*, S. 539 ff. Hervorgehoben sei an dieser Stelle, dass das römische Wasserrecht gegenüber den griechischen Gesetzen weitaus komplexer, vielschichtiger und teils restriktiver erscheint, d. i. differenzierter in den jeweiligen Regelungs- und Anwendungsbereichen. Nach ersten wasserregulatorischen Erwähnungen im *Zwölftafelgesetz* (Mitte 5. Jh. v. Chr.), fällt vor allem die schärfere Trennung von öffentlichem und privatem Wasser auf: *„Some water was private property and could not be used by others without permission by the proprietor or by the authority in whose power it was. Then again, some water was*

Betrachtet man die technischen Disziplinierungsleistungen der griechischen Inseln und *Poleis* näher, so fällt deren Fortschrittlichkeit angesichts begrenzter bautechnischer Mittel und mathematisch-planerischer Methoden auf. Neben der wasserbaulichen Meisterleistung des rund einen Kilometer langen *Eupalinos*-Tunnels auf Samos[60] – der auf ganzer Länge mit Tonrohren ausgekleidet war und bereits Herodot in seinen *Historien* (III, 60) Bewunderung abgerungen hatte – und dem Bau einer Sperrmauer „*aus Steinen vor dem Hafen von Samos*" – galt es doch „*den Wellenbrecher im offenen Meer aufzubauen, während man bei sonstigen Sperrmauern trockene Jahreszeiten nutzen oder durch Wasserumleitungen im Trockenen anschütten oder bauen konnte*"[61] – ist außerdem die Wasserversorgung Pergamons erwähnenswert. In hellenistischer Zeit gewährleisteten etwa 100 Zisternen die Wasserversorgung der Stadt und ihrer damals rund 17.000 Bewohner durch das Sammeln von (winterlichem) Regenwasser, nachdem als „*nutzbares Wasserpotential nur das Grundwasser oder die Niederschläge in Frage*" kamen. Aufgrund des städtischen Wachstums reichten diese Wasserpotenziale allerdings versorgungstechnisch allmählich nicht mehr aus, sodass von Norden kommende Wasserzuleitungen angelegt werden mussten, die „*Wasser in freiem Gefälle [von außen] an den Burgberg*" heranführten. Ob der topografischen Bedingungen erreichten von „*den insgesamt zehn [...] bekannten antiken Wasserzuleitungen nach Pergamon [...] sieben die Stadt von Norden her.*" Aus der Vielzahl dieser Zuleitungen sticht die hellenistische *Madradağ*-Hochdruckleitung hervor: „*Die Überwindung des Einschnitts zwischen der Wasserkammer und dem Burgberg durch eine Druckleitung unter Beanspruchungen, die mit rund 175 m Wassersäule das in der Baugeschichte bis dahin Gewagte um das Doppelte übertrafen, war ein Konzept von beispielloser Kühnheit.*" Diese Hochdruckleitung diente nicht nur der „*Versorgung höher gelegene[r] Stadtteile, insbesondere der Königsstadt*", sondern ist bei Betrachtung der Disziplinierungsleistung selbst – „*über 42 km Entfernung Wasser an die Stadt heranzuführen und schließlich über eine mehr als 3 km lange Druckleitung*" mit einer Leistung „*von 30–35 l/s und unter Drücken [einer] rund 175 m Wassersäule*" – eine beispiellose hydrotechnische Errungenschaft. „*Niemals zuvor und*

---

public, i.e. accessible to everyone, but normally under certain conditions [...] to the public domain belonged the sea, some lakes [...], and most rivers. [...] Springs were regularly in private possession" (S. 576 f.) – in Summe also eine andere Form des Eigentumsbegriffs von Wasser, vergleicht man diesen etwa mit modernen Debatten zwischen Gemeingut und Wasserprivatisierung.
60 Vgl. auch Garbrecht, G.: *Meisterwerke antiker Hydrotechnik*, S. 41 ff.
61 Tölle-Kastenbein, R.: *Antike Wasserkultur*, S. 116

auch niemals bis ins Maschinenzeitalter hinein ist eine Leitung dieser Größenordnung wieder"[62] derartigem Druck ausgesetzt gewesen. Die kulturgeschichtlichen Implikationen dieses Disziplinierungsvermögens gehen indes weit über die regionale Bedeutung als Wasserzuleitung hinaus. Vielmehr scheint am Beispiel Pergamons die Korrelation höhergradiger Disziplinierungsleistungen und dem Aufblühen von Stadtkultur beobachtbar. Eine Tatsache, die sich auch in zahlreichen soziopolitischen Aufschwungerscheinungen, im Einfluss- und Bedeutungsgewinn der Stadt und schließlich im damit verbundenen Bevölkerungswachstum manifestierte.

Zur imperial-römischen Technisierung des Wassers

Von den bisher vorgestellten rechtlichen und wasserbautechnischen Grundlagen ausgehend zeigt sich, dass in *„Roman towns and cities the water supply was normally a public matter. When aqueducts were built they always fed public fountains and other public constructions where water was accessible to the population at large."*[63] Die römische Wasserleitungsfunktion – und in Anbetracht der zahlreichen Sammelreservoirs auch die Wasserspeicherfunktion – mündete in ihrer urbanen Einbettung in einem zirkulierenden Wasserkreislaufsystem.[64] Dieses bestand aus Zuleitungen, Verteilerbecken, sogenannten *castella divisoria*, und Ableitungen.[65] Kann der kontrollierte Zulauf jener Wasserleitungsfunktion

---

62 Garbrecht, G.: *Meisterwerke antiker Hydrotechnik*, S. 66 ff.
63 Brunn, C.: *Water Legislation in the Ancient World*, S. 585.
64 Nach Sextus Iulius Frontinus (»*De aquaeductu urbis Romae*«, nachfolgend zitiert als *Aq*), römischer Senator und *curator aquarum* (1. Jh. n. Chr.), habe zu Zeiten der Römischen Republik alles Wasser nur dem öffentlichen Gebrauch gedient. Auch war es nach altem römischen Recht keiner Privatperson erlaubt, Wasser umzuleiten, mit Ausnahme von Überlaufwasser der Verteilerbecken – allerdings steuerpflichtig, nur nach Genehmigung und ausschließlich für die Nutzung in Badeanstalten und Walkmühlen (*Aq* 94,3). Spätestens in der Kaiserzeit dürften private Wassernutzungen bzw. Wasserleitungen v. a. durch kaiserliche Konzessionen in weiterem Umfang erlaubt worden sein. Frontinus spricht von einer Verteilung des in Aquädukten geführten Wassers innerhalb Roms von 44 % für öffentliche und 39 % für private Nutzung, während 17 % des Wassers für den kaiserlichen Gebrauch zur Verfügung standen (*Aq* 78,3) – Mengenangaben, die jedoch ob ihrer Berechnungsmethode nur eine relative Aussagekraft haben dürften, vgl. dazu Brunn, C.: *Water Legislation in the Ancient World*, S. 586 ff.
65 Vgl. Kek, D.: *Der römische Aquädukt als Bautypus und Repräsentationsarchitektur*, S. 116 ff.: Neben Tonrohren kamen im innerstädtischen Bereich Roms oftmals auch Bleirohre zur Anwendung, wenngleich deren gesundheitsschädliche Folgewirkungen

als erste Instanz römischer Wasserdisziplinierung erachtet werden, so wäre die innerstädtische Wasserverteilung zur Nutzbarmachung des, qua regulierter Zuführung bereits *diszipliniert-hingeleiteten* Wassers als zweite Instanz zu bewerten. Die architektonischen und bautechnischen Details des Leitungssystems und der Wasserverteilung im städtischen Innenverhältnis sollen an dieser Stelle zugunsten einer Betrachtung des Archetyps römischer Hydrotechnologien, des Aquädukts, zurückgestellt werden. Im Kontext der stadtkulturell-wasserdisziplinierenden Technisierung Roms können Aquädukte durchaus als »Repräsentationsarchitektur«[66] gelesen werden, obgleich sich im Imperium Romanum, abgesehen von diesen „*markante[n] Schüsselbauwerke[n] der hydrotechnischen Infrastruktur*"[67], noch zahlreiche weitere eindrucksvolle Anlagen römischer Wasserarchitektur finden. Neben den bekannten römischen Bädern und Thermen wären auch die Wasserleitungssysteme der *Municipia* und *Coloniae*, der römischen Provinzstädte, zu nennen. Einen besonderen Platz nehmen dabei die römischen *Wasserschauspiele* ein, etwa die *Naumachien*[68] im Kolosseum oder am Marsfeld, die *Naumachia Caesaris*, die als »Strategien der Machtvisualisierung«[69] gedeutet werden können. In ihrer Hauptfunktion der kontrolliert-disziplinierten Wasserzufuhr bildeten die Aquädukte im Imperium Romanum indes den Archetypus der römischen Wasserleitungsfunktion ab. „*Von der Gründung der Stadt 441 Jahre hindurch haben die Römer sich mit*

---

den Römern durchaus bewusst gewesen sein dürften, wie schon Vitruv anmerkt (*De Arch* VIII, 6). Für eine detaillierte Beschreibung innerstädtischer Wasserverteilsysteme und Leitungsnetze, teils unter Errichtung von Wassertürmen und Hochbehältern, vgl. Tölle-Kastenbein, R.: *Antike Wasserkultur*, S. 143 ff. sowie Jansen, G.: *Urban water transport and distribution*, S. 103 ff.

66 Vgl. Kek, D.: *Der römische Aquädukt als Bautypus und Repräsentationsarchitektur*. Unter den hier erwähnten Bautechniken und Baumaterialien ist v. a. römischer Beton, *opus caementitium*, hervorzuheben, der für die Tonnengewölbe und Bogenbauweise entscheidend war – vgl. dazu Lamprecht, H.: *Bau- und Materialtechnik bei antiken Wasserversorgungsanlagen*; Hodge, T.: *Aqueducts*, S. 39 ff. sowie Ders.: *Engineering Works*, S. 67 ff.

67 Garbrecht, G.: *Meisterwerke antiker Hydrotechnik*, S. 130

68 Bemerkenswert ist dabei, dass die *Aqua Alsietina* (auch *Augusta* genannt) ein im Jahre 2 v. Chr. von Augustus erbauter Aquädukt ist, der Frontinus zufolge eigens für die *Naumachia Augusti* errichtet wurde (*Aq* 11), um den künstlich angelegten See, auf dem Seeschlachten nachgestellt wurden, mit Wasser zu versorgen.

69 Vgl. Münkler, H.: *Visibilität der Macht und die Strategien der Machtvisualisierung* sowie mit Bezug zu hydrotechnischen Disziplinierungen Förster, B.: *Wasserinfrastrukturen und Macht von der Antike bis zur Gegenwart*.

dem Gebrauche des Wassers begnügt, welches sie entweder aus dem Tiber oder aus Brunnen oder aus Quellen schöpften. Die Quellen stehen bis auf den heutigen Tag im Rufe der Heiligkeit und sind ein Gegenstand der Verehrung [...]. Jetzt aber fliessen in die Stadt: das Appische Wasser, der Alte Anio, die Marcia, Tepula, Julia, Virgo, Alsietina, welche auch Augusta genannt wird, die Claudia, der Neue Anio"[70] – Frontinus bezieht sich in dieser Textstelle seiner »*De aquaeductu urbis Romae*« auf die ihm damals bekannten Aquädukte Roms. Im Zeitraum von 312 v. Chr. bis 226 n. Chr. konnten insgesamt elf solcher Aquädukte mit einer Gesamtlänge von rund 500 Kilometern errichtet werden: vier zur Zeit der Römischen Republik (*Aquae Appia, Anio Vetus, Marcia, Tepula*), drei unter Augustus (*Aquae Julia, Virgo, Alsietina*) sowie zwei unter Claudius (*Aquae Claudia* und *Anio Novus*); die letzten beiden unter Trajan (*Aqua Traiana*) und unter Alexander Severus (*Aqua Alexandrina*), in zeitlich größerem Abstand.[71] Die Aquädukte arbeiteten wie künstliche Flüsse, konnten also nicht *abgedreht* werden und versorgten Rom mit einer kontinuierlich heranströmenden und auch noch für moderne Verhältnisse eindrucksvollen Wasserquantität, wenngleich große Mengen wohl direkt und ungenutzt in die Kanalisation abflossen.[72] Dazu T. Hodge: „*What made the difference, what set Roman waterworks apart from those of all other civilizations, was the sheer, enormous scale of the enterprise. Any city worthy of the name felt that it had to have an aqueduct, and Rome had a dozen.*" Das Bild vom Aquädukt als Archetypus der römisch-imperialen Disziplinierung des Wassers verfestigte sich im Zeitverlauf auch in der kollektiven Selbstwahrnehmung der Römer und ihrer Kaiser: „*Emperors too, in a world where a monarch was at least partly judged by what he built, saw aqueducts as*

---

70 Frontinus: *De aquaeductu urbis Romae*, 4: „*Ab urbe condita per annos quadringentos quadraginta unum contenti fuerunt Romani usu aquarum, quas aut ex Tiberi aut ex puteis aut ex fontibus hauriebant. Fontium memoria cum sanctitate adhuc exstat et colitur* [...]. *Nunc autem in urbem influunt aqua Appia, Anio Vetus, Marcia, Tepula, Iulia, Virgo, Alsietina quae eadem vocatur Augusta, Claudia, Anio Novus.*
71 Vgl. Garbrecht, G.: *Meisterwerke antiker Hydrotechnik*, S. 97 ff. sowie Kek, D.: *Der römische Aquädukt als Bautypus und Repräsentationsarchitektur*, S. 125 ff.; Anm. Die Kilometerzahl 500 bezieht sich auf die Gesamtlänge aller Aquädukte ohne Nebenleitungen.
72 Vgl. Illich, I.: *H2O und die Wasser des Vergessens*, S. 71 ff.; Illich verweist auf diese an Wasserverschwendung grenzende Praktik und kontrastiert sie mit muslimischen Prinzen von »Granada bis Isfahan und Agra«, die bei ihrer Gartenbewässerung stets bemüht waren, überschüssiges Wasser nicht zu vergeuden. Die Praktik technischer *Wasserzirkulation* bzw. *-kreisläufe* in Städten sei hingegen erst relativ jünger und Produkt der Neuzeit.

an advertisement of personal munificence that was both impressive and effective."[73] Als Repräsentationsarchitektur gelesen, legen privates Stiftertum und römische Münzprägung beredtes Zeugnis vom hohen Symbolcharakter und Prestigegewinn jener hydrotechnischen Monumentalbauten ab. Darüber hinaus bezeugten Aquädukte nicht nur den römischen Lebensstil per se, sondern auch die *maiestas, auctoritas* sowie letztlich *dignitas* des Imperium Romanum und der römischen Stadtkultur.[74] Neben derartigen Aspekten der Nützlichkeit spielte auch der *„landschaftsbeherrschende Charakter dieser Monumentalwerke eine besondere Rolle"*, sodass Aquädukte, trotz *„langer extraurbaner Trassenführung, wichtige Bauten der Städte* [waren]. *Die Zugehörigkeit der Wasserleitungen zu römischen Städten"* ergab sich aus einem Zusammenspiel *„landschaftsprägende*[r] *Bedeutung"* und *„Weitläufigkeit."*[75] Weit in die Sphäre römischer Stadtkultur hineinreichend, erfuhren Stadtbild und Stadtidentität vieler römischer *Coloniae* und *Municipia*, aber auch jene Roms, dadurch entscheidende Prägung.

Als Lebensnetz von Wasseradern und Disziplinierungsläufen durchzogen Aquädukte das römische Umland und prägten dessen Stadt- und Landschaftsbild architektonisch wie ästhetisch; einmündend in urbanen Versorgungssystemen von teils *öffentlichem Nutzen*, dienten Aquädukte der Regulierung des Wassers. Als Repräsentationstypus wasserbaulicher Disziplinierungsbestrebungen, sichtbar an der monumentalen Bogenarchitektur, diffundierte *an* und *in* ihnen die römische Urbanität ins Umland: d. h., eine sich streckenweise in die Landschaft entfaltende Stadtidentität. Dabei kann die *„Bedeutung der Aquädukte für das Stadtbild* [...] *vielschichtig sein. Auf der einen Seite stellen diese Bauwerke als Monumentalbauten* [...] *aufgrund ihrer Architektur unübersehbare Komplexe von großer Präsenz dar. Auf der anderen Seite erhalten sie wegen der Verkörperung des gehobenen Lebensstandards"* eine spezifische Aura der Nützlichkeit und Versorgungssicherheit. *„Außerdem erscheint der Aspekt, daß die Aquädukte von außerhalb kommen und die Stadtmauer kreuzen (z. B. in Rom und Fréjus), nicht unwichtig für ihre Bedeutung, schließlich fungieren sie somit als ein Bindeglied zwischen außen (Land) und innen (Stadt).*"[76] Zugleich sei darauf hingewiesen, dass die heute geläufige Vorstellung von Aquädukten nur

---

73 Hodge, T.: *Aqueducts*, S. 46 f.
74 Vgl. Kek, D.: *Der römische Aquädukt als Bautypus und Repräsentationsarchitektur*, S. 265 ff.
75 Ebda., S. 300
76 Ebda., S. 316

partiell antiken Realitäten entsprach, denn normalerweise verlief „*the actual aqueduct conduit [...] at ground level, or just below, for the arrays of arches that we associate with aqueducts are always a rarity, to be avoided whenever possible because of the expense. In fact, some 80–90 % of the total length of all Roman aqueducts is underground*"[77] und damit im Landschaftsbild gerade *nicht* sichtbar.

Verordnung zur Disziplinierung und Kontrolle

Vor diesem Hintergrund ist zu bemerken, dass in der Literatur zumeist ausführlich auf die topografischen und bautechnischen Details der römischen Technisierung des Wassers eingegangen wird, während die Menschen, die jene massiven hydrotechnischen Disziplinierungsbauten tatsächlich errichteten, nur punktuell Erwähnung finden. In den meisten Fällen mag dies auf fehlende oder unvollständige epigrafische Belege zu den Bau- und Instandhaltungsarbeiten zurückzuführen sein. Wohl darf aber davon ausgegangen werden, dass zumindest bei römischen Kastellen und Legionslagern auch die jeweiligen wasserbaulichen Versorgungssysteme und Lagerzuleitungen von den *Bauvexillationen* – d. h. Abordnungen von Soldaten, die auxiliare Aufgaben erfüllten – der jeweiligen Legionen errichtet wurden.[78] Hier „*liegen also die Arbeiten von der Planung über die Trassierung bis zum Ausbau der Leitungen in einer Hand.*"[79] So wurde etwa auch *Vindobona*, das Legionslager auf der Grundfläche des späteren Wien, maßgeblich durch die *Legio XIII Gemina* (1. Jh. n. Chr.) an der Donaugrenze, der Limesstraße und zum Flankenschutz für *Carnuntum* errichtet. Durch Leitungssysteme mit frischem Quellwasser aus dem Wienerwald versorgt, erscheint eine wasserbauliche Anbindung der *Vindobona* umgebenden Zivilstadt und der dort gelegenen Thermenanlagen nicht ausgeschlossen. Die Lagervorstadt, *canabae legionis*, dürfte den Trinkwasserbedarf hingegen vornehmlich durch Hausbrunnen gedeckt haben; die Abwässer des Legionslagers wurden schließlich über ein Kanalsystem, das nach

---

77 Hodge, T.: *Aqueducts*, S. 57
78 Vgl. Lamprecht, H.: *Bau- und Materialtechnik bei antiken Wasserversorgungsanlagen*, S. 49
79 Grewe, K.: *Römische Wasserleitungen nördlich der Alpen*, S. 46: „*In den Fällen, wo Lager schließlich aufgegeben wurden und die Zivilbevölkerung das Areal für Siedlungszwecke übernehmen konnte, wird natürlich auch eine bestehende Wasserversorgung in zivile Dienste übergeführt worden sein.*" Darüber hinaus sind insbesondere die „*Wasserversorgungen der reinen Zivilsiedlungen* [wichtig], *weil hier die größten und technisch aufwendigsten Anlagen errichtet wurden.*"

dem einheitlichen Schema römischer Legionskanalisationen erbaut war, über den Ottakringer Bach in die Donau abgeleitet.[80] Am Beispiel von *Vindobona* lässt sich die Fragestellung nach den die wasserbaulichen Disziplinierungsarbeiten vollführenden Personen nachschärfen. Gibt diese Frage doch den Blick frei für eine Untersuchung bestehender gesellschaftlicher Abhängigkeitsverhältnisse, Freiheitsgradationen und machtpolitischer Kontrollmechanismen in Bändigung der Naturkräfte. Dabei geht es um weit mehr, als „*das Verhältnis von Macht und Infrastrukturen allgemein*"; es gilt aufzuzeigen, auf welche Weise die Disziplinierung des Wassers im „*Aushandeln von Machtbeziehungen*" mitunter auch Mechanismen von „*Einschränkungen oder Ausweitungen von Handlungsoptionen*" kulturgeschichtlich mitproduzierte. Lässt sich dies aus dem bisher Dargelegten noch nicht unmittelbar erschließen, deutet doch vieles auf eine Korrelation zwischen höhergradigen gesellschaftlichen Ordnungsmustern und einer fortschrittlicheren Wasserdisziplinierung hin. Von den frühesten Stadtstaaten bis ins Imperium Romanum schienen privilegierte Gruppen und Individuen nicht nur von den faktischen Disziplinierungsleistungen in *Distanz-* und *Zeitüberbrückung* zu profitieren. Wesentlicherer Faktor war offenbar auch die Kontrolle der Errichtung und Instandhaltung ebenjener Wasserinfrastrukturen, anhand derer *dieselben* ihre Macht „*sichtbar* [*machen*] *oder aber verschleier*[*n*]"[81] und verbergen konnten.[82] Ex negativo lässt sich am Untersuchungsgegenstand römischer Stadtkultur konstatieren, dass im Falle versagender (staatlicher) Kontroll- und Ordnungsfunktionen oftmals auch die wasserbauliche Disziplinierungskapazität einer Gesellschaft im Zeitverlauf rückläufig war. Zudem gilt in der Regel, dass „*der betriebene Aufwand für eine städtische Wasserversorgung mit der Größe und damit auch der Bedarfsmenge einer Stadt*"[83] einherging. Der Ausbau der römischen Versorgungssysteme und die intendierte Steigerung der Wassermenge verweisen sohin nicht zuletzt auf

---

80 Vgl. Sakl-Oberthaler, S.: *Wasser in Wien*, S. 15 ff. sowie Hörz, P.: *Gegen den Strom*, S. 35 ff.
81 Förster, B.: *Wasserinfrastrukturen und Macht von der Antike bis zur Gegenwart*, S. 12
82 Vgl. Foucault, M.: *Der Wille zum Wissen*, S. 114: Eine Macht, die in ihrer netzwerkartigen Einbettung und Verwebung allerdings „*nicht eine Institution,* [...] *nicht eine Struktur,* [...] *nicht eine Mächtigkeit einiger Mächtiger* [*war*]. *Die Macht ist der Name, den man einer komplexen strategischen Situation in einer Gesellschaft gibt.*"
83 Lamprecht, H.: *Bau- und Materialtechnik bei antiken Wasserversorgungsanlagen*, S. 65; wobei die „*Bedeutung einer antiken Stadt aufgrund ihrer Rechtsstellung*" zwar einschätzbar ist, in „*den seltensten Fällen lassen sich aber exakte Einwohnerzahlen*" daraus ermitteln.

jenes Wechselspiel von sich entfaltender Stadtkultur und ausgereifteren Disziplinierungsleistungen.

Schlaglichter frühneuzeitlicher Stadtkultur *sub specie disciplinae*

Angesichts der hydrotechnischen Errungenschaften im Imperium Romanum muss es geradezu als kulturgeschichtlicher Bruch erscheinen, dass in der europäischen Städtelandschaft, vielleicht mit Ausnahme des byzantinischen Konstantinopel[84] an der Bosporusküste, die zivilisatorische Höhe des römischen Wasserdisziplinierungsvermögens erst nach Jahrhunderten, teils erst wieder im Verlaufe des 19. Jahrhunderts, vollumfänglich erreicht werden sollte. In Fortschreibung wasserbaulicher Disziplinierungsleistungen soll vermittels ausgewählter kulturgeschichtlicher Akzentuierungen ein Spannungsbogen nachgezeichnet werden, der die Genese neuzeitlicher Stadtkulturen am Wasser in ihrem Werden begleitet. Problematischerweise brächte ein derartiger interkultureller Bogen unweigerlich nicht nur ein *Verkennen* kultureller Spezifika ganzer Völker, sondern ebenso eine weitläufige *Nichtvergleichbarkeit* von Stadtkulturen unterschiedlicher Völker und Zeiten mit sich. Zudem müssten diachron-soziopolitisch divergierende Herrschafts- und Machtsysteme in den Blickpunkt der Betrachtung rücken.[85] Eine Überbrückung der Mannigfaltigkeiten kultureller Einbettung und Verortung, mesoamerikanischer Stadtkulturen, *neuzeitlich-entgrenzender* Handelshäfen, rinascimentaler Stadtstaaten Norditaliens oder auch der gartenbaulichen Disziplinierungsleistungen in Versailles erscheint zunächst undurchführbar, allein es gibt *Ähnlichkeiten*. Und diese tragen das Momentum von *Bezogenheit* in sich. Eine Bezogenheit, die auch ein *Beziehen-Auf* und darin eine *Beziehung mit Wasser* ist. Und gerade in ebendieser Beziehung mit einem Naturelement, das nach Art und Weise seiner *Nicht-Begrenzbarkeit* weder stumpfe Auffächerungen, noch methodische Einengung seines Charakters als zulässig erscheinen lässt, liegen kultur- und sozialanthropologische Ähnlichkeiten *in ihrer Zuweisung* begriffen – man könnte auch sagen: liegt der sich entlang des »differentiellen Abstandes« (Lévi-Strauss)

---

84 Vgl. Crow, J.: *Water supply of Byzantine Constantinople*
85 Hervorgehoben sei an dieser Stelle die umfassende Untersuchung von Tvedt, T. (et al.) »*A History of Water*«, die insbesondere auch auf die wasserbaulichen Errungenschaften auf dem amerikanischen und asiatischen Kontinent in diachronem Vergleich und aus unterschiedlichen Perspektiven eingeht.

und der interkulturellen Verflochtenheit mitvermittelnde *gemeinsame Grund* menschlichen Wasser- und Naturumgangs begriffen.

Während sich die Disziplinierung des Wassers aus Gegensatzpaaren erschließt und stadtkulturelle Ausprägungsformen als Agglomeration oder urbane Kulturraumverdichtung an *Konzepte der Räumlichkeit* rückgebunden bleiben, scheint gemeinhin der Eindruck zu entstehen, als habe jede „*urbane Kultur* [...] *ihre eigenen rituellen Verfahrensweisen*" für die Schaffung von Raum und für die Verräumlichung zur Stadt erdacht. Denn eine „*Ansammlung von Hütten oder Zelten verwandelt sich in eine Stadt erst dann, wenn ihr Raum zeremoniell als etwas ganz anderes denn als eine ländliche Fläche anerkannt worden ist, die Stadt muß dem ‚Außen' gegenübergestellt werden, die ihren Raum durchqueren Wege müssen als Straßen anerkannt werden.*"[86] Zum kulturell Allgemeinen vorzustoßen bedeutet indes, die Disziplinierung des Wassers als umfassende kulturgeschichtliche Antwort auf die dem Naturelement innewohnenden Antinomien und Spannungen zu lesen und anzuzeigen, dass in allen Völkern und Zeiten einander verwandte Bewältigungsstrategien der aquatischen Nutzbarmachung, Regulierung und Industrialisierung entwickelt und angewandt wurden. Es gilt darüber hinaus zu untersuchen, ob auch in der Neuzeit jene Korrelation aus höhergradigen Niveaus wasserbaulicher Disziplinierungskapazität einer Gesellschaft und dem relativen Erblühen von Stadtkultur fortbestand, oder ob stagnierende bzw. rückläufige gesellschaftliche Ordnungs- und Kontrollmaßnahmen auch ein schwindendes Disziplinierungsvermögen implizieren konnten. In der Analyse von Dynamiken kulturgeschichtlicher *Gleichzeitigkeit in Wechselwirkung* werden zunächst ausgewählte Beispiele präkolumbianischer Wasserdisziplinierung im Spiegel mesoamerikanischer Stadtkultur erörtert, bevor der Bogen über Venedig, einer Stadtkultur im Wasser, bis zu den *absoluten Wasserspielen* in Versailles, als Zurschaustellungen von Macht, gespannt wird. Dabei sei stets mitbedacht, dass die kulturgeschichtliche Trägerrolle des Naturstoffs nicht zuletzt im Umgang des Menschen mit Wasser sowie in seiner Reflexion *desselben* besteht.

A. Präkolumbianische Wasserdisziplinierung im Spiegel mesoamerikanischer Stadtkultur

Es mag durchaus bezeichnend sein, dass sich Wittfogels These von der »hydraulischen Gesellschaft« nicht zuletzt auch auf die wasserbaulichen Disziplinierungsleistungen in Altamerika bezogen hatte.[87] Es kann konstatiert

---

86 Illich, I.: *H2O und die Wasser des Vergessens*, S. 27
87 Vgl. Wittfogel, K.: *Oriental Despotism*, S. 258 ff.

werden, dass sich die spezifischen Ausgestaltungsformen mesoamerikanischer Wasserdisziplinierung bei der Interpretation innergesellschaftlicher Machtbeziehungen als hilfreich herausstellen, da sie über Planungs- und Durchführungsstrategien in Fragen von Ressourcenallokation und Arbeitskräfteeinsatz Aufschluss geben. Die Korrelation aus spezifischen Organisationsformen unterschiedlicher Gesellschaften und deren Disziplinierungsmethoden zeigt sich an den verschiedenartigen wasserwirtschaftlichen Bewältigungsstrategien, die die Völker Mesoamerikas in präkolumbianischer Zeit zur Anwendung brachten.[88] Neben einer Differenzierung in der Disziplinierung von Still- und Fließgewässern, die auch für den mesoamerikanischen Kontext geboten scheint, wird in der Literatur angesichts des *„tropisch-subtropische[n] Mischklima[s]"* mit längeren Trockenzeiten sowie mangels Niederschlägen und Oberflächenwasser insbesondere auf die versorgungstechnischen Speicherleistungen hingewiesen. So mussten etwa die Maya in der Puuc-Region in Yucatán *„Möglichkeiten ersinnen, das Regenwasser"* zur Regenzeit aufzufangen und *„in großen Mengen zu sammeln. In einigen ihrer größeren Ortschaften und Städte nutzten sie natürliche Senken, die ak'alche genannt wurden, zum Bau von Wasserreservoiren. In der Hauptsache legten sie jedoch chultunes an, unterirdische Zisternen"*, mit einem durchschnittlichen Fassungsvermögen von rund 30.000 Litern, in die *„Regenwasser durch gepflasterte, trichterförmige Sammelbecken geleitet wurde. Praktisch jeder Wohnkomplex verfügte über einen oder mehrere chultunes als einen lebenswichtigen Teil seiner Ausstattung."*[89] Überdies lässt sich vielfach ein Zusammenhang aus höhergradigen Disziplinierungsleistungen, erblühender Stadtkultur sowie wirtschaftlich-politischer Zentrumsbildung feststellen.[90] In der spätklassischen Periode der Maya-Kultur (etwa 550-900 n. Chr.), in *„the central Maya Lowlands, evidence demonstrates that landscape engineering associated with elevated reservoirs excavated at the summits of hillocks and ridges*

---

88 Vgl. etwa Scarborough, V.: *An Overview of Mesoamerican Water Systems*, S. 223 f.: wasserdisziplinierende Bewältigungsstrategien geben nicht zuletzt Aufschluss über die Art und Weise, in der *„a society employs power relationships between groups to organize the use of resources. [...] Because water is the most precious of controllable resources by humans, water management became a critical data set for meaningfully interpreting the past"*, sodass dem Naturgut eine erhebliche machtpolitische sowie rituell-symbolische Bedeutung zukam.
89 Grube, N.: *Maya. Gottkönige im Regenwald*, S. 324
90 Vgl. Dunning, N.: *Temple mountains, sacred lakes, and fertile fields. Ancient Maya landscapes in northwestern Belize*; Lucero, L.: *The collapse of the Classic Maya*; Doolittle, W.: *Canal Irrigation in Prehistoric Mexico*

allowed cities to flourish [...]. *Because of the erratic though seasonally abundant rainfall as well as the lack of surface water during the four-month-long dry season, reservoir management became crucial to the survival of the ancient Maya.*"[91]

In Maya-Städten wie Tikal in Guatemala oder Caracol in Belize prägten die jeweiligen naturräumlichen und topologischen Gegebenheiten die gestellten Ansprüche an die Wasserdisziplinierung. Mittels hydrotechnischer Anlagen musste daher nicht nur die Gefahr von zu wenig Wasser, Trockenheit und Bodenerosion u. a. durch verschiedengroße Reservoirs und Verteilnetze für Trink- oder Brauchwasser gebannt werden, sondern ebenfalls jene von zu viel Wasser durch Hochwasserschutz- und Abwassersysteme. Zwar kann an dieser Stelle nicht in vergleichender Methodik auf die zahlreichen der durchaus divergierenden wasserbaulichen Disziplinierungsleistungen der Maya in deren Städten eingegangen werden, dennoch sei explizit darauf hingewiesen, dass auch in Mesoamerika die Einbettung der Wasserdisziplinierung im urbanen Kontext von kaum zu überschätzender Relevanz gewesen ist:[92] Neuere Ausgrabungen in der Maya-Stadt Tikal[93] hatten zuletzt ein hochkomplexes Wassersystem zutage gefördert, das über einen Zeitraum von mehr als Tausend Jahren den Wasserbedarf der Stadtbevölkerung zu decken vermochte. Im Vergleich derartiger Regulierungssysteme dürfte sohin die *Wasserspeicherfunktion* für Städte wie Tikal gegenüber einer reinen *Wasser(zu)leitungsfunktion*, vielleicht mit Ausnahme innerstädtischer Verteilersysteme, die innergesellschaftlich dominantere Rolle eingenommen haben. Dieser Tatbestand könnte nicht zuletzt darauf zurückzuführen sein, dass „*Maya water and land uses were significantly affected by*

---

91 Scarborough, V.: *An Overview of Mesoamerican Water Systems*, S. 228
92 Vgl. dazu u. a. Wyatt, A.: *The scale and organization of ancient Maya water management* unter Hinweis auf Damm- und Terrassenanlagen sowie lokales »small-scale community water management« sowie Davis-Salazar, K.: *Late classic Maya water management and community organization at Copan, Honduras*; für einen umfassenden Überblick zur Maya-Kultur zudem Grube, N.: *Maya. Gottkönige im Regenwald*.
93 Vgl. Scarborough, V.: *Water and sustainable land use at the ancient tropical city of Tikal, Guatemala*, S. 12.408 f.: Ebendiese Ausgrabungen in Tikal zeichnen ein Bild bedeutender Disziplinierungsleistungen der Maya. Neben einem Filtersystem zur Trinkwasserreinigung durch Absatzbecken und Sandfilter umfasste das Wassernetz der Stadt zahlreiche Kanäle, Leitungen sowie eine *Schaltstation*, d. i. eine „*switching station that facilitated seasonal filling and release.*" Damit konnten Niederschläge während der Regenzeit nicht nur gespeichert, sondern auch ganzjährig im innerstädtischen Bereich verteilt werden. Außerdem wurde ein Palast-Damm von 80m Länge und 10m Höhe gefunden, seinerseits Teil eines gewaltigen Palast-Reservoirs mit einem Fassungsvermögen von etwa 75.000 m³ Wasser.

highly seasonal precipitation and karst physiography, which accommodated little perennial surface water. In response, the ancient Maya developed a complex system of water management dependent on water collection and storage devices."[94]
Aus Gründen der Kontextualisierung und Präzision scheint es geboten, die umfangreichen Disziplinierungsleistungen der Maya mit jenen der Azteken, vor allem in der Hauptstadt Tenochtitlán im Tal von Mexiko, in Beziehung zu setzen. Die Azteken-Hauptstadt Tenochtitlán war auf Inseln inmitten des abflusslosen Texcoco-Salzwassersees gelegen. Dort hatten die Azteken im 14. Jahrhundert begonnen, *Raum aus dem Wasser* zu schaffen, indem sie künstlich aufgeworfene Felder, *chinampas*, anlegten und Entwässerungssysteme errichteten.[95] Tenochtitlán selbst war über Dämme und bewegliche Holzbrücken mit dem Umland verbunden und, abgesehen vom Seeweg, nur über ebendiese Dammwege betretbar; eine Tatsache, die sich später für die spanischen Konquistadoren um Hernán Cortés sowohl während der sogenannten *Noche Triste* (1520), als auch bei der darauffolgenden Eroberung der Stadt als erfolgskritisch herauskristallisieren sollte. Neben den *chinampas*, dem aus dem Wasser gewonnenen *Raum* der künstlichen Inseln, war die aztekische Stadtkultur von zahlreichen wasserwirtschaftlichen Disziplinierungsanlagen durchzogen. Sie spielten nicht nur in der Abwehr von Überschwemmungen eine entscheidende Rolle, sondern auch bei der Versorgung der Stadt: Erfolgte diese einerseits über den Seehafen und zahlreiche innerstädtisch befahrbare Kanäle, wurde die Wasserleitungsfunktion durch zwei mit dem Umland verbundene Aquädukte sichergestellt.[96] Die Azteken legten ein komplexes Netz wasserbaulicher Eingriffe von Bade-, Garten- und Kanalanlagen sowie Reservoirs an und errichteten „*a sophisticated drainage system of dams, sluice gates, and canals in order to control the water supply to their huge tracts of floating farms. These measures helped avoid flooding in the rainy season while maintaining moisture during the dry season to ensure that plentiful harvest could occur year round.*"[97]
Nicht zuletzt sind es derartige Bewässerungssysteme der Azteken, die auch Aufschluss über die innergemeinschaftlichen Zusammenhänge spezifischer Disziplinierungsleistungen und erblühender Stadtkultur im mesoamerikanischen Kontext geben können.

---

94 Ebda., S. 12.408
95 Vgl. Calnek, E.: *Settlement Pattern and Chinampa Agriculture at Tenochtitlan*
96 Vgl. Aguilar-Moreno, M.: *Handbook to Life in the Aztec World*, S. 59
97 Ebda., S. 58 f.

Im Vergleich dazu erhellen die hydrotechnischen Großbauten der Inka in Südamerika[98] oder auch jene im Tehuacán-Tal in Zentralmexiko[99] mögliche Wechselwirkungen aus gesellschaftlichen Kontrollmaßnahmen und höhergradigen Niveaus der Wasserdisziplinierung; zudem verweisen diese auf Dynamiken des Kontrollverlustes der jeweiligen Herrschaftsformen und eine potenziell damit korrelierende Stagnation von Disziplinierungskapazitäten. Neben den Kanalsystemen, *tecoatle*, darf insbesondere der Purrón-Damm im Tehuacán-Tal hervorgehoben werden, um 300 n. Chr. der größte *"and most elaborate [...] structure in the New World but located well over 100 kilometers from a truly influential center or set of centers."* Es sind derartige Wasserbauten, die spezifische *Koordinationsmechanismen von* und *Verfügungsformen über* Arbeitskraftpotenziale im präkolumbianischen Amerika bezeugen: *"canalization efforts in the Tehuacan Valley were likely maintained by way of heterarchical organizational tendencies rather than hierarchical vertical layerings [...]. Although the hydraulic hypothesis [...] argued for hegemonic centrality based on a steeply pitched, vertically exaggerated, sociopolitical pyramid of control, the extensive canal systems of the Tehuacan Valley suggest a dispersed set of cooperating communities responsible for the coordination of water and land resources and the labor tasks necessary for subsistence success."*[100] Mit Blick auf die Struktur soziopolitischer Kontrollfaktoren deuten zahlreiche Studien damit eher in Richtung einer engen, jedoch vielschichtigen Verflechtung von Herrschaftsarchitektonik und Wasserdisziplinierung. Die vektoriellen Zielrichtungen dieser Studien unterscheiden sich dabei teils erheblich – so etwa die These von der »elitären Kontrolle« der Disziplinierung des Wassers: Der Fokus liegt hierbei nicht nur auf den realweltlichen Kontrollmöglichkeiten, die beispielsweise die Maya-Eliten über Wasserreservoirs und Bewässerungssysteme hatten, sondern auch auf der rituell-ikonografischen Dimension des Naturguts. Wasser bzw. die Kontrolle desselben könne demnach auch mit der politischen Macht elitärer

---

98 Vgl. Wright, K.: *Machu Picchu: Water Engineering in the Mountains*, S. 198 ff. sowie Bray, T.: *Water, Ritual, and Power in the Inca Empire*, S. 185: Gerade bei den Inka tritt die Wechselwirkung aus gesellschaftlichen Kontrollmaßnahmen und fortschrittlicher Wasserdisziplinierung hervor: „*they transformed a vital natural substance [water] into a cultural artifact of the state. Given the emphasis placed on the manipulation of water, it seems reasonable to assume that the Inca viewed its control as a key component of the imperializing process.*"
99 Vgl. Woodbury, R.: *Water Control Systems of the Tehuacan Valley*
100 Scarborough, V.: *An Overview of Mesoamerican Water Systems*, S. 232 f.

Familienverbände assoziiert worden sein.[101] Zugleich könnten »hydraulische Infrastrukturen« in den Gemeinwesen als spezifische Symbolbauten gesehen worden sein. Archäologischen Studien zufolge erfuhren zahlreiche Wasserbauten eine Art Koppelung an einen „*simbolismo especifico que tenía conexiones con los dioses y con un espacio mágico-ritual.* [...] *La ciudad y su trazado, sus sistemas hidráulicos y los templos, juegos de pelota y demás construcciones eran parte de una semiosis particular: acaso la representación de un microcosmos, o una metáfora de la creación del mundo y de los mitos asociados.* [...] *Uno de los ejemplos más representativos de la arquitectura simbólica y su interrelación con el agua es la ciudad clásica de Palenque. No sólo existe un sistema hidráulico que incluye canales, cuatro acueductos* [...] *y baños rituales, sino que la planeación de la ciudad estuvo en función"* ebendieser Disziplinierungsleistungen. „*La obra hidráulica de Palenque corresponde a una visión de arquitectura simbólica en donde la ciudad convive con el agua*"[102] – d. i. eine aquatische Symbolik in Koexistenz und symbiotischer Harmonie am Gegensatzpaar α. Schließlich verweisen Studien, neben divergierenden wasserdisziplinierenden Herausforderungen zur Regenzeit und der Gefahr der Kontaminierung von Trinkwasservorräten, oftmals auch auf die Problematik der Disziplinierungskapazitäten während der lang anhaltenden und wiederkehrenden Phasen der Trockenheit. Derartige Trockenzeiten könnten, neben anderen gewichtigen soziopolitischen Faktoren, auch für den Niedergang der Maya-Hochblüte zumindest mitverantwortlich gewesen sein.[103]

B. Serenissima – Venedig, eine Stadtkultur im Wasser

Vergleichbar mit dem aztekischen Tenochtitlán ist auch das frühmoderne Venedig eine Stadtkultur im Wasser.[104] Auf unterschiedlichen Kontinenten

---

101 Vgl. dazu die im Anschluss an Scarborough formulierten Thesen in Lucero, L.: *Water and ritual* sowie Dies.: *The collapse of the Classic Maya*. Die These von der Kontrolle des Wassers durch Eliten scheint im Lichte rezent entdeckter wasserbaulicher Strukturen im Rahmen von LiDAR-Untersuchungen (*light detection and ranging*) allerdings nicht vollumfänglich Bestätigung zu erfahren.
102 Rojas Rabiela, T.: *Cultura hidráulica y simbolismo mesoamericano del agua en el México prehispánico*, S. 233 ff.
103 Vgl. hierzu etwa Douglas, P.: *Impacts of climate change on the collapse of lowland Maya civilization*; Lucero, L.: *The political and sacred power of water in classic Maya society* sowie Kuil, L.: *Conceptualizing socio-hydrological drought processes*.
104 Vgl. Aguilar-Moreno, M.: *Handbook to Life in the Aztec World*, S. 60: „*People often compare the island city of Tenochtitlan with Europe's Venice, but the urban traditions of the Aztecs were based on Mesoamerican concepts*" – so sollte etwa auch dem

gelegen, unabhängig von einander und ohne Kenntnis hinsichtlich der je anderen Existenz, entfalteten sich beide Stadtkulturen in einem jeweils einzigartigen Zusammenspiel urbaner Atmosphäre und Räumlichkeit im Wasser. Elementar und sinnstiftend sind dabei die Rückwirkungen auf die Stadtidentität als Differenzraum an der *Bruchlinie von Verräumlichung*. Denn in der Untersuchung der Disziplinierung des Wassers gilt es, ungeachtet aller spezifischen Differenzen, zum *gemeinsamen Grund*, d. i. dem *interkulturell Allgemeinen*, allen Völkern und Zeiten Gemeinsamen, vorzustoßen. Venedig, als europäischer Archetyp einer »Stadt im Wasser«, ist in seinem städtebaulichen Disziplinierungsbestreben dieser *Vorstoß*.

Als eine der vier inneritalienischen Seerepubliken kontrollierte die an der Adria gelegene Serenissima in der frühen Neuzeit nicht nur große Teile des Mittelmeer- bzw. Levantehandels und unterhielt zahlreiche Kolonien und Handelsstützpunkte, sondern konnte ihren Einflussbereich auch weit auf die festländischen Gebiete der *Terraferma* ausdehnen.[105] Zahlreiche Flüsse, deren Sedimente sich im Zeitverlauf ablagerten, mündeten in die küstenparallele Lagune ein, wodurch die venezianische Lagune genauer betrachtet aus drei Gewässerbereichen besteht: aus der *laguna superiore*, der *laguna media* sowie der *laguna inferiore*. Im Zeitverlauf wurden ihre geomorphologischen Formationen durch anthropogene, raumgestaltende Eingriffe sukzessive diszipliniert.[106] Die Lagune „*non era solo la «pianura liquida»* [...] *adibita ai trasporti di vascelli, barche, zattere. Essa non era solo il luogo di transito dei vettori di trasporto delle merci che una città eminentemente mercantile metteva quotidianamente in movimento. Prima che il luogo di complesse economie di scambio, quello specchio marino era innanzitutto l'habitat su cui gravitava un numero crescente di cittadini con i loro bisogni di aria salubre e di acqua potabile.*"[107]

---

aztekischen Wort „*altepetl (water-mountain)*" die Bedeutung von »Stadt«, präziser wohl »Stadtstaat«, zukommen, denn „*a city was a copy of the natural environment.*"
105 Vgl. Goy, R.: *Venetian Vernacular Architecture*, S. 341: Grundverschieden vom festländischen Teil der *Terraferma*, herrschten in der Lagune andere Bedingungen: „*the subsoil was different, and hence specialized forms of foundation had to be developed, some in the form of timber pads, other as piles driven into the lagunar clay.*" Auf ebendiesen, in den Lehmboden gerammten Holzpfeilern – stabil, solange sie nicht mit Sauerstoff in Berührung kommen – ruhen Trägerplattformen und die Grundfesten der venezianischen Mauern.
106 Vgl. hierzu weiterführend Mathieu, C.: *Inselstadt Venedig*, S. 59 ff.
107 Bevilacqua, P.: *Venezia e le acque*, S. 51. Da an dieser Stelle nicht auf die Mannigfaltigkeit wasserbaulicher Errungenschaften, stadtgeschichtlicher Spezifika und hydrotechnischer Anlagen in Venedig im Zeitraum von über 500 Jahren eingegangen

Neben all diesen Aspekten, von der Trinkwasserversorgung, *pozzi alla veneziana*, über die aquatischen Transportwege, unter ihnen der Canal Grande, bis hin zur innerstädtischen Wasserqualität, spielte in erster Linie die exponierte Lage der Lagune für Venedig seit jeher eine ausschlaggebende Rolle: Es geht um das feine Equilibrium und die fragile Koexistenz zwischen Land und Wasser, eingebettet in einem „*highly urbanized Venetian context.*" Venedig ist „*first and foremost a city*", allerdings auch „*strongly marked by the interference of natural elements (lagoon, canals, tides, islands). [...] Venice has always been characterized by its fragile equilibrium of water and land, built on [...] the relation between salt and fresh water, the influence of rivers and their deposits, the necessary and functional co-existence*"[108] von Inseln und Kanälen. Das zyklenhaft auftretende *acqua alta* war und ist ein konstanter Begleiter und bedrohlicher Widersacher der venezianischen Altstadt. Gleichzeitig stellte auch der andere Extremwert des Gegensatzpaares β, nämlich *zu wenig Wasser* als Drohbild der Verlandung, für die Markusrepublik historisch ein Schreckensszenario dar. Die Serenissima ersann über Jahrhunderte hinweg wasserwirtschaftliche Bewältigungsstrategien, die bis heute als eindrucksvolle Ausgestaltungsformen venezianischer Regulierung und Nutzbarmachung Bestand haben. Disziplinierungsleistungen, die ihrerseits die grundsätzlichere Frage aufwerfen, mit welchen Auswirkungen auf eine Stadtkultur zu rechnen sei, sobald eine Stadt nicht mehr *am* oder *neben*, sondern im wahrsten Sinne des Wortes *im* Wasser gelegen ist.

Denn gelingt der Disziplinierung des Wassers, vermittels wasserbaulicher und architektonischer Maßnahmen, die Einbettung des Naturelements innerhalb einer spezifischen Stadtkultur – etwa durch ein die Funktion von Straßen einnehmendes Netz von Kanälen –, so kommt es auch zu einer weitreichenden Verschiebung der Reflexionsbestimmungen am Wasser. Es wurde bereits konstatiert, dass die Bruchlinie der Verräumlichung entweder in Symbiose – Wasser als Raum, d. h. Wasserraum – oder in Gegensätzlichkeit erfahren wird – d. h. Wasser als das Andere und *Vom-Raum-Abgegrenzte*, mithin als *Nicht-Raum* – und dass es ebendiese soziokulturell-stadtspezifische Erfahrung ist, die sich an der Bruchlinie von Gegensatz oder Symbiose *diffundierender Verräumlichung*

---

werden kann, sei mit der Analyse des Gegensatzpaares α (Wasser / Raum) im venezianischen Kontext ein neuralgischer Punkt urbaner Disziplinierung des Wassers herausgegriffen. Für einen kulturgeschichtlich-städtebaulichen Überblick zu Venedig sei auf die umfassende Literatur verwiesen, im Speziellen Ferraro, J.: *Venice. History of the Floating City* sowie auf Ciriacono, S.: *Building on Water* und Mathieu, C.: *Inselstadt Venedig. Umweltgeschichte eines Mythos in der Frühen Neuzeit*.

108 Ortalli, G.: *Forms of Knowledge in the Conservation of Natural Resources*, S. 396 f.

aufspaltet. Die urbanen Wasser auf eine qualitativ bestimmte Quantität zu disziplinieren, setzt das Naturelement ins richtige Maß und offeriert damit die Möglichkeit eines zu-sich-gekommenen Wasserraumes. Die spezifische Form, in der sich ein ebensolcher Differenzraum darstellt, bildet die Sphäre oder den Horizont der stadtkulturellen *Wirklichkeit am Wasser*, mithin die Stadtgestalt; *ihr Inhalt* ist demgemäß jene Stadtkultur *im* Wasser.

Abbildung 4: William Turner – Venice, from the Porch of Madonna della Salute (um 1835)[109]

---

109 Das Gemälde dürfte von W. Turner nach seinem zweiten Venedigaufenthalt (1833) gemalt worden sein und, in Abweichung von einigen perspektivischen und baulichen Details, wohl nicht zuletzt Turners atmosphärische Stadtwahrnehmung repräsentieren. Zu sehen ist u. a., wie Stadtfundamente und Lagunenwasser in einer licht- und farbenreichen Reflexion scheinbar ineinander übergehen; vgl. zudem auch Costello, L.: *J. M. W. Turner and the Subject of History*, S. 196: Neben einer ästhetischen Naturverbundenheit – am Wechselspiel aus Wasser, Himmel und Wolken auszumachen – verweisen die Schatten im Wasser (rechts) auf ein „*element of immediate temporality and movement […] that aligns with the movement implied in the clouds and sky above. This present-ness also signals a bodily presence*" und ein atmosphärisches Spiel am Wasser.

Damit wird ersichtlich, wie tief das Naturelement in die venezianische Stadtkultur eindringt, wie die Lagunenwasser, durch die Disziplinierung des Wassers zur Räumlichkeit geformt, in ihr Anderes übergehen, zur Wasserfläche gerinnen und *darin* als »aquatischer Stadtraum« erwachsen. Dass ebenjene In-Gestalt-Setzung des Wassers dabei mehr sein muss, als ein Prozess urbaner Verräumlichung, kann auch daran abgenommen werden, dass *canali* und Lagunenwasser als explizit schützenswerte Bestandteile venezianischer Stadtkultur begriffen werden.[110] Am Gegensatzpaar α reflektiert, beginnen Wasserraum und Stadtkultur unmittelbar ineinanderzuscheinen, wobei die *verräumlichte Disziplinierung* des Lagunenwassers als Ordnung erfahren wird, geordnet und bewahrenswert.[111] Es könnte ebendiese genuin venezianische Erfahrung sein, die in die kollektiv-reflexive Selbstidentifikation und Stadtidentität eingegangen ist und die nicht nur das Stadtbild, sondern vor allem auch die atmosphärische Stadtwahrnehmung Venedigs bis heute prägt.

C. Absolute Wasser – Gartenkunst und Wasserspiele in Versailles zwischen Ästhetisierung, Naturalisierung und Machtvisibilität

Sind auch die beiden Städte Tenochtitlán und Venedig als *Stadtkulturen im Wasser* begreifbar, kreisen bei Weitem nicht alle Bewältigungsstrategien wasserbaulicher Nutzbarmachung in der frühen Neuzeit um die hydrotechnisch-raumstrukturellen Schlagseiten der Wasserdisziplinierung. Nachfolgend sei daher auf die am »kulturgeschichtlichen Modell der Disziplinierung des Wassers« dargestellte Überlappungszone zwischen Kultivierung und Nutzbarmachung eingegangen: jene *(Re-)Naturalisierungsbestrebungen* und *Wasserspiele*, die vielfach eine dezidiert ästhetische Gestaltung wasserbaulicher Leistungen anstrebten, wie etwa im Falle von Gartenbau und Kunstlandschaften.

---

110 Sowohl die Lagune als auch Venedig selbst bekamen 1987 von der UNESCO den Weltkulturerbe-Status verliehen. Historisch sorgte indes der *Magistrato alle Acque*, als staatliches Organ der Gewässeraufsicht, für die Regulierung von Flussläufen sowie die Schiffbarmachung der Lagune und sollte diese vor Erosions- und Verlandungsdynamiken bewahren. Nach dem Niedergang der Republik Venedig erlebte der *Magistrato alle Acque* im 20. Jahrhundert eine neuerliche Institutionalisierung und hatte als solche bis ins Jahr 2014 Bestand.

111 Vgl. Ortalli, G.: *Forms of Knowledge in the Conservation of Natural Resources*, S. 397: Die Disziplinierungen des Lagunenwassers waren „*both theoretical and experimental, and erudite and popular, they were carefully managed and converged in the structures the Venetian State created at various times to keep the lagoon and its resources under control.*"

Ästhetisch begriffen sind es u. a. »Schönheit« und »Empfindsamkeit«, die die *Wasserspiele* oder auch *Wasserkünste*, nach Frontinus *cultiores* genannt, seit jeher ausmachten. Neben dekorativer Anmut und schmückend-darstellender Sichtbarmachung des Wassers – etwa in Lauf-, Schmuck- und Zierbrunnen oder auch Nymphäen, Kaskaden und Wasserschauwänden – sind auch die herrschaftslegitimatorischen Aspekte der Zurschaustellung von Macht und Prestige wesentlich. In diesem Zusammenhang sei an die architektonische Repräsentation des Symbolcharakters von Quellheiligtümern erinnert: Während der römischen Antike traten in dieser Beziehung zwischen Wasser und den unter orientalischen Einflüssen entstandenen Gartenkünsten insbesondere die Wasserspiele in Luxusvillen und in kaiserlichen Gärten hervor.[112]

Abgesehen von zahlreichen garten- und wasserbaulichen Errungenschaften der europäischen Renaissance- und Barockzeit,[113] hatten im urbanstadtkulturellen Kontext primär die absolutistischen Höfe damit begonnen, ästhetische Wasserkünste und Wasserspiele in solchen Ausmaßen zu disziplinieren, in denen sie auch darin fortschritten, gesellschaftliche und natürliche Verhältnisse zu ordnen. Ebendiese *Ordnung* entsprach, soziohistorisch

---

112 Waren private Villen mit relativ großen Wasserbecken ausgestattet, so umfasste etwa die Anlage der *Domus Flavia* von Kaiser Domitian u. a. über ein Dutzend Teichbecken, dazu eine Fontäne sowie zahlreiche Springbrunnen, vgl. Tölle-Kastenbein, R.: *Antike Wasserkultur*, S. 187 ff.; ähnliches ist aus der *Villa Adriana* von Kaiser Hadrian bekannt. Von den umfangreichen wasserdisziplinierenden Bauwerken der *Villa Adriana* sind v. a. das *Teatro Marittimo*, ein ringförmiger Wasserkanal, die Thermenanlagen, ein Nymphäum sowie der *Serapeum-Canopus*-Komplex zu nennen. Erfolgte die Wasserversorgung vermutlich über Leitungssysteme und Aquäduktanschlüsse, so hatte die Villa mit ihrer Gartenkunst und Naturalisierung des Wassers Vorbildwirkung für zahlreiche französische Gärten des Barock; vgl. dazu weiterführend Ueblacker, M.: *Das Teatro Marittimo in der Villa Hadriana* sowie Fahlbusch, H.: *Die Wasserkultur der Villa Hadriana*. Weitere überaus eindrucksvolle hydrotechnische Leistungen in einer nicht-öffentlichen Anlage finden sich in Kaiser Neros *Domus Aurea*: Die weitläufigen Wasserflächen – v. a. das gewaltige *Stagnum*, eine Art künstlicher See, sowie ein großes Nymphäum – dienten als Schaubühne der Machtvisibilität und zur Erhöhung des kaiserlichen Herrscherprestiges.

113 Vgl. hierzu die Bände 4-6 der Frontinus-Gesellschaft zur »Geschichte der Wasserversorgung«: *Die Wasserversorgung im Mittelalter* (Bd. 4), *Die Wasserversorgung in der Renaissancezeit* (Bd. 5) sowie *Wasser im Barock* (Bd. 6); zudem Bredekamp, H.: *Wasserangst und Wasserfreude in Renaissance und Manierismus*, S. 145 ff.

betrachtet, eher einer politischen Zentralisierung und, wie im Falle des französischen Absolutismus, einer staatlich-monopolisierenden Logik der Unterwerfung *in* und *als* Souveränität, die sich auf militärisch-physisch überlegene und herrschaftslegitimatorisch selbstlegitimierende Gewaltsamkeit, d. h. Gewaltmonopol, stützen konnte.[114] Im Maße dieser gesellschaftlichen *Verordnung* war damit begonnen worden, auch die Natur ordnend zu unterwerfen: „*Entsprechend ist aus dem natürlichen Wasser das »höfische Wasser« in Schloßteichen, Kanälen und Wasserspielen geworden. Dabei ist das Wasser selbst in den Wasserspielen nicht ästhetisch wahrgenommen, es ist vielmehr in seinem Funktionswert als Requisite für das fürstliche Zeremoniell, für das Gesamtkunstwerk des Hofes, genutzt und genossen worden.*"[115] Für die neuzeitliche Disziplinierung des Wassers bedeutet dies, dass die *absolute Gartenkunst* in Versailles unter diesem Gesichtspunkt als Form *machtzeremonieller Naturalisierung* zu verstehen ist.[116]

---

114 Neben der bei Norbert Elias behandelten »inneren Pazifizierung der Gesellschaft« und »Verhöflichung der Krieger«, vgl. Elias, N.: *Über den Prozeß der Zivilisation. Bd. 2*, S. 351 ff., wird die hegemonial-zentralisierende Souveränitätslogik auch prominent bei Reinhard, W.: *Geschichte der Staatsgewalt* besprochen.

115 Krolzik, U.: *Wasser als theologisches Thema der deutschen Frühaufklärung bei Johann Albert Fabricius*, S. 201. Als nicht-natürliche Naturalisierung wurde jedoch „*die Natur nicht* [mehr] *ästhetisch* [wahrgenommen]*; sie wird zur Aufgabe, die Ausbesserung und Bearbeitung verlangt. Diese Sicht entspricht der höfischen Naturauffassung, in der die Natur nicht mehr unmittelbare Lebensgrundlage des Menschen ist, sondern ihm chaotisch und bedrohend gegenübertritt, so daß sie gezähmt werden*" muss (ebda., S. 200).

116 Für eine detaillierte Beschreibung der Gartenkunst in Versailles, der historischen Vorläufer und Eindrücke, für ihre soziopolitische Kontextualisierung im Europa des 17. und 18. Jahrhunderts sowie die weiteren Entwicklungen im Zeitverlauf vgl. u. a. Baridon, M.: *A History of the Gardens of Versailles*; Quenet, G.: *Versailles, une histoire naturelle* sowie Brix, M.: *Der Absolute Garten*. Neben dem enormen Netz an Leitungen und Reservoirs, die die Wasserversorgung sicherstellten, seien als zentrale Disziplinierungsleistungen der *Canal de l'Eure*, die *Machine de Marly* (hydraulische Pumpwerke) und der *Aqueduc de Buc* hervorgehoben; überdies im Schlosspark selbst das *Bosquet de la Salle de Bal*, die *Bassins de Latone* und *d'Apollon* sowie die beiden großen Wasserflächen, die *Pièce d'eau des Suisses* und der *Grand Canal*, dessen sumpfiges Gelände ursprünglich entwässert werden sollte. Erst nach Intervention durch Le Nôtre wurde der *Grand Canal* in der heutigen Form angelegt: und zwar in einer räumlichen Tiefenstruktur, die den Blick perspektivisch in eine scheinbar unendliche Landschaft gleiten lässt. Zudem glichen die *flottilles* als kleine Schiffsverbände auf dem *Grand Canal* bis zu einem gewissen Grad den *Naumachien*, als dass eigens herangebrachte bzw. angefertigte Schiffe (Galeeren, Galioten oder auch venezianische Gondeln, teils Schiffe in Miniaturform) auf

Denn *dass* das Naturelement in seinem klar-sprudelnden Plätschern die Gärten erst mit Leben erfüllte, war nicht erst André Le Nôtre, dem Landschafts- und Gartenarchitekten des *Roi Soleil*, zu Bewusstsein gekommen. So präsentiert sich in Versailles, neben der *Allée d'eau* oder dem *Patrerre d'eau*, etwa das „*Schweizer Becken* [...] *als eine stille Wasserfläche, und dies in bemerkenswert einfacher Form. Es ist ein monumentaler Spiegel, der das Licht reflektiert*" – derartige barocke Rauminszenierungen bewegten sich stets in einem atmosphärischen Spiel aus „*Verbergen und Enthüllen*" und in einem Kontinuum, das Weite und Unbegrenztheit suggerieren sollte. Zugleich zeigten die Wasserspiele der zahlreichen Brunnen, jene des *Bassin de Neptune* sowie des *Bosquet des Trois-fontaines*, das nasse „*Element, das sich naturgemäß jeder Formgebung zu entziehen scheint, in so präziser Regie, dass*"[117] dieser orchestrierten Wasserdisziplinierung selbst ein beträchtlicher ästhetischer Wert beigemessen werden kann.[118]

Als ebensolche Naturalisierungen wären, wie im »kulturgeschichtlichen Disziplinierungsmodell« angeführt, die höfischen Kunstlandschaften und Wasserspiele zwischen Kultivierung und Nutzbarmachung des Wassers anzusiedeln. Die technisch-regulierte Disziplinierung als Hinführung des Wassers wäre folglich als »Regulierung« zu betrachten, während sich der tatsächliche Wasserverbrauch in den Gärten als »Kultivierung« zeigte. Eine derartige hydrotechnische Be- und Vernutzung in ästhetischer Gestaltung wird etwa durch den ursprünglichen *Bosquet des Sources* klar verdeutlicht, einem quasi-unberührten Stück Natur inmitten des Gartens von Versailles. Demgemäß besteht ein Spannungsverhältnis zwischen dem *flüchtigen* und dem *disziplinierten* Wasser, das in den Wasserschauspielen im Überfluss zu sprudeln schien, obgleich das Naturelement im Schlossgarten de facto ein rares Gut gewesen ist. Sind die Bestrebungen der Naturalisierung bereits ob ihres technischen Charakters als Regulierung zu klassifizieren, so sind sie Kultivierung, indem das „*Ganze der Natur* [...] *nach Vollendung*" strebt und offen ist „*für Bearbeitung. Weil es sich so verhält, hat die Natur selbst Geschichte, und deshalb*

---

diszipliniert-künstlichen Gewässern Bestandteil der Wasserschauspiele von Versailles waren; tatsächliche *Naumachien* waren hingegen eher rar.
117 Brix, M.: *Der Absolute Garten*, S. 46 ff.
118 Vgl. Ebda., S. 198: Neben dem *Grand Canal* in Versailles wäre auch der, ebenfalls von Le Nôtre geschaffene, *Grand Canal* im Château de Chantilly als Beispiel gigantischer *Disziplinierungsflächen des Wassers* in ihrer besonderen Gestaltungsrelevanz barocker Gartenanlagen anzuführen: d. h., perspektivische Manipulationen der Tiefenproportionen des Raumes in optischer Verzerrung, die sich dem Auge harmonisch darbieten.

kann der Mensch die Geschichte durch Kultivierung der Natur mitbestimmen. Die Arbeit des Menschen an der Natur wird von daher als Kultivierungsleistung"[119] verstanden. Musste das Wasser oftmals in erheblichen Quantitäten, in reguliert-disziplinierter Form an die Gärten herangebracht werden, unterlag es, dort angekommen, keinerlei *Nutzenpostulat* mehr. Es diente demnach keinerlei lebensspendenden Versorgungsleistungen im engeren Sinne, weder als Trink- noch als Brauchwasser. Eine derartige Disziplinierung des Wassers war vollends *nutzlos*, wenngleich nicht *zweckfrei*. Die imposanten Wasserspiele dienten eher den persönlichen Passionen des *Roi Soleil* – neben Festen umfassten diese insbesondere die Wasserspektakel, die *Grandes Eaux* sowie die oben angeführten *flottilles*.

Dennoch war die gartenbauliche Naturalisierung des Wassers *keine natürliche*, sondern die ästhetische Repräsentation eines höfisch-absolutistischen Idylls *unterworfener Natur*. Denn die geleistete Wasserdisziplinierung diente nur scheinbar einer dekorativen Erquickung. In ihrem Kern war sie vielmehr eine Zurschaustellung von Macht, und Versailles bot für den *Roi Soleil* hierzu die geeignete Schaubühne. Dass diese Sichtbarmachung der *maitrise des eaux* in ihren machtpolitischen Dimensionen von allen Besuchern gelesen werden konnte, gerade darin lag ihr Prestigepotenzial.[120] Ziel und Zweck waren weder agrikulturelle Vernutzung noch Trinkwasserspeicherung, sondern eine ästhetische Darbietung aquatischer Disziplinierungsleistungen auf ebenjener Schaubühne unterworfen-kultivierter Natur, aus Gründen königlicher »Machtvisibilität«[121] und zur höfischen Prestigeerhöhung. Anders formuliert: Macht, die sich als Naturunterwerfung und Wasserdisziplinierung *zeigte*, nahm im Nahefeld staatlich-monopolisierender Souveränitätslogiken seit jeher eine prägende Rolle in der Erhöhung des Herrscherprestiges ein und stellte sowohl in

---

119 Krolzik, U.: *Wasser als theologisches Thema der deutschen Frühaufklärung bei Johann Albert Fabricius*, S. 204
120 Zum Begriff des Prestigepotenzials vgl. Sailer-Wlasits, P.: *Minimale Moral*, S. 24
121 Zum Begriff der Machtvisibilität im Kontext frühmoderner Semantiken von Staatlichkeit, Souveränität und Öffentlichkeit von Macht vgl. Münkler, H.: *Visibilität der Macht und die Strategien der Machtvisualisierung*. Für eine Analyse im Zusammenhang mit Wasserinfrastrukturen in der Frühen Neuzeit vgl. Wieland, C.: *Höfische Repräsentation, soziale Exklusion und die (symbolische) Beherrschung des Landes*, S. 187 ff.

Schlaglichter frühneuzeitlicher Stadtkultur *sub specie disciplinae* 147

der Semantik der antiken, wie auch in jener der frühmodernen Staatlichkeit einen machtpolitisch signifikanten Legitimationsfaktor dar.[122]

Anknüpfend an die vorgebrachte These einer Korrelation zwischen höhergradigen gesellschaftlichen Ordnungs- und Kontrollmaßnahmen und einer fortschrittlicheren wasserbaulichen Disziplinierungskapazität erscheint der französische Absolutismus eine auffallende Sonderrolle einzunehmen. Denn die Festigung territorialer Integrität samt Errichtung eines staatlichen Monopols legitimer Gewaltsamkeit, bei gleichzeitiger hegemonialer Zentralisierung *in* Souveränität, kam zwar einerseits einer, wie Norbert Elias dies formulierte, »inneren Pazifizierung der Gesellschaft« im Sinne von Herrschaftsstabilität gleich, bedeutete jedoch andererseits die Entmachtung zahlreicher Intermediärgewalten. Die in gewissen Gesellschaftsbereichen potenziell abnehmenden Freiheitsgradationen traten indes in ein ambivalentes Spannungsverhältnis. Denn derartige Prozesse waren und sind keineswegs als solche zu klassifizieren, in deren Verlauf die Menschen „*einfach immer weniger ‚frei' und immer mehr ‚gebunden' werden*", schafft das „*Spiel des Monopolmechanismus*" doch neue „*Abhängigkeit.*" Allerdings nicht nur die Abhängigen, sondern auch der idealerweise singuläre Monopolist wird gerade „*durch sein Monopol selbst auf immer mehr Andere angewiesen*" und je „*stärker*" seine Monopolstellung ist, desto mehr „*wird er von dem Geflecht seiner Abhängigen abhängig.*"[123] In diesem »Spiel des Monopolmechanismus« ist der König „*nicht nur der Unterdrücker des Adels, wie es Teile des höfischen Adels selbst empfinden; er ist auch nicht nur der Erhalter des Adels, wie es Teile des Bürgertums sehen; er ist beides. Und der Hof ist also ebenfalls beides: eine Zähmungs- und eine Erhaltungsanstalt des Adels.*" Gleichzeitig sieht sich der Adel am Hof mit „*dem Druck von aufsteigenden, bürgerlichen Schichten*" konfrontiert, deren „*wachsender, gesellschaftlicher Stärke*" er sich ebenso bewusst werden muss, wie den „*Interdependenz[en] von Adel und Bürgertum, [die] außerordentlich viel enger geworden [sind], als in den vorangehenden Phasen*"[124] und Epochen. Wo nun der französische Absolutismus begonnen hatte die Fragmentierung der Gesellschaft durch einen souveränen Monopolmechanismus und eine staatliche Ordnungsfunktion des *état* zentralisierend zu überwinden, dort schienen auch in höherem Maß sowohl

---

122 Zusätzlich zu den imperial-römischen Disziplinierungsleistungen sei in diesem Kontext auch an die aus dem Euphrat bewässerten Hängenden Gärten der Semiramis in Babylon erinnert.
123 Elias, N.: *Über den Prozeß der Zivilisation.* Bd. 2, S. 147
124 Ebda., S. 367 f.

Prozesse urbaner Stadtentwicklung im Sinne der Zentrumsbildung als auch die Natur selbst geordnet zu werden. Die mit der Naturordnung im Gleichklang verlaufende titanische Disziplinierung und *maitrise des eaux* im Schlossgarten von Versailles – und sei es primär um der Inszenierung von Herrscherprestige und Machtvisibilität willen – legen von ebendieser Korrelation bis heute Zeugnis ab.

Zur Disziplinierung der Moderne.
Von der Industrialisierung des Wassers zu den atmosphärischen Tiefendimensionen kulturanthropologischer Reflexion

> *„Die Wasser spiegelten ein schwarzes Land*
> *an jenem Abend, den ich regnen fand;*
> *so hab ich mich in deinem Aug erkannt...*
> *Die Wasser spiegelten ein schwarzes Land."*
>
> Rainer Maria Rilke[1]

Die schiere Anzahl neuzeitlicher und moderner Instanziierungsformen lässt, im Ausmaß ihrer interkulturellen Verflochtenheit, die inhärente Komplexität der Disziplinierung des Wassers parallel zum technologischen Fortschritt exponentiell ansteigen. In der Flut wasserhafter Themenfelder droht dieser Anstieg die methodische Stetigkeit des Disziplinierungsgedankens hinwegzuspülen, den Disziplinierungsrahmen zu übersteigen und somit die wissenschaftliche Aussagekraft *verwässernd* zu trüben. Es ist mithin von Bedeutung zu zeigen, dass und inwiefern die Disziplinierung des Wassers auch tatsächlich *ist, was sie tut*. Um an diesem Punkt der Untersuchung nicht Gefahr zu laufen, in der Breite des Ausufernden zu zerfließen, d. i. am Wesentlichen des Wassers vorbeizugehen, und in eine additive Anführung verwässerter Ordnungsschemata abzugleiten, scheint eine neuerliche Verortung der Abhandlung im selbstdisziplinierenden Rahmen vonnöten. Andernfalls droht die wesensimmanente *Nicht-Fassbarkeit* des Naturstoffs dazu zu verleiten, eine Aufzählung all jener Symptome zu bilden, die das Wasser in der Kulturgeschichte hinterließ. Im Folgenden gilt es, die kulturgeschichtliche Trägerrolle des Wassers im stadtkulturellen Kontext *sub specie disciplinae*, und darin das Wesen des Wassers im Sinne eines *kulturimperativischen Disziplinargebots*, zu ergründen. Folglich sind auch die bisher behandelten wasserbaulichen Errungenschaften als präzise ausgewählte Momente, paradigmatische Schlaglichter und kulturgeschichtliche Akzentuierungen zu begreifen, die im interkulturell-diachronen Vergleich die Genese und Entfaltung der Disziplinierung des Wassers in ihrer

---

1 Rilke, R. M.: Schlussverse des Gedichtes »*Die roten Rosen waren nie so rot*«, in: Killy, W.: *Die deutsche Literatur*. Bd. 7, S. 226

soziokulturell-anthropologischen Einbettung ein Stück weit in ihrem Werden begleiten. Mit Anbruch der Moderne sollte Stadtkultur indes als „konkrete Form des Lebens aller Stadtbewohner" aufgefasst werden. „*Die gegenwärtig am stärksten favorisierte Orientierung für dieses Leben liefert die bürgerliche Urbanität, neuerdings flankiert vom Wunsch nach einer neuen Bürgerlichkeit. Gebunden ist diese bürgerliche Urbanität an eine bestimmte, nämlich demokratische Organisation des Politischen, an die des Ökonomischen im Warenaustausch und an die Organisation des täglichen Lebens in den Polen von Privatheit und Öffentlichkeit.*"[2] Im Sinne einer urbanen Sozialräumlichkeit ist Stadtkultur schließlich nicht nur bauliche Substanz, sondern vor allem *Verdichtung* des Zusammenlebens und Kulturerlebens. Die Ausgestaltungsformen städtischer »Kulturraumverdichtung« verstehen nun, in einem *atmosphärischen Spiel* zwischen vermeintlich objektivem, wenngleich gesellschaftlich konstruiertem *Stadtbild* und tendenziell subjektiver *Stadtwahrnehmung* oszillierend, auch die je spezifische *Stadtidentität* zu prägen. Nachfolgend sei dieses atmosphärische Spiel sowohl hinsichtlich seiner Architektonik als auch seiner kulturellidentitätsstiftenden Selbstreflexion am Wasser untersucht. Im Anschluss an jene diachronen Vergleichsmomente stadtkultureller Manifestationen zwischen Regulierung, Nutzbarmachung und Industrialisierung des Wassers erfährt das Gegensatzpaar α (Wasser / Raum) im weiteren Verlauf des Kapitels nähere Erörterung. Wie sich Stadtkultur am Wasser entfaltet und zuletzt reflektiert, ist auch stets mit Diskussionen von *Gewordenheit* und *Konstruktion* verbunden, die kennzeichnenderweise im Wien des Fin de Siècle aufbranden sollten.[3] Einige ihrer kulturgeschichtlichen Auswirkungen mögen anhand der Wiener Stadtkultur – mit Schwerpunktsetzung auf Atmosphäre, Stadtbild und Stadtwahrnehmung, die letzthin synoptisch in eine kulturelle Stadtidentität am Wasser einfließen – exemplifiziert werden.

Während zunächst die Industrialisierung des Wassers anhand ausgewählter »Ströme der Industrialisierung« in ihren allgemein-kulturgeschichtlichen Zügen behandelt wird, erscheint es überaus bemerkenswert, dass sich Tendenzen der *Disziplinierung der Stadt* und der *Disziplin im Leben* der Stadtbewohner in baulichen Einrichtungen der Wasserdisziplinierung abbilden. „*The plumbing of the metropolis was thus a process of both physical reconstruction*

---

2 Müller, M.: *Kultur der Stadt. Essays für eine Politik der Architektur*, S. 16
3 Vgl. Meißl, G.: *Hierarchische oder heterarchische Stadt? Metropolen-Diskurs und Metropolen-Produktion im Wien des Fin de siècle*, S. 289 ff.

and social engineering" – begriffen in „*Foucauldian terms*" war sie damit „*part of a bio-political dynamic wherein social relations and codes of bodily conduct were increasingly subjected to indirect modes of social discipline.*"[4] Eine detaillierte Abhandlung moderner Ausprägungen und Charakteristika industrieller Wasserdisziplinierung im London oder Paris des 19. Jahrhunderts, der jeweiligen urbanen Wasserversorgungssysteme von Trink-, Brauch- und Abwasser sowie der damit verbundenen technischen, historisch-anthropologischen und soziopolitischen Implikationen, setzte sich dennoch erneut der Gefahr trivialer Aufzählung aus. Indem das Wasser, *undiszipliniert* belassen, weder Form noch Maß kennt und die der Disziplinierung des Wassers innewohnende Komplexität im Ausmaß ihrer gesamtgesellschaftlichen Verschränkung exponentiell zunimmt, müssen methodisch Wege des *zu-sich-kommenden Übergehens* von Wasser und Räumlichkeit beschritten werden.[5] Zwischen Modernisierungsbestreben und dem Bewahren teils überkommener historischer Stadtstrukturen öffnet sich ein weites Argumentationsfeld, in dem einer *verordnenden Disziplin* bzw. *Disziplinierung* als solcher eine hervorragende Rolle und erhebliche atmosphärische Relevanz zukommt. Sohin mag es auch als eine der bekanntesten erfahrungsweltlichen Einsichten gelten, dass die »Wahrnehmung von Stadt« – etwa von einem erhöhten Standpunkt aus, obgleich geradezu *erhaben* – nur vorläufig, nur ausschnitthaft sein kann; dass keineswegs festgelegt oder entschieden ist, ob eine zunächst bloß visuelle Stadtwahrnehmung auch *das Stadtbild per se* oder dieses auch nur in seinen *wesentlichen Zügen* enthält. Jedweder Orts- und demnach Perspektivwechsel[6] wäre zureichend, um das je individuell Wahrgenommene der Stadt gänzlich neu zu erfahren. Die Stadtwahrnehmung erscheint hierin als Aspekt von *Perspektivierung*.

Es sind dies Perspektivierungen, die gerade im Wien der Jahrhundertwende gegeneinander abgewogen wurden – in dieser Debatte zählte etwa Karl Mayreder zu „*den Repräsentanten eines gemäßigten Modernisierungsstandpunktes,*

---

4   Gandy, M.: *Water, Modernity and the Demise of the Bacteriological City*, S. 351 – in Anlehnung an Foucaults Studien zu Gouvernementalität und Biopolitik, vgl. hierzu v. a. Foucault, M.: *Die Geburt der Biopolitik*.
5   Wie angeführt, handelt es sich dabei um Analysen entlang der Bruchlinien von Verräumlichung, d. i. Fragen, inwiefern ein Zusichkommen von »Wasser und Raum« in ineinanderscheinender Symbiose *diffundierender Verräumlichung* möglich ist; oder ob es zu einem Verharren in der Gegensätzlichkeit einer *Differenzräumlichkeit* kommt, folglich das einander fremdgebliebene Gegensatzpaar α »hier: Wasser – dort: Raum (Land)«.
6   Vgl. Certeau, M.: *The practice of everyday life*, S. 92 ff.

die eine Balance zwischen konkurrierenden Stadtbildern zu finden trachteten." Geprägt durch die Wiener Regulierungsdebatte und angesichts der Entwicklungen in der *Inneren Stadt* konstatierte er, dass der *„historische Baucharakter einer Stadt ‚das monumentale Spiegelbild ihrer kulturellen Entwicklung'* [bilde] und [...] *nach Möglichkeit erhalten bleiben* [müsse]*, die Rücksichten darauf könnten aber beim ‚allmählichen Umbau einer Stadt, der, wenn sie sich lebendig weiterentwickelt, unvermeidlich ist, nicht die einzigen sein.'* [...] Am prononciertesten wurden die mit Modernität konnotierten Elemente der Stadtkonstruktion – Funktionalität, Regelhaftigkeit, Wiederholung, Offenheit, Vernetzung, Kommunikation, Verkehr, Marktverhältnisse" – allerdings von „Otto Wagner zu einem Konzept modernen Städtebaus verknüpft." In seiner Schrift »Die Großstadt« (1911) kompiliert, müsse Wagner zufolge die *„Kunst* [...] *dabei ‚allem Entstehenden die Weihe verleihen' und ‚das Stadtbild der jeweiligen Menschheit' anpassen.* [...] *Der Eindruck eines Stadtbildes sei von der ‚Mimik' der ‚Großstadtphysiognomie' abhängig"*[7], wobei das »bestehende Schöne« nach Möglichkeit erhalten bleiben solle. Es ist diese Mannigfaltigkeit an architektur- und kunsttheoretischen, städtebaulichen sowie visuell-betrachtenden Perspektivierungen, die sich als Eindrücke über Dynamiken der Stadtentwicklung legen. Auch zeigt sich, dass das Stadtbild mehr als die Summe individueller Wahrnehmungen und sinnlicher Perzeptionen ist; vielmehr sind damit auf individueller wie kollektiver Ebene auch Erinnerungsszenen einer je spezifischen Kulturraumverdichtung – Bilder, Gerüche, Momente in der Zeit von geradezu *retentionalem Charakter*[8] – verbunden. Zunächst könnten diese Stadtwahrnehmungen von einem ästhetischen Blickpunkt *„im Sinne von aisthesis"* verstanden werden: Gegenstand einer ebensolchen Ästhetik wäre *„das, was eine Gesellschaft zu einer bestimmten Zeit wahrzunehmen bereit ist und als Gegenstand anerkannter Wahrnehmung auch thematisiert";* und zwar mit einer *„beiläufigen oder aber auch einer konzentrierten Aufmerksamkeit."*[9] Ferner lassen sich stadtkulturelle Erinnerungsszenen in einer atmosphärischen Qualität *räumlicher Befindlichkeit*[10]

---

7 Meißl, G.: *Hierarchische oder heterarchische Stadt*, S. 296 ff. – die hier übernommene Zitation von K. Mayreder stammt aus dessen Schrift »*Wiener Stadtregulierungsfragen*«, in: Zeitschrift des Österreichischen Ingenieur- und Architektenvereins (1910); jene von Otto Wagner aus Wagner, O.: *Die Großstadt*, S. 2 ff.

8 Vgl. zum Begriff der »Retention« Husserl, E.: *Zur Phänomenologie des inneren Zeitbewusstseins*

9 Hauser, S.; Kamleithner, C.: *Ästhetik der Agglomeration*, S. 13 f. – weiterführend auch Achleitner, F.: *Die Silhouetten der Jugend*, S. 20 ff. sowie Wagner, O.: *Moderne Architektur*.

10 Vgl. Böhme, G.: *Architektur und Atmosphäre*

Abbildung 5: Stadtkulturelle Wechselbeziehungen

begreifen, nachfolgend am Gegensatzpaar α besprochen. Vorangestellt sei allerdings noch eine Bemerkung zum spezifischen Verständnis jener Wechselbeziehung von Stadtkultur, Stadtbild und Stadtwahrnehmung. Als in Stadtkultur eingebettet, stehen Sehtradition und Stadtwahrnehmung noch heute in weiten Teilen unter dem Eindruck einer alteuropäischen Stadt-Semantik sowie der kulturell damit verknüpften Leitdifferenz von »Zentrum / Peripherie«.[11]

Insbesondere im Fin de Siècle war der *Blick auf die Stadt* ein doppelter, weil von janusköpfiger Natur: Von einer stadtplanerischen Makroperspektive aus erschien *jener Blick* als Gestaltungsmoment disziplinierender Stadtentwicklung, d. i. eine mit stadtkulturellen Traditionslinien verwobene Intention, das Stadtbild in zumeist regulierend-zähmender Ordnung zu prägen.[12] In extensiver Auslegung wäre es sodann die Stadtkultur selbst, die das Stadtbild schematisch zu entwickeln intendierte und damit *Sehtradition* und *Stadtwahrnehmung* zu beeinflussen verstünde. Janusköpfig wirkt dieses atmosphärische Spiel der Disziplinierung allerdings deshalb, weil eine Gegenreaktion der Individuen nicht unterbleibt: d. h., es kommt zu »Multiperspektivierungen« urbaner Raum-Zeit-Praktiken.[13] Jene durch Sehtraditionen eingeübte Stadtwahrnehmung lässt auf kollektiver Ebene einen stadtkulturellen Horizont erwachsen. Die spezifische Form, die dieser Horizont *abbildet*, ist *Stadtgestalt*. In der zusammenfassenden Ineinssetzung derartiger Stadtwahrnehmungen, die nicht mehr nur Perzeption sind, beginnen die Subjekte das Stadtbild reflektierend mitzuprägen und einwirkend neu zu erfinden, obgleich eine tatsächliche Strukturänderung damit nicht notwendigerweise einhergeht. Im Maße dieser kollektiven Raum-Zeit-Praktiken wird auch eine genuin urbane Erinnerungskultur geschaffen, etwa Erinnerungsszenen an den *Mythos* »Alt-Wien« oder »Alt-Paris«. Schließlich

---

11 Vgl. Schroer, M.: *Stadt als Prozess*, S. 334 ff. sowie Sailer-Wlasits, P.: *Minimale Moral*, S. 50 ff.
12 Man denke in diesem Zusammenhang etwa an den sogenannten *Canaletto-Blick*, der, vom oberen Teil des Schlosses Belvedere aus, eine spezifische Sichtachse und Perspektive auf die Wiener Innenstadt bietet.
13 Vgl. weiterführend dazu auch Certeau, M.: *The practice of everyday life*, S. 91 ff.

kommt es in diesem Zuge zu einem Ins-Spiel-Bringen unterschiedlicher identitätsstiftender Vergangenheiten – und damit Stadtbilder –, die im Fortgang ihres In-sich-Reflektierens beginnen, die *Identität von Stadtkultur* auszumachen.

Die nachfolgenden Anführungen und beleuchteten Begebenheiten sollen am Gegensatzpaar α zur Ergründung ebenjener hochdifferenzierten und multidimensionalen Wechselbeziehung von urbanem Raum und Wasserdisziplinierung beitragen. In einem atmosphärischen Spiel zwischen Stadtbild und Stadtidentität oszillierend, kann der atmosphärische Blick dabei nicht nur unter dem Eindruck einer geradezu *verobjektivierten*, weil von der Stadtkultur in weiten Teilen selbst verordneten Sehtradition, sondern auch als Multiperspektivierung subjektiver Wahrnehmungsmomente, d. i. individueller oder kollektiver *Erinnerungsbilder von Stadt*, gelesen werden.

Ströme der Industrialisierung – Wasserdisziplinierung im 19. Jahrhundert

Eine heterogene Vielfalt wasserbaulicher Anlagen und hydrotechnischer Errungenschaften, bis hin zu Verteiler- und Leitungssystemen, wurde bis zu diesem Punkt der Analyse unter dem Blickwinkel ihrer technischen Nutzbarmachung und der Regulierung des Wassers für verschiedene Völker und Zeiten im diachron-interkulturellen Vergleich dargestellt. Auf der Ebene ihres realweltlichen Vollzugs blieb die Disziplinierung des Wassers seit der Antike und durch alle Wandlungen hindurch in ihren wesentlichen Grundzügen und Verlaufsstrukturen, von Talsperren über Dämme, Kanäle, Häfen, Wasserleitungssysteme, Reservoirs u.v.m., *qualitativ die gleiche*. Erst im Verlaufe des 19. Jahrhunderts, als die Variationsbreite der Ausprägungsformen im Ausmaß ihrer vielschichtigen Vernetzung exponentiell anzusteigen begann und mit dem technologischen Fortschritt sohin auch die Komplexität der Wasserdisziplinierung zunahm, schien die Disziplinierung des Wassers schließlich eine qualitativ neue Dimension in ihrer Verwirklichung zu erlangen. Mit dem kulturgeschichtlichen Anbranden jener Entwicklungsdynamiken, die gemeinhin unter der Epochenbezeichnung »Industrielle Revolution«[14] subsumiert werden, trat ebenjene qualitativ neue Komponente und Disziplinierungsdimension in den Diskurs, die nachfolgend als »Industrialisierung des Wassers« Bezeichnung finden möge.

---

14 Zum Epochenbegriff der »Industriellen Revolution« vgl. Hilger, D.: *Industrie als Epochenbegriff; Industrialismus und industrielle Revolution*, S. 293 ff.

Retrospektiv betrachtet scheint die Phase der Industriellen Revolution in etwa jene Epochengrenze darzustellen, während welcher dem *Urstoff Wasser* seine Trägerrolle weitgehend und letztgültig abhandengekommen war. Denn ungeachtet dessen, ob Wasser bis dahin als *heiliges Wasser* oder *Schreckenswasser* Deutung erfuhr, im Ausmaß des naturwissenschaftlich-technologischen Fortschritts einerseits und kapitalistischer Produktionsprozesse andererseits wurde das reiche Bedeutungsspektrum des feuchten Elements zunächst gleichsam technisch *ausgetrieben*, um es anschließend dem kulturgeschichtlichen *Vergessen* preiszugeben. Die mit der Frühaufklärung reflexiv-ansetzende und sich im Fortgang des 19. Jahrhunderts technisch-durchsetzende *Säkularisierung des Wassers*[15] war ein Durchleben von Wandel: Die kulturgeschichtliche Trägerrolle des Wassers durchlebte eine Metamorphose und erfuhr eine gleichsam sekundäre, eine zweite »Quasi-Entmythologisierung«. Die soziokulturelle Trägerrolle sollte sich selbst erst wieder im *Funktionswert ihrer eigenen Vernutzung* finden: nicht mehr die Nutzbarmachung, wie etwa die lebensspendende Frühflut des Stromwassers, sondern die Vernutzung des Wassers tritt von nun an in den Vordergrund. Damit einhergehend ist jedoch der Weg zur säkularen Profanisierung über den *Funktionswert disziplinierten Wassers* beschritten, welches nicht mehr primär nur der Versorgung diente, sondern der Vernutzung in einem industriellen Produktionsprozess.[16] Ausschließlich über

---

15 Vgl. Krolzik, U.: *Wasser als theologisches Thema der deutschen Frühaufklärung bei Johann Albert Fabricius*, S. 205 f.: Im Laufe der Neuzeit wurden Wasserkreisläufe und natürliche Wasserhaushalte immer weniger in theologische, sondern v. a. in hydrotechnisch-naturwissenschaftliche Erklärungsmuster eingebettet.

16 Die Industrialisierung des Wassers erscheint als Endprodukt umfangreicher Disziplinierungsleistungen: abgesehen von hydraulischen bzw. thermodynamischen Fragestellungen und deren technischen Nutzungsmöglichkeiten (Wasserkraft, Dampfmaschine), bildeten die disziplinierten Flüsse selbst Hauptrouten des neuzeitlichen Güterverkehrs und Warentransports. Zugleich sind diese als geradezu tote Industriekanäle von elementarer Wichtigkeit für gewaltige Fabrikkomplexe, wie etwa den *Ford River Rouge Complex* – jene am Fluss Rouge (Michigan) gelegene Automobilfabrik, errichtet in den 1920er Jahren von der Ford Motor Company. Darüber hinaus tritt das industriell-disziplinierte Wasser u. a. als Hilfs- und Betriebsstoff im Produktionsprozess selbst in Erscheinung: d. i. in Fabriken oder als industriell-maschineller Reinigungs- und Kühlwasserbedarf (Atomkraftwerke, große Computeranlagen). Im 19. Jahrhundert waren es indes Textilindustrien, Gerbereien, Färbereien und Druckereien, aber auch holz- und metallverarbeitende Gewerbe gewesen, die Wasserläufe als Abwasserkanäle benötigten. Sakl-Oberthaler, S.: *Wasser in Wien*, S. 58: „*Im 19. Jahrhundert wurde es üblich, für Gewerbebetriebe (wie Brauereien, Färbereien, Gerbereien) eigene Nutzwasserleitungen anzulegen. Ihr*

seinen *Nutzen- und Funktionswert* definiert, gerann das Wasser zur kulturellauxiliaren Funktion, zum reinen Produktionsfaktor in industriellen Wertschöpfungsprozessen; als Hilfs- und Betriebsstoff wurde es letztlich soweit auf die Summenformel des profanen H_2O reduziert, bis jedweder Symbolgehalt aus dem Naturelement entschwunden war. Gleichzeitig kommt einem derart *geklärten* Wasser, dem kein weiterer vernutzbarer Funktionswert mehr attestiert wird, eine kaum noch zu reflektierende kulturgeschichtliche Trägerrolle zu. Kurzum, dem Lebenselement war seine Trägerrolle als symbolisch-kulturelles Verarbeitungsdispositiv abhandengekommen. Im Resultat ebenjener Profanisierung und Disziplinierung sieht sich der moderne Mensch heute zwar allerorts mit *bereits-diszipliniertem* Wasser konfrontiert, scheint demselben jedoch kaum mehr eine eigenständige kulturelle Bedeutung beizumessen. Ausnahmen bilden im modernen Leben fast nur noch Katastrophen- und Krisenmomente am Gegensatzpaar β, die das Archaische aus dem Urstoff hervortreten lassen. Der Aspekt des »*sub specie disciplinae*« wird damit zum Gemeinplatz; und die spezifisch wasserdisziplinierenden Errungenschaften bestenfalls subglazial mitreflektiert, zumeist aber als *an-sich-bestehend* hingenommen, sodass die spezifische Qualität aquatischer Disziplinierung als sich vollziehender, zivilisatorischer Wurf in der Kulturgeschichte kontinuierlich verkannt und oftmals gar vergessen wird. Derartige Hervorbringungen der Industrialisierung des Wassers bilden nur eine Seite der selbstreflexiven Wahrnehmung von Wasser ab, denn im real- und lebensweltlichen Umgang mit dem Naturgut dominieren naturwissenschaftliche, ökonomische und technologische Gesichtspunkte. Bereits für das Altertum und auch im diachronen Durchgang der Kulturgeschichte ist, wie gezeigt, der direkte menschliche Eingriff in Landschaftsbilder und naturräumliche Strukturen, d. h. deren Regulierung, bezeugt. Auch Praktiken der Wassernutzung in Manufakturen, in der Metallurgie, bei Gebäudekonstruktionen, Minenarbeiten, der Produktion von Keramik oder bei der Herstellung von Nahrungsmitteln und Textilien[17] sind nachweisbar. Bestehen Nutzbarmachungs- und Regulierungsbestrebungen zwar auch in der Moderne weiter, nimmt die neuzeitlich-kapitalgetriebene Industrialisierung des Wassers gegenüber ihren historischen Pendants allerdings Tendenzen und Züge der

---

Wasser bezogen sie [etwa in Wien] *meist aus der Donau oder aus nahe gelegenen Bächen.*" Für weiterführende Studien vgl. u. a. Paavol, J.: *Water Quality as Property. Industrial Water Pollution and Riparian Law in Nineteenth-Century USA*; Manore, J.: *Rivers as Text* oder Worster, D.: *Water in the Age of Imperialism – and Beyond.*
17 Wilson, A.: *Industrial uses of water*, S. 127 ff.

oben beschriebenen effizienzgesteuerten, an Nutzenkalkül und Funktionswert orientierten, säkularisierenden Profanisierung des Naturelements an. Dieses kulturgeschichtliche *Einschreiben* eines transformierten Industriepostulats lässt die Disziplinierung des Wassers als inhärente Notwendigkeit der kapitalistischen Produktionslogik selbst in geänderten Bahnläufen neu erwachsen.

Ein klassisches Beispiel, bei dem das ökonomische Diktat utilitaristischer und rational-nutzenorientierter Praktiken das natürliche Spannungsspiel von Räumlichkeit, Atmosphäre und »Wasser als Lebensraum« (Gegensatzpaar α) zunächst okkupierte, um es letzthin vollends zu unterwerfen, konnte zu Zeiten des preußischen Staats am Rhein beobachtet werden. „*Engineers built extraordinary ,simplifications' into the riverscape*" und entzogen dem nassen Element auf industrielle Weise den Lebensraum. Der Symbolgehalt ging der Wasserfläche genau an jenem Punkt verloren, als der ehedem freiströmende Fluß begann, sich in einen geradezu toten Industriekanal zu wandeln: „*As they turned free-flowing rivers into artificial canals, they removed from the river most of the features that provided eco-niches for the native flora and fauna* [...]. *Engineers, in other words, tuned Rhineland and Westphalia's rivers into mechanical and artificial entities – into shipping canals and industrial faucets – into the very opposite of the living streams they once were.*"[18] Derartige Flussregulierungsarbeiten sind für das 19. Jahrhundert durchaus typisch und stehen paradigmatisch für die Industrialisierung des Wassers; industrielle Regulierungen, die kaum Raum für *nachhaltige Natürlichkeit* beließen und die Flussläufe nahezu ausschließlich aus ökonomischen Zwecken – Handel, Verkehr, Wasser für Fabriken – in künstliche Kanäle vollumfassender Vernutzung transformierten.

Doch nicht nur im Umland, sondern gerade in den Zentren europäischer Stadtkultur, etwa im Herzen von Berlin, London und Paris, traten vielfältige Industrialisierungswerke in Erscheinung. Teils waren diese eng mit neuen technologischen Entwicklungen im Bereich von Hydrologie, Hydraulik und Ingenieurswesen verbunden, während aufgrund ihrer Einbettung in urbane Lebensräume auch Faktoren wie Hygiene, Wasserinfrastruktur und Wasserwirtschaft hinzukamen. „*If we trace the flow of water through the modern city*

---

18 Cioc, M.: *Seeing Like the Prussian State*, S. 242 ff.: „*The Prussian Navigation Project (1851 to 1900) – the main rectification plan for the Lower Rhine formed the backdrop of all subsequent engineering work.*" Aus ökonomischer Perspektive stechen v. a. drei Gesichtspunkte hervor, denn die wasserbauliche Flussregulierung „*facilitated the transport of locally mined coal* [...], *created a quick and easy route for the importation of Swedish iron ore* [...] *and* [...] *provided a cheap mode of distributing finished products upstream to Basel and downstream to Rotterdam.*"

we can uncover a clear periodicity in modes of urban governance. The development of modern water infrastructures involves a series of connectivities between the body and the city, between social and bio-physical systems, between the evolution of water networks and capital flows, and between the visible and invisible dimensions of urban space." Soziostrukturell ließe sich damit feststellen, dass Kapital- und Güterflüsse sowie Elektrizitäts-, Handels-, Kommunikations- und Transportnetze ihr diszipliniert-regelgeleitetes *Strömen und Fließen* in gegebenen, modern-industrialisierten urbanen Kontexten nicht zuletzt *vom Wasser gelernt* hatten und überdies dessen Disziplinierung im Rahmen eigensystemischer Logizität reproduzierten.[19] Auf normativ-symbolischer Ebene dagegen gilt, dass in „*the modern city [...] earlier symbolic aspects of water were gradually superseded by new fields of meaning extending from moralistic pre-occupations with hygiene to new definitions of urban citizenship and architectural expressions of the public realm.*"[20] Die gesellschaftshistorischen Imprägnationen dieser raumstrukturell-architektonischen Neudefinition von Wasserflächen in Stadtkultur – und, damit verbunden, von Semantiken öffentlicher und privater Räume am Wasser – werden nachfolgend am Beispiel Wiens beleuchtet; dabei gibt die Variationsbreite industrieller Disziplinierungsleistungen Hinweise auf divergierende städtebauliche und infrastrukturelle Bau- und Bewältigungsstrategien und die mit unterschiedlichen Stadtkulturen verbundenen sozioökonomischen Organisationsmuster. Die sich ab Mitte des 19. Jahrhunderts verdichtende Co-Evolution institutionell-ökonomischer, technischer und sozialer Systeme vollzog sich kulturgeschichtlich nicht zuletzt *entlang* der Wasserdisziplinierung – d. i. im Spannungsfeld aus baulicher Wasserinfrastruktur, Gesundheitsbewusstsein und urbanem Wasserumgang, später auch Wasser-Governance –, sodass eine Charakterisierung von Stadtkultur als »bacteriological city« durchaus zutreffend erscheint.[21]

---

19 Vgl. dazu auch Heidenreich, E.: *Natur und Kultur heute: verwickelt in technische Fließräume*, S. 57 ff.
20 Gandy, M.: *Water, Modernity and the Demise of the Bacteriological City*, S. 347
21 Vgl. Ebda., S. 348 ff.

Ströme der Industrialisierung 159

Abbildung 6: Claude Monet – Waterloo Bridge, Sunlight Effect / Effet de Soleil (1903)[22]

Die durch die Industrialisierung hervorgerufene qualitative Veränderung und Metamorphose der kulturgeschichtlichen Trägerrolle des Wassers war

---

22 Aus den zahlreichen Gemälden Monets, die das Wasser thematisieren, u. a. »Seerosen« (1897–1899) oder »Impression, Sonnenaufgang« (1872) – welches auch namensgebend für die Stilrichtung des Impressionismus wurde – ist hier bewusst aus Monets Licht und Atmosphäre an der Waterloo Bridge (Themse) thematisierenden Serie (mit über 40 Bildern) das Gemälde »Waterloo Bridge, Sunlight Effect (Effet de Soleil)« aus 1903 ausgewählt worden. In einem atmosphärischen Spiel, in dem Wasser und der smogdurchflutete Himmel geradezu ineinanderfließen, legt sich ein farbenreicher, nebeliger Dunstschleier über die Londoner Stadtlandschaft. Neben den Umrissen von Fabriken, Schornsteinen und der Waterloo Bridge wird von Monet auch die unstete Bewegung *im Fluss* und das Wasser in all seinen *Strömungen der Veränderung* erfasst. Vgl. auch Brodskaïa, N.: *Claude Monet*, S. 130: „*Whilst working on it Monet became convinced that direct observation was insufficient for recreating the subtle colouristic harmonies produced by fog, which transformed everything into barely discernible, ephemeral silhouettes. [...] He was less interested in the architectural beauties of the place than in the infinite variations of atmospheric effects caused by rays of sunshine penetrating the fog.*"

demnach mehr als eine graduelle Potenzierung der Nutzbarmachungs- und Vernutzungsmöglichkeiten des Naturstoffs. Das neu-eingeschriebene, transformierte Industriepostulat stellte die Disziplinierung des Wassers selbst als Produktionsfaktor zur Verfügung und dies ermöglichte im technischen Produktionsbereich auch den Faktoreinsatz von Wasser als Betriebsstoff, als Abwasser für Fabriksabfälle und später als Kühlmittel in Kraftwerken. Dieses in und aus Fabriken strömende Brauch- und Abwasser hatte qua Produktionslogik nicht nur sein symbolisches Bedeutungsspektrum verloren, auch sein *wesenhaftes Strömen* wurde durch die industrielle Vereinnahmung *verbraucht* und im Prozess ebenjenes Verbrauchtwerdens in *Kapitalströme* transformiert.

Unter dem ökonomischen Eindruck von *„Industrieabfällen und -emissionen wurde […] das verschmutze Wasser […] im 19. Jahrhundert"* sukzessive auch mit *„Seuchenangst"* in Verbindung gebracht, so *„sehr daß andere Umweltprobleme daneben zunächst zurücktraten. [Die] Hygienisierung der Städte wurde für geraume Zeit gleichbedeutend mit Kanalisation, mit Wegschaffung der Abwässer und Herbeiführung von kontrolliert sauberem Trinkwasser."*[23] Dass derartige Wasserinfrastrukturen selbst im Stadtbild verborgen, also zumeist in den Untergrund verräumt wurden, erscheint heute als geradezu charakteristisches Sinnbild jener regulierenden Hygienisierung der modernen Großstadt, die in disziplinierten Modi der *Verbergung* und *Veröffentlichung* von Räumen verfährt.[24] Stadtkultur als »bacteriological city« im Industriezeitalter unter dem

---

23 Radkau, J.: *Natur und Macht*, S. 276. Wie angeführt, erreichten zahlreiche europäische Städte erst im Verlauf des 19. Jahrhunderts wieder die zivilisatorische Höhe und technische Versiertheit des römischen Disziplinierungsvermögens; Smith, N.: *Mensch und Wasser*, S. 151 ff., spricht in diesem Kontext von einer – wenngleich relativen und nicht absoluten – *Vernachlässigung* über fast fünfzehn Jahrhunderte. Die Trinkwasserversorgung von Städten wie London oder Paris, die Reinigung oder zumindest intendierte Reinhaltung ihrer Flüsse sowie zahlreiche innerstädtische Disziplinierungsanlagen (Wasserspeicher, Pumpsysteme, private Leitungsanschlüsse, Abwassersysteme und Kanalisationen) waren untrennbar mit einem neu aufkommenden Hygienebewusstsein von Reinheit, Geruch und Gesundheit sowie den entsprechenden sanitären Einrichtungen verbunden – vgl. dazu auch Illich, I.: *H2O und die Wasser des Vergessens*, S. 83 ff.
24 Vgl. Ipsen, D.: *Wasserkultur. Beiträge zu einer nachhaltigen Stadtentwicklung*, S. 17 ff.; D. Ipsen spricht in diesem und ähnlichen Kontexten von der »unsichtbaren Stadt«, während bei Heidenreich, E.: *Natur und Kultur heute*, S. 113 ff. von der »Entdeckung eines verdeckten Raums«, eines gleichsam verborgenen »Habitats«, die Rede ist, d. h. unterirdische Wasserinfrastrukturen, die primär nur an ihren Ausgängen wahrnehmbar seien.

Eindruck der Industrialisierung des Wassers zu lesen, ist selbst bereits Produkt eines mehrdimensionalen, soziostrukturellen Evolutionsprozesses, den zahlreiche europäische und US-amerikanische Städte im 19. Jahrhundert durchlaufen hatten: „*advances in the science of epidemiology and later microbiology which gradually dispelled miasmic conceptions of disease; the emergence of new forms of technical and managerial expertise in urban governance; the innovative use of financial instruments such as municipal bonds to enable completion of ambitious engineering projects;* [...] *and the political marginalization of agrarian and landed elites so that an industrial bourgeoisie, public health advocates and other voices could exert a greater influence on urban affairs.*"[25] Erneut erscheint die Unterstellung direkter Kausalität als unsachgemäße Simplifikation; und erneut sind es nicht die Disziplinierungsleistungen alleine, welche Stadtkulturen erblühen ließen, obgleich sie notwendiger Bestandteil für deren Entfaltung waren. Sehr wohl hatte die hydrotechnische Disziplinierung in der Überbrückung von Distanz (Wasserzuleitungssysteme) und Zeit (Wasserspeicheranlagen) jedoch Lösungen für die teils katastrophalen sanitären Zustände in den Städten jener Epoche anzubieten. In dieser industriell-geprägten Lesart war sie dahingehend eine „*coordination between political and economic interests.* [...] *The introduction of the first centralized water supply systems in, for example, Paris in 1802, London in 1808 and Berlin in 1856 marked a decisive shift away from the historic reliance on wells, water vendors and other sources but introduced new tensions over how the costs and benefits of these new infrastructures would be borne.*"[26] Waren diese innergesellschaftlichen Debatten um den Bau neuer Infrastrukturen vordergründig ökonomischer und politischer Natur, kamen sie, näher betrachtet, eigentlich dem Kampf zwischen »Alt-Paris« und »Neu-Paris«[27], zwischen »Alt-Wien« und »Neu-Wien« gleich – einem Kampf zwischen Modernisierungsbestreben und dem Bisher-Gekannten einer bestimmten, identitätsstiftenden Stadtkultur in ihren Eindrücken, Wahrnehmungsrelationen und ihrem atmosphärischen Spiel am Wasser.

Bauliche Stadtentwicklungsfragen wurden kulturgeschichtlich zumeist dann zu atmosphärischen Stadtbildfragen, wenn es um die Neugestaltung der je gegenwärtigen Stadt *im Wesentlichen* und damit der Stadtidentität ging. Überdies kam der Industrialisierung des Wassers eine weitere bedeutsame

---

25 Gandy, M.: *Rethinking urban metabolism*, S. 365
26 Gandy, M.: *Water, Modernity and the Demise of the Bacteriological City*, S. 349 f.
27 Vgl. Jordan, D.: *Die Neuerschaffung von Paris* sowie Schüle, K.: *Paris. Die kulturelle Konstruktion der französischen Metropole*

gesellschaftspolitische Funktion zu. Wurde in den vorangehenden Kapiteln eine potenzielle Korrelation zwischen soziopolitisch feinziselierteren Kontroll- und Ordnungsmechanismen, nicht zuletzt auch in Herabsetzung innergesellschaftlicher Freiheitsgrade sowie höhergradigen Niveaus der Wasserdisziplinierung untersucht, dürfte der technologische Fortschritt in Richtung industrieller Disziplinierung auch dazu geführt haben, dass pro Einheit zu disziplinierenden Wassers weniger Menschen benötigt wurden, d. i. eine Faktorsubstitution von menschlicher Arbeitskraft durch Maschineneinsatz.[28] Es sind letztlich derartige industrielle Skalierungs- und Verdichtungstendenzen, die Anzahl und Größe der Schwerwasserbauten sowie die Menge des in und aus Fabriken strömenden Brauch- und Abwassers, durch die der Industrialisierung des Wassers eine spezifische und kulturgeschichtlich eigene Qualität zukommt.

Die schöne Aussicht – Atmosphären zwischen Wien und Adria im Fin de Siècle

Die Disziplinierung des Wassers entfaltet sich, Differenzräume am Gegensatzpaar α erfüllend, entlang der Bruchlinien von Gegensatz oder Symbiose *(nicht) diffundierender Verräumlichung*. Doch sind es nicht nur einzelne Städte wie etwa Venedig, die am Wasser florierten und gar als »aquatische Stadträume«, diesen in-Gestalt-gesetzten Wasserräumen gleich, zu sich kamen; vielmehr ist es die Geschichte von Stadtkultur per se, die sich wesentlich entlang der Disziplinierung des Wassers vollzogen hat. Im Zuge dieser Entwicklung vermochten spezifische Stadtkulturen teils weit über die umgebungs- und verwaltungsräumlichen Grenzen ihrer Kernstadt hinaus ins suburbane Einzugsgebiet auszustrahlen. Eine Ausstrahlung und Atmosphäre, die sich stets dort zu entfalten schien, wo in Selbst-, wie auch in Fremdwahrnehmung stadtkulturelle Identitäten in ihr Umland diffundierten und dieses geradezu zu einem Vorort des innerurbanen Erlebnisraumes machten. Derartige Prozesse der Kulturraumverdichtung scheinen im Gegenzug dem urbanen Umland – und vor allem in *dessen* Selbstreflexion – seit jeher ein Gefühl der Zugehörigkeit vermitteln zu können; kultur- und sozialgeschichtliche Tendenzen

---

28 Sofern nachweisbar, wäre eine mögliche Abschwächung der Korrelation aus Kontrollmaßnahmen und höhergradigen Disziplinierungsleistungen durch technologischen Fortschritt sowie die damit einhergehende soziopolitische Relevanz für innergesellschaftliche Freiheitsgrade wohl mit Prozessen der Substitution des Produktionsfaktors menschlich-manueller Arbeitskraft durch neue Maschinen und Technologien, etwa wasserdampfbetriebene Maschinen oder hydraulische Pumpen, verbunden.

atmosphärischen Ausstrahlens, die allerdings nicht bei den römischen Aquädukten in ihrer landschafts- und umgebungsprägenden Bedeutung endeten. Die bisher beleuchteten hydrotechnischen Disziplinierungsleistungen fanden sich in ihrer Wasserleitungs- und Wasserspeicherfunktion auch in den modernen Großstädten des 19. Jahrhunderts auf mannigfaltige Art und Weise in verschiedenartigen Erscheinungsformen wieder. Dieselben hier in extenso behandeln zu wollen, würde jedoch an Ziel und Zweck, mithin am *gemeinsamen Grund* der Wasserdisziplinierung vorbeigehen. Aufgrund dessen seien die wasserbaulichen Disziplinierungsleistungen der modernen Großstädte in den Bereichen der Regulierung, Nutzbarmachung und Industrialisierung des Wassers im weiteren Gang der Abhandlung *mitgenommen* und fortlaufend mitreflektiert.

Der Umstand, dass sich Stadtkultur am und im Wasser entfaltet und reflektiert, wurde bereits anhand der *verräumlichten Disziplinierung* venezianischer Lagunenwasser in ersten Ansätzen veranschaulicht. Vertiefend dazu soll am Beispiel der Atmosphären zwischen Wien und Adria im Fin de Siècle – präziser in Triest, anhand des Hafens von Triest sowie der Lage der Stadt am Meer (»au bord de la mer«) – auch das *Wie* ebendieser Entfaltung erörtert werden. Der Triestiner Hafen, *Porto di Trieste*, wird in diesem Zusammenhang exemplarisch herausgegriffen, da er als Haupthandelshafen der Österreichisch-Ungarischen Monarchie am Mittelmeer sowohl zeitlich, als auch in seinem Wien-Bezug thematisch überaus geeignet erscheint. Mit dem Bau des Sueskanals (Eröffnung 1869) avancierte der *Porto di Trieste* zum *maritimen Tor* nach Mitteleuropa, einhergehend mit dem soziopolitischen Bedeutungszuwachs der Stadt.[29] Zu Zeiten der Österreichisch-Ungarischen Monarchie war die Stadt Triest jedoch nicht nur Stützpunkt der k. u. k. Kriegsmarine und wichtigster Mittelmeerhandelshafen des Habsburgerreiches. Durch die direkte Verbindungsstrecke der Südbahn, zwischen Wien und Triest ab Mitte des 19. Jahrhunderts, wurden die Adria und mit ihr die Triestiner *Wasserspiegelungen* entlang ebendieser kulturellen Lebensader tief ins kollektive Selbstbewusstsein der Monarchie und letztlich auch in das der Wiener Stadtkultur hineingetragen. Nicht nur erschloss die Bahnstrecke die Gebiete entlang ihres Verlaufes für Handel und Reisende – man denke etwa an die Teilstrecke der Semmeringbahn –, der Faktor *Geschwindigkeit* bewirkte auch eine Form *beschleunigter Entgrenzung*, d. i. ein Nahewerden bisher entfernter Raum-Zeit-Konstellationen. „*Infolge*

---

29 Vgl. Dienes, G.: *Die Südbahn* sowie Cattaruzza, M.: *L'Italia e il confine orientale 1866–2006*

der Erfindung der Dampfmaschine und ihrer mechanischen Kombination mit Rädern und Schiffsschrauben wurde das 19. Jahrhundert zur Epoche der Geschwindigkeitsrevolution"[30], hervorgerufen durch Beschleunigung und mit dem kulturgeschichtlichen Effekt von »Entgrenzung«. Durch dieses Naherwerden der Adria erwachten auch in Wien kollektive Assoziationen vom *Leben am Wasser* sowie von *Süden und Meer*. Während sich in Triest allerdings Hafen und Küstenpromenade zum Meer hin öffnen, die flachen Küstenwasser von den Bewohnern frequentiert sowie See- und Strandbäder errichtet wurden, entfaltete sich die Wiener Wasserdisziplinierung während der zweiten Hälfte des 19. Jahrhunderts in einem Wechselspiel aus architektonisch-wasserbaulicher Regulierung und inszenierter Zurschaustellung von Disziplinierungsqualitäten, oftmals eingebettet in Kunst- und Kulturlandschaften. Im Kern erwächst daraus die Fragestellung, wie sich eine Stadt *zum Wasser verhält*. Denn trotz divergierender topografischer Gegebenheiten und Disziplinierungsstrategien tritt zur rein baulich-infrastrukturellen und städteplanerischen Erschließung auch ein selbstreflexives Moment des Sich-Erschließens von Stadtidentitäten *am* und *als* Wasser. Folglich steht das Aufzeigen von Bruchlinien der Verräumlichung und damit die Frage im Zentrum, ob die disziplinierten Hafen- und Meereswasser als Teil einer Stadtidentität aufgefasst werden können, oder ob derartige Stadtlandschaften schlicht als *am Wasser gelegene* Bauten angesehen werden sollten. Sofern die Stadtwahrnehmung, letzthin in einen synoptischen Blick genommen, auch Stadtidentitäten am Wasser in ihrem je kulturellen Selbstbild zu prägen weiß, gilt es zu untersuchen, anhand welcher Kriterien und unter welchen Umständen die »schöne Aussicht« *au bord de la mer* sowie die sich in die *Weite des Meeres* hin öffnenden Hafenwasser noch zur Stadtkultur gezählt werden dürfen.

Zunächst muss berücksichtigt werden, dass jedwede Wahrnehmung der Hermeneutik unterliegt – und diese ändert sich kulturgeschichtlich. Denn der »Hinblick auf« ist nicht nur durch sein *Woraufhin* bestimmt, sondern stammt *hinblickend* auch selbst von einem Ausgangspunkt; ebendiese kulturellen Ausgangspunkte sind es, die sich im Zeitverlauf und nicht zuletzt ob der Multiperspektivierungen urbaner Raum-Zeit-Praktiken verändern. Der Triestiner Hafen, als aquatischer Stadtraum begriffen, impliziert gleichsam ein dialektisches Zu-sich-Kommen von Wasser und Raum: einen symbiotischen Prozess von ineinander-diffundierender Verräumlichung, der einem stadtkulturellen In-Gestalt-Setzen des feuchten Elements gleichkommt; die spezifische Form

---

30 Osterhammel, J.: *Die Verwandlung der Welt*, S. 126

von Teilen dieser Stadtgestalt wird als *disziplinierte Wasserfläche* und sohin als »in Ordnung« begriffen. Verharren Wasser und Raum hingegen in völliger Gegensätzlichkeit, so zeichnen sich scharfe Abbruchkanten *urbaner Räumlichkeit* ab; inklusive rückwirkender Implikationen auf die kollektiv-reflexive Selbstidentifikation einer Stadtkultur am Wasser. Denn den Raum mit festländischer oder städtischer *Raumidentität* gleichzusetzen, d. i. ein Kulturraum *an* und *als* Land, lässt denselben, soziokulturell betrachtet, gleichsam an den Küstenlinien der je eigenen Verlandung enden – die Grenzen der Stadtkultur als Grenzen der festländisch-verlandeten Stadt.

Abbildung 7: Caspar David Friedrich – Der Mönch am Meer (1808–1810)[31]

---

31 An dieser Stelle wurde C. D. Friedrichs Gemälde »Der Mönch am Meer« ausgewählt und nicht etwa die, ebenfalls dem Meer zugewandten Gemälde »Kreidefelsen auf Rügen« (1821/22) oder »Mondaufgang am Meer« (1822). Die in kühler Fremdheit verbliebene Gegensätzlichkeit von »hier: Wasser – dort: Raum (Land)« (α) tritt im *entleerten* Bildraum dieses Gemäldes nicht nur am unmittelbarsten entgegen, sondern das *Abbild* des Wassers als *Nicht-Ort* dürfte auch von Friedrich selbst als *Sinnbild* seiner Gedankenwelt gewählt worden sein, wie ein Brief aus 1809/10 bezeugt; vgl. Friedrich, C.: *Die Briefe*, S. 64 ff., spricht er doch von der »Nicht-Ergründbarkeit des unerforschlichen Jenseits«. „*Höchst aufschlußreich für Friedrichs Kunstauffassung ist zunächst die Teilung in Abbild (,Beschreibung') und Sinnbild (,Gedanken') […]*.

In ebenjener Kontrastierung von »hier: Wasser – dort: Raum (Land)« verharrt das Naturelement als *das Andere*, als Antipol zum Raum, in fremdgebliebener Gegensätzlichkeit, sodass auch das existenziell-menschliche Ausgeliefertsein gegenüber der Natur, gegenüber ihren Kräften und ihrer Gewalt hervortritt; die schöne Aussicht entpuppt sich dann als Ausgesetztheit *au bord de la mer*. Kulturgeschichtlich scheint die unerschöpfliche Weite des Meeres als *Nicht-Ort* über lange Zeiträume hinweg tendenziell in einer ans Feindselige grenzenden Bedrohlichkeit empfunden worden zu sein. Denn von der „*Antike bis ins 18./ 19. Jahrhundert hinein gilt das Meer [...] fast nur als furchterregend und lebensbedrohend. Erst die Empfindsamkeit und die Romantik entdecken eine neue Perspektive: Im Sonnenlicht scheint die See ein Spiegel der menschlichen Seele, eine unendlich weite und breite Straße hinaus in eine unabsehbare Ferne.*"[32] Ebendiese Ferne war es gewesen, die in der Neuzeit *erfahren* wurde. Ozeane wurden *überfahren*, Herrschafts- und Wirtschaftsräume *erfuhren* Entgrenzung; Prozesse, die kultur-, literatur- und wissenschaftsgeschichtlich ihre Verarbeitung fanden (Ozeanismus). Ausführungen solcher *Erfahrungen* finden sich sowohl bei Freuds »ozeanischem Gefühl«[33], als auch bei Kants »Begriff des Erhabenen der Natur«[34], wenngleich unter wissenschaftlich völlig anderen Gesichtspunkten.

Insbesondere Kant weist in seiner »Analytik des Erhabenen« darauf hin, dass der „*weite, durch Stürme empörte Ozean nicht erhaben genannt werden kann. Sein Anblick ist gräßlich; und man muß das Gemüt schon mit mancherlei Ideen angefüllt haben, wenn es durch eine solche Anschauung zu einem Gefühl gestimmt werden soll, welches selbst erhaben ist, indem das Gemüt die Sinnlichkeit verlassen und sich mit Ideen, die höhere Zweckmäßigkeit enthalten, zu beschäftigen angereizt wird.*" Das an der Natur Erhabene liegt folglich auch weniger in den Naturobjekten per se, ist ergo *abgetrennt* von der, nach objektiven Prinzipien geformten »Zweckmäßigkeit der Natur« – denn in „*ihrem Chaos*

Am Strande geht tiefsinnig ein Mann, im schwarzen Gewande" – schreibt Friedrich in ebenjenem Brief – und niemand, so der „*Dresdner Kunstschriftsteller Semler, ‚wird wohl zweifeln, daß das Unermeßliche, das sich da vor seinen Augen in die weite düstere Ferne ausbreitet, der Gegenstand seines Nachdenkens ist; man fühlt sich angezogen, mit ihm zu sinnen.' Der Maler jedoch, und das ist ein völlig neuer Aspekt, sieht gerade das Nachsinnen des Mannes ‚über das unerforschliche Jenseits' kritisch als vergeblichen Versuch der Grenzüberschreitung.*"

32 Hönig, C.: *Die Lebensfahrt auf dem Meer der Welt*, S. 17
33 Freud, S.: *Das Unbehagen in der Kultur*, S. 6 ff.
34 Kant, I.: *Kritik der Urteilskraft* (*KdU*), B 75, 76 ff.

oder in ihrer wildesten regellosesten Unordnung und Verwüstung, wenn sich nur Größe und Macht blicken läßt"[35], ebendort würde der „*Begriff des Erhabenen der Natur am meisten erregt.*" Da Kant mit der Einteilung eines *mathematisch* und eines *dynamisch Erhabenen* fortfährt[36], ist für den weiteren Gang der Untersuchung in Richtung Moderne zweierlei festzuhalten. Kulturgeschichtlich war es qua Empfindsamkeit und Romantik zu einem *Re-Arrangieren* des »ozeanischen Verarbeitungsdispositivs« in Ansehung der Meeresweiten gekommen. Gleichzeitig jedoch scheinen die sinnlichen Gemütsbewegungen in Erregung der »Idee des Erhabenen« in *gewisser* Weise auch einen philosophisch-ästhetischen Brückenschlag zu ebenjenem kulturgeschichtlichen Re-Arrangieren des Verarbeitungsdispositivs »Meer« anzubieten.[37] *Aussicht* verhieß von nun an Ferne, das Geheimnisvolle *hinter dem Horizont*. In der Neuzeit löste schließlich das technische *Beherrschen des Wassers* im kollektiven Bewusstsein das bisherige *Getrieben-Sein vom Wasser* sukzessive ab. Im Maße dieser empfundenen Naturkontrolle wurde das Meer als *Freiheit verheißende Ferne* kulturell re-arrangiert: Das »Reflektieren des Dahinter« (Horizont, Südsee und Tropen, Utopien[38]), obgleich von kulturell-hegemonialen Stereotypen, Imaginationen und Wunschbildern durchsetzt, schien sich als intellektuelles Testlabor neuer Freiheitsformationen anzubieten, die von den *Zwängen der Stadt* entlasten würden. Die Aussicht *au bord de la mer* und die Vorstellung einer Überfahrt über jene entgrenzt-undisziplinierbaren Ozeanwasser entspannten vom zivilisatorischen »Druck der Großstadt«, d. i. vom Druck des Kollektivs und der Agglomeration an- und vermassender Ballungsräume.

---

35 Ebda., B 77 f.

36 Vgl. Ebda., B 102, 103 ff. sowie die Ausführungen im Exkurs zur *Überdisziplinierung des Wassers*

37 Der Gegenpol dieser neuzeitlichen Verarbeitungspraxen stellt sich in den *ersten Erzählungen* dar, z. B. das Sintflut-Motiv im Atraḥasis-Mythos oder Gilgamesch-Epos. In den frühesten reflektierten Mythen, in denen die kulturgeschichtliche Abbruchkante der Flut als tatsächlicher soziohistorischer *Umbruch* – d. i. Neuordnung der Verhältnisse, chronologische Abgrenzung der *Jetztzeit* vom vorsintflutlichen *Goldenen Zeitalter* – gelesen wurde, waren auch die Naturgewalten teils noch nicht von den Göttern geschieden. Ihr Wüten war göttliches Walten, Urteilsspruch und von göttlichen Absichten, etwa Zorn oder Strafe, getragen. Darauf verweist auch Kant (*KdU*, B 107), wenn er konstatiert, das ein im Unwetter als Zorn vorgestellter Gott kein »Gefühl der Erhabenheit«, sondern nur Unterwerfung und ein »Gefühl der gänzlichen Ohnmacht« aufkommen lässt.

38 Beispielsweise »*Utopia*« von Thomas Morus (1516) oder »*Nova Atlantis*« von Francis Bacon (1627).

Dass sich ein derartiges atmosphärisches Spiel, selbst wenn es sich räumlich entrückt nur am Horizont städtischer Umgebungslandschaften abzeichnete, von Reisenden und Bewohnern gleichermaßen als wohlwollend empfunden wurde, ist in dieser Hinsicht mehr als bedeutungsvoll. So schreibt etwa Charles Baudelaire in seinem Gedicht »Le Port«, dass für die von den Kämpfen des Lebens erschöpfte Seele (*âme fatiguée*) ein Hafen ein *séjour charmant* sei: „*L'ampleur du ciel, l'architecture mobile des nuages, les colorations changeantes de la mer, le scintillement des phares, sont un prisme merveilleusement propre à amuser les yeux sans jamais les lasser.*"[39] Das Ineinanderwirken zusich-gekommener Gegensätzlichkeit von Wasser und Raum geht symbiotisch vollends im je anderen auf, sobald Hafen- und Wasserflächen eine gebührende Verräumlichung erfahren. Besteht diese zunächst auch nur auf der Ebene kultureller Reflexionsbestimmungen, so gilt doch: Wo dem Wasserraum als Stadtraum ein, über stadtentwicklungstechnische Belange und die architektonische Bausubstanz hinausgehender, atmosphärischer Wert beigemessen wird, kommt die zivilisatorische Leistung der Disziplinierung des Wassers in ihrem gesamthaften Fassungsvermögen zu ihrem Recht. Mit den raumstrukturellen Metamorphosen von Wasserflächen *in* und letztlich *als* Stadtkultur gehen neuartige Semantiken von Räumlichkeiten einher, die selbst weitgehend liquid und hybrid sind. Derartige atmosphärische Reflexionsprozesse *au bord de la mer* gleichen eher tangential-imaginären Berührungspunkten der Verräumlichung. Denn die Ferne des Horizonts, diese real-entrückte und undisziplinierte Wasserwüste des Meeres, lässt sich nicht vollends in stadtkultureller Eigenlogik einholen. Gibt sie sich doch nur vom Blickpunkt der Stadtkultur aus, als *in diese Ferne sehend*, zu verstehen – als Horizont „*konstituiert* [sie] *eine flüchtige Begrenzung, die sich im Bewegen auflöst und gleichzeitig neu setzt.*"[40] In ihrer realweltlichen Räumlichkeit sind diese Wasser allerdings jedweder Form und jeglichem Maß bereits zur Weite des Meeres hin entrückt.

Scheint die schöne Aussicht auch dem jeweiligen Stadt- und damit Lebensraum *angehörig* zu sein, kommen die Atmosphären *au bord de la mer* einer inneren Verschränkung manifester Stadtkultur, als Ausgangspunkt des Hinblicks, sowie einer entrückt und nur als zugehörig wahrgenommen Ferne, als Woraufhin des Hinblicks, gleich. Es mutet an, als handle es sich teils um imaginäre Diffundierungsprozesse von Wasser und Raum an den äußersten Grenzen stadtkultureller Verräumlichung, wobei der *Porto di Trieste* und sein

---

39 Baudelaire, C.: *Le spleen de Paris*, S. 196
40 Sailer-Wlasits, P.: *Uneigentlichkeit*, S. 109

Hafenbecken – in seiner hohen Relevanz für Stadtbild und Stadtidentität – den Grenzverlauf ebendieses *diffundierenden Differenzraumes* darstellen könnte. Denn wäre der Triestiner Hafen *nur Wasser vor* Triest, so wäre Triest selbst nichts weiter als eine Stadt *neben* dem Wasser. Es fände kein In-Gestalt-Setzen des Naturelements – das erst dadurch als »in Ordnung« begreifbar wird – und gerade keine raumgebende Wasserdisziplinierung am Gegensatzpaar α statt. Die Aussicht in *schöne Himmel* und *saubere Gewässer* gehörten, diesem engen Begriffsverständnis zufolge, nicht mehr zur Stadt als solcher, sofern nur die tatsächlich *gebaute Substanz* und *verlandete Stadträumlichkeit* unter ebendiese Definition von Stadtkultur fallen. Denn erst im Ausweiten von Stadtidentität in ebenjenen aquatischen Differenzraum hält die Disziplinierung des Wassers in eine gegebene Stadtkultur Einzug; erst im disziplinierten Wasserumgang werden jene Wasserflächen des Hafenbeckens als Teil der Stadtidentität kollektiv verarbeitet und allmählich als zugehörig empfunden.

Während die menschliche Naturkontrolle von alters her auf den Umgang mit dem Naturstoff Wasser hin ausgerichtet, optimiert und eingeschworen war, ruhten Fragen nach einer Wechselbeziehung aus Kultur- und Wasserräumlichkeit eher im diskursiven Hintergrund. Jedoch lassen sich Fragen, ob etwa die schöne Aussicht und der Blick auf den peripher wahrgenommenen Horizont, insbesondere in seiner »Reflexion des Dahinter«, zu einer gegebenen Stadtkultur gezählt werden können und dieser angehörig sind, mutmaßlich nur am Zu-sich-Kommen atmosphärischer Raumdynamiken einer Beantwortung zuführen. Zuletzt könnten es der phänomenologische wie auch der gefühlsweltliche Raumeindruck sowie die damit verbundenen kulturellen Verarbeitungsdispositive sein, die über den *absoluten Raum* (Newton) triumphieren – und ebendieses menschliche Wahrnehmen ist gemeinhin jenes, das „*einen anspricht in einer Stadt*" und „*sich nicht als Sprache deuten* [lässt], *vielmehr geht es als Anmutungscharakter in das Befinden ein.*" Stadtästhetisch und kulturanthropologisch betrachtet geht es also nicht „*bloß darum, wie eine Stadt unter ästhetischen oder kunsthistorischen Gesichtspunkten zu beurteilen sei, sondern darum, wie man sich in ihr fühlt. Damit wird ein entschiedener Schritt zur Einbeziehung dessen festgemacht, was man* […] *den subjektiven Faktor*"[41] nennen könnte. Stadtkultur und Städte am Wasser stehen demzufolge unter dem Eindruck ebensolch multiperspektivischer, urban-affektiver Raum-Zeit-Praktiken.

---

41 Böhme, G.: *Architektur und Atmosphäre*, S. 132

Wiener Wasser und eine Stadtkultur, die niemals war[42]

Eingebettet in und verwoben mit Dynamiken von Industrialisierung und Urbanisierung, geprägt von der „*Anonymität des Großstadtlebens*" und der „*fortschreitenden Kapitalisierung der städtischen Ökonomie*" sowie einer, den „*Schock der Moderne*"[43] kompensierenden Massenkultur, wurden im Wien der Gründerzeit und des Fin de Siècle zahlreiche wasserbauliche Großdisziplinierungsprojekte in Angriff genommen. Unter dem Eindruck von Donauregulierung und Gewässernutzung deckt die Literatur zu den historischen Donauzubringern, unterirdischen Kanalisierungen und Einwölbungen ehemals freifließender Wasserläufe, eine reiche Variationsbreite wasserbaulicher Entwicklungsstufen der Wiener Regulierungsleistungen ab. Im diachronen Vergleich und unter besonderer Berücksichtigung städtebaulicher Entwicklungsfragen sowie des menschlichen Eingriffs in landschaftsstrukturelle Raumgliederungen, mithin der Hydro- und Stadtmorphologie, wurden insbesondere die umweltgeschichtlichen und naturräumlichen Veränderungsdynamiken der Donaulandschaft, ihrer Zubringer und Auen vielfach untersucht.[44] Aus diesem reichen Forschungsspektrum seien nachfolgend weniger jene Anstrengungen beschreibend wiedergegeben, die als Bestrebungen der Donaudisziplinierung zu klassifizieren wären; vielmehr ist es darum bestellt, die zentralen Disziplinierungsqualitäten innerhalb der Wiener Stadtkultur in ihrem *ungleichzeitigen*

---

42 In Anlehnung an die 316. Sonderausstellung »*Alt-Wien. Die Stadt, die niemals war*« im Wien Museum (2004/05); der dazu erschienene und hier herangezogene Ausstellungskatalog von W. Kos und C. Rapp behandelt v. a. im ersten Teil zahlreiche atmosphärische Aspekte von Stadtkultur und Stadtwahrnehmung Alt-Wiens.

43 Maderthaner, W.: *Die Logik der Transgression: Masse, Kultur und Politik im Wiener Fin-de-Siècle*, S. 118 f.

44 Vgl. u. a. Ehalt, H.: *Das Wiener Donaubuch* sowie die beiden interdisziplinären Forschungsprojekte URBWATER (»*Vienna's Urban waterscape 1683–1918. An environmental history*«) und das Vorläuferprojekt ENVIEDAN (»*Umweltgeschichte der Wiener Donau 1500–1890*«) in Untersuchung der Donauufer seit 1583. Zudem sei für eine umweltgeschichtliche Betrachtung in Zusammenschau von Wasserdisziplinierungs- und Stadtentwicklungsfragen u. a. verwiesen auf Neundlinger, M.: *An Environmental History of the Viennese Sanitation System – From Roman to Modern Times*; Haidvogl, G.: *Urban Waters and the Development of Vienna between 1683 and 1910*; Hörz, P.: *Gegen den Strom*; Winiwarter, V.: *The long-term evolution of urban waters and their nineteenth century transformation in European cities*; Tamáska, M.: *Donau-Stadt-Landschaften*; Hohensinner, S.: *Historische Hochwässer der Wiener Donau und ihrer Zubringer* sowie Ders.: *Historische Wasserbauten an der Wiener Donau und ihren Zubringern*.

Werden zu begleiten, legen diese doch nahe, dass „die Frage nach dem räumlichen Verhältnis Wiens zu ‚seinem' Strom mehr ist, als die Frage nach Wasserflächen in Bezug zum Stadtkörper oder deren jeweils gelungene oder gescheiterte städtebauliche Integration."[45] Letztlich sei damit auch ein kulturgeschichtlicher Ausschnitt davon gewonnen, wie sich die Wasserdisziplinierung in Wien bis heute an den beiden Gegensatzpaaren α und β zeigt.

Urbane Nostalgien und Ungleichzeitigkeit als stadtkulturelle Metamorphosen im Fluss

Zunächst scheint es ein spezifisches Charakteristikum des stadtkulturellen Erlebnisraums von Wien zu sein, dass *Stadtentwicklungsfragen* verstärkt unter dem Eindruck atmosphärischer *Stadtbildfragen*[46] diskutiert werden und dass diese, in einen Horizont unterschiedlich *gegenwärtiger* Vergangenheiten eingebettet, schließlich zu einem je epochenspezifischen *Mythos* von »Alt-Wien« verwoben werden. Für die Wiener Stadtkultur bedeutete dies, dass utopische Illusionen und Idealbilder einer verschiedenartig verklärten Vergangenheit aktiviert und instrumentalisiert wurden: Jede Epoche, ob Biedermeier, Fin de Siècle oder Rotes Wien der 1920er Jahre, hatte *ihr* »Alt-Wien« und ebendieses war für die jeweils gegenwärtige Stadtkultur identitätsstiftend.[47] Ist damit die von Karl Kraus formulierte Einsicht, »Alt-Wien war einmal neu«[48], augenscheinlich überaus zutreffend, lässt sich in zweiter Instanz kein genuines, d. i. kulturgeschichtlich allgemeingültiges Zeugnis davon ablegen, was Wien *hinsichtlich seiner Stadtkultur* war oder ist. Vielmehr muss das *Wie* dieser Gewesenheit als *Dagewesensein im Werden* begriffen werden: eine *Stadtkultur im Fluss*, die in unterschiedlichen Epochen sowohl sich selbst in ihrer jeweiligen Gegenwart, als auch ihre Vergangenheiten je unterschiedlich zur Selbstreflexion brachte. In Untersuchung der Disziplinierung des Wassers im Kontext verräumlichender Stadtkultur Wiens müssen sohin auch ebenjene Metamorphosen einer *Stadtkultur im Fluss* anhand des »Mythos Alt-Wien« Berücksichtigung finden; gleichzeitig gilt es, eine beinahe morbid anmutende Diagnose

---

45 Hauer, F.: *Wien und die Donau(auen). Zur Entstehung einer Stadtlandschaft*, S. 121
46 Vgl. Achleitner, F.: *Die Silhouetten der Jugend*, S. 22 ff.; Böhme, G.: *Architektur und Atmosphäre*, S. 105 ff.
47 Vgl. Kos, W.: *Alt-Wien. Die Stadt, die niemals war*, S. 10 ff.
48 Dieser zunächst in der »Fackel« erschienene Aphorismus lautet vollständig: „Ich muß den Ästheten eine niederschmetternde Mitteilung machen: Alt-Wien war einmal neu." – in: Kraus, K.: *Pro domo et mundo*, S. 116.

Orson Welles' mitzunehmen: „*The Vienna that is, is as nice a town as there is. But the Vienna that never was is the grandest city ever.*"[49]

Kulturgeschichtlich betrachtet kulminieren viele dieser Überlegungen in der Fragestellung, welche Vergangenheiten *durch* und *gegen wen* aufgegriffen, aufgeladen und instrumentalisiert wurden. Denn letztlich gibt der in den Fokus tretende Blickpunkt auch Aufschluss über die jeweilige Perspektive und die politischen Intentionen des Betrachters. Im Falle der identitätsstiftenden Vergangenheiten handelt es sich dabei, näher betrachtet, de facto und in Anlehnung an Ernst Bloch[50] um »Ungleichzeitigkeiten«, also mehrere Arten *einer* stadtkulturellen Vergangenheit, die asynchrone Verläufe aufweisen. „*In different areas of culture you will always find the coexistence of modern and traditional forms and contents. Very often we observe perished forms of past (high) cultures*" – metaphorisch gesprochen: „*On the surface of society very often occur manifest ruptures with tradition. Sometimes the modern forms of high culture* [...] *cannot be appreciated by people*"; andererseits scheint eine darunterliegende soziokulturelle Grundstruktur existent, „*which is resistant against those ruptures on the surface of society.*"[51] Insbesondere im architektonisch-künstlerischen Wiederaufgreifen und Neukombinieren des Formenvokabulars vergangener Bau- und Stilrichtungen manifestierte sich dieses Phänomen in »gebauter Stadtkultur«;[52] mehr noch werden ebendiese Ungleichzeitigkeiten vom heutigen Blickpunkt aus in Form von Baustilen sichtbar. In einem *räumlichen Nebeneinander* gelegen und im etwa gleichen Zeitraum errichtet, stellen Neogotik, Neorenaissance und Neobarock auf der einen Seite sowie Jugendstilbauten auf der anderen Seite nicht zuletzt *mehrere Arten einer* Vergangenheit dar, wiewohl von unterschiedlicher historischer Bezogenheit; zugleich liegt darin auch die Qualität moderner Überwindungsstrategien von Gewesenem.

In diesem Ringen zwischen Tradition und Moderne hält etwa Otto Wagner im Vorwort seiner Schrift »Moderne Architektur« fest: „*Glänzend wie ein Phönix ist die Kunst wieder aus der Asche der ‚Tradition' als Moderne erstanden*

---

49 Das Zitat findet sich in den einleitenden Szenen von Welles' Kurzfilm »*Vienna*« (1968/69), hier zitiert nach Gear, M.: *At the End of the Street in the Shadow. Orson Welles and the City*, S. 2. Von dieser imaginären Größe eines *Nie-Dagewesenseins* zeugt nicht zuletzt auch das Prestigeprojekt im *ungebauten Wien*: das Kaiserforum, jener unvollendete gewaltige Ausbau der Hofburg, der als Krönung der Wiener Ringstraße intendiert gewesen war.
50 Vgl. Bloch, E.: *Erbschaft dieser Zeit*
51 Euchner, W.: *„Ungleichzeitigkeit" as an Essential Feature of Modernity*, S. 31 ff.
52 Vgl. Hannemann, C.: *Gebaute Stadtkultur. Architektur als Identitätskonstrukt*, S. 55 ff.

und hat ihre ewig schöpferische Kraft aufs neue gezeigt. [...] Nicht im breitgetretenen Geleise der Kopie konnte sich die Kunst fortwälzen," vielmehr habe durch *„den Vorstoß der Moderne [...] die Tradition den wahren Wert erhalten und ihren Überwert verloren"*[53]; schließlich könne nach Wagner nur das »Moderne Leben« als Ausgangspunkt jedweden künstlerischen Schaffens genommen werden. Dementsprechend teilt er auch die teils ineinandergreifenden Elemente architektonischen Schaffens in Stil, Komposition, Konstruktion und Praxis ein.[54] Dabei komme den Kunstschaffenden aller Epochen die Aufgabe zu, aus *„dem ihnen Zugekommenen, Überlieferten Neuformen zu bilden, welche dann die Kunstformen ihrer Zeit"*[55] darstellen. Die architektonischen Reformtätigkeiten Wagners standen unter diesem Eindruck der Neuformung eines spezifischen *Wiener Stils* als moderner künstlerischer Ausdruck, einhergehend mit Bemühungen um eine wirtschaftliche Konkurrenzfähigkeit desselben auf internationaler Bühne. Doch jede Neuformung und Entwicklung »war einmal neu« und im kulturgeschichtlichen Fortgang der Stadtentwicklung, ebenjenen urbanen Metamorphosen im Fluss, sind es nicht nur Verdichtungs-, sondern in erster Linie auch Verzeitlichungsprozesse von und in Kulturräumen, die sich als *Ungleichzeitigkeiten der Baustile* zeigen. Gleichzeitig oder kurz aufeinander folgend errichtet, beginnt die »gebaute Stadtkultur« in ihrem Nebeneinanderbestehen im Zeitverlauf ein Stadtbild neu zu definieren, sodass hierdurch die Ungleichzeitigkeiten selbst in die kollektive Stadtidentität einfließen. Eine Parallele, die sich auch in der Beobachtung wiederfindet, dass *„der ‚Wiener Moderne' [...] in der Literatur ihr Platz dadurch zugewiesen [wird], daß sie ein Modernismus ohne Hang zur Avantgarde ist."*[56] Denn gerade in Wien sollten ebendiese Ungleichzeitigkeiten der Baustile letztlich zu dem verschmelzen, was

---

53 Wagner, O.: *Moderne Architektur*, S. 9 f.; das historistische Bestreben der vorangegangenen Jahrzehnte erachtete er indes mehr als »Durchpeitschen aller Stilrichtungen« (S. 50), in einem Bestreben, der Zeit angemessene künstlerische Ausdrucksformen zu finden.
54 Vgl. ebda., S. 47 ff.: Unter Stil versteht Wagner u. a. *Stilbilder*, die in ihrer atmosphärischen Qualität mit Symphonien vergleichbar seien; gelesen als epochenspezifische Stilunterlage für eine architektonische Komposition, bezeichne Stil zumeist nur die *„Blüte der Epoche, also den Gipfel des Berges [...]. Viel richtiger ist es aber immer, von einer nicht scharf abgegrenzten Kunstepoche, also vom Berg selbst zu sprechen. [...] Jeder neue Stil ist allmählich aus dem früheren dadurch entstanden, dass neue Konstruktionen, neue Materiale, neue menschliche Aufgaben und Anschauungen eine Änderung oder Neubildung der bestehenden Formen erforderten."*
55 Ebda., S. 50
56 Horak, R.: *Metropole Wien. Texturen der Moderne.* Bd. 1, S. 20

heute gemeinhin *als Wien* reflektiert und teils unkritisch mit Wiener Stadtkultur assoziiert wird. Sowohl Jugendstilbauten als auch ihre historistischen Pendants, vornehmlich jene im Ringstraßenstil, unterlagen damit einem Wandel, der sie im Verlaufe des 20. Jahrhunderts sukzessive zu *einer gemeinsamen Vergangenheit* einer Wiener Stadtkultur verklärte, die *so* niemals war.[57]

Was sich kulturgeschichtlich an diesen Ausführungen offenbart, ist die imaginäre Dimension und Qualität *gebauter Atmosphären*, die durch kollektive Stadtwahrnehmungen zum Stadtbild heranwachsen können; Beobachtungen, die *im Hinblick* auf Stadtkultur allmählich in die Stadtidentität selbst eingehen. Dass die Ungleichzeitigkeiten der Baustile des Fin de Siècle heute, im retrospektiv-verklärenden Blick in-eins-gesetzt – d. i. identitätsmäßig *mit* Wien assoziiert und *als* Wien reflektiert –, nicht nur erinnert, sondern weitertradiert werden, lässt nur das Ausmaß stadtkultureller *Metamorphosen im Fluss* erahnen. Die Wiener Stadtkultur gleicht in ihrem Wandel durchaus anderen europäischen Hauptstädten des 19. Jahrhunderts. Bei Charles Baudelaire trat das atmosphärische Spiel der modernen Großstadt Paris als literarische Manifestation eines Lebensgefühls klar in den Fokus;[58] Victor Hugo hatte hingegen die Kanalisation und die Pariser Unterwelt als das »Gewissen der Stadt«, d. h. von Alt-Paris, bezeichnet.[59] Die stadtplanerische Neugestaltung des Pariser Zentrums war währenddessen durch Georges-Eugène Haussmann erfolgt: *„In Haussmanns radikalem Stadtabriß, der nur den historischen Kern verschont und gleichzeitig großmaßstäbliche Stadterweiterungen vorsieht"* – Tendenzen, die auch in einigen Stadtentwicklungsmodellen Wagners für Wien vorliegen – *„entsteht eine eigentümliche Synthese aus göttlicher Vogelperspektive und dem subjektiven Blick des städtischen Flaneurs. Das Modell absolutistischen Idealstädtebaus mit geometrischen Mustern aus zentralperspektivisch angelegten Achsen und monumentalen Blickperspektiven (öffentliche Bauten) wird als*

---

57 Vgl. Böhme, H.: *Vom Cultus zur Kultur(wissenschaft)*, S. 56: *„Zeitliche Prozesse der Verstetigung der gegebenen Kultur tendieren dazu, alle Vergangenheiten in den eigenen Ursprungsmythos"* bzw. in die konstruierte Identität von Stadtkultur zu *„integrieren und die Zukunft zu monopolisieren"*, d. h. Sinnstabilisierung.

58 Vgl. etwa Baudelaires Prosagedichte zum Pariser Großstadtleben in »*Le spleen de Paris*«. Für die urbanen Wasserdisziplinierungen in Paris vgl. Barles, S.: *Paris: A History of Water, Sewers, and Urban Development*, S. 384 ff. sowie für eine vergleichende Studie zum vielschichtigen Untersuchungsfeld der Lebensqualitätsforschung vgl. Ehalt, H.: *Lebensqualität in modernen Gesellschaften*.

59 Die Szene aus V. Hugos »*Les Misérables*« (1862) zit. nach Jordan, D.: *Die Neuerschaffung von Paris*, S. 285 f.

Muster, das für Erweiterungen offen ist, über die historische, kleinteilige Stadt geworfen." Trotz vorläufiger und anhaltender Spannungen mit den alteingesessenen „*Grundeigentümern*", welche die „*radikale Neuparzellierung des städtischen Bodens*" zunächst ablehnten, war diese doch derart „*profitträchtig*", dass das neue „*Paradigma sehr schnell zu einem Erfolgsmodell des Stadtumbaus in den europäischen Metropolen*"[60] avancieren konnte.

Sozialgeschichtlich auffällig ist die Tiefendimension, in der diese neu gebauten Stadtkulturen im Laufe des 19. Jahrhunderts und während des Fin de Siècle zur Reflexion kam. Auch die scheinbare Sinnstabilität von Stadtkultur wurde davon erfasst, scheint diese doch oft rückgebunden an eine „*Verwobenheit von Identität und commodity, die schillernde Konsumation*" von Kultur und das Vergnügen, das dieselbe bereitet. Blieb für einen „*langen Zeitraum*" scheinbar bestehen, was war, so sollte die „*Repräsentation von Veränderung/Wechsel*" als „*eine Abfolge von reinen/bloßen Erscheinungen und Nostalgien*" codiert und zu einem „*zeitlos Popularen*"[61] – in diesem Fall: wienerischer Prägung – verdichtet werden. Von Paris über Berlin bis nach Wien breiteten sich neue milieuspezifische Lebensstile, Mentalitäten und Gefühlswelten aus, die im Spannungsfeld zwischen erbauendem Schaffen des Neuen und Weichen-Müssen des Alten urbane Nostalgien zu erwecken wussten.[62] Es war sohin die Disziplinierung der Städte und die mit dieser einhergehende Disziplinierung städtischen Wassers, die im kollektiven Gedächtnis eine romantisierende Sentimentalität in Form urbaner Nostalgien zu erwecken wusste: Alt-Paris wurde, wie auch Alt-Wien, zum Sehnsuchtsort.

---

60 Hannemann, C.: *Gebaute Stadtkultur. Architektur als Identitätskonstrukt*, S. 65
61 Horak, R.: *Josephine Baker in Wien – oder doch nicht? Über die Wirksamkeit des „zeitlos Popularen"*, S. 171 ff. *Je nach politischer Ausrichtung wird die Verteidigung ebendieses Überhistorisch-Wienerischen seitens der „Christlichsozialen" aus der „Bedrohung der Tradition durch ‚the Modern' in seinen diversen kulturellen Ausprägungen [begründet], die von der hohen Kultur […] bis in die Niederung der reinen Unterhaltung […] reichen. Im Lager der Völkischen und Deutschnationalen"* hingegen, obgleich es auch hier *„Momente von Modernität"* gibt, ist die *„Stadt Wien […] nicht als besondere Befindlichkeit verteidigenswert, sondern in ihrer abstrakten Bestimmung als ‚deutsche Stadt'. […] Moment[e] von ‚kultureller Moderne' […] und Avantgarde" waren später auch für die Nationalsozialisten funktionale Bestandteile ihres machtpolitisch-propagandistischen Instrumentariums; diese klangen politisch-methodisch allerdings bereits in den 1920er Jahren an.*
62 Vgl. Kos, W.: *Alt-Wien. Die Stadt, die niemals war*, S. 12 f.

Zur Disziplinierung der Wiener Wasser

Im Wien des 19. und frühen 20. Jahrhunderts zeigten sich die hydrotechnischen Disziplinierungsleistungen vor allem an der Regulierung der Donauarme sowie der innerstädtischen Gewässerläufe. Für die wachsende moderne Großstadt Wien wurden die Gewässerregulierungen, in Abwehr periodisch auftretender Hochwässer und Überschwemmungskatastrophen sowie winterlicher Eisstöße auf der zugefrorenen Donau, wie etwa jene der Jahre 1893 und 1929, zur stadtplanerischen Herausforderung. Insofern erscheint es schlüssig, dass beim Bau der Wiener Stadtbahn, dessen beauftragter Architekt Otto Wagner war, auch eine gemeinsame Finanzierung und städtebauliche Ausführung mit den beiden wasserdisziplinierenden Großprojekten Donaukanal und Wienfluss-Regulierung intendiert wurde. Wird nachfolgend noch auf die atmosphärischen Dimensionen der Wiener Gewässer eingegangen, so zeigt sich die architektonisch-technische Disziplinierung des Stromwassers in eindrucksvoller Form bereits an der sogenannten Nussdorfer Wehr- und Schleusenanlage. Zwecks Regulierung der Durchflussmenge und Abwehr unverhältnismäßiger Wassermengen im Donaukanal zwischen 1894 und 1898 errichtet, sollte das Nussdorfer Wehr nicht nur der Schiffsschleusung dienen, sondern auch den Donaukanal funktional als Winter- bzw. Handelshafen inmitten der Wiener Stadtlandschaft etablieren. Als disziplinierte Wasserstraße sollte der Donaukanal im innerstädtischen Kontext nicht mehr als trennende Wasserschneise empfunden, sondern in urbaner Verräumlichung *eigentlicher eingeholt* werden. Als zentrale Herausforderungen traten in diesem Zusammenhang die sanitären und hygienischen Anforderungen der modernen Großstadt hinzu, d. i. die Notwendigkeit funktionierender Abwasser- und Kanalisationssysteme[63], der

---

63 Vgl. Neundlinger, M.: *An Environmental History of the Viennese Sanitation System*; Haidvogl, G.: *Wasser Stadt Wien. Eine Umweltgeschichte*; Sakl-Oberthaler, S.: *Wasser in Wien*, S. 70 f. sowie Brunner, K.: *Umwelt Stadt. Geschichte des Natur- und Lebensraumes Wien*. Während die Wiener Innenstadt innerhalb der Stadtmauern bereits im 18. Jahrhundert (um 1739) fast vollständig kanalisiert war, gestaltete sich die Situation in den Vororten, die die Abwässer in offene Wasserläufe leiteten, schwieriger. Neben hygienischen Aspekten waren es v. a. Verschmutzung und Verjauchung von Wasserläufen und Grundwasser, die zunehmend zum gesundheitlich-sanitären Problem wurden. So wurde nach der Cholera-Epidemie 1831 der sogenannte *Cholerakanal*, ein Sammelkanal am Wienfluss, errichtet. Im Anschluss daran erfolgte die Einwölbung zahlreicher innerstädtischer Wasserläufe: In ihren heutigen Dimensionen umfasst das Kanalnetz sechs größere Sammelkanäle sowie etliche Bachkanäle. Im Zuge der Eingemeindung der Vororte folgten schließlich die Regulierung der Wien,

erhöhte städtische Wasserbedarf, d. h. die gesteigerten Bestrebungen der Nutzbarmachung und Industrialisierung des Wassers sowie wachsende Brauch- und Trinkwasserbedürfnisse, die es letztlich unabdingbar machten, in Überbrückung von Distanz und Zeit neue Wasserzuleitungssysteme und Wasserspeicheranlagen zu schaffen.

Nach dem Zusammenbruch und Verfall des römischen Leitungssystems war Jahrhunderte hindurch, neben dem hygienisch teils problematischen Wasserschöpfen aus Flüssen, die Grundwassererschließung durch etwa 11.000 Hausbrunnen die primäre Trinkwasserbezugsquelle Wiens. Erst im 16. Jahrhundert wurden mit der Siebenbrunner Hofwasserleitung (1562) und der städtischen Hernalser Wasserleitung (1565) die ersten neuzeitlichen Zuleitungssysteme errichtet.[64] Spätestens mit der Albertinischen Wasserleitung (ab 1805) und der Kaiser-Ferdinands-Wasserleitung (ab 1841) gab es in Wien, wenngleich lokal begrenzt, Leitungssysteme, die in Auslaufbrunnen, Bassins und teils öffentlichen Gebäuden einmündeten. Da das Wasserquantum der wachsenden Stadt jedoch von diesen Leitungssystemen binnen weniger Jahre nicht mehr gedeckt werden konnte, mussten um die Mitte des 19. Jahrhunderts bedeutend größere Disziplinierungsprojekte in Angriff genommen werden. *„In diese Zeit fällt […] auch die Inangriffnahme der Stadterweiterung, die eine rasche Verbauung der neu gewonnenen Baugründe mit sich brachte, infolgedessen sich bereits im Jahr 1860 abermals ein arger Wassermangel fühlbar machte. Über Anregung der damals bestandenen Stadterweiterungs-Commission des Wiener Gemeinderathes wurde nunmehr ein Concurs für die Erbauung einer im großen Style auszuführenden Wasserleitung ausgeschrieben"*[65]; blieb dieser auch ergebnislos, nahm sich der Wiener Gemeinderat des Großprojekts selbst an und stimmte im Sommer 1864 dem konzipierten Bau der I. Wiener Hochquellwasserleitung zu. Eröffnet im Oktober 1873, transportierte diese das Hochquellwasser ab sofort in freiem Gefälle und *„ohne Pumpen von den Quellfassungen nach Wien […]. Der Vorteil des Systems liegt neben der Energieeinsparung in einer sehr großen Sicherheit der Versorgung. […] 1888 waren bereits über 90 % der Haushalte ans*

---

die Anbindung der offenen Wasserläufe, Bäche und Gerinne an das Kanalnetz und die Ableitung der städtischen Abwässer in den ab 1902 mit Kaimauern eingefassten Donaukanal.
64 Vgl. Sakl-Oberthaler, S.: *Wasser in Wien*, S. 57: Diese ersten Wasserleitungen, wie die Siebenbrunner Hofwasserleitung, waren zunächst nur für den Adel zur Versorgung von Palais und Gärten gedacht. *„Wasser war damals nicht Gemeingut, sondern gehörte zum Grundbesitz und der Grundherr entschied, was damit"* geschah.
65 Wiener Stadtbauamtsdirektion: *Die Wasserversorgung in Wien*, S. 9

Netz angeschlossen. Noch heute werden ca. 40 % des Wiener Wasserbedarfes durch die I. Wiener Hochquellwasserleitung gedeckt." Spätestens mit Inbetriebnahme der II. Wiener Hochquellwasserleitung 1910, für die *"die Quellen des steirischen Salztales im Hochschwabgebiet erschlossen"* wurden, war eine *"gesicherte Frischwasserversorgung"* der Stadt gewährleistet, sodass nunmehr auch zahlreiche *"Brause- und Freibäder errichtet werden"*[66] konnten. Im Kontext der Wasserdisziplinierung erscheint es bemerkenswert, dass ebendiese Versorgungsleistung nicht nur für den Brauch- und Trinkwasserbedarf, sondern auch für die Etablierung der Wiener Bäderkultur entscheidend war. Bei näherer Betrachtung zeigt sich, dass die Heterotopien der Badeanstalten und mit ihr die Disziplinierung des Wassers *am* und *durch* den je eigenen Körper, d. i. Schwimmen als Kulturtechnik, selbst als Produkte umfangreicher Disziplinierungsvorleistungen verstanden werden können. Um innerhalb einer gegebenen Stadtkultur überhaupt jene *anderen Orte*, d. i. Heterotopien des disziplinierten Wasserumgangs und Freizeitvergnügens, errichten zu können, bedarf es beträchtlicher vorangehender Disziplinierungsbemühungen in Überbrückung von Distanz und Zeit. Bereits an den beiden Wiener Hochquellwasserleitungen, die jede für sich größere wasserbauliche Projekte der Distanzüberbrückung darstellen, zeigt sich die Korrelation zwischen höhergradigen hydrotechnischen Disziplinierungsbestrebungen und dem Entfalten der Wiener Stadtkultur der Gründerzeit und des Fin de Siècle; zudem sind die Reinheit und Qualität des Quellwassers hervorzuheben, die bis heute zu den Markenzeichen und Charakteristika der Wiener Stadtkultur zählen.

Die großen wasserbaulichen Regulierungsprojekte der Wiener Gewässer, die Nutzbarmachungs- und Regulierungsarbeiten an der Donau, ihren Zubringern, Flussarmen und der sie umgebenden Auenlandschaft können – in Abwehr aller, mit den Extremwerten des Gegensatzpaares β verbundenen Folgeerscheinungen von Hoch- und Niedrigwasser – als umfangreichste Beispiele aller Wiener Disziplinierungsleistungen angesehen werden. Zwar versetzten die Donau und die sie umgebende Auenlandschaft die Wiener Stadtkultur seit

---

66 Sakl-Oberthaler, S.: *Wasser in Wien*, S. 63 ff.: Die I. Wiener Hochquellwasserleitung erstreckt sich über 10 Aquädukte und eine Distanz von 120 km vom Rax-Schneeberg-Quellgebiet, wobei die Leitungskapazität von ursprünglich 138.000 m^3 auf maximal 220.000 m^3 Wasser pro Tag gesteigert werden konnte. Im Andenken an die Eröffnung der I. Wiener Hochquellwasserleitung wurde der Hochstrahlbrunnen am Schwarzenbergplatz errichtet. Die II. Wiener Hochquellwasserleitung erstreckt sich hingegen über rund 180 km, ca. 100 Aquädukte und weist ein tägliches Leitungsvermögen von rund 200.000 m^3 Wasser auf.

ihren Anfängen in die günstige Lage, an einer aquatischen Lebensader Europas und einem Hauptverkehrsweg am Wasser zu liegen, jedoch konfrontierte der Strom die Stadt in regelmäßigen Abständen mit den Folgen von zu viel Wasser. Historisch Jahrhunderte hindurch intendiert, dennoch über lokal vereinzelte Hochwassermaßnahmen kaum hinausgehend, kam es erst ab 1870 zu einer systematischen wasserbaulichen Regulierung, teils mit Maschinen, die angeblich bereits beim Bau des Sueskanals zum Einsatz gekommen waren.[67] Auf Vorschlag der *Donauregulierungskommission* wurde im Zuge der *Donau-Disziplinierung* nicht nur ein neues Hauptflussbett geschaffen, sondern auch ein Überschwemmungsgebiet festgelegt;[68] darüber hinaus sollten die bisher freifließenden Nebenarme, mit Ausnahme des heutigen Donaukanals, umfassend diszipliniert werden. Doch stellte sich bald heraus, dass die Kapazität des neuen Flussbettes und v. a. die höchstmögliche Durchflussmenge und Fließgeschwindigkeit von den ursprünglichen Berechnungen des Donaudurchstichs abweichen sollten, sodass es in den Folgejahrzehnten immer wieder zu Hochwässern und größeren Überschwemmungen kam, etwa 1899 und 1954. Erst mit der zweiten Donauregulierung, dem Bau des Entlastungsgerinnes der sogenannten Neuen Donau und der Aufschüttung der Donauinsel (1972–87) sollte die Gefahr von »zu viel Wasser« nachhaltig gebannt werden.[69] *„Die große Regulierung änderte das Verhältnis der Stadt zur Donau tiefgreifend, da sie nicht nur eine Stabilisierung der Auenlandschaft und eine reduzierte Hochwassergefahr für die tief liegenden Stadtteile, sondern auch eine wesentliche Erweiterung des Siedlungsraumes mit sich brachte."* Vor allem in stadtentwicklungstechnischer Sicht wurde die *„vergleichsweise gemächliche städtebauliche Expansion [...] seit der frühen Neuzeit [...] dadurch innerhalb weniger Jahrzehnte massiv beschleunigt [...]. Nicht zuletzt nahm das neue Terrain Transport- und Umschlagfunktion auf: Nord- und Nordwestbahnhof, Donaulände und Winterhafen wurden zu prägenden Bestandteilen der neuen Stadtgebiete."*[70]

---

67 Vgl. kritisch hierzu Hörz, P.: *Gegen den Strom*, S. 61
68 Vgl. Winiwarter, V.: *The Many Roles of the Dynamic Danube in the Early Modern Europe* sowie Dies.: *Challenges for the Sustainable Development of Cities on the Danube.*
69 Vgl. Schediwy, R.: *Städtebilder. Reflexionen zum Wandel in Architektur und Urbanistik*, S. 321 f.: Bereits 1918 wurde der „zukunftsweisende Vorschlag" H. Goldemunds veröffentlicht, die „Verbesserung des Hochwasserschutzes des bestehenden Überschwemmungsgebietes sei durch den Bau eines Entlastungsgerinnes von etwa 200 m Breite zu erreichen. Damit nahm er das Projekt der Neuen Donau und der Donauinsel" vorweg.
70 Hauer, F.: *Wien und die Donau(auen). Zur Entstehung einer Stadtlandschaft*, S. 125 ff.

Nachdem der Strom über Jahrhunderte die ihm angelegten Disziplinierungskorsette und Schwerwasserbauten durch Hochwässer oder Eisstöße zum Bersten gebracht hatte, kann die Disziplinierung des Wassers in Wien in letzter Konsequenz auch als stadtentwicklungstechnischer Prozess gelesen werden, in dem das Wasser als solches nach und nach aus der Stadt *vertrieben* wurde. Die Differenzierung ist hierbei entscheidend: nicht das Wasser und die Gewässer selbst wurden aus dem Einzugsgebiet Wiens vertrieben und die Stadt etwa trockengelegt, sondern das Wasser, als undiszipliniertes Naturelement in all seiner wogenhaften Unstetigkeit strömenden Sich-Ergießens und seine natürlichen Wasserläufe, wurde *domestiziert*. Der ehedem verflochtene Strom wurde begradigt, offene Wasserläufe, wie der Alserbach, der Ottakringer Bach und der Währinger Bach wurden eingewölbt; alle Seen sowie das Abwassersystem im Stadtgebiet erfuhren zumindest partielle Regulierung. Indessen werden bis zum heutigen Tag Brauch- und Trinkwasser über das Leitungsnetz der beiden Wiener Hochquellwasserleitungen diszipliniert an die Stadt herangebracht. Vielfach erscheint die *Regulierung allen Wassers* in modernen Großstädten auch heute noch als eine Art *Vertreibung* natürlicher Wasserläufe bzw. des ursprünglichen Wassers; und auch künstlich umgeleitete Kanäle und Bewässerungssysteme in den Megacities weltweit stellen sich, in Abwehr von zu wenig Wasser, als ebensolche anthropogene Disziplinierungsbestrebungen dar. Kulturgeschichtlich entscheidender als die Faktizität jener Regulierungen, erscheinen heute allerdings Tendenzen der Abkehr vom bürgerlichen Idyll domestizierter Natur. War bis weit ins 20. Jahrhundert die Disziplinierung städtischen Wassers auch wesentliche *Vertreibung von Natur* und unter einem Deckmantel aus aquatischer Regulierung, Nutzbarmachung und Industrialisierung in Abwehr der Extreme des Gegensatzpaares β gestanden, tendieren rezente Entwicklungsprozesse eher in Richtung einer *Renaturierung*, d. i. einer Re-Naturalisierung, naturnaher Wiederherstellung und damit Re-Vitalisierung von Wasserläufen. Umfassen die Renaturierungen etwa die Anpassung der Strömungsgeschwindigkeit, den Umbau von Flussbett und Uferzonen oder auch eine Mäandrierung des Flusslaufes, kann punktuell durchaus von einer soziökologischen Renaissance wasserverbundener Lebensräume gesprochen werden.

Abbildung 8: Eisstoß auf der Donau (1929)[71]

Atmosphärische Spiele am Wasser – die Erfahrung von Stadtwirklichkeit

Die Erkundung wasserbaulicher Disziplinierungsleistungen im Wien des Fin de Siècle und damit auch der Wiener Moderne in ihrer stadtkulturellen Kontextualisierung bleibt auf eigentümliche Weise mit dem hochdifferenzierten, multidimensionalen und diskursiv hyperkomplexen Begriffspaar »Modernität/

---

71 Vgl. Hohensinner, S.: *Historische Hochwässer der Wiener Donau und ihrer Zubringer*, S. 58. Im Verlaufe des 18. und 19. Jahrhunderts seien knapp 50 % aller Donau-Hochwässer durch Eisstöße wesentlich mitverursacht worden; eine Gefahr, die durch die Regulierung erheblich gesenkt werden konnte. Der Eisstoß als Motiv in der Malerei finden wir etwa in Caspar David Friedrichs Gemälde »Das Eismeer« (1823/24), die abgebildete Fotografie hingegen zeigt den Donau-Eisstoß des Jahres 1929, aufgenommen unterhalb der alten Reichsbrücke.

Modernisierung« verbunden. Nahezu untrennbar mit Urbanismus-Diskursen verknüpft, war die „*moderne Stadt* [...] *zur Metapher für ‚Modernität' schlechthin geworden.*" Sie schafft und ordnet einen historisch-geografisch verortbaren »disziplinierten Raum« und wirkt als »Kulturraumverdichtung« bestimmend auf dessen spezifizierbare Interaktions-, Kommunikations- und Sozialisationsmuster ein. Die moderne Stadt aber ist „*vor allem Repräsentation und schafft eine gedachte Umwelt (imagined environment), die sich aus Diskursen, Metaphern, Symbolen, Sehnsüchten formt, welche ihrerseits der Erfahrung modernen städtischen Lebens Sinn zuschreiben.*" Gleichzeitig ist es im interkulturellen Vergleich zentral festzuhalten, dass offenbar „*in jeglicher Erfahrung von Örtlichkeit Raum, gebaute Form, Verhalten und Ideen in einem je spezifischen sozialen, ökonomischen, politischen und historischen Kontext*" beginnen, ineinander überzugehen. „*Urbaner Raum bedeutet in diesem Sinn die Projektion der sozialen Beziehungen auf das Territorium/Terrain.*"[72] Allerdings sind in der modernen Stadt, im Gegensatz zu ihren historischen Pendants, ebenjene Projektion sowie die darin eingebetteten Stadtperzeptionen richtiger in einer prozesshaft-mehrdimensionalen Dynamik der Multiperspektivierungen urbaner Raum-Zeit-Praktiken zu begreifen. Im Anschluss an Michel de Certeau (*spatial practices*), Henri Lefèbvre (*production de l'espace*) und Anthony Giddens (*theory of structuration*)[73] sollen nachfolgend sowohl die Praktiken je individueller Stadtwahrnehmungsmomente als auch strukturell-städtebauliche Entwicklungsaktivitäten in einem, als theoretisch eigenständig zu begreifenden, atmosphärischen Zusammenwirken am Gegensatzpaar α (Wasser / Raum) – zwischen Stadtbild, Stadtidentität und stadtkulturellen Erinnerungsszenen oszillierend – veranschaulicht werden. Sofern der Begriff »Atmosphäre« für „*als leiblich gespürte Räume der Anwesenheit*" in Anspruch genommen

---

72 Horak, R.: *Wiener Beiträge zur Moderne und Hypermoderne*, S. 248; vgl. auch Ders., S. 249 zum Konstrukt und »Allerweltsschlagwort« (H. Bahr) der Moderne sowie Bezug nehmend auf die Multiperspektivierungen urbaner Raum-Zeit-Praktiken, dass Raum und Zeit – v. a. im Anschluss an A. Giddens – nicht als „*naturgegebene Rahmenbedingungen, als a priori des Sozialen, sondern als in der Auseinandersetzung mit der Umwelt sozial konstruierte Dimensionen verstanden werden*" sollen. Als ebensolche sind sie „*durch Erfahrungen, Praxen, Repräsentationen, Institutionen geformt und diese gleichzeitig bestimmend.*" Vgl. zur Moderne überdies Bauman, Z.: *Liquid Modernity* sowie Ders.: *Moderne und Ambivalenz* und Harvey, D.: *The Condition of Postmodernity*.

73 Vgl. Certeau, M.: *The practice of everyday life*; Lefèbvre, H.: *The production of space* sowie Giddens, A.: *Die Konstitution der Gesellschaft*

wird, ist er dadurch vornehmlich „*durch »räumliche« Kategorien beschrieben, die sich als Charaktere der Befindlichkeit wieder finden, wie bedrückend, erhebend, offen, beengend.*" In dieser Hinsicht von olfaktorischen Qualitäten und akustischen Eindrücken in Städten abstrahierend, ist zu beobachten, dass sich sowohl in der Literatur, als auch bei realisierten Stadtentwicklungsprojekten im Laufe der letzten Jahrzehnte ein zunehmender Fokus auf ebenjene *atmosphärischen Aspekte* leiblicher Anwesenheit herauskristallisiert hat, sodass Fragen von Stadtkultur oftmals unter dem Eindruck ihrer Inszenierung bzw. Inszenierbarkeit stehen. In diesem „*Bemühen, dem subjektiven Standpunkt und der Leiblichkeit des Menschen ihr Recht zu verschaffen, die Aufgabe der Architektur geradezu mit Inszenierung gleich zu setzen, hieße nun allerdings ins gegenteilige Extrem zu verfallen.*" Mehr als das gesehene Stadtbild als rein visueller Eindruck ist „*das Image einer Stadt längst zum Ausdruck der Selbstinszenierung geworden, zu dem, was eine Stadt hermacht, für die Atmosphäre, die sie ausstrahlt. Und der Ausdruck Townscape, Stadtlandschaft, kann im Rückgriff auf Alexander von Humboldts Rede von dem Totaleindruck einer Landschaft durchaus mehr bedeuten als das, was man sieht.*"[74]

Es ist ebendieses atmosphärische Spiel, in dem sich nicht zuletzt zahlreiche wasserbauliche Disziplinierungsanlagen bewegen, die allerdings in ihrer stadtkulturellen Einbettung meist nur bedingte Reflexion erfahren. Diszipliniert begriffen lassen sich die *Atmosphären am Wasser* nicht gänzlich von jenen Erlebnisphänomenen trennen, die mitunter als städtische »Qualitäten der Agglomeration« beschrieben werden können. Sie umfassen visuelle Eindrücke sowie raum- und sozialstrukturelle Schichtungen bzw. Sphären, ebenso wie „*das Erlebnis von Dichte und Geschwindigkeit, auch Flüchtigkeit. Urbanität steht in dieser Hinsicht für diffuse Wahrnehmungen, Reizüberflutung und Erlebnisdichte.*" Ästhetisch betrachtet scheint sich in einem gegebenen stadtkulturellen Kontext für viele hydrotechnische Anlagen sowie Schwerwasser- und Regulierungsbauten zunächst zu bewahrheiten, was sonst primär für „*zwischenstädtische Gebiete*" gilt: dass sie „*einer gesamtgesellschaftlichen Wahrnehmung entgehen*"; und zwar solcherart, dass sich ihre „*Bedeutung und Wirksamkeit [...] in spezialisierter und alltäglich bewährter Erfüllung definierter Funktionen*"[75], wie jener der Wasserdisziplinierung, erschöpft. Um daher

---

74 Böhme, G.: *Architektur und Atmosphäre*, S. 123 ff.
75 Hauser, S.; Kamleithner, C.: *Ästhetik der Agglomeration*, S. 12 f.; wobei sich der Begriff »Zwischenstadt« an den Thesen von Sieverts, T.: *Zwischenstadt. Zwischen Ort und Welt, Raum und Zeit, Stadt und Land* orientiert.

einige dieser *Atmosphären am Wasser* doch noch zu ihrem kulturgeschichtlichen Recht kommen zu lassen, seien mit dem Donaukanal, der Sonderausstellung »Venedig in Wien« (1895) und dem Wienfluss in seiner Ausmündung im Wiener Stadtpark drei ebensolche atmosphärische Erscheinungsformen disziplinierten Wassers umrissen. Dies nicht zuletzt mit dem Ziel, dass sich an ihnen die innere Verflochtenheit von Stadtkultur und Wasser am Gegensatzpaar α zeige.

Das atmosphärische Spiel am Donaukanal

Die Wiener Wasser haben als »Bewegung im Fluss« im Laufe der Jahrhunderte eine wechselvolle Geschichte durchlaufen. Dementsprechend entfaltete sich auch die Wiener Stadtkultur im Wesentlichen entlang des *sich-ergießenden Fließens* des lange Zeit undisziplinierten Donaustroms und der ihn umgebenden Auenlandschaft. Die Stadtwahrnehmung und Stadtidentität Wiens sind bis in die Gegenwart von wasserbaulichen Disziplinierungsarbeiten geprägt, sodass es fast den Anschein hat, als vollziehe sich die Wiener Stadtkultur in weiten Teilen noch heute eher *neben* der Donau, als *an* dieser. In den meisten europäischen Metropolen, die eine städtebauliche Ästhetisierung von Wasserläufen bei gleichzeitiger funktionaler Regulierung verwirklicht haben, bewegen sich architektonische Disziplinierungsunterfangen im Spannungsfeld zwischen dem Vertreiben und Verstecken des Wassers, Machtvisibilität und Prestigepotenzial sowie tatsächlicher Stadtgestaltung; stadtplanerische Unterfangen auf der einen Seite und die Verschönerung von Wasserläufen als Bestandteil dessen, was heute gemeinhin als »Attraktivierung von Stadträumen« bezeichnet werden könnte, auf der anderen Seite. Damit ist allerdings noch nichts zur Qualität des als wohltuend-schön Empfundenen und der städtebaulichen Ästhetisierung als solcher gesagt, die im Epochenwandel ebenfalls Metamorphosen unterworfen war.[76] Immerhin müsse auch „*der Genius loci zum Ausdruck*" kommen, denn angeleitet von den „*verschiedene[n] Schönheitsideale[n] [...] soll die Komposition im Bestreben nach richtiger Ausdrucksweise [...] immer Ort, Zeit und Mode richtig betont erscheinen*"[77] lassen, wie Otto Wagner ausführte.

---

76 Man denke etwa an O. Wagners Auffassung, dass – Bezug nehmend auf die architektonische Komposition – »etwas Unpraktisches nicht schön« sein könne, vgl. Wagner, O.: *Moderne Architektur*, S. 70.
77 Ebda., S. 80

Der Disziplinierung des Donaustroms und insbesondere der wasserbaulichen Regulierung des Donaukanals im Wiener Stadtgebiet kam, neben unmittelbar städtebaulich-infrastrukturellen Zwecken, wie der Schiffbarmachung, der Abwendung von Hochwässern und auch hygienischen Beweggründen, fernerhin eine erhebliche atmosphärische Bedeutung in Form einer Ästhetisierung der »schön geordneten Stadt« zu.[78] Dabei umfasst diese *schöne Ordnung* konzeptionell weitaus mehr als eine bloße *Monotonie der Regelmäßigkeit*, die etwa von Planstädten bekannt ist, zielt sie doch auf kompositorische Elemente sowohl im Städtebau als auch bei einzelnen Bauwerken ab. Bei der Betrachtung architektonischer Kunstwerke suche „*das Auge [...] einen Ruhe- oder Konzentrationspunkt [...], einen solchen Brennpunkt, auf welchen sich die Strahlen der Aufmerksamkeit vereinigen [...]. Die fehlende Betonung der Mitte, beziehungsweise Achse eines Platzes, eines größeren Bauwerkes oder Raumes, die in ein Nichts verlaufende Perspektive einer Straße*"[79] ließe die Wahrnehmung und damit das atmosphärische Ensemble »gebauter Stadtkultur« in eine *asymmetrische Verlorenheit der Nicht-Einbettung* abgleiten. In diesem Wechselspiel aus lokaler Ästhetisierung, wasserbaulicher Regulierung und städteplanerischer Gesamtkonzeption wären auch die Bautätigkeiten am Donaukanal zu verorten. Eingebettet in das Netz städtebaulicher Reformbestrebungen am Ende des 19. Jahrhunderts und vor allem in *jenes* gesamtkonzeptioneller Stadtentwicklungspläne von Otto Wagner, kommt der *Verordnung* der natürlichen Wasserläufe Wiens und ihrem stadtkulturellen *Eingeholt-Werden in und als* urbane Räumlichkeit eine bedeutsame und oftmals vernachlässigte Rolle zu.

Jahrhunderte hindurch floss die Geschichte der Wiener Stadtkultur die Donau herab: πάντα ῥεῖ. Von den frühesten Siedlungen, über das römische *Vindobona* bis ins neuzeitliche Wien schienen sich stadtkulturelle Verdichtungs- und Entwicklungsprozesse *neben* der Donau, gleichsam in Abgrenzung *zum* Wasser des Hauptstromes und seiner Nebenarme zu vollziehen. Das zyklenhaft aufbrandende Drohpotenzial des Wassers selbst, jenes Über-die-Ufer-Treten in Ermangelung hinlänglicher Disziplinierungskapazitäten, verhinderte über lange Phasen der Wiener Stadtgeschichte eine *Einholung* des Flusslaufes *in*

---

78 Vgl. Hauser, S.; Kamleithner, C.: *Ästhetik der Agglomeration*, S. 104 ff.: Die Wahrnehmung der gebauten und später auch idealisierten Stadt als diesseitiges Sujet hatte spätestens ab der Renaissance, befeuert durch neue künstlerisch-perspektivische Gewohnheiten, als eigenes Reflexionsthema an Bedeutung gewonnen. Die mit der visuellen Wahrnehmung verbundene *Gestaltung von Stadt* wurde schließlich ab dem Barock um die Dimension ihrer Ästhetisierung (*schöne Ordnung*) graduell erweitert.
79 Wagner, O.: *Moderne Architektur*, S. 87

Räumlichkeit, d. h. eine domestizierte Verräumlichung der Donauwasser im städtischen Einzugsgebiet. Unter dem Eindruck verheerender Überschwemmungen sollte schließlich in der zweiten Hälfte des 19. Jahrhunderts, nach lokalen Einzelmaßnahmen der Regulierung und Trassierung, die wasserbauliche Einfassung des Donaukanals in Angriff genommen werden. Dieser stetige Rahmen des künstlich regulierten Flusslaufes, in dessen Mitte, zwischen den ruhenden Kaimauern jenes Disziplinierungskorsetts, das Strömen der Donauwasser (»Ruhelosigkeit des Fließens«) auf ein Maß reguliert und in Form gebracht wurde, gibt gebautes Zeugnis von der Disziplinierung der Wiener Wasser. Dank der Bändigung der archaischen Gewalt und Kraft des Donaustroms – von der Nussdorfer Wehr- und Schleusenanlage über das sogenannte Schützenhaus[80] bis zur vollständigen Domestizierung des Nebenarms jenes ursprünglich verflochtenen Stroms – konnten nunmehr die aquatischen Extremwerte von Hoch- und Niedrigwasser, Eisstößen und Versandungsdynamiken von der Stadt weitestgehend ferngehalten werden. Mit der Schiffbarmachung des Kanals[81] sowie der gesamtheitlichen Regulierung und

---

[80] Errichtet wurde die Nussdorfer Wehranlage und Schleuse zwischen 1894 und 1899, unter federführender Planung und architektonischer Gestaltung O. Wagners; eingebettet in die gesamtheitliche Neugestaltung zentraler Verkehrsflächen sind Verbindungslinien zur Wiener Stadtbahn zu erkennen. Schließlich sah auch das Gesetz vom 18. Juli 1892 eine gemeinsame Finanzierung der Ausführung öffentlicher Verkehrsanlagen in Wien vor – konkret der Wiener Stadtbahn, der Wienflussregulierung, der Regulierung des Donaukanals sowie bei der „*Umwandlung des Donaucanals in einen gegen größere Hochwässer geschützten Handels- und Winterhafen*" – vgl. RGBl. Nr. 109 / 1892, S. 621. Wagner selbst war an der städteplanerisch-architektonischen Verflechtung der Stadtbahn und der regulierenden Disziplinierung der Wiener Gewässer im Sinne einer gesamtkonzeptionellen Einbettung in Stadtentwicklungsprozesse interessiert. So sollte etwa auch das Schützenhaus samt der Wehr- und Schleusenanlage Kaiserbad – als einzige realisierte der drei geplanten Staustufen – weiter stadteinwärts dem Zweck der Schiffbarmachung des Donaukanals dienen. Dabei folgten die Bauten stets Wagners Ideal eines Kunststils, der aus der Konstruktion selbst geboren werden sollte; d. h. weniger einem reinen *Utilitätsprinzip*, sondern einer Bauform folgend, in der sich Funktionalität, Einsatz neuester Materialien sowie reduzierter Dekor und ornamentale Verzierungen vereinen – vgl. Wagner, O.: *Moderne Architektur*, S. 95 ff.

[81] Neben der wirtschaftlich-industriell notwendigen Wassernutzung durch Gewerbetreibende und Manufakturen sowie der damit verbundenen Nähe zu Fließgewässern war die Donau auch zentraler Verkehrsweg – man denke etwa an den Winterhafen Freudenau sowie die *Erste Donau-Dampfschifffahrts-Gesellschaft* (DDSG), die weltweit größte Binnenreederei zum Ende des 19. Jahrhunderts. Neben dem Donaukanal

architektonischen Erschließung dieses Wasserlaufs *in und als* Räumlichkeit, wurde nicht nur die bisherige Strategie regulativer Einzelmaßnahmen zu Zwecken des Hochwasserschutzes überwunden, vielmehr wurde der Donaukanal als urbane Wasserfläche per se stadtkulturell eingebettet.

Abgesehen von zentralen hygienischen Belangen hinsichtlich der Wasserqualität und Abwassernutzung, boten die architektonischen und wasserbaulichen Disziplinierungsleistungen am Donaukanal im Zeitverlauf die Chance *verräumlichender Einholung* in Stadtkultur. Wenngleich die regulierten Ufer nach einer kurzen Blütezeit Anfang des 20. Jahrhunderts über Jahrzehnte hinweg eher abgegrenzt und in urbaner Abschottung verharrten, entwickelten sich mit Beginn des 21. Jahrhunderts hier neue Interaktionsräume. Indem diese Zonen zum Wasser hin erschlossen und in städtische Räumlichkeit eingeholt wurden, konnte sich überall dort, in atmosphärischer Diffusion von Raum und Wasser, an den disziplinierten Grenzbereichen jener *Differenzräumlichkeit*, ein neuer Horizont stadtkultureller *Wirklichkeit am Wasser* entfalten und im Maße dieser Entfaltung als am Wasser gelegener Freizeit- und Erholungsraum zur Selbsterfahrung bringen. Die *als Raum* begriffene Wasserfläche wurde und wird sukzessive in einem atmosphärischen Spiel und als Teil der Stadt in ihrer spezifischen Identität wahrgenommen. Zwischen den beiden Ufern bzw. Kaimauern ihres Disziplinierungskorsetts fließend, geht jene Wasserfläche als Element und Bestandteil in die Wiener Stadtkultur ein und wird im Zuge ihres Wahrgenommen-Werdens zur kollektiven Reflexion gebracht. Nicht länger erscheinen die Wasser des Donaukanals als Gegenbild zur urbanen Räumlichkeit, wie dies über weite Streckenverläufe des Wiener Handelskais noch heute der Fall ist. Die Wasser des Donaukanals sind von der subjektiv-visuellen Stadtwahrnehmung zu einem Teilaspekt des Wiener Stadtbildes *objektiviert*, gar entrückt worden und erhielten schließlich Einzug in die Stadtidentität Wiens. Individuell empfundene Atmosphäre und leibliche Anwesenheit am Wasser – derart disziplinierte Wasser *sind* Stadt; und ihre »Bewegung *im Fluss*« wird nicht nur als *der Stadt zugehörig* wahrgenommen und als Stadtteil angesehen, sondern *als* Stadtkultur selbst empfunden.

---

wäre auch der zwischen 1797 und 1803 gebaute Wiener Neustädter Kanal zu nennen, der bis zu seinem Verfall (ab dem Ende der 1870er-Jahre) als Transportkanal für Rohstoffe und als Handelsweg diente, vgl. Hradecky, J.: *Wiener Neustädter Kanal*.

Abbildung 9: Donaukanal (um 1889), Blick über die Radetzkybrücke und die ehemalige Franz-Josephs-Kaserne in Richtung Franz-Josefs-Kai, vor diesen gelegen das Ufergelände der späteren Urania.

Venedig in Wien – eine imaginäre Stadtkultur im Wasser

Historisch geprägte Stadtbilder ähneln oftmals dem Phänomen der spiegelnden Wasseroberfläche eines Stroms: nie vollends zur Ruhe kommend, niemals stillstehend, immer in Bewegung und in ihrem Werden einem mäanderförmigen Weiterströmen unterworfen, das den je eigenen stadtkulturellen Metamorphosen im Fluss gleicht. Im atmosphärischen Spiel einer Stadtkultur am Wasser ist das Naturelement sohin auch *„jene Flüssigkeit, die die inneren und äußeren Räume unserer Imagination durchnäßt […], weil […] Wasser eine nahezu unbegrenzte Fähigkeit hat, Metaphern mitzuführen; und zweitens, weil Wasser auf noch subtilere Weise als Raum immer zwei Seiten besitzt. Als Stoff für Metaphern ist Wasser ein beweglicher Spiegel. Was er ausdrückt, spiegelt die Moden des Zeitalters; was er zum Vorschein bringt und was er in sich brechend vorenthält,* *verbirgt die darunterliegende Substanz.*"[82] Als Räume der Imagination und als Spiegelungen von Stadtkulturen am Wasser sind Disziplinierungsleistungen nicht immer in *realen* Städten zu finden; vielmehr erlaubt es ihre Inszenierbarkeit *zur-Schau-gestellte* Orte aquatischer Kultivierung und Technisierung aufzusuchen. Aus diesem Grund sind und waren gefühlte Atmosphären von leiblicher Anwesenheit[83] in Wien nicht mit Notwendigkeit auf die natürlichen Wasserläufe oder die Donau-Auenlandschaft beschränkt.

Ursprünglich selbst in die Auenlandschaft der Donau eingebettet, war der Prater zunächst kaiserliches Jagdgebiet der Habsburger, bis er Ende des 18. Jahrhunderts von Joseph II. für die Wiener Bevölkerung als Naherholungsgebiet zugänglich gemacht wurde. Rasch siedelten sich im sogenannten *Wurstelprater* Kaffeesieder, Kleingewerbetreibende und Wirte an, während weite Teile des *Grünen Praters* naturbelassen verblieben. Auf dem Pratergelände errichtet, sollte im Frühjahr 1895 – gleichsam als eindrucksvolles Zeugnis einer künstlichen, nachgebauten *Stadtkultur im Wasser* – die spektakuläre Ausstellung und Vergnügungsstadt »Venedig in Wien« eröffnet werden. Die eindrucksvolle Attraktion als Teil der Wiener Unterhaltungsindustrie verfehlte ihre Wirkung nicht, obgleich sie durchaus Vorläufer in anderen europäischen Großstädten hatte: Ein erstes „*Projekt dieser Art* [war] *in London* [1890] *entstanden, 1894 ein weiteres in Berlin. Während ›Venedig in London‹ eher bescheiden im Wesentlichen aus einer Wasserbühne und gemalten Kulissen bestand* […], *machte man sich in Berlin die Spree bei der Anlage einer Wasserstraße zunutze, die man mit Gondeln befahren konnte, vorbei an Gebäuden, die aber eher an Kulissen erinnerten. Dennoch, bei ›Venedig in Berlin‹ handelte es sich nicht mehr um eine Bühne, sondern um einen Schauplatz.*" In Wien wiederum wurden gleich drei „*Inseln, sogenannte Campi,* […] *durch ein Kanalsystem verbunden* [und] *die Viadukte am Praterstern wurden zum beeindruckenden Haupteingang der nachgebauten Lagunenstadt umgestaltet. In Venedig*" wurden zudem „*speziell angefertigte Gondeln* […], *dazu Gondoliere, Sänger aber auch Aussteller*" organisiert. Baulich hatte man neben einer „*Nachbildung venezianischer Palazzi und der panoramamäßigen Präsentation des Markusplatzes* […] *eine Reihe anderer Spektakel*" errichtet, darunter eine „*Osteria Populare,* […] *ein Cafe* […] *und Champagnerpavillons*", zudem gab es eine kontinuierlich wachsende Zahl von

---

82 Illich, I.: *H2O und die Wasser des Vergessens*, S. 47
83 Vgl. Böhme, G.: *Architektur und Atmosphäre*, S. 122 f.: begrifflich wird *Raum* als tatsächlicher »Raum leiblicher Anwesenheit« aufgefasst und *Atmosphären* als das, *worin* man sich leiblich anwesend befindet.

Geschäften. Die Wiener nahmen *ihr* Venedig freudig an und es wurde für „*die erste Saison, die aufgrund des langen Sommers bis zum 20. Oktober andauerte, eine Gesamtzahl von über einer Millionen Besuchern*"[84] verzeichnet, darunter zahlreiche Stammgäste, die beinahe täglich kamen.

Entscheidend ist, dass dieser scheinbaren Marginalie der Wiener Stadtgeschichte allerdings spezifische Qualitäten inhärieren: zunächst als Erlebnisraum, der eine alltagskulturelle Sozialisationssphäre mit durchaus spezifischen Sinnpraxen, Aspekten des Populären und lebensweltlicher Symbolträchtigkeit darstellte; sodann mit Bezug zur Wasserdisziplinierung selbst. Denn die Inszenierung und Zurschaustellung hydrotechnischer Disziplinierungskapazität rückte die Ausstellung nicht nur in ein gewisses Naheverhältnis zu den Phänomenen von Machtvisibilität und Prestigepotenzial – wie dies in Reinform etwa im Schlossgarten von Versailles zu beobachten ist –, sondern erzeugte selbst, in einem Kontext »künstlicher Stadtkultur«, begehbare Atmosphären im Wasser. Machten gerade diese den Reiz der Ausstellung aus, handelt es sich beim „*Studium der Atmosphären [...] um die Frage, wie man sich in Umgebungen bestimmter Qualitäten fühlt, d. h. wie man diese Qualitäten im eigenen Befinden spürt. Über solche Befindlichkeiten kann man sich nun durch Angabe von Charakteren verständigen. [...] Die Atmosphäre einer Stadt ist die subjektive Erfahrung der Stadtwirklichkeit, die die Menschen in der Stadt miteinander teilen.*"[85]

Übertragen auf Kollektive bot *Venedig in Wien* seinen Besuchern nicht nur ein Wechselspiel aus subjektiv empfundener Stadtkultur im Wasser und einem gleichzeitigen Erleben von Wasser im Rahmen derselben, der Themenpark vermochte darüber hinaus in seiner künstlich geschaffenen und doch imaginären Stadtwirklichkeit, Venedig als Sehnsuchtsort tatsächlich *nach Wien* zu bringen. Die als Multiperspektivierung lesbaren subjektiven Wahrnehmungsmomente erweckten im Erleben jener stadtkulturellen Symbiose aus Räumlichkeit und disziplinierten Wassern, Erinnerungsbilder venezianischer Stadtkultur auf Basis einer romantisierenden Sentimentalität und wachen Aufmerksamkeit, die ihrerseits, wie bereits die oben angeführte »schöne Aussicht«, vom zivilisatorischen *Druck der Großstadt* zu entspannen wussten.

---

84 Horak, R.: ›*Musik liegt in der Luft...*‹. *Die »Welthauptstadt Wien«. Eine Konstruktion*, S. 202 ff.; vgl. zudem Maderthaner, W.: *Die Logik der Transgression*, S. 121 ff., für die Inszenierung dieser populären Massenunterhaltungsstadt.
85 Böhme, G.: *Architektur und Atmosphäre*, S. 132 ff.

Abbildung 10: Venedig in Wien (um 1895) im Wiener Prater

Das zu-sich-gekommene atmosphärische Spiel – oder: vom Flaneur am Wienfluss

Paradigmatisch zeigt sich das zuvor erwähnte Vertreiben und Verstecken naturwüchsiger Wasserläufe im Stadtkontext insbesondere am Wienfluss. Vermittels baulicher Methoden und Instrumente der Wasserdisziplinierung wurde der Flusslauf zunächst durch Einzelmaßnahmen begradigt und teilreguliert, bevor *die Wien* im Zuge der umfangreichen Wiener Stadtneugestaltung Ende des 19. Jahrhunderts schließlich eingewölbt wurde. Die damit verbundenen atmosphärischen Konsequenzen am Gegensatzpaar α (*Differenzraum*) können als durchaus weitreichend bezeichnet werden, da sie nicht nur die kollektive Stadtwahrnehmung, sondern mittelfristig auch die Stadtidentität als solche betrafen.[86] Über Jahrhunderte war der noch unregulierte Wienfluss als Naturlandschaft in

---

86 Es scheint an dieser Stelle nicht geboten, eine umfassende umwelthistorische Untersuchung vorzulegen, die die Disziplinierungsmaßnahmen *an der Wien* – eingebettet in ein Spannungsfeld sozioökologischer, sozialanthropologischer und kulturgeschichtlicher Aspekte (»Natur-Kultur-Diskurse«) – im Durchgang der vergangenen

der Stadt für azyklisch auftretende historische Hochwässer verantwortlich, wie jenes im Frühjahr 1851, welche das Einzugsgebiet überschwemmten und die Wiener Vorstädte überfluteten.[87] Die frühen katastrophen- und hochwasserinduzierten Einzeleingriffe sowie punktuellen Maßnahmen der Teilregulierung, vornehmlich zur Absicherung bzw. Bebauung der Ufer und zur Ansiedelung von Industrie- und Gewerbetreibenden, ließen *die Wien* zunächst nur weiter flussabwärts über die Ufer treten; der Fluss konnte schlicht keinen Auslauf in die weitläufigen Einzugs- und Auenlandschaften mehr finden. Eine *Disziplinierung der Wien* im Sinne einer stadtplanerischen Gesamtaufgabe, d. i. der raumstrukturellen Einbettung und urbanen Einbindung des Gewässerlaufes, erfolgte erst im Anschluss an die Verbauung des Wiener Glacis, die Errichtung der Ringstraße (Eröffnung 1865) und die Eingemeindung der ehemaligen Vorstädte und Vororte (sukzessive ab 1850). Schließlich war die Regulierung *der Wien* ab 1894/95 in Angriff genommen worden. Als wasser- und städtebauliches Großprojekt stellt die Einwölbung des Wienflusses noch heute sinnbildlich eine Disziplinierung des Wassers dar, die in doppeltem Maße entlang der Bruchlinie von Verräumlichung verläuft. Zunächst ließ das Abtragen der ehemaligen Stadtbefestigungsanlagen am heutigen Ring einen *Differenz-* und *Grenzraum* am Wiener Glacis und beim Karlsplatz entstehen, der vorerst als geradezu »zwischenstädtisches Gebiet« entrückter Örtlichkeit zwischen innenstädtischer Räumlichkeit und den rasch urbanisierenden Vorstädten bestand.[88]

---

200 Jahre Wiener Stadtgeschichte beleuchtet. Wäre damit eine singuläre Ausformung der Wiener Wasserdisziplinierung in einer der Gesamtuntersuchung unverhältnismäßigen Form hervorgehoben, so lassen sich anhand der wasserbaulichen Disziplinierungsleistung des Wienflusses einige entscheidende Grundcharakteristika der Disziplinierung des Wassers in ihrer stadtkulturellen Einbettung abnehmen; vgl. auch Pollack, G.: *Using and abusing a torrential urban river: the Wien River before and during industrialization.*

87 Verantwortlich hierfür sind u. a. die geologischen Gegebenheiten im Wienerwald, die die Wassermengen – etwa bei Niederschlägen oder bei Tauwetter (Schneeschmelze) – relativ rascher abfließen als im Boden versickern lassen; hinzu kommt ein vergleichsweise breites Flussbett bei niedrigen Einzugs- und Ufergebieten. Die stark schwankende Wassermenge kann zu einem zügigen Anschwellen des Flusses führen – bei Hochwasser um mehr als den *Faktor 2000* –, was auch die enormen Stützmauern des Wienflusses erklärt, die bei normalem Pegelstand deshalb als geradezu überdimensioniert erscheinen.

88 Vgl. Horak, R.: *Wiener Beiträge zur Moderne und Hypermoderne*, S. 251: „*Vorstadt/ Peripherie bezeichnet aber auch ganz bestimmte Lebenswelten, Mentalitäten, die bestimmt sind von einem Umfeld und Milieu, das kulturelle Transformation und rasante industrielle Entwicklung anzeigt. Ländlich-agrarische Bewußtseins- und Lebenswelten,*

Als ebensolches zwischenstädtisches Gebiet „*einer gesamtgesellschaftlichen Wahrnehmung*"[89] zwar weniger *entzogen* – denn das Glacis wurde als Naherholungsgebiet sowie als Freifläche für Märkte und Gewerbebetriebe genutzt –, konnte jener *entleert-naturbelassene Raum* jedoch als „*Transitbereich, ein raumzeitlicher Ort des Übergangs, des Dazwischen*"[90], gedeutet werden. Erst durch die Disziplinierung und *Verordnung* des Wienflusses in den Untergrund, durch seine Einwölbung und anschließende Überbauung, konnte an jenem Ort ein stadtkultureller Verdichtungsprozess bisher ungekannten Ausmaßes stattfinden: Altstadt und Vorstädte verschmolzen und sollten bald ein erweitertes städtisches Zentrum bilden, das heute die inneren Wiener Bezirke formt, wie etwa der Naschmarkt am Areal der Wienflusseinwölbung.

Abbildung 11: Ansicht in Blickrichtung Karlskriche, im Vordergrund die ehemalige Elisabethbrücke über den noch unregulierten Wienfluss (um 1895)

---

eingebunden in rasch verlaufende Veränderungs- und Urbanisierungsprozesse, die den die Vorstadt insgesamt kennzeichnenden Übergangscharakter reflektieren."
89 Hauser, S.; Kamleithner, C.: *Ästhetik der Agglomeration*, S. 13
90 Sailer-Wlasits, P.: *Uneigentlichkeit*, S. 110

In zentralisierender Kulturraumverdichtung wurde sohin qua Wasserdisziplinierung ein geradezu *angrenzender Atopos* in einen *urbanen Topos* transformiert, eine verschwommene Peripherie- und Grenzzone als innerstädtisches Zentrum eingeholt und im Maße ihres Eingeholtwerdens vollends verstädtert. Gleichzeitig ist die Disziplinierung *der Wien* in ihrer Einwölbung auch als *Verdrängung des Wassers* im Stadtkontext lesbar. Denn das faktische Zum-Verschwinden-Bringen jenes ehemals freifließenden Flusslaufes hat diesen weniger im tatsächlichen Stadtbild Wiens, als in der kollektiven Wahrnehmung, in Gedächtnis und Stadtreflexion, vielerorts zum Verblassen gebracht. Doch nicht nur der Flusslauf in seinem stadtkulturellen Bedeutungsspektrum samt des Drohszenarios seines Über-die-Ufer-Tretens, sondern auch die architektonisch-wasserbauliche Relevanz ebendieser Disziplinierungsleistung wären dem Vergessen noch weitaus stärker preisgegeben, träte der Fluss nicht nochmals in der *künstlichen Naturlandschaft* des Stadtparks aus dem Untergrund hervor und ergösse sich entlang der Wienflusspromenade, um schließlich in den Donaukanal einzumünden.

Abbildung 12: Die Wien, Blick von der rechten Wienflusspromenade im Stadtpark (1954)

Es scheint, als vermittle obenstehende Fotografie, die als kulturhistorisches Dokument in *Abbildung* des atmosphärischen Spiels der Wasserdisziplinierung gelesen werden kann, ein zentrales Moment jenes übergegangenen In-sich-Reflektierens von Stadtkultur am Wasser. Im Rahmen einer theoretischen Darlegung des Spannungsfeldes aus Stadtkultur, Stadtbild und Stadtwahrnehmung wurde bereits darauf hingewiesen, dass die durch Sehtraditionen geübte Stadtwahrnehmung in der Lage ist, einen »stadtkulturellen Horizont« erwachsen zu lassen. Dabei ist die spezifische *Form*, die dieser Horizont auf kollektiver Ebene *abbildet*, »Stadtgestalt«. Zunächst bedeutet dies, dass „*Stadtgestalt [...] kein in der physischen Realität, sondern ein in der Perzeption existierendes Gebilde, ein Konstrukt gelernter Wahrnehmungsinterpretationen*"[91] ist – man denke in diesem Zusammenhang auch an Venedig als Stadtkultur im Wasser. Indem die Perzeption zudem im Sinne der *Multiperspektivierungen* urbaner Raum-Zeit-Praktiken zu begreifen ist, scheint auch die Stadtwahrnehmung gerade *durch diese* über eine bloße Perzeption hinausgegangen zu sein – und zwar just in dem Moment, da die Subjekte im Erleben von Stadtwirklichkeit beginnen, ein Stadtbild aktiv mitzuprägen. Vor allem aber ist der Verweis auf die Interpretation bzw. Interpretierbarkeit von *Stadtwahrnehmungsmomenten* durch die, *ebenjene* reflektierenden Subjekte elementar. Denn im Maße multiperspektivischer Raum-Zeit-Praktiken werden verschiedenartige identitätsstiftende Vergangenheiten ins Spiel gebracht, sohin eine genuin urbane Erinnerungskultur geschaffen. Als soziokulturelle Konstruktion ist diese nicht nur imstande spezifische Erinnerungsszenen, wie etwa an den »Mythos Alt-Wien« (neu) zu erwecken, präsent zu halten oder gar politisch zu instrumentalisieren, sondern kann im Zeitverlauf auch wesentlich auf die Identität von Stadtkultur zurückwirken.

Am eindrucksvollsten können diese Zugänge zur Stadtkultur und zu den urbanen Multiperspektivierungen anhand der Figur des Flaneurs dargestellt werden. Denn ohne dass durch sein Flanieren *allein* die gebaute Substanz oder die Grundstrukturen städtischer Sozialisationsmuster und urbaner Lebensbedingungen tatsächlich je verändert würden, scheint es dem Flaneur doch möglich, die einer Stadt inhärenten *Raum-Zeit-Strukturen* aufzubrechen. In Anlehnung an W. Benjamins Passagenwerk hat P. Sailer-Wlasits dazu eine Analyse zum »drohenden Verlust des Ursprungs« vorgelegt, in der unter anderem auch die „*Zielsetzung*" des Flaneurs dargelegt wird: Diese sei „*keiner durch räumliche oder zeitliche Koordinaten nachvollziehbaren Orientierung*" unterworfen; vielmehr bestehe sie „*primär aus einem ästhetisierenden Nachverfolgen*

---

91 Horak, R.: *Wiener Beiträge zur Moderne und Hypermoderne*, S. 251

von Spuren", die das Momentum eines *Nicht-verklungen-Seins* in sich tragen. Die Spurensuche des Flaneurs bewegt sich „*in ihrer gesamten, bisweilen opulenten Heterogenität* [...] *zwischen durchgeistigtem Promenieren und der Wahrnehmung*" der ihn umgebenden Stadtlandschaft, nur um sich im nächsten Augenblick wieder in einem empfindsamen Nachsinnen über Gewesenes *zu verlaufen*. In diesem „*seinem archäologischen Verlangen entdeckt der Flaneur nahezu vergessene Pfade und verwischte urbane Spuren* [...]. *Seine Leistung besteht darin, sich auf das städtische Getriebe*" – also auch auf die »Maschine Stadt« und ihre räumlich-zeitlichen Ordnungspraktiken – „*einzulassen und gleichzeitig eine reflexive Distanz eines Nicht-Verführbaren zu wahren.*" Darüber hinaus werden gerade für den Flaneur die Ungleichzeitigkeiten, und zwar nicht nur in der tatsächlich gebauten Substanz, sondern v. a. in der stadtkulturellen Struktur als solcher, in *erinnernder Vergegenwärtigung* ihres ursprünglichen Dagewesenseins, mitunter schmerzlich fühlbar: „*Promenierend balanciert er im Zustand gediegener Ungleichzeitigkeit zwischen jenem imaginierten Zeitraum, in dem die Spuren mutmaßlich entstanden sind und den jeweiligen Zeitpunkten, an denen er diese wahrnimmt, als irreversibel Vergangenes reflektiert und in vielen Fällen als Abwesendes bedauert.*"[92] Durchfühlt der Flaneur auch die Lücke jenes stadtkulturellen Dagewesenseins, so sind seine Eindrücke, Erinnerungen und sein eigenes zaghaftes Spurenhinterlassen doch von solcher Natur, dass sie über je individuelle Stadtwahrnehmungsmomente *hinaus*- und verstreut in das je gegenwärtige Stadtbild *eingehen*; vor allem jedoch versteht es der Flaneur, damit Stadtidentitäten als solche kulturell aufs Entscheidendste mitzuprägen. Denn er „*empfängt die Heterogenität des Urbanen, lässt sich durch die Ansammlung von Eindrücken sensorisch fluten* [und] *nimmt wahr*"[93] – Benjamin spricht in diesem Zusammenhang auch von einem Eindruck, wie beim „*Anblick großer vergangener Dinge.*" Überdies bestehe mit Benjamin die »wahre Methode« ihrer Vergegenwärtigung darin, die Dinge gleichsam in »unseren Raum« treten zu lassen und nicht umgekehrt: *nicht wir treten in ihren*, es gilt „*sie in unserm Raum* [zu] *empfangen. Nicht wir versetzen uns in sie, sie treten in unser Leben.*"[94] Stadtkulturell begriffen scheint ebenjenes Flanieren nicht zuletzt eine Form von geradezu »expressionistischer räumlicher Praktik« (Certeau) darzustellen, denn es geht nicht nur darum, *dass* und *wie* der Flaneur flaniert, sondern auch darum, was er qua Flanieren tut. Der Flaneur „*manipulates*

---

92 Sailer-Wlasits, P.: *Uneigentlichkeit*, S. 31 f.
93 Ebda., S. 33
94 Benjamin, W.: *Der Sammler*, S. 273

spatial organizations, no matter how panoptic they may be", sein Gehen „*is neither foreign to them* [...] *nor in conformity with them* [...]. *It creates shadows and ambiguities with them. It inserts its multitudinous references and citations into them (social models, cultural mores, personal factors)*"⁹⁵; schließlich gerinnen aus ebensolchen Praktiken *ergangener* Stadtwahrnehmung sukzessive auch neue Modi der Stadterfahrung.

Wenn sich die Disziplinierung des Wassers kulturgeschichtlich auch nirgendwo anders je zeigte, so lässt sie sich doch beim Brückengewölbe des Wiener Stadtparks beobachten, jenem Punkt der Disziplinierung, an dem *die Wien* aus dem Untergrund nochmals reguliert und geordnet hervortritt (s. Abb. 12). Ohne diese ungebührend hervorzustellen, bildet die Wienflusspromenade ein architektonisch-technisches Monument des zu-sich-gekommenen Ineinanderscheinens von Stadtkultur und Wasserdisziplinierung, d. i. jener des Wienflusses, welche die »Bewegung *im Fluss*« zu fassen und damit diszipliniert zu halten weiß. *Als* und *in* Stadtkultur verräumlicht (Gegensatzpaar α) wird hier die »Ruhelosigkeit des Fließens« und die »Stetigkeit des Flusslaufes« als *In-eins-Gesetzte* bewahrt; gleichzeitig wendet die Disziplinierungsleistung fortlaufend die Extremwerte des Gegensatzpaares β (zu viel / zu wenig) ab, indem *die Wien* in einem baulich-regulierten und teils unterirdisch verlaufenden Flussbett in Maß und Form fließt. Oftmals lässt die innerurbane Verräumlichung des Wassers die Disziplinierungsbestrebungen in der kollektiven Stadtwahrnehmung verschwinden. Im Stadtpark kommt es indes am Aus- und Durchfluss *der Wien* zur vollkommenen Symbiose von »ästhetisierter Nutzbarmachung« und »wasserbaulicher Kultivierung«, vermittelt und dargestellt als *Naturalisierung*. Denn der Wienfluss mündet in die künstliche Naturlandschaft des Stadtparks und damit in eine kultivierte Gartenlandschaft naturästhetischer Gestaltung ein, wobei sich der Flusslauf geradezu nahtlos in ebendiese »künstliche Natur«⁹⁶ eingliedert. Es scheint, dass nur in dieser komplexen Ineinssetzung, jenem dialektischen Prozess des *sich-vermittelnden Übergehens* durch Differenzsetzung und des verflochtenen In-sich-Reflektierens, eine Stadtkultur *am* und *als* Wasser möglich ist. Obgleich die Ausprägungsstufen und Erscheinungsformen divergieren mögen, war und ist ebendieses atmosphärische Spiel aus Wasser

---

95 Certeau, M.: *The practice of everyday life*, S. 101
96 Vgl. Böhme, G.: *Natürliche Natur*, S. 187: Der Begriff der »künstlichen Natur« strebe einer gewissen technischen »Nachahmungsbeziehung« nach, enthalte darin aber „*keineswegs ein Paradox, weil* [...] *das Wesen der Technik ja gerade darin besteht, die Natur nachzumachen. Werke der Technik sind deshalb eo ipso künstliche Natur. Sie sollen, was sonst die Natur von selbst zuwege bringt, mit menschlichen Mitteln*

und Raum kulturgeschichtlich ausschließlich im Rahmen disziplinierter Wassersphären möglich. *Dass* jenes atmosphärische Spiel indes auch erlebt werden muss, um es im tieferen Sinne zu erfahren, auch hierin kann die Bedeutung des Flaneurs in stadtkulturellen Kontexten, mithin die Lebendigkeit von Stadtkultur als solcher *ergehen.*

---

erreichen, sie sollen Natürliches ersetzen, verstärken oder funktionale Äquivalente schaffen."

Im Schlagschatten der Disziplinierung. Zur historisch-anthropologischen Bedeutung von Bad und Schwimmen

> *„Geehrte Festgäste! Ich habe zugegebenermaßen einen Weltrekord, wenn Sie mich aber fragen würden wie ich ihn erreicht habe, könnte ich Ihnen nicht befriedigend antworten. Eigentlich kann ich nämlich gar nicht schwimmen. Seit jeher wollte ich es lernen, aber es hat sich keine Gelegenheit dazu gefunden."*
>
> Franz Kafka[1]

An diesem Punkt der Erkundungen eine Kulturgeschichte von »Bad und Badekultur« unternehmen zu wollen, erschiene auf dem Weg zum *gemeinsamen Grund* der Disziplinierung des Wassers ungebührenden Spielraum zur thematischen Ausuferung zu gewähren.[2] Zugleich kommt *das Bad* in einem

---

1 »*Der große Schwimmer*« in: Kafka, F.: *Nachgelassene Schriften und Fragmente II*, S. 254–257 (hier S. 256): Zunächst finden sich in der zitierten Textstelle die Motivlagen von *Furcht* und *Differenz*. Jene Furcht gesteigerter Erregtheit und emotionaler Anspannung ertappt und coram publico (als Nichtschwimmer) entlarvt zu werden. Zum anderen trägt das Fragment auch typische, geradezu traumartig anmutende Züge einer beinahe grotesk-unverbundenen Vertrautheit in sich. Zwar könnte das darin beschriebene sprachliche *Nicht-Verstehen* als Ignoranz bzw. Aneinander-Vorbeireden gedeutet werden, allein den Schwimmmeister stört gerade *dies* nicht. Es scheint sich vielmehr um eine Differenz *zur* Heimat – wie er *diese* erinnert und verlassen hat – zu handeln: er war es, der sich durch den Weltrekord verändert und gerade in diesem Prozess von der Heimat *entfernt* hatte. Sein Zurückkehren in die Heimat macht diese, *seine Entfremdung* anhand der Sprache spürbar. Das Fragment, um 1920 und als ein Teil der sogenannten *Konvoluten* verfasst, weist ob der Schwimmthematik zudem eine gewisse biografische Komponente auf, war Kafka selbst begeisterter Schwimmer. Gerade sein Vater war es gewesen, der ihn in Kindertagen zur Civilschwimmschule, einer Badeanstalt in der Moldau, mitnahm; vgl. Binder, H.: *Kafka. Ein Leben in Prag*, S. 41. Selbst am Tag der ersten deutschen Mobilmachung, am 2. August 1914, notierte Kafka in sein Tagebuch einen irritierend anmutenden „*Eintrag* […], *mit dem er der Welt den Rücken zuwandte* […]: »*Deutschland hat Russland den Krieg erklärt. – Nachmittag Schwimmschule.*« *Das war kalt und komisch, doch es war alles, was es zu sagen gab*", zit. nach Stach, R.: *Kafka. Die Jahre der Entscheidung*, S. 535.

2 Aus der umfangreichen Literatur vgl. u. a. Deutsch, K.: *Höfische Bäder in der Frühen Neuzeit*; Bonneville, F.: *Das Buch vom Bad*; Giedion, S.: *Geschichte des Bades*; Grötz, S.: *Balnea. Architekturgeschichte des Bades*; Kiby, U.: *Bad und Badekultur in Orient*

gegebenen stadtkulturellen Kontext einer wesentlichen Erscheinungsart und Bauform aquatischen Disziplinierungsvermögens am Gegensatzpaar α gleich: die bereits zur *Verortung fortgeschrittene Zuweisung* des Naturelements. Es handelt sich demnach um eine *Verortung des Wassers*, die in einer konkreten Anstalt – man denke an Badeanlagen, Strom- und Freibäder – stattfindet; eine Anstalt, die folglich als Ort in Raum und Zeit spezifisch lokalisierbar ist und darin eigengesetzlichen Regelabläufen unterliegt. Dieser Auffassung gemäß eröffnen sich Badeanstalten aller Art in ihrem Disziplinierungswirken unserem Verstehen als Heterotopien (*hétérotopies*). Mit dem Begriff »Heterotopie« bezeichnet M. Foucault „*Orte, die sich allen anderen widersetzen und sie in gewisser Weise sogar auslöschen, ersetzen, neutralisieren oder reinigen sollen. Es sind gleichsam Gegenräume.*" Doch als ebendiese Gegenräume, *contre-espaces*, sind sie mithin keine Utopien, sondern vielmehr „*lokalisiert*[e] *Orte,* […] *real*[e] *Orte jenseits aller Orte*" – kurzum „*diese verschiedenen Räume* […], *diese* [vollkommen] *anderen Orte*" bilden geradezu „*real*[e] *Negationen des Raumes, in dem wir leben.*"³ Foucault sieht damit eine Vielgestaltigkeit unterschiedlichster Heterotopien und differenzierter *espaces absolument autre*⁴ gesetzt, die in ihrer Verräumlichung „*an ein und demselben Ort mehrere Räume, die eigentlich unvereinbar*"⁵ sind, zusammenbringen können. Unterdessen gibt es, angesichts ihrer Verzeitlichung als Heterochronien (*hétérochronies*) gelesen, „*des hétérotopies qui sont liées au temps, non pas sur le mode de l'éternité*" – etwa Museen –, „*mais sur le mode de la fête: des hétérotopies non pas éternitaires mais chroniques*" und schließlich Heterotopien „*liées* […] *au passage, à la transformation.*"⁶ In diesem Modus zeitweiliger Flüchtigkeit und Metamorphose gelesen, erscheinen sodann auch zahlreiche Momente am Wasser, d. i. Momente in Bädern

---

und Okzident sowie Eder, E.: *Bade- und Schwimmkultur in Wien* und Lachmayer, H.: *Das Bad. Eine Geschichte der Badekultur im 19. und 20. Jahrhundert*; für eine Schwerpunktsetzung auf Badereisen und Kurorte vgl. Matheus, M.: *Badeorte und Bäderreisen in Antike, Mittelalter und Neuzeit.*

3   Foucault, M.: *Die Heterotopien*, S. 10 ff.
4   Vgl. Ebda., S. 12 ff.: Angeführt werden private oder heilige Orte; Orte, die eine spezifische Funktion oder gesonderte Aufgabe in einer Gesellschaft erfüllen – Schulen, Krankenanstalten aller Art, Gefängnisse, Militärakademien –, gedacht für Menschen, die „*sich im Hinblick auf den Durchschnitt oder die geforderte Norm abweichend verhalten.*"
5   Ebda., S. 14 ff.; beispielhaft führt Foucault in dieser Hinsicht etwa den traditionellen persischen Garten an.
6   Ebda., S. 46 f.

und beim Schwimmen, die sich in ihrer Disziplinierung stets *nur vorläufig* darstellen. Zwischen Verräumlichung und Verzeitlichung oszillierend, ist jedwede »Geschichte der Badekultur«, sofern sie sich in gebauten Anstalten vollzog, selbst bereits Produkt eines umfangreichen kulturellen Disziplinierungsvermögens. Ein Können, das in Überbrückung von Zeit und Distanz nicht nur die Versorgungsleistung der Anlagen bei Wasserzufuhr und Ableitung sicherstellt (Wasserleitungsfunktion), sondern auch das *disziplinierte Halten* (Wasserspeicherfunktion) im Becken und als Wasserfläche ermöglicht. Im Sinne erfüllter Wasserflächen vollzieht sich in den Badeanstalten sodann eine *doppelte Disziplinierung*: zunächst besteht das Bad als Heterotopie; eine Anstalt *der* und *zur* Disziplinierung des Wassers, eingebettet in einer Eigenlogik der Bäderkultur. Als konkreter, jedoch *anderer Ort*, ist die Badeanstalt als solche innerhalb einer gegebenen Stadtkultur klar lokalisierbar und verortbar. Darüber hinaus sind die Badeanstalten *in* Disziplinierung des Wassers auch jene Heterotopien, innerhalb derer eine »zweite Wasserdisziplinierung« *am* und *durch* den je eigenen Körper vollzogen wird: d. i. Schwimmen als Kulturtechnik einer Wasserdisziplin. Indem dieser Vollzug, diese Bearbeitung des Naturelements in *bereits beckendisziplinierten* Wassern, allerdings in der Flüchtigkeit des Moments stets *nur gegenwärtig* bleibt, offenbart sich jedes erschwommene »Greifbarmachen von Nicht-Greifbarkeit« als aquatischer Augenblick, als heterochronischer Atemzug der Disziplinierung selbst.

Das Bad als Heterotopie und Ort der Vergesellschaftung

Von den frühesten Schwerwasserbauten antiker Hochkulturen, der Festung Masada[7] und wasserbaulichen Disziplinierungsleistungen, die sich im „*Mittelmeerraum [...] von der minoischen Epoche bis in die römische Kaiserzeit*"[8]

---

7 Beeindruckend muten noch heute jene disziplinierten Wasserversorgungssysteme an (Aquädukte, Zisternen, Festungspalast mit Schwimmbecken des Königs Herodes), war es doch gelungen die naturräumlich beschränkten Wasserpotenziale Masadas optimal zu nutzen. Nicht zuletzt zeugen ein „*Schwimmbecken in der Nähe des westlichen Palastes, eine großzügige, öffentliche Thermenanlage im Bereich der Vorratshäuser sowie eine kleine, kompakte Therme im Nordpalast [...] von der großzügigen Bauauffassung*" bei Errichtung jener „*mit Wasser wohlversorgten (Palast-)Festung*" – in: Garbrecht, G.: *Meisterwerke antiker Hydrotechnik*, S. 91.
8 Goethert, K.: *Badekultur, Badeorte, Bäderreise in den gallischen Provinzen*, S. 12: Sowohl in Pompeji als auch Herculaneum lassen sich umfangreiche Bäder- und Thermenanlagen archäologisch nachweisen, samt der „*uns bekannten Einrichtungen [...]: Caldarium – Warmbad, Tepidarium – Lauwarmbad, Frigidarium – Kaltbad,*

erstreckten, über spätmittelalterliche *Badehäuser* und *Badegesselligkeit*[9], bis zum Wiederaufblühen moderner Badekultur – etwa im sogenannten Roten Wien des frühen 20. Jahrhunderts – erfüllte die Disziplinierung des Wassers im städtischen Kontext die elementare kulturgeschichtliche Aufgabe der zähmenden Bändigung und Domestizierung des nassen Elements. Die Bäder- und Thermenanlagen sowie die sich in ihnen entfaltende Badekultur müssen dabei als Anlagen *disziplinierender Verortung*, als Heterotopien *sub specie disciplinae* gelesen werden. Denn in jeder Stadtkultur, ob antik oder modern, musste zunächst eine gewisse kulturelle Höhe der technischen Disziplinierungskapazität erreicht sein, bevor an den Bau von Badeanstalten zu denken war; mit anderen Worten: die Disziplinierung des Wassers musste selbst erfüllt sein, damit in einem zweiten Schritt die weiterführende umfassende Wasserdisziplinierung in ebenjenen Heterotopien überhaupt angedacht werden konnte.

In zusammenschauender Beurteilung der urbanen Bäder- und Badekultur im stadtkulturellen Bezugsrahmen gelangt ein gemeinsames Bild zum Vorschein: ob in Pergamon dank der Wasserversorgung der *Madradağ*-Hochdruckleitung, ob in Rom oder im byzantinischen Konstantinopel[10] durch ein Netz von Aquädukten, Leitungssystemen und Wasserreservoirs oder bei

---

Sudatorium – Schwitzbad und [...] Natatio", eine Art Schwimmbad. In Rom war indes der gewaltige Wasserverbrauch der Thermen weniger an den Zuleitungssystemen als an den Riesenreservoirs zu erkennen. Neben den Diokletiansthermen konnten etwa „die zahlreichen Kammern" der Caracalla-Thermen, in „zwei Schiffen *und in zwei Stockwerken neben- und übereinander angelegt, [...] bis zu 80 000 m³ Wasser aufnehmen. Damit übertrifft dieses Reservoir alle anderen an Größe, auch die spätantiken Reservoire Konstantinopels. Die älteren und nicht minder aufwendigen Traians-Thermen in Rom [...] verfügten über ein Reservoir von ca. 10 000 m³ Inhalt"*, so Tölle-Kastenbein, R.: *Antike Wasserkultur*, S. 126. Obwohl gewisse hydrotechnische Aspekte einander ähneln, können, neueren Untersuchungen zufolge, nur bedingt direkte Kontinuitätslinien (architektonische Vorformen, technische Konstruktionsbelange) von den vergleichsweise simpleren und dekorativ reduzierten griechischen Bädern zu den architektonisch wie technisch anspruchsvollen römischen Bäder- und Thermenanlagen gezogen werden. Zur Technik griechisch-römischer Badeinfrastruktur vgl. u. a. Hoffmann, M.: *Griechische Bäder*; Manderscheid, H.: *The Water Management of Greek and Roman Baths* sowie Ders.: *Römische Thermen*.
9 Vgl. Studt, B.: *Die Badefahrt*, S. 33 ff.
10 Vgl. Tölle-Kastenbein, R.: *Antike Wasserkultur*, S. 128 f.: Im byzantinischen Konstantinopel wurde etwa das *„Yerebatan-Reservoir [...] für das Wasser der hadrianischen Leitung angelegt, später [...] vergrößert und mit Wasser aus dem Valens-Aquaeduct aufgefüllt. [...] Das bekannteste Reservoir Konstantinopels, das unter Justinian seit 528 erbaute Binbirdirek [...], wird* [indes] *einem Architekten der Hagia Sophia, dem*

der Untersuchung islamischer Badekultur (u. a. *Hammām* als öffentliches Badehaus) – das Erblühen einer veritablen städtischen Badekultur in baulichen Anstalten und Heterotopien der Wasserdisziplinierung schien in zahlreichen Kulturen erst nach erfolgreicher Überbrückung von Distanz und Zeit zu glücken. War die *„Entstehung von Kulturen wie auch deren Blüte, ja überhaupt jegliche Entwicklung von Zivilisation unweigerlich mit den Wasserressourcen und der Fähigkeit, Wasser zu stauen oder aus weiten Entfernungen zu leiten, verbunden"*[11], so gilt dies umso mehr für die Entwicklung urbaner Badekulturen und die Entfaltung des Schwimmens als Kulturtechnik aquatischer Disziplinierung. In allen Völkern und Zeiten musste die *Technisierung* in ihrer Wasserzuleitungs- und -speicherfunktionalität so weit vorangeschritten sein, dass ebensolche Bade-Heterotopien überhaupt gebaut werden konnten. Anknüpfend an die dargelegte Korrelation zwischen höhergradigen Disziplinierungsleistungen und dem Aufblühen von Stadtkultur, dürften sohin auch Aufschwungserscheinungen urbaner Badekultur und vor allem eine damit verbundene Selbstreflexion *in* Stadtkultur untrennbar mit einem technisch optimierten Wasserdargebot qua Regulierung und Nutzbarmachung des Naturstoffs verbunden bleiben. Selbst die antike Hochblüte römischer Badekultur konnte erst zur Entfaltung kommen, nachdem ebenjene Technisierungsleistungen vollzogen waren: *„The great bath complexes, such as, at Rome, the Baths of Caracalla or Diocletian, where citizens in their thousands met [...] were voracious consumers of water, often requiring a complete aqueduct to serve them. Thus, while once the aqueduct was built and running some of its water might be diverted for drinking and domestic use, its major purpose was normally to supply the baths. Seen in this light, the Roman aqueducts became largely a social and recreational facility rather than a public utility."*[12] Zugleich muss für die Hochblüte römischer Badekultur konstatiert werden, was schon für andere wasserbauliche Einrichtungen galt: Da die *„Thermen [...] den Fall des Römischen Reiches nicht lange"* überlebten – eine Tatsache, die Historiker sogar zur These veranlasste, diese seien *„der weitreichendste und zutreffendste Ausdruck römischer Lebensweise"*[13] gewesen –, lässt sich ex negativo wohl festhalten, dass die wasserbauliche Disziplinierungskapazität einer Gesellschaft in

---

Anthemios von Tralles zugeschrieben. Es wurde ebenfalls durch die hadrianische Wasserleitung" gespeist.
11 Vgl. Kek, D.: *Der römische Aquädukt als Bautypus und Repräsentationsarchitektur*, S. 19
12 Hodge, T.: *Aqueducts*, S. 47
13 Bonneville, F.: *Das Buch vom Bad*, S. 33

Fällen versagender staatlicher Kontroll- und Ordnungsfunktionen eine stark rückläufige Tendenz, bis hin zum Verfall, aufzuweisen scheint; zwar nicht stets in unmittelbarer Gleichzeitigkeit, doch in Form und nach Gestalt einer *korrelierenden Wechselwirkung*.

Neben Körperertüchtigung, Gesundheits- und Hygieneaspekten sowie in ihrer herrrschaftsstabilisierenden Funktion im Imperium Romanum, waren die antiken Badeanstalten seit jeher *Orte der Vergesellschaftung*, eingebettet in eine bestehende Stadtkultur und urbane Umgebungslandschaft. Wurden in diesen Heterotopien gewisse Praktiken abgegrenzt, lokalisiert und ritualisiert, was wiederum auf die philosophisch-religiös konnotierten Semantiken derselben hinweist, so gaben die „*Stellung, die dem Bad zugebilligt* [war] *und die Art, wie es mit dem Leben verflochten*" wurde, oftmals „*Auskunft darüber, wie weit das Wohlergehen des Einzelnen als Teil des Gemeinschaftslebens eingeschätzt*" worden ist. Ebendiese »Eingliederung ins Kulturganze« unterlag in den unterschiedlichen Epochen teils erheblichen Wandlungen. Entspannung und Regeneration waren etwa in der Antike, im „*Islam und bis zu einem gewissen Grad auch*" im Mittelalter in „*die unabweisbaren Pflichten der Gesellschaft eingereiht* [worden]. *In der Renaissance geht es mit dieser Einstellung bergab. Dies führt im siebzehnten und achtzehnten Jahrhundert fast zu einem Vergessen der Körperpflege*"[14] und Regeneration, bis gegen Anfang des 19. Jahrhunderts das Baden und damit auch Badekultur und Schwimmen sowie neuartige Kuren, wie etwa die *Hydrotherapie*, einen neuerlichen Aufschwung erlebten.[15] Mit Anbruch der Neuzeit und insbesondere ab Ende des 18. Jahrhunderts scheint sich für die Institution *Kurort*, speziell in deren dezidierter Funktion als Thermal-, Dampf- oder Heilbad zu bewahrheiten, dass diese auch „*stets ein System der Öffnung und Abschließung besitzen, welches sie von der Umgebung isoliert.*" Neben der Absolvierung von „*Eingangs- und Reinigungsrituale*[n]" zum Eintritt, treten nunmehr Heterotopien in Erscheinung, die „*ganz der Reinigung dienen, einer halb religiösen, halb hygienischen Reinigung wie im Fall des muslimischen Hammam oder einer scheinbar ausschließlich hygienischen Reinigung wie im Fall der skandinavischen Sauna, die jedoch gleichzeitig mit allerlei religiösen*

---

14 Giedion, S.: *Geschichte des Bades*, S. 7; hier finden sich auch weiterführende kulturkritische Betrachtungen zum Spannungsverhältnis aus Regeneration (rituelle Bäder, Zeremonien, Waschungen) und Vergesellschaftung.

15 Auch im Wien des späten 19. Jahrhunderts erblühte die Badekultur erst *nachdem* das Leitungsnetz der beiden Hochquellwasserleitungen errichtet worden war; erst durch diese konnten große Mengen an Brauch- und Trinkwasser *diszipliniert* an die Stadt herangebracht und dort gespeichert, verteilt und genutzt werden.

und naturistischen Bedeutungen aufgeladen ist."[16] Ein Teil der Eigenlogik von Bäder-Heterotopien ist in deren Charakteristika von Regeneration, Reinigung sowie gesundheitlicher Kur und Heilung zu finden, allerdings erschöpft sich diese darin nicht. Kam den Badeanstalten kulturgeschichtlich eine wichtige *vergesellschaftende Rolle*[17] zu, so lässt sich der Bogen weiter zu Gesichtspunkten unmittelbarer Körperlichkeit spannen: von Ertüchtigung und Körpererleben über deren ideologische Instrumentalisierung bis hin zu Aspekten von Körperkult, Freikörperkultur und Privatheit (Privatbad).[18] Dass diese Charakteristika nicht nur epochenspezifisch für einige neuzeitliche Bäder, sondern vielmehr kulturgeschichtliche Geltung entfalteten, zeigen zahlreiche Instanziierungsformen der Disziplinierung des Wassers. Neben der hydrokulturellen Hochblüte zu Zeiten des römischen Badewesens waren es etwa auch die Azteken gewesen, die nicht nur den hygienischen Wert von Wasser, sondern v. a. die vergesellschaftende Funktion des feuchten Elements zu schätzen wussten. Es heißt, dass *„water and its sources were an extremely important resource for the Aztec, who valued cleanliness. Bathing and washing clothes was common practice. Another common practice was the use of steam baths (temazcalli), which were used for both physical and spiritual cleaning. It is said that the ritual steam bath was so important to the Aztec that almost every household had access to one.*"[19] Damit zeigen sich kulturgeschichtlich signifikante Verbindungslinien zwischen aquatischer Technisierung und Kultivierung, d. i. zwischen den hydrotechnischen Aspekten in Errichtung jener Heterotopien und dem je kulturspezifisch kollektiv-reflektierten Symbolgehalt des Wassers.

---

16 Foucault, M.: *Die Heterotopien*, S. 10 ff.
17 Vgl. Matheus, M.: *Badeorte und Bäderreisen in Antike, Mittelalter und Neuzeit*
18 Abgesehen von den Frühformen fürstlicher und privater Baderäume, etwa den römischen *balnea*, war das *„Badezimmer mit fließendem Wasser und seiner Standardeinrichtung von Wanne, Waschbecken und Klosett […] das Resultat eines langen unentschiedenen Schwankens. Es stand im neunzehnten Jahrhundert, und zwar bis in die neunziger Jahre, durchaus nicht fest, welcher Typ des Bades in unserer Periode durchdringen würde"*, so Giedion, S.: *Geschichte des Bades*, S. 39. Für vergleichende Studien zu Privatbad und Badezimmer, die in verschiedenen Völkern und Zeiten Heterotopien *in* und *zur* Wasserdisziplinierung darstellten, vgl. etwa Bonneville, F.: *Das Buch vom Bad*, S. 40 ff. oder Bischoff, C.: *Fürstliche Badegemächer des 16. und 17. Jahrhunderts*, S. 51 f.
19 Aguilar-Moreno, M.: *Handbook to Life in the Aztec World*, S. 53

Soziokulturelle Schlaglichter moderner Bäder- und Badekultur

Im Europa des späten 18. und frühen 19. Jahrhunderts sukzessive in fürstlichen Kurzentren und aristokratischen Modebädern institutionalisiert, scheint es ebenjene vergesellschaftende Funktion des Wassers gewesen zu sein, die schon bald auch bürgerliche Schichten anzulocken vermochte. Relativ rasch wuchsen die zahlreichen Bade- und Kurorte zu saisonalen Mittelpunkten und Zentren einer durchaus spezifischen *Vergesellschaftungs- und Kurgesellschaft*[20] heran, die sich im Phänomen der Sommerfrische, dem temporären, sommerlichen Übersiedeln der Städter in ländlichere Regionen manifestierte. Neben ihrer Rolle in Erholungsbelangen, Regeneration und der Teilhabe am gesellschaftlichen Leben zwischen Repräsentation und Unterhaltung in den Kurorten selbst, war die Sommerfrische auch Abbild einer sich herausbildenden »Industrie der Entspannungskultur«.[21] Mitunter könnte auch die moderne Großstadt als kapitalgetriebene und kapitalverarbeitende Produktionsmaschine dazu beigetragen haben, dass neue Gegenpole und eine *Welt der Ausbruchs*, mithin lokalisierbarer Heterotopien der Entspannung, Distinktion und des Entkommens, gesucht wurden. Die Kurorte erfüllten als ebensolche lokalisierbare Heterotopien eine innergesellschaftliche Aufgabe, um der angespannten *Kulturraumverdichtung von Stadt* entfliehen und um vom zivilisatorischen »Druck der Großstadt« entspannen zu können.[22] Zugleich stellt sich dabei die Frage, ob die kapitalistische Produktionslogik der Großstadt ebenjene Gegenorte unter Umständen gar als

---

20 Vgl. Keim, C.: *Eine Welt für sich – Kurarchitektur und Kurgesellschaft in Baden-Baden im 19. Jahrhundert*, S. 81 ff. und weiter S. 85: Dabei bezeichnete „*die Kurstadt des 18. Jahrhunderts einen Raum, der durch das Streben nach Distinktion – und dieses ging seinerzeit vom Adel aus – maßgeblich geprägt war.*"

21 Mit den unterschiedlichen Typen von Dampfbädern, Heilquellen, der Hydrotherapie oder Trinkkuren standen vornehmlich die gesundheitlichen und therapeutischen Belange (*Balneologie*, Bäderheilkunde) sowie Aspekte der Regeneration im Vordergrund – vgl. u.a. Giedion, S.: *Geschichte des Bades*; Muthesius, S.: *The Sanitary Revolution* sowie Kos, W.: *Zwischen Amüsement und Therapie. Der Kurort als soziales Ensemble*. Zudem boten die Kurorte oftmals „*Musik-, Theater- und Tanzunterhaltungen, Gelegenheit zu amourösen Abenteuern und das Glückspiel.*" Im 19. Jahrhundert schließlich werden ebenjene Heterotopien der „*Badekurorte […] immer mehr auch zu Treffpunkten von geistigen und vor allem musikalischen ‚Eliten'. In diesem Zusammenhang sind vor allem Baden-Baden und Bad Ischl zu nennen*", so Mahling, H.: *Residenzen des Glücks*, S. 89 ff.

22 Man denke hier etwa auch an den Semmering: Denn Wien sei schließlich eine „*Millionenstadt, aus deren Kulturtreiben die Menschen gerne auf die reine Höhe flüchten, um dort die Wunden zu heilen, die das Leben in den großen Städten schlägt*", so Eduard

Nebenprodukt ihrer Modernisierungsdynamik notwendigerweise mitproduzierte. In jedem Fall benötigte es hierfür neuer und spezifischer Anlagen: „*Die Kurgesellschaft repräsentierte eine Welt für sich, die sowohl charakteristische Räume wie spezifische Formen des Verhaltens und des gesellschaftlichen Verkehrs ausbildete.*"[23] Als eigene Form der Heterotopie waren zunächst ebenjene Bade- und Kurorte, wie etwa Opatija, Altaussee, die Österreichische Riviera um Triest und Grado, die Semmeringregion oder auch das Strombad Kritzendorf, abgesonderte und vom urbanen Großstadtleben örtlich entrückte *espaces absolument autre*; näher begriffen waren *dort* deren See- und Strandbäder sowie die, in den großen Hotelanlagen gelegenen Bäder[24] *Anstalten disziplinierten Wassers*, d. h. bauliche Repräsentationen jener wasserdisziplinierenden Heterotopien *in und als* Sommerfrische. Mögen ihre Wellen heute auch verklungen sein, so sind ihre *kulturellen Spuren* u. a. in literarischen Werken, wie Henrik Ibsens »*Ein Volksfeind*« (1882) oder Arthur Schnitzlers »*Doktor Gräsler, Badearzt*« (1914) bis heute in ihrer atmosphärischen Reflexion und Kultivierung des Wassers erhalten geblieben.

Das sich im 19. Jahrhundert intensivierende Badewesen sowie die moderne Bäderkultur umfasste indes weit mehr als Kurzentren, jene örtlich entrückten *espaces absolument autre*. Ab den 1850er Jahren entstanden in den urbanen Zentren europäischer Städte sukzessive zahlreiche Badeanstalten als ebensolche *anderen Orte*.[25] Innerhalb einer Stadt sind Bäder klar lokalisiert; wurden und werden dort gewisse Praktiken abgegrenzt, so erscheinen sie zwar *betretbar*, jedoch werden sie selbst *im Betreten* von ihrer urbanen Erlebnisumgebung *isoliert*. Ihre Verortung als Heterotopien der Disziplinierung des Wassers ist damit von urbaner und *(groß)stadt-gebundener Natur*, ungeachtet aller Charakteristika des je spezifischen Badeanlagentyps. Als Ort der Vergesellschaftung in

---

Pötzl in seinem Text »*Über den Semmering*«, in: Pötzl, E.: *Zeitgenossen. Satiren und Skizzen aus Wien*, S. 141.
23 Keim, C.: *Eine Welt für sich – Kurarchitektur und Kurgesellschaft in Baden-Baden im 19. Jahrhundert*, S. 81
24 Zu nennen wäre etwa die Schwimmhalle im ehemaligen Südbahnhotel oder das vormalige Alpenstrandbad Semmering, vgl. u. a. Kos, W.: *Über den Semmering. Kulturgeschichte einer künstlichen Landschaft*.
25 Neben den Kurorten, Badereisen (Meer-, Natur- und Seebäder) und innerstädtischen Hallen- und Freibädern umfassten diese u. a. auch Flussschwimmbäder – etwa die Wiener Strombäder am Donaukanal oder Badeschiffe – sowie unterschiedliche Formen von Badeanstalten: Badehäuser, Badepavillons, Volksbäder – im Wiener Volksmund auch *Tröpferlbäder* genannt – sowie Dampf-, Schwitz- und Thermalbäder.

moderner Stadtkultur kam gerade der Wiener Bäder- und Badekultur gesellschaftshistorisch eine hervorragende Rolle zu.[26] Schließlich wurde hier durch den Bau von gründerzeitlichen Badeanlagen als auch mit der Errichtung zahlreicher Strand- und Naturbäder die „Meeresstrand- oder Kurbadsituation [...] in den urbanen Raum verlegt."[27] Damit verbunden waren neuartige Grenzziehungen zwischen Öffentlichkeit und Privatheit ebenso wie neue atmosphärische Dimensionen der Sozialisation. Nicht zuletzt kennzeichnete die modernen Schwimmhallen der Gedanke technischer „Naturaneignung und Naturbeherrschung" inmitten von Stadt, entsprachen sie doch mit ihren „gußeisernen Tragwerkkonstruktion[en] [...] den modernen Zweckbauten der Städte

---

26 In diesem Kontext ist zunächst das Dianabad zu nennen, welches ursprünglich als Badehaus mit Badekabinen und Wannenbädern Anfang des 19. Jahrhunderts eröffnet worden war. Nach Umbauten fungierte es ab 1843 als Europas erste überdachte Winterschwimmhalle, wobei die Halle in der Wintersaison als Ball- und Konzertsaal genutzt wurde (u. a. Uraufführung von Johann Strauss' »An der schönen blauen Donau«, 1867); bis ins 20. Jahrhundert erfolgten mehrere Um- und Neubauten des – mit 2020 geschlossenen – Dianabades. Zu den ältesten Bädern Wiens zählen darüber hinaus das ehemalige Sofienbad (heutige Sofiensäle) sowie einige weitere, vornehmlich private Badeanstalten, wie das Römische Bad (1873) oder das Beatrixbad (1888). Im Vergleich zu anderen europäischen Hauptstädten war der Wiener Bäderbau indes rückständig, sollte der städtische Bäderbau doch erst im frühen 20. Jahrhundert zur öffentlichen Bauaufgabe heranreifen. Nach dem Jörgerbad (Wiens ältestes bestehendes Hallenbad, 1914) kamen zu Zeiten des Roten Wien etwa das Amalienbad (1923–26), das Kongressbad (Freibad mit einem ursprünglich 100-Meter-Becken, 1928) sowie das Stadionbad (1931) hinzu. Daneben waren in Wien mit dem Arbeiterstrandbad (1912), dem Strandbad Alte Donau (1918) sowie dem Gänsehäufel (1907) – das auch mit dem Namen Florian Berndl verbunden ist – eine größere Anzahl von naturbelasseneren Sommer- und Strandbädern entstanden. Vgl. weiterführend Eder, E.: Bade- und Schwimmkultur in Wien; Pirhofer, G.: Bäder für die Öffentlichkeit, S. 151 ff. sowie Wurzacher, M.: Mehr Frust als Lust. Die städtische Badeanstalt zwischen sozialem und kulturellem Anspruch, S. 127 ff.
27 Kneissl, F.: Meereswellen aus Hochquellen, S. 139 f.: So etwa im ehemaligen Wiener Dianabad, in dem ein Zusammenspiel „aus unterschiedlichsten Traditionen und Kulturen" baulich in-eins-gesetzt wurde. Gab es dort ein „Wannenbad, das den Badegewohnheiten einer alten Oberschicht" entsprach, während das „türkische Bad aus dem orientalischen Kulturkreis" stammt und „auf symbolische Reinigung und Kontemplation Wert" legt; darüber hinaus das „russische oder finnische Dampf- und Schwitzbad" sowie das „sportive rechteckige Schwimmbad, das der Logik von Militär und disziplinierter Körperertüchtigung entspricht", schließlich das „Brausbad – die ‚Douche' –, die wir als kleinen Wasserfall aus den Kurbädern kennen."

des 19. Jahrhunderts. Allerdings geschah die Berührung des Bürgers" mit diesen Zweckbauten an keinem Ort derart unmittelbar, wie in der Schwimmhalle. Denn „*nirgendwo im städtischen Raum*" stand der „*Bürger diesen mit hochzivilisierten Einrichtungen assoziierten, optisch leichten Konstruktionen so unzivilisiert und nackt*"[28] gegenüber, wie in ebenjenen Heterotopien disziplinierten Wassers. Zuletzt ist es auch um die gefühlte leibliche Anwesenheit an einem lokalisierbaren und doch isolierten *contre-espace* bestellt; ein Ort, an dem sich der Körper *als Körper* selbst fühlt und an dem der sich als Körper reflektierende Mensch zur Selbstanschauung bringt. Seine partielle oder vollständige Nacktheit wird *dort*, in einer Sphäre der Öffentlichkeit, normiert und gleichzeitig zur Schaubühne je individueller Identität.

Die gesellschaftspolitischen und sozialanthropologischen Implikationen ebendieser Körperlichkeit gehen indes weit über das je individuelle Körpererleben *am* und *im* Wasser hinaus. Neben den frühen Bestrebungen zur Naturalisierung des Wassers waren die Frei- und Strandbäder des späten 19. und frühen 20. Jahrhunderts, wie das Wiener *Gänsehäufel* an der Alten Donau, gleichsam Repräsentationen einer unberührten Natur und bürgerliche Naturidylle. Als abgesonderte, vom Druck der Großstadt entrückte *espaces absolument autre*, lagen diese Heterotopien in ihrer Funktion stadtkultureller Gegenräume oftmals selbst am Stadtrand und entsprachen sohin einer „*Öffnung des geschlossenen Raumes der Stadt*", einem „*freie[n] Arrangement von Architektur*" in direkterem „*Bezug zur Naturbasis des urbanisierten Raumes.*"[29] An diesem *freien Arrangement* einer grenzurbanen Verräumlichung brachen maßgebliche soziopolitische Diskrepanzen auf. Die Kultur jener Bade- und Kurorte bzw. der frühen Frei- und Strandbäder blieb im späten 18. und frühen 19. Jahrhundert weitestgehend aristokratisch-bürgerlichen Schichten vorbehalten und stand damit im krassen Gegensatz zur Realität »proletarischen Elends« (Pauperismus) in den Großstädten. Dass die Errungenschaften der Wasserdisziplinierung auch der Arbeiterbevölkerung zugutekamen, vollzog sich hingegen nur stufenweise und über Jahrzehnte:[30] etwa im Roten

---

28 Pirhofer, G.: *Bäder für die Öffentlichkeit*, S. 156 f.
29 Ebda., S. 170
30 Vgl. Ebda., S. 164: Es galt die hygienischen „*Defizite bei der Arbeiterbevölkerung*" – diese hatten sich durch „*den unkontrollierten Zuzug in die Städte und die daraus resultierenden überfüllten Elendsquartiere*" ergeben – gezielt als öffentliche Aufgabe wahrzunehmen und zu bekämpfen. „*Als ‚Zweckbad' (Brause- Wannen- und Duschbzw. Tröpferlbad)*" entstammt die Institution des „*Reinigungsbad[es] des 19. Jahrhunderts [...] der Logik der öffentlichen Bedürfnisanstalt, kompensiert und normiert*

Wien, verstärkt mit Beginn der 1920er Jahre, als der austromarxistische Einfluss neben Hygiene- und Reinigungsaspekten auch ein differenziertes und heterogenes Programm wasserverbundener Erziehungs- und klassenbewusster Identitätspolitik verfolgte.[31] Zwischen neuem Körperbewusstsein und sportlicher Ertüchtigung oszillierend, hatten Arbeiterbadeanstalten und Arbeitersportvereine begonnen, Kulminationssphären entprivatisierter Sozialisation sowie *„sozialdemokratische Manifestation[en] einer sich ausdrückenden Naturbezogenheit* [darzustellen]. *Die Utopie einer neuen Jugend, ein neuer Diskurs vom Körper, formiert[e] sich in Distanz zur Stadt, abgelöst von bürgerlicher Nachbarschaft und sozialer Konfrontation.* […] *Man entwickelte Lebensformen und Techniken der Selbstinszenierung im Rahmen proletarischer"*[32] und urbaner Freizeitkultur. Allerdings zeigten die nachfolgenden Entwicklungen, dass die Implikationen der (Wasser-)Disziplinierung, allen voran die Gedanken der gesunden sportlichen Betätigung sowie der Sozial- und Stadthygiene, auch ideologisch vereinnahmt und pervertiert werden konnten. Im nationalsozialistischen Rassenwahn fungierten »Sauberkeit und Reinheit«, »Disziplin« sowie »Gesundheit und Hygiene« als totalitäre Leitbegriffe: *„Politisch, gesellschaftlich, medizinisch und ästhetisch erlangten Begriffskanon und Verfahren der Hygiene eminente Bedeutung, die vor allem auf den Körper ihren Raum der Entfaltung und observierbaren Manifestation"* finden sollte. Diese Semantiken steigerten sich weiter zum nationalsozialistischen Körperkult, in dessen Sog der Körper unter dem Eindruck einer rassenideologischen Instrumentalisierung von »Disziplin« und »Disziplinierung« zu einem Herrschaftsinstrument umcodiert wurde. In dem Maße, in dem ein neues Idealbild von *Körperlichkeit* und *Volkskörper* auch von den *ideologisierten Gewässern des politischen Bades* und damit von der Bäder- und Badekultur als solcher mitgetragen wurde, erwuchs aus einer Kulturtechnik disziplinierter Körperertüchtigung im Wasser ein machtpolitisch instrumentalisiertes Monstrum in Reproduktion von biologischem Rassenwahn. Unter

---

es doch den unübersehbaren Mangel an Hygiene […]. *In seiner Funktionalität war es definiert für die Arbeit am proletarischen Körper, zur Wiederherstellung körperlicher Stabilität. In diesem Sinne konnten diese Badeanstalten die Erneuerung der Arbeitskraft fördern."*

31 Vgl. Leser, N.: *Zwischen Reformismus und Bolschewismus. Der Austromarxismus als Theorie und Praxis* sowie für Aspekte austromarxistischer Badekultur Pfabigan, A.: *Proletarische Badekultur in der austromarxistischen Gegenwelt.*

32 Pirhofer, G.: *Bäder für die Öffentlichkeit*, S. 175

dem Deckmantel einer vorgeblich »voll- und volksgesunden Disziplinierung« spielte auch die „*Frage der Produktivität* […] *im ,rassenhygienischen' Denken eine große*" und entscheidende Rolle, wobei „*Sauberkeit und Reinheit* […] *vom NS-Regime nicht propagiert* [wurden], *um das individuelle Wohlbehagen des einzelnen zu fördern, sondern um den ,Volkskörper' gesund*"[33] und damit militärisch einsatzfähig zu halten.

In der Nachkriegszeit kam es ab Mitte des 20. Jahrhunderts, Hand in Hand mit neuen architektonischen Strömungen und soziokulturellen Entwicklungen, zu bedeutenden Aufschwungdynamiken im Bereich des Massentourismus und der Massenfreizeitkultur, die schließlich auch das Bade- und Schwimmleben erfassen sollten. Die alten Volks- und Tröpferlbäder verloren durch „*den Einbau von Bädern in Wohnungen*" weitestgehend ihre Funktion gegenüber jenen neuen Hallenbädern, die durch die „*Strömung des Funktionalismus* […] *vielfach auf ein technisches Prinzip*" reduziert wurden. Abgesehen von der Tatsache, dass durch eine derart „*konsequente hygienegeleitete Formreduktion die Raumästhetik fast völlig außer acht*"[34] gelassen wurde, nimmt das moderne, genormt-gechlorte Frei- und Hallenbad heute eine spezifische Rolle ein: Als Heterotopie des disziplinierten Wassers urban eingebettet und doch abgegrenzt, ist dieser artifiziell geschaffene, klinisch anmutende Ort kaum noch als Kulturlandschaft im Sinne einer *Naturalisierung des Wassers* erfahrbar. Denn für die bereits *beckendiszipliniert-eigenschaftslosen Wasser* bedeutet ebendiese sterilisierende Hygienisierung eine völlige Tilgung jedweder wasserhafter Metaphorik, sodass dem nassen Element keinerlei symbolisch-soziokultureller Sinngehalt mehr zukommen kann. Kulturgeschichtlich zeigt sich die Wasserdisziplinierung in diesen Heterotopien zwar in ihrer vergesellschaftenden Funktion, allein auf Kosten einer geradezu *überdisziplinierten Reduktion* des symbolischen Bedeutungsspektrums von Wasser auf die profane Summenformel H_2O. Von allfälligen individualpsychologischen Komponenten abgesehen, erscheint das zeitgenössische Bade- und Bäderwesen daher geradezu als Spiegelbild des modernen Umgangs mit Wasser: an den disziplinierten Beckenwassern lässt sich bei kritischer Betrachtung keinerlei kulturgeschichtliche Trägerrolle des Naturelements »als es selbst« mehr erfahren oder erspüren. Jedwedes Wassererleben ist entweder normierte Schwimmtechnik – d. h. Schwimmen als

---

33 Klamper, E.: *Halte die Poren offen – Körperkultur und Rassenwahn*, S. 172 ff.
34 Wurzacher, M.: *Mehr Frust als Lust*, S. 134

Wasserdisziplinierung *am* und *durch* den je eigenen Körper – oder Reinigung, Erholung und Regeneration bzw. allenfalls ein *Spielen* an Wassern, die höchstens noch als *steril-diszipliniert* zur Reflexion kommen. Das reiche Symbolspektrum, welches das Naturelement dereinst für den Menschen bereithielt, wird in den allermeisten Bäder-Heterotopien ebenso vergessen, wie die kulturgeschichtlichen Leistungen der Wasserdisziplinierung selbst. Allerdings erscheint es denkbar, dass das moderne Bad gerade *dadurch* eine völlig neue Diskursebene erreicht, die vom *natürlichen Wasserdiskurs* nicht mehr berührt wird: Zusatzsemantiken von architektonischer Ästhetik, von Erholung und Freizeit oder sportlicher Leibesertüchtigung und körperlicher Leistungsdispositive treten ebenso in den Diskursraum, wie Aspekte von Körperlichkeit und Körpererleben, von Nacktheit, Scham und Sexualität.[35] „*Reproduzieren diese Räume*" und Heterotopien disziplinierten Wassers scheinbar jene „*generelle Spaltung der modernen Gesellschaft in Arbeitszeit und Freizeit*", so sind sie zugleich auch Räume „*der Muße und insofern auch Indiz für »Reichtum« und Offenheit urbaner Gesellschaft*"; nicht zuletzt dürfte es „*von den inneren Räumen der Wahrnehmung*"[36] abhängig sein, ob und wie weit ihre atmosphärischen Komponenten tatsächlich aufspürbar sind. Zu konstatieren bleibt vorerst, dass die modernen Badeanstalten weniger Lebensräume natürlichen Wassers, als gemacht-geschaffene Erlebnisräume sind; und als diese artifiziellen *contre-espaces* sind sie als Heterotopien *in* und *zur* Disziplinierung des Wassers zu klassifizieren.

---

35 Vgl. Duerr, H.: *Nacktheit und Scham*
36 Pirhofer, G.: *Bäder für die Öffentlichkeit*, S. 151 f.

Das Bad als Heterotopie und Ort der Vergesellschaftung

Abbildung 13: Jean-Auguste-Dominique Ingres – La Baigneuse Valpinçon (1808)

214   Im Schlagschatten der Disziplinierung

Abbildung 14: Georges Seurat – Une baignade à Asnières (1884)[37]

---

37 Als singuläres Sujet tritt in Ingres »Baigneuse Valpinçon« die nacktbadende Frau hervor: erfasst in ihrer Körperlichkeit wendet sie nicht nur ihr Antlitz vom Betrachter ab, überhaupt scheint das Gemälde offenbar gänzlich ohne narrativen Kontext auszukommen. Die Komposition aus gedämpftem Licht, harmonisch betonter Linienführung und figuraler Weichheit verleiht dem weiblichen Rückenakt die intendierte zarte Sinnlichkeit bei gleichzeitiger Reduktion anatomischer Strenge – das Motiv der *Baigneuse* findet sich auch in Ingres »Le bain turc« (1852–59, fertiggestellt 1862). Demgegenüber stellt Seurats »baignade à Asnières« weniger die nackte Körperlichkeit, sondern einen Moment der Vergesellschaftung beim Baden am Seine-Ufer dar: „*Seurat's figures are motionless, and the light and colours of the painting suggest the oppressive heat of a summer afternoon. […] With its modern backdrop and even, bright light, Seurat's picture avoids any romanticizing view of its subject, but despite this the figures are memorable and dignified in their isolation*", so Düchting, H.: *Seurat*, S. 21.

Schwimmen als Kulturtechnik einer Wasserdisziplin

Nachfolgend sollen einzelne soziohistorische Aspekte des Schwimmens und des Schwimmsportes diskutiert werden.[38] Hervorgehoben sei, dass dem Schwimmen und der Disziplinierung des Wassers, kulturgeschichtlich betrachtet, gleichfalls Dynamiken in der je vollzogenen Selbstreflexion des Menschen am Wasser zukommen. Denn das Herausbilden der Wasserkultur einerseits und der Kulturtechnik des Schwimmens andererseits, waren nicht nur langwierige Prozesse, die zivilisatorische Parallelen zum Vorschein brachten, sondern trugen seit jeher auch nachhaltige individualpsychologische und kulturanthropologische Implikationen in sich. Nicht umsonst spielt Platon in seinen *Nómoi* auf die qualitative Höhe dieser Kulturtechnik an, denn *ungebildet* seien diejenigen, die, wie *„man zu sagen pflegt, weder schreiben noch schwimmen"*[39] können. Eingebettet in neuzeitliche Diskurspraktiken darf Foucaults Begriff der »Disziplin« in Form einer Kulturtechnik des Schwimmens sowohl im Freizeit-Erleben als auch als sportliche Wasserdisziplin bzw. Sportart neu in Anspruch genommen werden. Schwimmen wäre demzufolge als Disziplinierung des Wassers *am* und *durch* den je eigenen Körper zu betrachten – und zugleich die Disziplinierung *des Köpers im* Wasser. Die Nähe zum sich im 19. Jahrhundert verbreitenden Ordnungsgedanken in seiner vektoriellen Zielausrichtung auf höhergradige Kontrollmöglichkeiten von Körpern – d. h. reglementiert-geübte Kontrolle und Überwachung aller kleinen Gesten und Detailbewegungen – ist nahezu unverkennbar.

Kulturgeschichtlich sei an dieser Stelle noch herausgestellt, dass sich bereits auf altägyptischen Wandmalereien in der sogenannten »Höhle der Schwimmer« auf dem Gilf el-Kebir-Plateau (im Südwesten Ägyptens) neolithische Piktogramme bzw. Petroglyphen finden, die scheinbar schwimmende Figuren abbilden; auch im Gilgamesch-Epos (Tafel XI), in der Bibel (Apostelgeschichte 27,42 sowie Jesaja 25,11) und in der griechischen Mythologie (etwa »*Hero und*

---

38 Aus der nicht allzu umfangreichen Literatur zu den *dezidiert* kulturgeschichtlichen – und nicht etwa sportwissenschaftlichen – Aspekten des Schwimmens sei auszugweise verwiesen auf Sprawson, C.: *Ich nehme dich auf meinen Rücken, vermähle dich dem Ozean. Die Kulturgeschichte des Schwimmens*; Love, C.: *A Social History of Swimming in England, 1800–1918* sowie Orme, N.: *Early British Swimming, 55 BC-AD 1719. With the First Swimming Treatise in English, 1595*; für einen eher sportgeschichtlichen Überblick zum Schwimmen als Wettkampfsportart vgl. Colwin, C.: *Breakthrough Swimming* und Pflesser, W.: *Die Entwicklung des Sportschwimmens*.

39 Platon: *Gesetze*, 689d

Leander«) findet die *Schwimmkunst* Erwähnung. Als gleichsam existenzielle Notwendigkeit war das Schwimmen in der Antike bei den Ägyptern, Karthagern, Phöniziern und später in Griechenland verbreitet, wie etwa Herodot oder Thukydides zu berichten wissen, während die *Aquakultur* im Imperium Romanum eine neue Hochblüte erreichen sollte. Hier entfaltete sich ein bis dahin ungekanntes Bäder- und Badewesen, darüber hinaus ist Schwimmen auch als Wettkampfdisziplin und als Bestandteil militärischen Exerzierens bezeugt. Nach Ende des Römischen Reiches erfuhren die europäische Wasserkultur und damit zwangsläufig auch die Schwimmkunst herbe Rückschläge. Befeuert durch Humanismus und Renaissance sollte die Kulturtechnik des Schwimmens erst nach und nach wieder Verbreitung finden. Zentral sind in der Neuzeit, neben Jean-Jacques Rousseaus Reformpädagogik – etwa in dessen »*Émile ou De l'éducation*« (1762) – und einem neu entdeckten Bezug des Individuums zu Körperübungen und Leibesertüchtigung, v. a. die Abhandlungen »*De arte natandi libri duo*« (1587) von Everard Digby sowie das »*Kleine Lehrbuch der Schwimmkunst zum Selbstunterricht*« (1798) von Johann Christoph Friedrich GutsMuths. Im Laufe des 19. Jahrhunderts kommt es, zunächst insbesondere in England, zu immer mehr Vereins- und Verbandsgründungen: aus dem langen Schatten der sogenannten *Turnerbewegung* tretend, wurden vermehrt Wettkämpfe veranstaltet. Gleichzeitig prägten sich die heute geläufigen Schwimmstile heraus: Neben Frühformen des *Brust-* und *Rückenschwimmens* entwickelte sich allmählich auch der *Trudgen-* und Ende des 19. Jahrhunderts der *Crawl-Stil* (in etwa heutiger Kraulstil); allein das *Schmetterlings-* bzw. *Delfinschwimmen* sollte erst Mitte der 1950er Jahre zur eigenen Stilart erhoben werden. Spätestens mit der Abhaltung der ersten Olympischen Spiele der Neuzeit (Athen 1896) und der Gründung der FINA, der *Fédération Internationale de Natation* (1908), wurde das Wettkampfschwimmen institutionalisiert.[40]

Ob Leistungssport oder freizeitmäßiges Wassererleben, die spezifische Verortung schwimmerischer Disziplinierungen geschieht heutzutage im urbanen Umfeld fast ausschließlich in spezifischen Anstalten, d. h. an *anderen Orten* der Übung und Erfahrung. Badeanstalten sind Lokalitäten, die das Wasser bereits in disziplinierter Form in-sich-fassend zur Verräumlichung bringen und in

---

40 Im Laufe der letzten 120 Jahre hat die Sportart einen enormen qualitativen Entwicklungsfortgang erlebt, wobei die *Technisierung des Schwimmsports* heute im scharfen Kontrast zu den basalen Schwimmfähigkeiten der breiten Bevölkerungsschichten steht: d. h., konstant rückläufige Schwimmfähigkeiten bei gleichzeitiger Zunahme der Anzahl faktischer Nicht-Schwimmer in den vergangenen rund 25 Jahren.

dieser Verräumlichung als Erlebnisraum und als disziplinierte Wasser selbst halten. Als verortete Wasserfläche *eingerichtet*, erfüllen sie das Gegensatzpaar α – jener *andere Ort*, der im Stadtkontext sowohl eine besondere und damit lokalisierbare Adresse, als auch eine aquatische Semantik je eigengesetzlicher Regeln aufweist, *ist* das Bad.[41] Sofern die städtischen Badeanstalten als Heterotopien der Disziplinierung des Wassers verstanden werden, ist die *darin* vollzogene Wasserdisziplinierung *am* und *durch* den je eigenen Körper vornehmlich als Beckenschwimmen gesetzt, seltener als Schwimmen in Freigewässern, Flüssen oder Seen (*open water*). Schwimmtechnik, als Verhalten und schwimmerischer Umgang mit Wasser, begegnet uns zunächst als Kulturfähigkeit; dann, bezogen auf die je eigene Körperlichkeit, als ein technisch-ritualisiertes Exerzieren aller Einzelheiten eines Bewegungsablaufs, samt wachsamer Kontrolle der mimetischen Gesten jenes detailliert-ausdifferenzierten *Wasserfassens*.

Von Höhen und Tiefen des Schwimmens. Zur Semantik eines Leistungssports

Die psychologische Verbundenheit mit dem Wasser schreibt sich vom menschlichen Begehren und Vermögen her, das Naturelement zu disziplinieren. Im Maße seiner Disziplinierungsfähigkeit arbeitet der Mensch das Wasser in seiner *archaischen Grundbedrohlichkeit* um und transformiert es für sich. Schwimmend das nasse Element in derartige Metamorphosen hineinzudirigieren wirkt indes auf den Schwimmer als Menschen zurück. Und so beschrieb bereits Paul Valéry das Schwimmen als ein „der Liebe" gleichendes Spiel, die *„Tätigkeit, bei der mein Körper sich ganz in Zeichen und Kräfte verwandelt [...]. Hier bietet sich der ganze Körper dar, holt sich zurück, begreift sich, gibt sich aus und will seine Möglichkeiten erschöpfen."* In *aquatischer Liebe* die Wasser in ihrer *nicht-greifbaren Greifbarkeit* umarmend fährt er fort: *„Durch sie bin ich der Mann, der ich sein will. Mein Körper wird das unmittelbare Werkzeug des Geistes und dabei der Urheber aller seiner Gedanken."*[42] Diszipliniert begriffen ist es zunächst der Körper, der *in* Technik und *durch* Schwimmtechniken normiert, d. i. auf einen Stil eingeschworen wird. Paradox erscheint, dass dieselbe urbefähigende Schwimmtechnik, die den Menschen vor dem Ertrinken bewahrt, gleichzeitig de facto kaum mehr individuelles Ausdrucksvermögen

---

41 Vgl. Foucault, M.: *Die Heterotopien*, S. 11 ff.: Bemerkenswerterweise sind es gerade die zahlreichen Regeln und Verbote in Badeanstalten, die den »analytischen Raum« ebendieser Heterotopien weiter *zu ordnen* und *in der Verordnung* zu disziplinieren wissen.

42 Valéry, P.: *Windstriche*, S. 84

zulässt, da ein solches vonseiten der Technik nicht intendiert ist. Nicht nur zielen Technikverbesserungen gerade *nicht* auf je individuelle Freiheitsgradationen in Ausdrucks- oder Stilform ab, sie trachten vielmehr danach, dieselben zugunsten eines höhergradigen Ideals zum Verschwinden zu bringen: das *Ideal der Disziplin* selbst. Gebunden an die je eigene Körperlichkeit optimiert die Disziplin alle kleinen Bewegungen, Gesten und Detailabläufe in vektorieller Zielausrichtung auf eine Idealtechnik hin. Sie trachtet danach, Abweichungen durch ein *Reglement der Übung* (Training) möglichst verschwinden zu lassen. Je entindividualisiert-normierter ein Schwimmer daher einen gewissen Stil im Sinne der stromlinienförmig optimalen und widerstandsminimalen Technik perfektioniert hat, d. h. je konformer er der Disziplinierung folgt, desto schneller und tendenziell erfolgreicher schwimmt dieser.[43]

Folglich ließe sich der Schluss formulieren: Da der sportliche »Sieg« als Schnelligkeit, oder Distanzbewältigung gemessen in Zeit, gesetzt ist und die Stile regelbasiert festgeschrieben sind, wird das Sich-Unterwerfen unter ebendieses Disziplinierungsregime, und damit die stilistisch-entindividualisierte Konformität, ipso facto belohnt. Keinesfalls sei damit in Abrede gestellt, dass der optimierte moderne Schwimmstil nicht auch tatsächlich der schnellere sei oder dass die Zeitmessung, ob ihrer inhärent naturwissenschaftlich-objektiv anmutenden Qualität, nicht als geeignetster *Parameter der Gewissheit*

---

43 Im Bereich des Leistungs- und Höchstleistungssportes wird der Sieg überhaupt erst durch einen optimierten Idealstil denkmöglich. Doch ist *der Sieg* nur dadurch »Sieg«, als dass sich seine *systemischen Parameter* ausschließlich an der binären Codierung von »schneller/langsamer« (in Regelkonformität und Hundertstelsekundenbereich) ausrichten. Das Schnelle gewinnt in diesem regelkonformen Korsett und wird belohnt, das Langsame verliert – alle Zusatzsemantiken sind ausgeschaltet. Um derartige Schwimmgeschwindigkeiten überhaupt erreichen zu können, muss sich der Körper indes einem strikten Regime unterwerfen, das in Zielausrichtung auf einen »Sieg von *ebendieser* Art« (binäre Codierung) quasi alle *individuellen Freiheitsgrade* des Stils zugunsten der Schwimmgeschwindigkeit normiert, gar entindividualisiert und eben *darin* optimiert hat. Exemplarisch kann hier die Entwicklung des Schmetterlingsstils, *butterfly*, herangezogen werden: War in der ersten Hälfte des 20. Jahrhunderts im Bruststil ein technisch breites Spektrum je individueller *Interpretationen desselben* zulässig – d. i. klassischer oder schmetternder Stil –, begannen sich die Schwimmer einander durch fortschreitende Technikoptimierungen mehr und mehr anzugleichen. Anfang der 1950er Jahre schwammen nahezu alle Brustschwimmer in jenem neuen, schnelleren *schmetternden Stil*. Erst durch das Inkrafttreten neuer Regelwerke sollte es schließlich zur erneuten Trennung von Brust- und Schmetterlingsstil Mitte der 1950er Jahre kommen.

körperlicher Leistungsfähigkeit zu sehen wäre.[44] Allein die je individuellen *Freiheitsgrade des Ausdrucks* – man denke vergleichsweise an Inszenierungen, Intensitäten oder Spannungsbögen im Tanz – sind zugunsten der Normierung verdrängt worden, stehen sie doch gegenüber dem absoluten Postulat der Geschwindigkeit als Gewissheitsparameter der Leistungsfähigkeit als sekundäre Kriterien zurück. Diese stilistisch-entindividualisierte Konformität, das Sich-Unterwerfen unter jene Disziplin und die Mühsale des Übungsregimes müssen *am* und *durch* den eigenen Körper indes stets und immer aufs Neue vollzogen werden: fokussierte *Wasser-* bei gleichzeitiger *Körperdisziplinierungsarbeit*. Dabei ist es zunächst das Verlangen der Schwimmtechnik, den je eignen Körper mit schwimmerischen Mitteln in allen kleinen Gesten und Bewegungsdetails soweit zu disziplinieren, dass dadurch eine Disziplinierung des Wassers – nunmehr als Kulturtechnik und im Nahefeld der aristotelischen *téchnē* verstanden – gelingen mag. Die in Sekunden gemessene Distanzbewältigung, diese *Zeitwerdung*[45] des zu disziplinierenden Wassers, nimmt eine sportsemantische Eigenlogik an, sobald die moderne *Eventisierung des Sports* und der Wettkampfgedanke gemessenen Vergleichs in den Diskursraum treten. Um überhaupt in den Nahebereich einer Konkurrenz- und Wettbewerbsfähigkeit gelangen zu können, schreibt der moderne Leistungssport jedoch nicht nur Disziplin, etwa als Trainingseinsatz und -eifer verstanden, sondern Disziplinierung als solche vor. Es bedarf der rigiden und rigidesten Art von Unterwerfung des je eigenen Körpers unter die sportsemantische Eigenlogik ihres kasteiungsartigen Disziplinierungsregimes – auch darin liegen die oben angeschnittene Konformität und der Gedanke der Unterwerfung begriffen. Zuvor muss dieselbe Leistungssemantik den Menschen bereits auf eine Funktion je eigener Körperlichkeit reduziert wissen. Schlussendlich werden seine regelkonformen, körperlichen Leistungskapazitäten dann *in Zeit*, korrekter als

---

44 Zur diskursiven Erörterung der *Messbarkeit des Körperlichen* in der Spannungsbeziehung zwischen Maximierung und Optimierung vgl. Körner, S.: *Doping im Spitzensport der Gesellschaft*, S. 73 ff. sowie Thiele, J.: *Der Körper als Medium der Gewissheit in modernen Gesellschaften*, S. 175 ff.

45 Die beckendisziplinierten Wasser und die zwischen zwei Leinen eingebettete Schwimmstrecke – Kurzbahn bzw. Langbahn (olympische Distanz von 50 Metern) – erstreckt sich für den Schwimmer über eine *Distanz*, wird jedoch als Schwimmstrecke de facto allein unter dem Aspekt *ihrer Bezwingung*, folglich der je individuellen *Bewältigungsfähigkeit in Sekunden* empfunden. Die metrisierbare Bemessung dieser normierten H_2O-Fläche überlässt dem Wasser kein über den Funktionswert hinausgehendes symbolisches Reflexionsspektrum mehr.

Distanzbewältigung innerhalb einer Zeitspanne, gemessen, gewichtet, im Vergleich bewertet und schließlich ausgezeichnet. Was allerdings an der Rückseite der Gestaltung und des Verfügbarmachens des Wassers bestehen bleibt, ist eine Komplexitätsreduktion des je eigenen Selbst auf eine Funktion *reiner Körperlichkeit* sowie eine *verkörperte Restindividualität*, die spezifischen Technik-, Trainings- und Disziplinierungsdrills unterworfen bleibt. Als Disziplinierung begriffen, bedeutet Schwimmen zugleich mehr als den Körper zur Maschine zu züchtigen und steht kulturgeschichtlich in einer längeren Traditionslinie der Kontrolldispositive. Sukzessive wurde im *„Laufe des klassischen Zeitalters"* der Körper *„als Gegenstand und Zielscheibe der Macht"* entdeckt und sofern es auch nicht *„das erste Mal* [ist], *daß der Körper zum Gegenstand so gebieterischer und eindringlicher Besetzungen"* wird, so unterscheiden sich doch die »Disziplinartechniken« ab dem 18. Jahrhundert. *„Zunächst die Skala oder Größenordnung der Kontrolle: es geht nicht darum, den Körper in der Masse, en gros, als eine unterschiedslose Einheit zu behandeln, sondern ihn im Detail zu bearbeiten; auf ihn einen fein abgestimmten Zwang auszuüben; die Zugriffe auf Ebene der Mechanik bis ins Kleinste gehen zu lassen: Bewegungen, Gesten, Haltungen, Schnelligkeit."* Auch war der *„Gegenstand der Kontrolle neu:* […] *die Ökonomie und Effizienz der Bewegungen und ihrer inneren Organisation; der Zwang zielt eher auf die Kräfte als auf die Zeichen ab; die einzige wirkliche bedeutsame Zeremonie ist die der Übung. Und schließlich die* [neue] *Durchführungsweise: sie besteht in einer durchgängigen Zwangsausübung, die über die Vorgänge der Tätigkeit genauer wacht als über das Ergebnis und die Zeit, den Raum, die Bewegungen bis ins kleinste codiert."*[46] Tritt das Ergebnisdenken in der Semantik des modernen Leistungssports klarer in den Vordergrund, bedurfte es zunächst für derartige disziplinare Kontroll- und Zwangsregime im Laufe des 19. Jahrhunderts nicht nur neuer Prozesse, sondern ebenfalls neuer Räume und funktionsspezifischer Orte zügelnder Tätigkeit, d. h. Heterotopien disziplinierten Wassers. Dabei darf nicht übersehen

---

46 Foucault, M.: *Überwachen und Strafen*, S. 174 ff.: *„Die Disziplin fabriziert auf diese Weise unterworfene und geübte Körper, fügsame und gelehrige Körper. Die Disziplin steigert die Kräfte des Körpers (um die ökonomische Nützlichkeit zu erhöhen) und schwächt diese selben Kräfte (um sie politisch fügsam zu machen). Mit einem Wort: sie spaltet die Macht des Körpers; sie macht daraus einerseits eine »Fähigkeit«, eine »Tauglichkeit«, die sie zu steigern sucht; und andererseits polt sie die Energie, die Mächtigkeit, die daraus resultieren könnte, zu einem Verhältnis strikter Unterwerfung um."* Damit verkette der *„Disziplinarzwang eine gesteigerte Tauglichkeit und eine vertiefte Unterwerfung im Körper miteinander"* in seinem Vollzug.

werden, dass der Bau rechteckig-genormter Schwimmbäder und beckendisziplinierter Wasserflächen kulturgeschichtlich auch mit militärischen Logiken von »Disziplin und Disziplinierung des Körperlichen« korreliert.[47] Die Herausbildung des Schwimmens als eingeübte Körperertüchtigung steht unter dem Eindruck des leiblichen Verfügbarmachens der *Kräfte des Körpers*. Die bewert-, mess- und observierbare Wasserkontrolle *am* und *durch* den je eigenen Körper trägt machtpolitische Momente von Unterwerfung und Konformitätsstreben in sich, welche allen Disziplinierungstechniken im Kern inhärent sind. In Herausbildung körperdisziplinierender Verfügungsregime scheint der heutige Diskurs, gegenüber seinen historischen Pendants, eher unter dem hellen Glanz des Narrativs von *Maximierung* und *Optimierung* körperlicher Leistungsfähigkeit zu stehen. Ein Glanz, der mit Blick auf die Disziplinierung des Wassers mitunter zu trügen weiß; denn diese endet nicht an den Systemgrenzen steriler Leistungsspitzenkapazitäten oder artifiziell-hergestellter Interaktionen (Wettkämpfe als Heterochronien) und erfasst weit mehr als ihre innersystemische Sinngebungslogik, Anschlusskommunikation und symbolische Generalisierbarkeit zunächst vermuten ließen.[48]

Von Wassergefühl, Wasserlage und aquatischer Erbarmungslosigkeit

In Erörterung des Schwimmens als Kulturtechnik eigenkörperlicher Wasserdisziplinierung sollte indes nicht allein auf der Höhe erfüllten Disziplinierungsvermögens angesetzt werden. Denn für jeden Nicht-Schwimmer wäre damit der so drückend empfundene *Blick auf das Wasser*, d. h. die Bedrohlichkeit desselben, die in der Erbarmungslosigkeit des Naturstoffs liegt, getrübt und verdeckt. Erst qua höhergradiger Disziplinierungsfähigkeiten scheint das Wasser für den Menschen bewältig- und beherrschbar; erst an diesem Punkt vermögen kulturelle Verarbeitungsdispositive anzusetzen. Folglich liegt die spezifische Qualität und Leistung des Schwimmens zunächst und zuvorderst in der *Bewältigung der Erbarmungslosigkeit* des Wassers mit Mitteln der je eigenen Körperlichkeit. Schwimmen, heruntergebrochen auf seine kleinsten Einheiten, ist eine Summe an Momenten der Auflösung, ein in stetiger Auflösung begriffenes Verklingen körperlichen Bewegens. Die Ästhetik des Schwimmens ist per effectum Produkt seiner Anwendung, als Technik und Disziplin des stilistischen Vorankommens im Wasser: Delfin-, Rücken-, Brust- und Kraulschwimmen.

---

47 Vgl. Pirhofer, G.: *Bäder für die Öffentlichkeit – Hallen- und Freibäder als urbaner Raum*, S. 164
48 Vgl. Körner, S.: *Doping im Spitzensport der Gesellschaft*, S. 78 ff.

Die Technik reift zur Präzision unter dem Postulat entindividualisierenden Ausdrucks; und gerade darin unterscheidet sich die *Schwimm-Inszenierung* etwa vom Tanz, der den ästhetischen Ausdruck und die Intensität ins Zentrum der künstlerischen Darbietung zu stellen weiß. Hier wie da verlangt das diskursive Regime nach körperlicher Präzision, doch die Disziplinierung des Wassers *am* und *durch* den je eigenen Körper ist nun einmal *keine Kunst*. Ihr Ausdruck bleibt funktional, oftmals an das absolute Diktat der Bestzeit bzw. Rekordleistung gebunden; allenfalls als Kulturtechnik gegen das Ertrinken oder im *Spiel am Wasser*, als gleichsam *freundliches Wassererleben*, mag diese in Erscheinung treten. In seinem Wesenskern wird das Schwimmen hingegen, völlig unabhängig von Schwimmtechniken oder -geschwindigkeiten, weniger durch Schnelligkeit oder ästhetische Anmut, sondern durch eine je spezifische psychophysisch-körperliche *Beziehung zum Wasser* charakterisiert.

Zunächst das je eigene *Wassergefühl*: In seiner feinziselierten Sensorik, ähnlich dem individuellen Geschmack sprachlich kaum fassbar, erfüllt es in seiner samtigen Struktur, seiner Halt gewährenden Sinnlichkeit und flüchtigen Launenhaftigkeit den Schwimmer vollends; es kommt einem tastenden Sich-Einverleiben der *Struktur des Wassers* gleich und definiert den Schwimmer in seinem Disziplinierungsbestreben. Das je individuelle Wassergefühl auf den Begriff gebracht, erscheint als Möglichkeitsform einer *nicht-greifbaren Greifbarkeit*. Ohne Wassergefühl bleibt das Naturelement für den Menschen nur eine fremde, steril-kühle Wasserwüste; man hält sich *nur irgendwie* »über Wasser«. Insofern kann auch nur der geübte Schwimmer die Flüchtigkeit selbst in seinem Griff fassen, gar mit der Fluidität dieses Zugegenen *das Gespräch suchen* und wesentlich mit *derselben* umgehen. Jedweder Umgang mit dem Naturelement schreibt sich seit jeher von ebenjener *nicht-greifbaren Greifbarkeit* her. Erst das Wassergefühl ermöglicht es, im *Nicht-Greifbaren* des nassen Elements Halt und Griff zu erlangen: „*The feel of the water refers to a swimmer's intuitive ability to feel and effectively handle the water*"[49] – auch: um im *Sich-vorwärts-Ziehen* immer weiter zu gleiten.

---

49 Colwin, C.: *Breakthrough Swimming*, S. 107. „*It is generally believed that feel of the water is an elusive quality unique to the talented athlete; swimmers of only average ability cannot hope to emulate the acute sensory perception of the talented motor genius.*" Präziser wird das Wassergefühl im »water flow« beschrieben, wobei gilt: „*Water flows when a force acts on it; a swimmer's hand always propels against the pressure of moving water. The force exerted by a skilled swimming stroke causes the water to flow in a distinct pattern*".

Neben dem spezifischen Wassergefühl, welches durch regelmäßige Übungs- und Trainingseinheiten wohl bis zu einem gewissen Grad verbessert werden kann, bildet die sogenannte *Wasserlage* gewissermaßen die funktionale Seite des je eigenen Schwimmtalents ab: Sie ist gesetzt als Fähigkeit, in der Fluidität dieses Elements ruhig verweilen zu können, mithin das Vermögen von Stabilität. Mit einer grundstabilen Wasserlage ausgestattet, bietet das Wassergefühl die Möglichkeit, mit dem *Rhythmus des Wassers* und seinem strömend-wogenhaften Charakter eins zu werden. Allerdings bleibt diese *Einswerdung mit* und *Disziplinierung von Wasser* im Maße ihrer Flüchtigkeit imaginär, nur scheinbar und stets vorläufig. Denn es schwindet nicht nur ebenjenes Gefühl für das Naturelement binnen kurzer Zeitperioden – zumeist innerhalb von 24 bis 48 Stunden seit dem letzten Wasserkontakt – und völlig unabhängig vom eigenen Schwimmtalent oder den über ein Leben hinweg erschwommenen Distanzen, in ebendiesem Schwinden zeigt sich in erster Linie eine Elementareigenschaft des Wassers selbst. Denn ungeachtet der Tatsache, wie intensiv, langandauernd oder unerschütterlich der schwimmende Mensch auf die beckendisziplinierten Wasser *eingearbeitet* hat, egal wie viele Kilometer in *ein und derselben* Bahn erschwommen wurden, wieder und wieder kehrt das Wasser *zu sich selbst* zurück. Stets wird es vor dem Menschen liegen, vollkommen glatt und zur Ruhe gekommen; unbeeindruckt von jedwedem Disziplinierungsbestreben, als ob nie auch nur ein einziger Zug getätigt worden wäre. Schwimmen als Kulturtechnik und Disziplinierungsleistung lebt daher immer nur im *je gegenwärtigen Augenblick*. Das Naturelement gibt dem Schwimmer nur direkte Resonanz, nur unmittelbare Antwort nach Art einer *ineinanderfließenden Symbiose* von Mensch und Wasser – beim Schwimmen gleiten die aquatische »Bewegung im Fluss« und der je eigene »Fluss der Bewegung« sukzessive ineinander. Darüber hinaus legt der Naturstoff jedoch niemals Zeugnis der Disziplinierung ab, lässt keinerlei Spuren zu und zeugt mit keinerlei Kerben oder Furchen von *seiner Bearbeitung* durch den Schwimmer; auch darin liegt die *aquatische Erbarmungslosigkeit* für den Menschen.[50] Lediglich für einen kurzen Augenblick offerieren die Wellen eine Restspur, einen retentionalen Nachhall und Hinweis der vorübergegangenen Disziplinierung – jener

---

50 Demgemäß bleibt die erschwommene Disziplinierungsleistung immer nur im je gegenwärtigen Augenblick *sie selbst*, gespiegelt in ihrer Flüchtigkeit. Jedwedes ästhetisierende Foto, jede Videoaufnahme eines Laufes, jede geschwommene Zeit – und sei es ein Weltrekord – sind damit, phänomenologisch betrachtet, *etwas anderes* als die je unmittelbare Schwimmleistung als Wasserdisziplinierung in ihrem Ziehen und Gleiten.

Bewältigung einer Wasserstrecke, die dem Schwimmer selbst *zur Zeit* geworden war. In der »Stetigkeit des Fortlaufes« bleibt die Disziplinierung des Wassers, *was sie tut*; allein sie dauert nur solange, wie *ihr Tun* auch vollzogen wird. Die erschwommene Wasserdisziplinierung verstummt im Moment ihres Verklingens. Denn das Wasser erweist dem Menschen nur die *großzügige Gunst* je gegenwärtiger Gestaltung – um diese kann er sich verdient machen. Darüber hinaus gewährt es jedoch weder Aufschub noch Nachklang, sodass jedwede *Bearbeitung* und *Disziplinierung des Wassers* stets nur vorläufig ist und dies wohl immerfort auch bleiben muss.

Exkurs und Ausblick: Nachhaltigkeits- und Umweltdiskurse zwischen Robustem Humanismus und der Disziplinierung von Natur

Als eine der bedeutsamsten gesellschaftshistorischen Errungenschaften des Menschen, in ihrem Ausmaß und ihrer Relevanz vergleichbar mit seinem Sesshaftwerden oder der Entwicklung der Schrift, muss die Disziplinierung des Wassers von einem modern-kritischen Natur- und Weltumgang als kulturgeschichtlicher Wurf von ebensolcher zivilisatorischer Qualität erkannt und honoriert werden. Zugleich offenbart die Analyse der Wasserdisziplinierung, dass gegenwärtig weite Teile der ursprünglichen aquatischen Metaphorik dem Wasser *entzogen* wurden. In Prozessdynamiken der »Entmythologisierung«[1] und »Profanisierung des Wassers« wurde das Naturelement vom kulturellen Bedeutungsträger zur Summenformel H_2O transformiert. Mit der vorliegenden Studie konnten weite Passagen ebendieses kulturgeschichtlichen Entwicklungspfades vom *Urgrund* (ἀρχή) zum H_2O nachgezeichnet werden; insbesondere warum sich der moderne Mensch nicht mehr im qualitativ gleichen Maße *am und im* Wasser reflektiert. Damit einhergehend ist nicht nur ein von der Antike bis zur Neuzeit gewandelter Substanzbegriff des Wassers, sondern im Maße seiner begrifflichen Destillation auch ebenjene Entmythologisierung und Profanisierung wasserhafter Metaphorik zu beobachten. Offenbar durch den Prozess der modernen Profanisierung des Begriffs hindurchgegangen, erscheint das Wasser dem Menschen des 21. Jahrhunderts, in dezidiert kulturellsymbolischer Betrachtung, gleichsam als Substanz und *Naturstoff ohne Eigenschaften*[2], d. i. unter einem nutzbar-vernutzbaren Verwendungspostulat. Wo jedoch, gleichsam in steriler Funktionalität, jedwedes Maß überstiegen wird und die Form zum *Selbstzweck* heranreift, dort droht der *gemeinsame Grund* der Disziplinierung zu verwässern. Infolge dieser metaphorisch-symbolischen Reduktion ging nicht nur ein Großteil des in alten Wasserkulturen vorhandenen Bedeutungsspektrums für moderne Gesellschaften verloren; die *aquatische Natürlichkeit* wurde sogar einem *überdisziplinierenden Nutzenpostulat* de facto vollends unterstellt, sodass die wasserhafte Metaphorik darin zu versinken

---

1 Vgl. Bultmann, R.: *Neues Testament und Mythologie. Das Problem der Entmythologisierung der neutestamentlichen Verkündigung*
2 In Anlehnung an Musils *Mann ohne Eigenschaften* (I, 28).

drohte. Demnach besteht die Möglichkeit, dass in diesem Zuge das feuchte Element seines Ursprungs, von dessen Anfängnis es sich im Wesentlichen herschreibt, verlustig ging.[3] Gerade in Zeiten, in denen der menschliche Naturumgang ob der signifikanten Überbelastung anthropogener Naturkontrolle defizitär zu werden droht, wiegt dieser kulturgeschichtliche Verlust schwer. Von gegenwärtiger Wasserknappheit bis zu Wasserkonflikten der nahen Zukunft, von Überschwemmungen bis zum globalen Anstieg der Meeresspiegel – und allen damit verbundenen Katastrophen, wie dem Untergang ganzer Inselgruppen, bewohnter Küstenstreifen und globaler Megacities – reichen die umweltpolitisch-soziokulturellen Negativkonsequenzen einer sich im 21. Jahrhundert potenziell anbahnenden »Überdisziplinierung des Wassers«. Dabei sollte bedacht werden, dass im Prozess gesellschaftsstruktureller Evolution und Ausdifferenzierung, wie auch im Fortgang der reflexiven Ideenevolution[4] – d. i. der Ideengeschichte des Wassers *sub specie disciplinae* – die Ansprüche, die an die Disziplinierung des Wassers gestellt wurden, differenzierter und komplexer, die an sie herangetragenen Herausforderungen zugleich größer und schwerer geworden sind. Dieselbe kulturgeschichtliche *Schwere*, die im Maße der Naturunterwerfung sowie der aquatischen Umformung und Gestaltung spätestens seit dem 20. Jahrhundert sozialgeschichtliche, kulturphilosophische sowie umweltpolitische Diskursregime *belastet* und sich u. a. in der Überanstrengung natürlicher Ressourcenkapazitäten manifestiert, beginnt sukzessive auch den »Begriff der Disziplinierung« zu *beschweren*. Das hieraus erwachsende Problem besteht darin, dass ebendiese kulturgeschichtlich signifikante Überbelastung qua anthropogener Disziplinierung und Naturunterwerfung beginnt, zu Rissen, Antinomien und Brüchen entlang des gesamten Disziplinierungsrahmens (*Arbor Disciplinae*) zu führen.

Gegenwärtig erachtet ein postmodern gewandelter Natur-Kultur-Dualismus den Menschen allerdings nur noch bedingt *in Kontrolle*, d. i. wohl selbst als Naturgewalt, doch die Natur nicht mehr im gleichen Sinne *unterworfen*. Zwar tendieren auch zeitgenössische Ausbeutungs- und Verschmutzungssemantiken dazu, den innergesellschaftlichen Diskursraum von »Naturkontrolle« zu dominieren – die Spuren und Langzeitfolgen anthropogener Natureingriffe im Anthropozän sind signifikant –, allein es scheint, als betrete die Natur selbst als *agierende dýnamis*, d. h. in der Rolle eines Agens vermehrt die Weltbühne; und ebendieser *Beitritt* wird nicht zuletzt anhand des Auftretens von

---

3 Vgl. Sailer-Wlasits, P.: *Uneigentlichkeit*, S. 17 ff.
4 Vgl. Luhmann, N.: *Ideenevolution*, S. 56 ff.

Klima- und Wasserextremen zunehmend reflektiert. Die kulturgeschichtliche Paradoxie dieser Dynamiken resultiert aus dem gleichzeitigen Auftreten von Praktiken der Überdisziplinierung des Wassers[5] sowie der Brüchigkeit, die aus jener signifikanten Überbelastung anthropogener Naturdisziplinierung erwächst – gleichsam ein *Backlash* einer Gegenreaktion vonseiten der Natur. Im fortschreitenden Anthropozän ist das „*twenty-first century* [...] *being hailed as the century of the ›global water crisis‹* [...]. *Although water appears abundant on Earth, covering 70 % of the surface, only two and a half percent of all water is freshwater* [...], *and less than one percent is available for human and ecosystem support* [...]. *Among the litany of evidence pointing to a crisis: 2.1 billion people do not have access to safe drinking water* [nach Schätzungen der WHO und UNICEF]; *surface freshwater systems are some of the most transformed systems on the planet* [...]; *4.5 billion people do not have safe sanitation services* [...] *and, water insecurity is estimated to cost the global economy $500 billion dollars annually."* Die sich aus global entgrenzten Praktiken der Überdisziplinierung des Wassers ergebenden soziokulturellen Negativkonsequenzen offenbaren sich dabei – quasi als zivilisatorischer Mehrfrontenkampf an der Rückseite der Disziplinierung – an einem potenziellen Bruch des Disziplinierungsrahmens im dritten Jahrtausend: dem Bersten der beiden Gegensatzpaare α und β sowie dem damit verbundenen kulturgeschichtlichen Rückfall in die überwunden geglaubte chaotische Archaik der vorzeitlichen *Nicht-Disziplinierung*. „*Projections about the future state of water are grim. The most recent annual study by United Nations World Water Assessment Programme (WWAP)/UN-Water (2018) observes: the deterioration of water quality is widespread and expected to continue; the greatest natural disaster risks of drought and soil degradation are likely to worsen; and, by 2050 water shortages may affect 4.8–5.7 billion people while 1.6 billion people will be at risk of floods.*"[6] Der Bruch des Disziplinierungsrahmens manifestiert sich dabei am Gegensatzpaar β zum einen in Gefahrenvorstellungen von zu wenig Wasser, d. h. Wasserknappheit, Trinkwassermangel, Dürreverlusten oder Wasserkonflikten, und wird etwa im »Sustainable Development Goal, SDG 6 – Clean Water and Sanitation« der Vereinten Nationen sowie in

---

5   Dazu könnten etwa gewaltige Schwerwasserbauten und hydrotechnische Disziplinierungsanlagen sowie faktische *Überregulierungen* natürlicher Gewässerläufe gezählt werden, ebenso *Übernutzungspraktiken* anthropogener Eingriffe in natürliche Ökosysteme und Tendenzen zur *Überindustrialisierung* in Produktionsprozessen, globalem Wasserhandel oder auch in der Transformation von ehemals freifließenden Gewässern in geradezu *tote* Industrie- und Verkehrskanäle.
6   Baird, J.: *Water Resilience*, S. 4

Bereichen der *Hydropolitics* oder *Water Governance*[7] adressiert; zum anderen in Wetterextremen, Sturmfluten und weiträumigen Überschwemmungskatastrophen, die das gesamte Potenzial aquatischer Destruktion über Siedlungsräume und Stadtkulturen entfesseln. In Ansätzen sind diese Dynamiken bereits heute klar erkennbar: schwelende Hydrokonflikte in der Region Bergkarabach zwischen Armenien und Aserbaidschan, Trockenheiten und Wasserstess im Iran, Wassermangel und historische Dürren in zahlreichen Städten Australiens oder auch Wasserkrisen mit nahezu versagendem Trinkwassermanagement im indischen Chennai oder südafrikanischen Kapstadt (*Day Zero*).[8]

Zugleich lässt sich das inhärente Drohpotenzial dieser sich anbahnenden Entwicklungen nur dann in seinen gesellschaftspolitischen und kulturgeschichtlichen Dimensionen präzise fassen, wenn evident wird, inwiefern der zweite Extremwert des Gegensatzpaares β (»zu viel«) durch den Bruch des Disziplinierungsrahmens[9] auch auf das Gegensatzpaar α zurückwirken kann. So bedroht etwa der durch den Klimawandel hervorgerufene Meeresspiegelanstieg

---

7   Vgl. Baranyai, G.: *European water law and hydropolitics*
8   Neben UN-Wasser (*United Nations World Water Development Reports*, WWDR) und UNESCO (*World Water Assessment Program*, WWAP), Programmen der Weltbank, OECD oder des World Economic Forum (*Global Risks Report*) umfassen weitere Initativen und Policy-Akteure etwa den World Water Council, Weltklimarat der Vereinten Nationen (*Intergovernmental Panel on Climate Change*, IPCC) oder das World Resources Institute (*Aqueduct Water Risk Atlas*); vgl. darüber hinaus u. a. Drangert, J.: *Urban water and food security in this century and beyond* sowie Kulp, S.: *New elevation data triple estimates of global vulnerability to sea-level rise and coastal flooding* und Enqvist, J.: *Multilevel Governance for Urban Water Resilience in Bengaluru and Cape Town*.
9   Rezente Studien sprechen in diesem Kontext von klimakritischen Kipppunkten, *climate tipping points*, u. a. Steffen, W.: *Trajectories of the Earth System in the Anthropocene*. Als ebensolche Schwellenwerte werden etwa das Auftauen der Permafrostböden und das Freisetzen des Treibhausgases Methan, die Eisschmelze in der Antarktis oder das Abschmelzen des Grönlandeises sowie zahlreicher Gebirgsgletscher angeführt – einerseits mit Folgewirkungen, »irreversiblen Folgen« (IPCC) und Dominoeffekten für die weltweiten Meeresspiegel, andererseits für den Amazonasregenwald (Hitzestress, Trockenheit und Wassermangel). Die Ende der 2010er Jahre in zahlreichen Städten ausgerufenen *climate emergencies* (Klimanotstand) kommen einer deklaratorischen, politischen Selbstverpflichtung gleich: die intendierte Begrenzung der Erderwärmung auf 1,5 bis 2 Grad gegenüber dem vorindustriellen Zeitalter (1,5-Grad bzw. Zwei-Grad-Ziel) soll dabei vielfach durch die Reduktion von CO_2-Emissionen gelingen – vgl. hierzu auch den IPCC *Special Report on the Ocean and Cryosphere in a Changing Climate*.

Exkurs und Ausblick

zahlreiche Südsee-Atolle, wie u. a. Kiribati, Nauru oder Tuvalu – Inselstaaten, die seit Jahren Weckrufe an die internationale politische Gemeinschaft stellen, um die künftigen insular-ökonomischen sowie gesellschafts- bzw. migrationspolitischen Dimensionen (Klimaflüchtlinge) dieser aquatischen Bedrohungslage aufzuzeigen. Zusätzlich zu den kleinen insularen Stadtkulturen liegen heute Hunderte Städte und Metropolen weltweit in unmittelbarer Küsten- und Meeresnähe, d. i. an der Bruchlinie der Verräumlichung des Wassers. Während viele Metropolen und insbesondere finanzkräftigere Großstädte in energie- und hydrotechnische Resilienzstrategien (*Resilient Cities, Urban Water Resilience*[10]) investieren, sind aus globaler Sicht nicht nur wohlhabende Staaten, wie etwa die Niederlande, sondern auch weite Landstriche küstennaher Regionen – etwa in Bangladesch oder Ägypten, aber auch Teile Floridas – vom globalen Meeresspiegelanstieg bedroht. Käme es, wie teils prognostiziert, infolge von Klimawandel und Erderwärmung bis zum Ende des Jahrhunderts zu einem tatsächlichen Anstieg der weltweiten Meeresspiegel, könnten aufgrund des Bruchs des Disziplinierungsrahmens am Gegensatzpaar α ebenjene Prozesse einer verräumlichenden In-Gestalt-Setzung von Wasserflächen nicht nur *nicht mehr* erfolgen, vielmehr wären Hunderte Metropolen und potenziell Millionen von Menschen gleichsam einem »atlantischen Schicksal«[11] ausgesetzt: d. i. eine Stadtkultur *versunken* im Wasser. Der daraus resultierende kulturgeschichtliche Rückfall muss als *Erschütterung*, als zivilisatorischer Rückschlag begriffen werden, lässt doch die entfesselnde Wiederkehr des Kataklysmus das in Bändigung geglaubte, undisziplinierte Wasser in einer raumgreifenden Überfülle erneut hereinbrechen. Indem das Gegensatzpaar α durch den Anstieg der Meeresspiegel lokal faktisch aus den Angeln gehoben wäre, könnten die *undisziplinierbaren Wassermassen* ganze Küstenstreifen, Inseln und Stadtkulturen am Meer *verschlucken*, sohin das Festland *seiner Räumlichkeit* berauben. Diesen Tendenzen eines Versagens der Disziplinierung allen Wassers muss sowohl auf der Ebene institutionalisierten Politikhandelns als auch der wasserbaulichen Technisierung begegnet werden, wobei die Konzepte von massiven überdisziplinierenden Schwerwasserbauten über die Befestigungen von

---

10 Vgl. u. a. Bruce, A.: *Human dimensions of urban water resilience* sowie Heinzlef, C.: *Urban resilience*

11 Der Begriff des »atlantischen Schicksals« wurde an dieser Stelle geprägt, um – in Anlehnung an Platons Atlantis-Überlieferung, vgl. *Timaios*, 20d ff. sowie *Kritias*, 108e ff. – eine in der Zukunft potenziell wiederauftretende, kulturgeschichtlich längst überwunden geglaubte Existenzbedrohung treffend zu beschreiben.

Küstenstreifen, *coastal adaptation*,[12] sowie Bagger- und Aufschüttungsarbeiten zur Landgewinnung bis hin zu utopisch anmutenden Stadtentwicklungsideen reichen, die sowohl den Siedlungsbau *unter* Wasser als auch schwimmende Stadtteile *auf* dem Wasser propagieren. Letztere könnten als zukunftsweisende Antworten eines stadtkulturellen Lebens *mit* dem Wasser gesehen werden: In symbiotischer Koexistenz statt in abgrenzender Entgegensetzung könnte damit am Gegensatzpaar α – und ganz in der Traditionslinie zahlreicher Weltschöpfungsmythen – neue Räumlichkeit *im* und *aus* Wasser geschaffen werden, d. i. *aquatischer Stadtraum*.

Robuster Humanismus

Gegenwärtige Appelle verlangen nach einer grundlegenden „*Änderung des destruktiven Umgangs mit [...] Wasser*" und Natur: „*Unmittelbar einleuchtende Korrekturen – wie z. B. Verbesserung des Gewässerschutzes, Sicherung des tierischen Lebens im Wasser, Reduzierung der Einleitung von Industrieabwässern usw. – reichen*" allerdings bei Weitem nicht aus und stellen zumeist lokal begrenzte Einzelmaßnahmen auf Anwendungsfälle dar. Als Akutreaktionen auf einen an sich defizitären Naturumgang sollten derartige wasserbauliche Disziplinierungsmaßnahmen in ihrer zähmenden Wirkkraft keineswegs diskreditiert werden. Denn es sind „*dies Maßnahmen, durch welche die Folgen eines falschen Handelns behoben werden sollen, das als solches erst nach Eintritt bedrohlicher Beschädigungen von Naturzusammenhängen erkannt wird.*" Unglücklicherweise scheint im anhebenden dritten Jahrtausend ein ebensolcher Naturumgang der Überdisziplinierung zu bedrohlich-nachhaltigen »Beschädigungen von Naturzusammenhängen« zu führen; und verliefe „*die Geschichte nur so, wäre sie zumindest unklug, wenn nicht gefährlich. Denn Not-Korrekturen sind kein Handeln kraft besserer Einsicht und umfassender Wasser-Konzepte,*

---

12 Doch sollten selbst die modernsten Disziplinierungsbestrebungen nicht darüber hinwegtäuschen, dass aufgrund gegebener naturräumlicher Exponiertheit zahlreicher flacher Tiefebenen nicht überall *coastal adaptations* in ausreichendem Umfang gebaut werden können. In der Folge könnten Überschwemmungskatastrophen und Überflutungen künftig ganze Landstriche entvölkern, Millionen von Menschen zu Umwelt- und Klimaflüchtlingen machen, während ihre ehemalige Heimat ebenjenem »atlantischen Schicksal« zum Opfer fiele. Zur aktuellen Diskussion vgl. Edwards, T.: *Projected land ice contributions to twenty-first-century sea level rise* sowie DeConto, R.: *The Paris Climate Agreement and future sea-level rise from Antarctica* und UNESCO: *UN-World Water Development Report 2020 – Water and Climate Change*.

sondern [lediglich] *Reparatur-Technologie.*"[13] Obgleich es zurzeit kaum möglich erscheint, eine Kulturgeschichte der anbrandenden Überdisziplinierung des Wassers zu verfassen, so gilt es dennoch sich ihrer Tendenzen, Anklänge und Strömungsdynamiken, die den Schatten eines potenziell zivilisatorischen Dammbruchs vorauswerfen, zu verschreiben; die Disziplinierung des Wassers ist verpflichtet auf ebendiese künftigen Brandungsrückströme zu reagieren.

Zunächst und zuvorderst muss *Naturkontrolle* im fortschreitenden dritten Jahrtausend in einem globalethischen Verantwortungshorizont nach Form und Art eines »Robusten Humanismus« einmünden, sollen Natureingriffe mehr sein als reine »Reparaturtechnologien« auf Anwendungsfälle oder Ersatzlösungen für bereits eingetretene »beschädigte Naturzusammenhänge«. Als gesamtgesellschaftliches Metaframework und Analysemodell, das jedoch auf stabilen ethischen Grundlagen ruht, muss die Disziplinierung des Wassers daher im Sinne eines ebensolchen *Robusten Humanismus*[14] als proaktiv-wehrfähig angesehen werden, wobei in der vorliegenden Studie die Idee des *Robusten Humanismus* erstmals vorgestellt wird. Kurz umrissen und *auf den Begriff* gebracht, beschreibt dieser ein dynamisch-wertbeständiges, jedoch unvermindert belastungs-, abwehr- und leistungsfähiges Wirken, das – im höchsten Maße sozial- und ökologisch-ethisch fundiert sowie gemeinwohlorientiert – bestrebt ist, verantwortungsvoll, generationengerecht und nachhaltig zu handeln. Zugleich ist es jedoch als Konzept in der Lage, sich selbst gegen massive Widerstände und innergesellschaftliche Gegenkräfte zu behaupten und durchzusetzen. Nicht zuletzt ist es ebendiese Dimension, die eine Durchsetzung gegen Widerstände repräsentiert, und die den Disziplinierungsgedanken im Innersten begründet: ein präzises Kontrollieren kleinster Abweichungen und Details, das Schaffen von Ordnungen und Erreichen einer Verordnung *der* bzw. *zur* je eigenen Tathandlung. In einem gegebenen dispositiven Netz gibt es machtvolle Zentren, Kräfte und Gegenkräfte, Abstoßungs- und Widerstandspunkte[15] – sie zu ordnen heißt *Zurechtrücken.* Widerstände zu ordnen

---

13 Böhme, H.: *Kulturgeschichte des Wassers*, S. 15
14 In begrifflicher Anlehnung u. a. an Thomä, D.: *Puer robustus* sowie Leinkauf, T.: *Grundriss Philosophie des Humanismus und der Renaissance* – der *Robuste Humanismus* soll indes nicht nur auf die kultur- und sozialanthropologischen, sondern auch auf die praktisch-moralischen sowie gemeinwohlorientierten Komponenten des Naturelements substanziell und grundlegend eingehen; seine Robustheit liegt hingegen im lebensweltlichen Umgang im Sinne der *Resilienz* bzw. konkret der *Urban Water Resilience* begriffen.
15 Vgl. Foucault, M.: *Der Wille zum Wissen. Sexualität und Wahrheit I*, S. 115 ff.

erfordert eine Sozialtechnik der Disziplinierung, die gleichsam robust, jedoch interkulturell-verantwortungsvoll und humanistisch fundiert *einwirken* muss. Die humanistische Grundhaltung ist dabei vektoriell in die Zukunft gerichtet und ermisst den Verantwortungshorizont moralischen Handelns an der Wirkkraft, die dieses hinsichtlich der »Permanenz echten menschlichen Lebens auf Erden« (H. Jonas) bzw. auf einer an sich »begrenzten Erde« (K.-O. Apel) zu entfalten weiß.[16] Dass ein solches Wirken sich souverän und phasenweise gar machtvoll eingreifend gebärdet, liegt in der *Natur der Sache*, das heißt, in der an sich gesetzten anthropologischen Notwendigkeit eines Natur- und Wasserumgangs überhaupt. *Sub specie disciplinae* begriffen bedeutet dies allerdings auch, dass Widerstände von vornherein erwartet werden müssen, um sie im Disziplinierungshandeln annehmen, einholen und nutzen zu können. Erst dieses Annehmen ermöglicht es, im *zurechtrückenden Verordnen* von Widerstandspunkten einen Möglichkeitskorridor aufzustoßen, das Defizitäre am menschlichen Naturumgang überwindend *aufzuheben* und sohin denselben nachhaltiger und im Sinne einer neuen Umwelt- und Klimaethik zu bewahren.

Sofern derartigen Tendenzen einer Überdisziplinierung im Natur- und Wasserumgang auf der Ebene eines globalethischen Verantwortungshorizontes auch tatsächlich begegnet werden soll und sofern jene *neue Achtsamkeit* eines interkulturell-ethisch imprägnierten *Robusten Humanismus* zentrale Aspekte von *Resilienz* und *Urban Water Resilience* zu inkorporieren versteht, ist es entscheidend, die intersystemischen Zusammenhänge zwischen sozialstrukturellen Handlungspraxen, ökologischen Systemen sowie urbanen Kulturraumverdichtungen in die Überlegungen miteinzubeziehen. Zentrale Konzepte in dieser Beziehung könnten etwa *water reuse strategies, urban water metabolisms*[17] oder auch Netzwerk- und Kreislaufbeziehungen, wie den *water-energy (-pollution) nexus* inkludieren. Im Kern geht es darum, das Durchfließen und Strömen des Naturelements in einer integrierten Kreislaufdynamik analytisch zu erfassen. Als Strömgrößen werden neben Energieversorgung und eingesetzten Wasserressourcen v. a. auch Fragestellungen von urbanem Wasserbedarf, Luftverschmutzung bzw. -qualität (Emissionsquellen) sowie allgemeinen Problemfeldern zwischen nachhaltigem Wirtschaftswachstum, Wasserprivatisierung, Klimabewusstsein, öffentlichem Gemeinwohl und Gesundheitsbelangen sowie Wasserverbrauch zur Produktion und Energieerzeugung diskutiert.[18]

---

16 Vgl. Jonas, H.: *Das Prinzip Verantwortung*, S. 36
17 Vgl. Schramm, E.: *Kreislauf, Metabolismus, Netz*, S. 41 ff.
18 Vgl. u. a. Kumar, P.: *Water-energy-pollution nexus for growing cities*; Konapala, G.: *Dynamics of Virtual Water Networks*; Dobner, P.: *Wasserpolitik*; Gandy, M.: *Water,*

Die Gesamtheit aller dieser Dynamiken zu *verkraften* ist überaus herausfordernd und doch muss der *Robuste Humanismus* bestrebt sein, die sozial- und ökosystemische *Schwere* und gesellschaftliche *Last* einer signifikanten Überbelastung anthropogener Naturkontrolle (»Klimanotstand«) sowie die damit verbundenen Belange soziopolitischer Wasserversorgungssicherheit, *water security*, zu schultern und zu tragen.[19] Denn im Zweifelsfall belastet und wiegt die Alternative schwerer: Wo der menschliche Naturumgang beginnt, im fortschreitenden dritten Jahrtausend desolat und brüchig zu werden, dort geht der Mensch seines *Naturbezuges* verlustig. Dies entspricht einem Durchleben von Verlust: ein Verlieren, sowohl seiner *geisteskulturellen Naturbeziehung* im Sinne der Entfremdung als auch seiner *realen Naturbasis*, d. h. seiner tatsächlichen Lebensgrundlagen und Kulturräume in deren urbanen Verdichtungen zu Stadtkultur. Die abhandenkommende Basis lässt jedoch ob der Brüchigkeit ihres Fundaments die innergesellschaftliche Stabilität ins Wanken geraten. Eingangs wurde konstatiert, dass Wasser immer mehr zu einem der dominanten Weltthemen werden könnte, sodass bereits jetzt eine höhere Reflexionskultur in Wasserfragen eingefordert werden muss. Gerade für das 21. Jahrhundert zeigt sich: Die Disziplinierung des Wassers ist und bleibt in ihrer gesamtgesellschaftlichen *Träger-Rolle* ein zivilisatorischer Stützpfeiler aller Zeiten und Völker; allerdings muss sie zu einem kulturgeschichtlichen Reflexionsgut erhoben und als ebensolches im kollektiven Bewusstsein einer breiteren Öffentlichkeit verankert werden.

Modernity and the Demise of the Bacteriological City; Yazdandoost, F.: *Sustainability assessment approaches based on water-energy Nexus*; Villarroel Walker, R.: *The energy-water-food nexus* sowie Euler, J.: *Wasser als Gemeinsames*.

19 Anm.: UN-Generalsekretär A. Guterres forderte beim *Climate Ambition Summit* Ende 2020 alle Staaten zur Ausrufung eines Klimanotstandes, *State of Climate Emergency*, auf. Überdies weist u. a. das World Economic Forum in seinen jährlichen Risikostudien Wasserkrisen als eine der bedrohlichsten *Global Shapers* mit größtmöglichem innergesellschaftlichen Impact (*top-five risks*) aus – zuletzt etwa prominent im *Global Risk Report 2020*. Neben der Sicherheitsdimension von aufflammenden Konflikten wird zudem die Gefahr defizitärer *water security* in bis zu 200 Städten weltweit und die damit verbundenen Negativkonsequenzen von umweltbedingter Migration bzw. Klimaflucht hervorgehoben.

Disziplinierung zwischen Rationalisierung und aquatischer Metaphorik

Nachdem im Laufe der Moderne die kulturgeschichtliche Trägerrolle des Wassers in ihrer ursprünglichen Metaphorik weitestgehend verloren gegangen war und eine neue, sterile Funktionalität (H_2O) an die Stelle derselben rückte, begann auch der zur Überdisziplinierung herangereifte Natur- und Wasserumgang als Ausfluss eines *falschen Glaubens menschlicher Überlegenheit* geradezu ausbeuterische Züge anzunehmen. Die Mehrzahl zeitgenössischer Klima-, Nachhaltigkeits- und Umweltdebatten verlangt heute, ob der übermäßigen Beanspruchung des Naturelements, die sich wesentlich vom neuzeitlichen Verständnis eines *Naturumgangs in Unterwerfung* herschreibt, nach grundlegenden Verhaltensänderungen. Das sukzessive Abrücken vom Gedanken der vollumfänglichen Naturbeherrschung durch den Menschen[20] offenbart sich im 21. Jahrhundert indes in Form einer Dynamisierung der Wasserbeziehung. Es scheint, als spiegelte sich Heraklits Formel von »Πάντα ῥεῖ« nicht zuletzt in Stromgrößen aquatischer »Fließräume«[21] und im Gedanken der Netzwerk- und Kreislaufdynamiken moderner Städte wider. Allein, wenn derartige Umwelt- und Wasserdiskurse nicht mehr ausschließlich unter dem Diktat von Naturunterwerfung bzw. als reine Reparaturtechnologien begriffen werden sollen, bleibt dennoch die Kernfrage bestehen, ob Natureingriffe auch ohne umfassende Nebeneffekte für Prozesse »neuzeitlicher Rationalisierung« ablaufen können. Erscheint es doch geradezu offensichtlich, dass in all diesem Disziplinierungsbestreben *Regulierungen* auf die Regelmäßigkeit von Maß und Form abzielen, sohin auf *Gleichförmigkeit*. Mit A. Gehlen können wir betonen, dass dieses „*elementare menschliche Interesse an der Gleichförmigkeit des Naturverlaufes […] höchst bemerkenswert [ist], es entspricht einem instinkthaften Bedürfnis nach Umweltstabilität, denn in einer zeitunterworfenen und notwendig wandelbaren Wirklichkeit besteht das Maximum an Stabilität in einer automatischen, periodischen Wiederholung des Gleichen*"[22], einer gleichsam natürlichen Zyklizität.

Zwar findet sich, wie gezeigt werden konnte, ebendiese »Naturgleichförmigkeit« auch in der Kreislaufdynamik urbaner Metabolismen sowie im Strömen der Energie- und Wassernetze; *als Natureingriff* gelesen muss jedoch gefragt

---

20 Man denke etwa an jenen von Descartes geprägten Ausspruch des »maîtres et possesseurs de la nature«, vgl. Descartes, R.: *Discours de la méthode*, VI zit. nach Gehlen, A.: *Die Seele im technischen Zeitalter*, S. 70.
21 Vgl. Heidenreich, E.: *Fließräume*
22 Gehlen, A.: *Die Seele im technischen Zeitalter*, S. 15

werden, was *eigentlich* korrigiert wird – der Naturumgang als Unterwerfung derselben oder aber die *Regelmäßigkeit seiner Zyklizität*, indem der Naturablauf auf *gerichtete Gleichförmigkeit* gezähmt wird. Denn insbesondere anhand dieser zweiten Lesart wird der neuzeitliche Naturumgang erkennbar und, darin verflochten, die Disziplinierung des Wassers als hochkomplexe Rationalisierungsstrategie. Da jedoch die Probleme, die sich aus einer signifikanten Naturbelastung und modernen Überdisziplinierung ergeben, im globalen Maßstab auftreten, muss auch eine Wasserdisziplinierung im Geiste des *Robusten Humanismus* das Nationalstaatliche per se transzendieren sowie über jedwede territorial umrissene und kulturell-sprachlich definierte Gemeinschaft hinausgehen; sodann nicht auf ein *lokal begrenztes*, sondern *global entgrenztes* Gemeinwohl (globalethischer Verantwortungshorizont) rekurrieren und in letzter Konsequenz auf der Ebene eines *höhergradigen Allgemeinen* reflektiert werden. Zugleich dürften im 21. Jahrhundert sowohl die Grundsatzfrage der Anerkennung eines sozialen »Menschenrechts auf Wasser«[23] als auch Formen der lokalen *community resilience* im Wechselspiel aus globaler Achtsamkeit und regionaler Subsidiarität von elementarer Bedeutung sein. Die dafür erforderliche präzise Synthese urbaner Metabolismen, städtischer Kulturraumverdichtungen und natürlich-integrierter Lebenssphären könnte Renaturierungen als geeignetere Rationalisierungsstrategien erkennbar machen: Indem *Rationalisierung* als Prozessdynamik der Vergesellschaftung gegenwärtig beinahe unumkehrbar erscheint, könnte gerade im Bereich des menschlichen Naturumgangs die *natürliche* jene postmodern intendierte *höhergradige Rationalisierung* darstellen; eine naturverbundene Form der Rationalisierung, die *Eingriffe in Natur* auch erlaubt, ist natürlich *diszipliniert* – allein *natürlich* diszipliniert.[24]

An diesem Punkt der Untersuchung müsste sich die Stringenz der Wasserdisziplinierung in der Flüchtigkeit ihrer Substanz sowie der spekulativen Undisziplinierbarkeit und Unberechenbarkeit des Naturstoffs verlieren. Dies

---

23 Vgl. Kirschner, A.: *Grenzüberschreitende Implikationen eines Menschenrechts auf Wasser*
24 Im Kontext der *Re-Naturalisierung* bzw. *Renaturierung* sei auch auf den Fluss Cheonggyecheon in Seoul hingewiesen: Der während der 1960er Jahre überbaute Fluss wurde 2005 *befreit*, indem die darüber verlaufende Autobahn abgerissen und das Flussbett *re-naturalisiert* wurde. Die so geschaffene *künstliche Naturlandschaft* konnte forthin als Stadtteil von Seoul verräumlicht und schließlich in die städtische Identität eingeholt werden, nachdem ein neuer Naherholungsraum geschaffen worden war, der nicht nur vom »Druck der Großstadt« entlastete, sondern seither auch einen Tourismusfaktor darstellt.

träfe auch zu, wären es nicht gerade die Faktoren von *Fluidität und Flüchtigkeit*[25], welche die aquatische Metaphorik seit Anbeginn ausmachen – mit ihnen muss jedwede Wasserdisziplinierung ebenso umzugehen lernen, wie mit ihren manifesten Momenten der Extremwerte an den Gegensatzpaaren α und β. Im Rahmen der vorliegenden Analysen galt es, die kulturgeschichtliche Trägerrolle des Wassers zu untersuchen und *sub specie disciplinae* zum *kulturell Allgemeinen*, zum *gemeinsamen Grund* vorzudringen. Der *gemeinsame Grund* ist dabei als »Urgedanke« (Schelling) zu betrachten, der in seiner »ikonischen Konstanz« (Blumenberg) besagt, dass sich die Disziplinierung des Wassers, mithin der menschliche Umgang mit Wasser – all sein Bewältigen, Verfügbarmachen und seine intendierte Naturunterwerfung – wesentlich und seit jeher aus den Gegensatzpaaren α (Wasser / Raum) und β (zu viel / zu wenig) erschließt. Die sich am vorgelegten kulturgeschichtlichen Modell der Wasserdisziplinierung, *Arbor Disciplinae*, offenbarenden Instanziierungsformen derselben sind von mannigfaltiger Natur. Als Reflexionsbestrebungen kultureller Verarbeitungsdispositive und wasserbauliche Bewältigungsstrategien kommen sie in allen Kulturen und Epochen in den verschiedenartigsten Konstellationen vor und greifen auf sämtlichen Stufen des Zivilisationsprozesses in symbiotischer Synchronizität ineinander.

Zugleich gilt es jedoch, nicht im naiven Glauben an eine all-durchdringende Naturkontrolle bzw. -unterwerfung zu verharren. Stets wird die selbstbewusst anmutende Überlegenheit des Menschen *über* das Wasser eine vermeintliche verbleiben müssen, da die Gestaltung desselben immerfort im Stadium der *aquatischen Gunsterweisung* verbleibt. Wurde im Kontext des neuzeitlichen Re-Arrangierens aquakultureller Verarbeitungsdispositive am Meer (in *Distanziertheit*[26] oder beim Ausblick in die Ferne) auch die »Idee des Erhabenen« bei Kant aufgegriffen, so eröffnet sich das diskursive Feld der Überdisziplinierung des Wassers nicht zuletzt an einem, etwa seit der Aufklärung transformierten Selbstbild des Menschen entlang seines je eigenen Disziplinierungsvermögens. In seiner *Kritik der Urteilskraft* (§ 28 ff.) spricht Kant vom »dynamisch Erhabenen« sowie von der »Natur als Macht«, sohin einer „Natur, im ästhetischen

---

25 Vgl. Bauman, Z.: *Liquid Modernity* – Verarbeitungsdispositive aquatischer Metaphorik spielen eine bedeutsame innergesellschaftliche Rolle: Sowohl das Ordnen-Müssen von Flussgrößen als auch Fließ- und Strömungsmetaphern verfügen über das Potenzial, in Zeiten einer »flüchtig gewordenen Moderne« bzw. Postmoderne Halt zu gewähren und Stabilität anzubieten, um sohin den innerweltlichen Sinn zu stabilisieren.

26 Vgl. Blumenberg, H.: *Schiffbruch mit Zuschauer*

Urteil als Macht [betrachtet], *die über uns keine Gewalt hat"*; ebendiese sei als „*dynamisch-erhaben*" anzusehen. Doch die „*Natur dynamisch als erhaben beurteilt* […], *muß* […] *als Furcht erregend vorgestellt"* werden und ihr Anblick – etwa jener der grenzenlosen Wasserwüste des Meeres oder der reißenden Kraft von Sturmfluten – wird „*desto anziehender, je furchtbarer er ist, wenn wir uns nur in Sicherheit"* und Distanz befinden. Am dynamisch Erhabenen ist noch ein weiteres essenzielles Moment wahrnehmbar, welches das menschliche Verhältnis zur Naturunterwerfung seit der Aufklärung entscheidend prägte: Wir nennen „*diese Gegenstände gern erhaben, weil sie die Seelenstärke über ihr gewöhnliches Mittelmaß erhöhen, und ein Vermögen zu widerstehen von ganz anderer Art in uns entdecken lassen, welches uns Mut macht, uns mit der scheinbaren Allgewalt der Natur messen zu können.*" Obgleich sich der Mensch in seiner existenziellen Ausgesetztheit der »Unermesslichkeit der Natur« gegenüber als klein und in »physischer Ohnmacht« erkennen muss, findet er „*an unserm Vernunftvermögen zugleich einen andern nicht-sinnlichen Maßstab, welcher jene Unendlichkeit selbst als Einheit unter sich hat, gegen den alles in der Natur klein ist, mithin in unserm Gemüte eine Überlegenheit über die Natur selbst in ihrer Unermeßlichkeit.*" Der Mensch bleibt, ob dieses seines Vermögens, »unerniedrigt«; er müsste „*jener Gewalt unterliegen*", doch im ästhetischen Urteil „*als erhaben beurteilt*", ruft die Natur nur „*unsere Kraft* […] *in uns*" auf. Wir sehen ihre Macht, der „*wir in Ansehung dieser Stücke allerdings unterworfen sind*", als „*keine solche Gewalt* [an], *unter die wir uns zu beugen hätten, wenn es auf unsre höchsten Grundsätze und deren Behauptung oder Verlassung ankäme.*"[27] Die fortschreitenden Disziplinierungskapazitäten ließen im Maße der scheinbaren Unterwerfung des Wassers unter menschliches *Wollen* und *Können* kulturgeschichtlich das archaisch Bedrohliche aus dem Wasser schwinden. Doch der die Moderne überstrahlende Gedanke des Fortschritts könnte, zumindest in Wasserfragen, als *Entfremdung durch Entmythologisierung* gelesen werden: Es dürfte weniger um ein vektoriell gerichtetes *Fortschreiten zu etwas*, gleichsam als Wegbewegen vom kulturgeschichtlich Primitiven, denn um ein erfüllendes »Einlösen der vergangenen Hoffnung« (Adorno) bestellt sein. In seinem Bestreben holt der Mensch das feuchte Element in all seiner Widersprüchlichkeit und Paradoxie nur vorübergehend ein; nur für eine Reihe von Augenblicken gelingt es ihm, dem Wasser die Gestalt menschlichen Willens zu geben. Gewiss zähmt und bändigt er die Wasser realweltlich, sogar bis zum Punkt ihrer Überdisziplinierung, an welchem er sich im Maße seiner Domestizierung auch im Glauben von

---

27 Kant, I.: *KdU*, B 102, 103 ff.

disziplinierender Unterwerfung und Naturkontrolle wähnt; allein gebieten und herrschen kann er über den Naturstoff nicht. Stets zielt seine Naturunterwerfung darauf ab, dem Element seine *aquatische Erbarmungslosigkeit* abzuringen, es in »Form und Maß« zu setzen. Indessen offenbaren sich an der Rückseite der wasserhaften *dýnamis* und scheinbaren Flüchtigkeit Charakter und Vermögen des Wassers, eines Elements, das in seinem *sich-ergießenden Fließen* dem Menschen erst die Möglichkeit und Chance zur Gestaltung, d. i. die aquatische *Gunst zur Disziplinierung* gewährt. Aus den vorgestellten kulturanthropologischen und gesellschaftsphilosophischen Erkundungen resultiert, dass eine *neue Achtsamkeit* und eine Vergegenwärtigung bereits verklungener Wasserkulturen mit realweltlichen Anstrengungen im Sinne eines *Robusten Humanismus sub specie disciplinae* in-eins-gesetzt werden müssen, um damit soziokulturelle Handlungspraxen auf Basis eines interkulturell-ethischen Fundaments festzuschreiben. Die drohende chaotische Archaik im Bruch des Disziplinierungsrahmens gilt es sohin abzuwenden, um die Disziplinierung des Wassers im Endeffekt zu einem kulturgeschichtlichen Reflexionsgut zu erheben, sodass diese als ebensolches zu ihrem zivilisatorischen Recht gelangen möge.

Abbildungsverzeichnis

Abbildung 1: *Arbor Disciplinae* – Modell der Disziplinierung des Wassers (eigene Darstellung) 41

Abbildung 2: Vincent van Gogh (1888): *Sternennacht über der Rhône*. Bildnachweis: akg-images / Laurent Lecat 46

Abbildung 3: Katsushika Hokusai (um 1831): *Die große Welle vor Kanagawa*. Bildnachweis: akg-images 105

Abbildung 4: Joseph Mallord William Turner (um 1835): *Venice, from the Porch of Madonna della Salute*. Bildnachweis: akg-images 141

Abbildung 5: Wechselbeziehung von Stadtkultur, Stadtbild und Stadtwahrnehmung (eigene Darstellung) 153

Abbildung 6: Claude Monet (1903): *Waterloo Bridge, Sunlight Effect (Effet de Soleil)*. Bildnachweis: akg-images 159

Abbildung 7: Caspar David Friedrich (1808–1810): *Der Mönch am Meer*. Bildnachweis: akg-images / Joseph Martin 165

Abbildung 8: *Eisstoß unter der Reichsbrücke in Wien* (1929). Bildquelle: Bildarchiv der Österreichischen Nationalbibliothek, Inventarnummer L 60079 B 181

Abbildung 9: *Donaukanal*. Blick über die Radetzkybrücke und die Franz-Joseph-Kaserne auf den Franz-Josefs-Kai und die Aspern- bzw. Ferdinandsbrücke (um 1889). Bildquelle: A. Helm, Bildarchiv der Österreichischen Nationalbibliothek, Inventarnummer Pk 3179,1 188

Abbildung 10: *Ansicht aus dem Vergnügungspark „Venedig in Wien" im Prater* (um 1895). Bildquelle: F. Luckhardt, Wien Museum, Inventarnummer 49616/12. (Anm.: Ob F. Luckhardt, wie angeführt, tatsächlich Urheber dieser Fotografie war, erscheint zweifelhaft, da er bereits im Nov. 1894 verstarb, während die Ausstellung »Venedig in Wien« erst im Frühjahr 1895 eröffnet wurde.) 191

Abbildung 11: *Elisabethbrücke*. Ansicht von erhöhtem Standort gegen die Karlskirche (um 1895). Bildquelle: Verlag P. Ledermann, Bildarchiv der Österreichischen Nationalbibliothek, Inventarnummer 293.304B 193

Abbildung 12: *Wienfluss*. Blick von der rechten Wienflusspromenade bei der Stadtbahnstation Stadtpark gegen Brückengewölbe und Johannesgasse (1954). Bildquelle: Fotografie der United States Information Service (USIS), Bildarchiv der Österreichischen Nationalbibliothek, Inventarnummer US 12.066/6 194

Abbildung 13: Jean-Auguste-Dominique Ingres (1808): *La Baigneuse Valpinçon*. Bildnachweis: akg-images / Maurice Babey 213

Abbildung 14: Georges-Pierre Seurat (1884): *Une baignade à Asnières*. Bildnachweis: Heritage Images / The Print Collector / akg-images 214

Literaturverzeichnis

Achleitner, Friedrich (2004): »Die Silhouetten der Jugend. Die Stadt und ihre „Bilder".« In: Kos, Wolfgang; Rapp, Christian (Hrsg.): *Alt-Wien. Die Stadt, die niemals war.* 316. Sonderausstellung des Wien Museums. Wien: Czernin, S. 20–27.

Adorno, Theodor W. (1996): *Ästhetische Theorie.* Frankfurt am Main: Suhrkamp

Aguilar-Moreno, Manuel (2006): *Handbook to Life in the Aztec World.* New York: Infobase Publishing

Albertz, Rainer (2003): *Geschichte und Theologie: Studien zur Exegese des Alten Testaments und zur Religionsgeschichte Israels.* Berlin/Boston: De Gruyter

Alpers, Klaus (1988): »Wasser bei Griechen und Römern. Aspekte des Wassers im Leben und Denken des griechisch-römischen Altertums.« In: Böhme, Hartmut (Hrsg.): *Kulturgeschichte des Wassers.* Frankfurt am Main: Suhrkamp, S. 65–98.

Anthonioz, Stéphanie (2009): *L'eau enjeux politiques et théologiques, de Sumer à la Bible.* Leiden/Bosten: Brill

Aristoteles (1988): *Physik. Vorlesung über Natur.* Erster Halbband: Bücher I-IV. Zekl, Hans Günter (Hrsg.), Griechisch-Deutsch. Hamburg: Meiner

Aristoteles (1990): *Politik.* Hamburg: Meiner

Aristoteles (1991): *Nikomachische Ethik.* München: Artemis

Ariès, Philippe (2002): *Geschichte des Todes.* München: DTV

Armstrong, Adrian; Armstrong, Margaret (2006): »A Christian Perspective on Water and Water Rights.« In: Tvedt, Terje; Oestigaard, Terje (Hrsg.): *A History of Water. Series I, Volume 3: The World of Water.* London/New York: I.B. Taurus, S. 367–384.

Assmann, Jan (1997): *Das kulturelle Gedächtnis. Schrift, Erinnerung und politische Identität in frühen Hochkulturen.* München: Beck

Assmann, Jan (2000): *Der Tod als Thema der Kulturtheorie. Todesbilder und Totenriten im Alten Ägypten.* Frankfurt am Main: Suhrkamp

Bachelard, Gaston (1964): *L'eau et les rêves. Essai sur l'imagination de la matière.* Paris: Corti

Bacon, Francis (2003): *Neu-Atlantis.* Klein, Jürgen (Hrsg.); Bugge, Günter (Übers.). Stuttgart: Reclam

Ball, Philip (2016): *The Water Kingdom. A Secret History of China.* London: Bodley Head

Baranyai, Gábor (2020): *European water law and hydropolitics. An inquiry into the resilience of transboundary water governance in the European Union.* Cham: Springer

Baridon, Michel (2008): *A History of the Gardens of Versailles.* Pennsylvania: University of Pennsylvania Press

Barles, Sabine; Guillerme, André (2014): »Paris: A History of Water, Sewers, and Urban Development.« In: Tvedt, Terje; Oestigaard, Terje (Hrsg.): *A History of Water*. Series III, Volume 1: *Water and Urbanization*. London/New York: I.B. Taurus, S. 384–409.

Barlow, Maude; Clarke, Tony (2003): *Blaues Gold. Das globale Geschäft mit dem Wasser*. München: Kunstmann

Baudelaire, Charles (2008): *Le spleen de Paris. Pariser Spleen*. Stuttgart: Reclam

Bauman, Zygmunt (1996): *Moderne und Ambivalenz. Das Ende der Eindeutigkeit*. Frankfurt am Main: Fischer

Bauman, Zygmunt (2018): *Liquid Modernity*. Cambridge: Polity Press

Beckett, Samuel (1983): *Worstward Ho*. London: Calder

Benjamin, Walter (1982): *Gesammelte Schriften*. Bd. V, 1. Frankfurt am Main: Suhrkamp

Benjamin, Walter (1982): *Gesammelte Schriften*. Bd. V, 2. Frankfurt am Main: Suhrkamp

Benjamin, Walter (1982): »Paris, die Hauptstadt des XIX. Jahrhunderts.« In: Ders.: *Gesammelte Schriften*. Bd. V, 1. Frankfurt am Main: Suhrkamp, S. 45–59.

Benjamin, Walter (1982): »Der Sammler.« In: Ders.: *Gesammelte Schriften*. Bd. V, 1. Frankfurt am Main: Suhrkamp, S. 269–280.

Benjamin, Walter (1982): »Der Flaneur.« In: Ders.: *Gesammelte Schriften*. Bd. V, 1. Frankfurt am Main: Suhrkamp, S. 524–569.

Bergmann, Ernst (1953): *Codex Hammurabi. Textus primigenius*. Rom: Pontificium Institutum Biblicum

Berking, Helmuth; Löw, Martina (Hrsg.) (2005): *Die Wirklichkeit der Städte. Soziale Welt*. Sonderband 16. Baden-Baden: Nomos

Bevilacqua, Piero (2000): *Venezia e le acque. Una metafora planetaria*. Venedig: Donzelli

Binder, Hartmut; Parik, Jan (1993): *Kafka. Ein Leben in Prag*. Essen/München: Mahnert-Lueg

Bischoff, Cordula (2006): »Fürstliche Badegemächer des 16. und 17. Jahrhunderts. Von der Funktion zur Repräsentation.« In: Grötz, Susanne; Quecke, Ursula (Hrsg.): *Balnea. Architekturgeschichte des Bades*. Marburg: Jonas, S. 51–66.

Bloch, Ernst (1985): *Erbschaft dieser Zeit*. Frankfurt am Main: Suhrkamp

Blumenberg, Hans (1988): *Schiffbruch mit Zuschauer. Paradigma einer Daseinsmetapher*. Frankfurt am Main: Suhrkamp

Blumenberg, Hans (1996): *Arbeit am Mythos*. Frankfurt am Main: Suhrkamp

Blumenthal, Elke; Junge, Friedrich; Kammerzell, Frank et al. (1995): »Weisheitstexte, Mythen und Epen. Bd. 3, Lfg. 5. Mythen und Epen 3.« In: Kaiser, Otto (Hrsg.): *Texte aus der Umwelt des Alten Testaments (TUAT)*. Gütersloh: Gütersloher Verlagshaus Mohn

Böhme, Gernot (1992): *Natürliche Natur. Über Natur im Zeitalter ihrer technischen Reproduzierbarkeit*. Frankfurt am Main: Suhrkamp

Böhme, Gernot (1999): *Theorie des Bildes*. München: Fink

Böhme, Gernot; Manzei, Alexandra (Hrsg.) (2003): *Kritische Theorie der Technik und Natur*. München: Fink

Böhme, Gernot (2006): *Architektur und Atmosphäre*. München: Fink

Böhme, Gernot; Böhme, Hartmut (2014): *Feuer, Wasser, Erde, Luft. Eine Kulturgeschichte der Elemente*. München: Beck

Böhme, Hartmut (Hrsg.) (1988): *Kulturgeschichte des Wassers*. Frankfurt am Main: Suhrkamp

Böhme, Hartmut (1996): »Vom Cultus zur Kultur(wissenschaft). Zur historischen Semantik des Kulturbegriffs.« In: Glaser, Renate; Luserke, Matthias (Hrsg.): *Literaturwissenschaft – Kulturwissenschaft. Positionen, Themen, Perspektiven*. Opladen: Westdeutscher Verlag, S. 48–68.

Böhme, Hartmut (2009): »Kulturwissenschaft.« In: Günzel, Stephan (Hrsg.): *Raumwissenschaft*. Frankfurt am Main: Suhrkamp, S. 191–207.

Bonneville, Françoise de (1998): *Das Buch vom Bad*. München: Heyne

Borger, Rykle (1963): *Babylonisch-assyrische Lesestücke. Heft II. Die Texte in Umschrift*. Rom: Pontificium Institutum Biblicum

Borger, Rykle (1963): *Babylonisch-assyrische Lesestücke. Heft III – Kommentar. Die Texte in Keilschrift*. Rom: Pontificium Institutum Biblicum

Borger, Rykle; Lutzmann, Heiner; Römer, Willem H. Ph. et al. (1982): »Rechts- und Wirtschaftsurkunden. Historisch-chronologische Texte. Bd. 1, Lfg. 1. Rechtsbücher.« In: Kaiser, Otto (Hrsg.): *Texte aus der Umwelt des Alten Testaments (TUAT)*. Gütersloh: Gütersloher Verlagshaus Mohn

Borger, Rykle (2004): *Mesopotamisches Zeichenlexikon*. Münster: Ugarit

Bray, Tamara L. (2013): »Water, Ritual, and Power in the Inca Empire.« In: *Latin American Antiquity*, Vol. 24/2, S. 164–190. Online unter < www.jstor.org/stable/43746217 >

Bredekamp, Horst (1988): »Wasserangst und Wasserfreude in Renaissance und Manierismus.« In: Böhme, Hartmut (Hrsg.): *Kulturgeschichte des Wassers*. Frankfurt am Main: Suhrkamp, S. 145–188.

Brittnacher, Hans R.; Küpper, Achim (Hrsg.) (2018): *Seenöte, Schiffbrüche, feindliche Wasserwelten. Maritime Schreibweisen der Gefährdung und des Untergangs*. Göttingen: Wallenstein

Brix, Michael (2009): *Der Absolute Garten. André Le Nôtre in Versailles*. Stuttgart: Arnold

Brodskaïa, Nathalia; Kalitina, Nina (2015): *Claude Monet*. Bd. 2. New York: Parkstone International

Brown, Neville (2006): »Wittfogel and Hydraulic Despotism.« In: Coopey, Richard; Tvedt, Terje (Hrsg.): *A History of Water. Series I, Volume 2: The Political Economy of Water*. London/New York: I.B. Taurus, S. 103–115.

Bruce, Alexa; Brown, Casey; Avello, Pilar et al. (2020): »Human dimensions of urban water resilience. Perspectives from Cape Town, Kingston upon Hull, Mexico City and Miami.« In: *Water Security*, Vol. 9. Online unter < doi.org/10.1016/j.wasec.2020.100060 >

Brunn, Christer (2000): »Water Legislation in the Ancient World (c. 2200 B.C. – c. A.D. 500).« In: Wikander, Örjan (Hrsg.): *Handbook of ancient water technology*. Leiden: Brill, S. 539–604.

Brunner, Karl; Schneider, Petra (Hrsg.) (2005): *Umwelt Stadt. Geschichte des Natur- und Lebensraumes Wien*. Wien: Böhlau

Brunner, Otto; Conze, Werner; Koselleck, Reinhart (Hrsg.) (1982): *Geschichtliche Grundbegriffe. Historisches Lexikon zur politisch-sozialen Sprache in Deutschland*. Bd. 3. Stuttgart: Klett-Cotta

Bultmann, Rudolf (1988): *Neues Testament und Mythologie. Das Problem der Entmythologisierung der neutestamentlichen Verkündigung*. München: Kaiser

Calnek, Edward E. (1972): »Settlement Pattern and Chinampa Agriculture at Tenochtitlan.« In: *American Antiquity*, Vol. 37/1, S. 104–115. Online unter < doi:10.2307/278892 >

Capelle, Wilhelm (1968): *Die Vorsokratiker. Die Fragmente und Quellenberichte*. Stuttgart: Kröner

Cattaruzza, Marina (2007): *L'Italia e il confine orientale 1866–2006*. Bologna: Mulino

Certeau, Michel de (2011): *The practice of everyday life*. Bd. 1. Berkeley: University of California Press

Chlada, Marvin (2005): *Heterotopie und Erfahrung. Abriss der Heterotopologie nach Michel Foucault*. Aschaffenburg: Alibri

Cioc, Mark (2006): »Seeing Like the Prussian State: Re-Engineering the Rivers of Rhineland and Westphalia.« In: Tvedt, Terje; Jacobsson, Eva (Hrsg.): *A History of Water. Series I, Volume 1: Water Control and River Biographies*. London/New York: I.B. Taurus, S. 239–252.

Ciriacono, Salvatore (2006): *Building on Water. Venice, Holland and the Construction of the European Landscape in Early Modern Times*. New York: Berghahn Books

Colwin, Cecil (2002): *Breakthrough Swimming*. Champaign: Human Kinetics

Coopey, Richard; Tvedt, Terje (Hrsg.) (2006): *A History of Water. Series I, Volume 2: The Political Economy of Water*. London/New York: I.B. Taurus

Costello, Leo (2017): *J. M. W. Turner and the Subject of History*. Abingdon: Routledge

Costlow, Jane; Haila, Yrjö; Rosenholm, Arja (Hrsg.) (2017): *Water in Social Imagination: from Technological Optimism to Contemporary Environmentalism*. Leiden: Brill

Crow, James; Bardill, Jonathan; Bayliss, Richard (Hrsg.) (2008): *Water supply of Byzantine Constantinople*. London: Society for the Promotion of Roman Studies

Crow, James (2014): »The Water Supply of Byzantine and Ottoman Constantinople.« In: Tvedt, Terje; Oestigaard, Terje (Hrsg.): *A History of Water. Series III, Volume 1: Water and Urbanization*. London/New York: I.B. Taurus, S. 221–241.

Dalley, Stephanie (1989): *Myths from Mesopotamia. Creation, the flood, Gilgamesh and others*. Oxford: Oxford University Press

Davis-Salazar, Karla L. (2003): »Late classic Maya water management and community organization at Copan, Honduras.« In: *Latin American Antiquity*, Vol 14/3, S. 275–299. Online unter < doi:10.2307/3557560 >

DeConto, Robert M.; Pollard, David; Alley, Richard B. et al. (2021): »The Paris Climate Agreement and future sea-level rise from Antarctica.« In: *Nature*, Vol. 593, S. 83–89. Online unter < doi.org/10.1038/s41586-021-03427-0 >

Dellapenna, Joseph W. (2006): »The Nile as a Legal and Political Structure.« In: Coopey, Richard; Tvedt, Terje (Hrsg.): *A History of Water. Series I, Volume 2: The Political Economy of Water*. London/New York: I.B. Taurus, S. 295–323.

Detel, Wolfgang (1988): »Das Prinzip des Wassers bei Thales.« In: Böhme, Hartmut (Hrsg.): *Kulturgeschichte des Wassers*. Frankfurt am Main: Suhrkamp, S. 43–64.

Deutsch, Kristina; Echinger-Maurach, Claudia; Krems, Eva-Bettina (2017): *Höfische Bäder in der Frühen Neuzeit. Gestalt und Funktion*. Berlin/Boston: De Gruyter

Diels, Hermann (1895): »Simplicius. In Aristotelis physicorum libros quattuor posteriores. Commentaria.« In: Preußische Akademie der Wissenschaften: *Commentaria in Aristotelem Graeca*, CAG. Bd. 10. Berlin: Reimer

Diels, Hermann; Kranz, Walther (1912): *Die Fragmente der Vorsokratiker*. Griechisch-Deutsch. Bd. 1. Berlin: Weidmannsche Buchhandlung

Dienes, Gerhard Michael (Hrsg.) (1987): *Die Südbahn. Vom Donauraum bis zur Adria. (Wien – Graz – Marburg – Laibach – Triest)*. Graz: Leykam

Dienes, Gerhard Michael (1990): *Wasser. Ein Versuch*. Graz: Leykam

Dobner, Petra (2010): *Wasserpolitik. Zur politischen Theorie, Praxis und Kritik globaler Governance*. Frankfurt am Main: Suhrkamp

Döderlein, Ludwig von (1840): *Handbuch der lateinischen Synonymik*. Leipzig: Vogel

Donau-Regulierungs-Kommission in Wien (Hrsg.) (1902): *Der Freudenauer Hafen in Wien. Denkschrift zur Eröffnung des Freudenauer Hafens am 28. October 1902*. Wien: Kaiserl.-königl. Hof- und Staatsdruckerei. Online unter < www.hafen-wien.com/media/file/13_12_Denkschrift_1902_V2.pdf >

Doolittle, William E. (1990): *Canal Irrigation in Prehistoric Mexico. The Sequence of Technological Change*. Austin: University of Texas Press

Douglas, Peter; Demarest, Arthur; Brenner, Mark et al. (2016): »Impacts of climate change on the collapse of lowland Maya civilization.« In: *Annual Review of Earth and Planetary Sciences*, Vol. 44/1, S. 613–645. Online unter < doi.org/10.1146/annurev-earth-060115-012512 >

Drangert, Jan-Olof (2021): »Urban water and food security in this century and beyond. Resource-smart cities and residents.« In: *Ambio*, Vol. 50/3, S. 679–692. Online unter < doi.org/10.1007/s13280-020-01373-1 >

Düchting, Hajo (2000): *Georges Seurat. The Master of Pointillism*. Köln: Taschen

Duerr, Hans Peter (1988): *Nacktheit und Scham*. Bde. 1 u. 2. Frankfurt am Main: Suhrkamp

Dunning, Nicholas; Scarborough, Vernon; Valdez, Fred et al. (1999): »Temple mountains, sacred lakes, and fertile fields: ancient Maya landscapes in northwestern Belize.« In: *Antiquity*, Vol. 73/281, S. 650–660.

Eder, Ernst Gerhard (1995): *Bade- und Schwimmkultur in Wien. Sozialhistorische und kulturanthropologische Untersuchungen*. Kulturstudien. Bd. 25. Ehalt, Hubert Christian; Konrad, Helmut (Hrsg.). Wien: Böhlau

Edwards, Tamsin L.; Nowicki, Sophie; Marzeion, Ben et al. (2021): »Projected land ice contributions to twenty-first-century sea level rise.« In: *Nature*, Vol. 593, S. 74–82. Online unter < doi.org/10.1038/s41586-021-03302-y >

Ehalt, Hubert Christian; Chobot, Manfred; Fischer, Gero (Hrsg.) (1987): *Das Wiener Donaubuch. Ein Führer durch Alltag und Geschichte*. Wien: Edition S, Verlag der Österreichischen Staatsdruckerei

Ehalt, Hubert Christian; Weiß, Otmar (Hrsg.) (1993): *Sport zwischen Disziplinierung und neuen sozialen Bewegungen*. Wien: Böhlau

Ehalt, Hubert Christian (Hrsg.) (1996): *Inszenierung der Gewalt. Kunst und Alltagskultur im Nationalsozialismus*. Historisch-anthropologische Studien. Bd. 1. Frankfurt am Main: Lang

Ehalt, Hubert Christian; Norden, Gilbert; Reinprecht, Christoph et al. (Hrsg.) (1996): *Lebensqualität in modernen Gesellschaften. Festschrift für Wolfgang Schulz*. Historisch-anthropologische Studien. Bd. 25. Frankfurt am Main: Lang

Elias, Norbert (1976): *Über den Prozeß der Zivilisation. Soziogenetische und psychogenetische Untersuchungen. Bd. 1. Wandlungen des Verhaltens in den weltlichen Oberschichten des Abendlandes*. Frankfurt am Main: Suhrkamp

Elias, Norbert (1976): *Über den Prozeß der Zivilisation. Soziogenetische und psychogenetische Untersuchungen. Bd. 2. Wandlungen der Gesellschaft, Entwurf zu einer Theorie der Zivilisation*. Frankfurt am Main: Suhrkamp

Enqvist, Johan; Ziervogel, Gina (2021): »Multilevel Governance for Urban Water Resilience in Bengaluru and Cape Town.« In: Baird, Julia; Plummer, Ryan (Hrsg): *Water*

Resilience. Management and Governance in Times of Change. Cham: Springer, S. 193–211. Online unter < doi.org/10.1007/978-3-030-48110-0_9 >

Erben, Tino (1985): *Traum und Wirklichkeit – Wien 1870–1930.* Katalog anlässlich der 93. Sonderausstellung des Historischen Museums der Stadt Wien, Karlsplatz im Künstlerhaus, 28. März bis 6. Oktober 1985. Wien: Eigenverlag der Museen der Stadt Wien

Erbil, Yiğit; Mouton, Alice (2012): »Water in Ancient Anatolian Religions: An Archaeological and Philological Inquiry on the Hittite Evidence.« In: *Journal of Near Eastern Studies*, Vol. 71/1. Chicago: The University of Chicago Press, S. 53–74.

Erkens, Franz-Reiner (Hrsg.) (2015): *Sakralität von Herrschaft. Herrschaftslegitimierung im Wandel der Zeiten und Räume.* Berlin: Akademie

Eschenburg, Barbara; Güssow, Ingeborg; Lengerke, Christa et al. (1995): *Malerei der Welt. Eine Kunstgeschichte in 900 Bildanalysen. Bd. 2. Von der Romantik zur Gegenwart.* Walther, Ingo (Hrsg.). Köln: Taschen

Euchner, Walter (2000): »„Ungleichzeitigkeit" as an Essential Feature of Modernity.« In: Horak, Roman; Maderthaner, Wolfgang; Mattl, Siegfried et al. (Hrsg.): *Metropole Wien. Texturen der Moderne.* Bd. 2. Wien: WUV-Universitätsverlag, S. 31–33.

Euler, Johannes (2021): *Wasser als Gemeinsames. Potenziale und Probleme von Commoning bei Konflikten der Wasserbewirtschaftung.* Wien: Transcript. Online unter < doi.org/10.14361/9783839453766 >

Evans, David; Browne, Alison; Gortemaker, Ilse (2020): »Environmental Leapfrogging and Everyday Climate Cultures. Sustainable Water Consumption in the Global South.« In: *Climatic Change*, Vol. 163/1, S. 83–97. Online unter < doi.org/10.1007/s10584-018-2331-y >

Fahlbusch, Henning (Hrsg.) (2008): *Die Wasserkultur der Villa Hadriana. Ergebnisse der Kampagnen 2003–2006 des DFG-Projekts FA 406/2.* Siegburg: Schriften der Deutschen Wasserhistorischen Gesellschaft (Bd. 8)

Ferraro, Joanne M. (2012): *Venice. History of the Floating City.* Cambridge: Cambridge University Press

Finkel, Irving (2014): *The ark before Noah. Decoding the story of the flood.* London: Hodder & Stoughton

Fleischer, Margot (2001): *Anfänge europäischen Philosophierens. Heraklit – Parmenides – Platons Timaios.* Würzburg: Königshausen & Neumann

Flemming, Victoria von (2018): »Alles oder nichts – Metaphern, Zuschauer und bedeutungsoffene Bilder von Seenot und Schiffbruch aus dem 17. Jahrhundert.« In: Brittnacher, Hans Richard; Küpper, Achim (Hrsg.): *Seenöte, Schiffbrüche, feindliche Wasserwelten. Maritime Schreibweisen der Gefährdung und des Untergangs.* Göttingen: Wallenstein, S. 391–414.

Forrer, Matthi (2004): *Hokusai. Mountains and water, flowers and birds.* München: Prestel

Förster, Birte; Bauch, Martin (Hrsg.) (2015): *Wasserinfrastrukturen und Macht von der Antike bis zur Gegenwart*. Berlin: De Gruyter

Foucault, Michel (1977): *Überwachen und Strafen. Die Geburt des Gefängnisses*. Frankfurt am Main: Suhrkamp

Foucault, Michel (1983): *Der Wille zum Wissen. Sexualität und Wahrheit I*. Frankfurt am Main: Suhrkamp

Foucault, Michel (2005): *Die Heterotopien. Les hétérotopies*. Frankfurt am Main: Suhrkamp

Foucault, Michel (2006): *Die Geburt der Biopolitik. Geschichte der Gouvernementalität II. Vorlesung am Collège de France 1978–1979*. Frankfurt am Main: Suhrkamp

Frank, Susanne; Gandy, Matthew (Hrsg.) (2006): *Hydropolis. Wasser und die Stadt der Moderne*. Frankfurt/New York: Campus

Fränkel, Hermann (1962): *Dichtung und Philosophie des frühen Griechentums. Eine Geschichte der griechischen Epik, Lyrik und Prosa bis zur Mitte des fünften Jahrhunderts*. München: Beck

Freud, Sigmund (1930): *Das Unbehagen in der Kultur*. Wien: Internationaler Psychoanalytischer Verlag

Friedrich, Caspar David (2006): *Die Briefe*. Zschoche, Herrmann (Hrsg.). Hamburg: Conference Point

Frontinus, Sextus Iulius (1982): »De aquaeductu urbis Romae. Die Wasserversorgung der antiken Stadt Rom.« In: Frontinus-Gesellschaft (Hrsg.): *Wasserversorgung im antiken Rom*. München: Oldenbourg, S. 79–128.

Frontinus-Gesellschaft; Grewe, Klaus (1991): »Die Wasserversorgung im Mittelalter.« In: Frontinus-Gesellschaft (Hrsg.): *Geschichte der Wasserversorgung*. Bd. 4. Mainz: Von Zabern

Frontinus-Gesellschaft (1994): »Die Wasserversorgung antiker Städte. Mensch und Wasser. Mitteleuropa, Thermen, Bau/Materialien, Hygiene.« In: Frontinus-Gesellschaft (Hrsg.): *Geschichte der Wasserversorgung*. Bd. 3. Mainz: Von Zabern

Frontinus-Gesellschaft (2000): »Die Wasserversorgung in der Renaissancezeit.« In: Frontinus-Gesellschaft (Hrsg.): *Geschichte der Wasserversorgung*. Bd. 5. Mainz: Von Zabern

Frontinus-Gesellschaft (2004): »Wasser im Barock.« In: Frontinus-Gesellschaft (Hrsg.): *Geschichte der Wasserversorgung*. Bd. 6. Mainz: Von Zabern

Führ, Eduard (2009): »Architektur/Städtebau.« In: Günzel, Stephan (Hrsg.): *Raumwissenschaft*. Frankfurt am Main: Suhrkamp, S. 46–60.

Gadamer, Hans-Georg (1999): *Der Anfang des Wissens*. Stuttgart: Reclam

Gadamer, Hans-Georg (1999): »Wahrheit und Methode. Grundzüge einer philosophischen Hermeneutik.« In Ders.: *Gesammelte Werke*. Bd. I. Tübingen: Mohr Siebeck

Gandy, Matthew (2004): »Rethinking urban metabolism: Water, space and the modern city.« In: *City. Analysis of Urban Change, Theory, Action*, Vol. 8/3, S. 363–379. Online unter < doi:10.1080/1360481042000313509 >

Gandy, Matthew (2006): »Water, Modernity and the Demise of the Bacteriological City.« In: Tvedt, Terje; Jacobsson, Eva (Hrsg.): *A History of Water. Series I, Volume 1: Water Control and River Biographies*. London/New York: I.B. Taurus, S. 347–371.

Garbrecht, Günther (1994): »Mensch und Wasser im Altertum.« In: Frontinus-Gesellschaft (Hrsg.): *Die Wasserversorgung antiker Städte. Mensch und Wasser: Mitteleuropa, Thermen, Bau/Materialien, Hygiene*. Bd. 3. Mainz: Von Zabern, S. 13–42.

Garbrecht, Günther (1995): *Meisterwerke antiker Hydrotechnik*. Leipzig: Teubner

Gear, Matthew Asprey (2016): *At the End of the Street in the Shadow. Orson Welles and the City*. New York: Columbia University Press

Gehlen, Arnold (1976): *Die Seele im technischen Zeitalter. Sozialpsychologische Probleme in der industriellen Gesellschaft*. Hamburg: Rowohlt

Gehlen, Arnold (1981): *Anthropologische Forschung. Zur Selbstbegegnung und Selbstentdeckung des Menschen*. Hamburg: Rowohlt

George, Andrew (1999): *The epic of Gilgamesh. The Babylonian epic poem and other texts in Akkadian and Sumerian*. New York: Barnes & Noble

George, Andrew (2003): *The Babylonian Gilgamesh Epic. Introduction, Critical Edition and Cuneiform Texts*. Vol. I. Oxford: Oxford University Press

Gertz, Jan Christian (2018): *Das erste Buch Mose Genesis. Die Urgeschichte Gen 1-11*. Göttingen: Vandenhoeck & Ruprecht

Giddens, Anthony (1997): *Die Konstitution der Gesellschaft. Grundzüge einer Theorie der Strukturierung*. Frankfurt am Main/New York: Campus

Giedion, Sigfried (1998): *Geschichte des Bades. Auszug aus: Die Herrschaft der Mechanisierung. Ein Beitrag zur anonymen Geschichte*. Hamburg: Europäische Verlagsgesellschaft

Glaser, Renate; Luserke, Matthias (Hrsg.) (1996): *Literaturwissenschaft – Kulturwissenschaft. Positionen, Themen, Perspektiven*. Opladen: Westdeutscher Verlag

Goethe, Johann Wolfgang von (1982): *Gedichte. Maximen und Reflexionen*. Herrsching: Pawlak

Goethert, Klaus-Peter (2001): »Badekultur, Badeorte, Bäderreise in den gallischen Provinzen.« In: Matheus, Michael (Hrsg.): *Badeorte und Bäderreisen in Antike, Mittelalter und Neuzeit*. Stuttgart: Steiner, S. 11–32.

Göhler, Gerhard (Hrsg.) (1995): *Macht der Öffentlichkeit – Öffentlichkeit der Macht*. Baden-Baden: Nomos

Göschel, Albrecht; Kirchberg, Volker (Hrsg.) (1998): *Kultur in der Stadt. Stadtsoziologische Analysen zur Kultur.* Wiesbaden: VS Verlag für Sozialwissenschaften

Goy, Richard J. (2011): *Venetian Vernacular Architecture. Traditional Housing in the Venetian Lagoon.* Cambridge: Cambridge University Press

Grewe, Klaus (1994): »Römische Wasserleitungen nördlich der Alpen.« In: Frontinus-Gesellschaft (Hrsg.): *Die Wasserversorgung antiker Städte. Mensch und Wasser: Mitteleuropa, Thermen, Bau/Materialien, Hygiene.* Bd. 3. Mainz: Von Zabern, S. 43–97.

Grimm, Jacob; Grimm, Wilhelm: *Deutsches Wörterbuch.* 16 Bde. Leipzig. Online-Version unter < woerterbuchnetz.de/cgi-bin/WBNetz/wbgui_py?sigle=DWB >

Grötz, Susanne; Quecke, Ursula (Hrsg.) (2006): *Balnea. Architekturgeschichte des Bades.* Marburg: Jonas

Grube, Nikolai (Hrsg.) (2006): *Maya. Gottkönige im Regenwald.* Köln: Könemann

Gunkel, Hermann (1895): *Schöpfung und Chaos in Urzeit und Endzeit. Eine religionsgeschichtliche Untersuchung über Gen 1 und Ap Joh 12.* Göttingen: Vandenhoeck & Ruprecht

Günzel, Stephan (Hrsg.) (2009): *Raumwissenschaft.* Frankfurt am Main: Suhrkamp

Günzel, Stephan (Hrsg.) (2013): *Texte zur Theorie des Raums.* Stuttgart: Reclam

Haas, Volkert (2008): *Die hethitische Literatur. Texte, Stilistik, Motive.* Berlin: De Gruyter

Haidvogl, Gertrud; Winiwarter, Verena; Dressel, Gert et al. (2018): »Urban Waters and the Development of Vienna between 1683 and 1910.« In: *Environmental History*, Vol. 23/4, S. 721–747. Online unter: < doi.org/10.1093/envhis/emy058 >

Haidvogl, Gertrud; Hauer, Friedrich; Hohensinner, Severin et al. (2019): *Wasser Stadt Wien. Eine Umweltgeschichte.* (Hrsg.). Wien: ZUG – Zentrum für Umweltgeschichte

Hannemann, Christine; Sewing, Werner (1998): »Gebaute Stadtkultur. Architektur als Identitätskonstrukt.« In: Göschel, Albrecht; Kirchberg, Volker (Hrsg.): *Kultur in der Stadt. Stadtsoziologische Analysen zur Kultur.* Wiesbaden: VS Verlag für Sozialwissenschaften, S. 55–79.

Harper, Robert F. (1904): *The Code of Ḥammurabi.* Chicago: The University of Chicago Press

Harvey, David: (1999): *The Condition of Postmodernity. An Enquiry into the Origins of Cultural Change.* Cambridge: Blackwell

Hauer, Friedrich (2016): »Wien und die Donau(auen). Zur Entstehung einer Stadtlandschaft.« In: Tamáska, Máté; Szabó, Csaba (Hrsg.): *Donau-Stadt-Landschaften Danube-City-Landscapes. Budapest – Wien/Vienna.* Münster: LIT, S. 121–134.

Hauser, Susanne; Kamleithner, Christa (2006): *Ästhetik der Agglomeration.* Wuppertal: Müller + Busmann

Häußermann, Hartmut; Kemper, Jan (2005): »Die soziologische Theoretisierung der Stadt und die New Urban Sociology.« In: Berking, Helmuth; Löw, Martina (Hrsg.): *Die Wirklichkeit der Städte. Soziale Welt.* Sonderband 16. Baden-Baden: Nomos, S. 25–53.

Haverkamp, Anselm (1996): *Theorie der Metapher.* Darmstadt: Wissenschaftliche Buchgesellschaft

Hecker, Karl (1994): »Das akkadische Gilgamesch-Epos.« In: Hecker, Karl; Lambert, Wilfred G.; Müller, Gerfried G. W. et al. (1994): *Weisheitstexte, Mythen und Epen. Bd. 3, Lfg. 4. Mythen und Epen 2.* Gütersloh: Gütersloher Verlagshaus Mohn, S. 646–744.

Hecker, Karl; Lambert, Wilfred G.; Müller, Gerfried G. W. et al. (1994): »Weisheitstexte, Mythen und Epen. Bd. 3, Lfg. 4. Mythen und Epen 2.« In: Kaiser, Otto (Hrsg.): *Texte aus der Umwelt des Alten Testaments (TUAT).* Gütersloh: Gütersloher Verlagshaus Mohn

Hegel, Georg Wilhelm Friedrich (1995): »Enzyklopädie der philosophischen Wissenschaften im Grundrisse. Erster Teil. Die Wissenschaft der Logik.« In: Ders.: *Werke.* Bd. 8. Frankfurt am Main: Suhrkamp

Hegel, Georg Wilhelm Friedrich (1996): »Wissenschaft der Logik I. Erster Teil. Die objektive Logik.« In: Ders.: *Werke.* Bd. 5. Frankfurt am Main: Suhrkamp

Hegel, Georg Wilhelm Friedrich (2017): »Wissenschaft der Logik II. Erster Teil. Die objektive Logik, Zweites Buch. Zweiter Teil. Die subjektive Logik.« In: Ders.: *Werke.* Bd. 6. Frankfurt am Main: Suhrkamp

Heidenreich, Elisabeth (2004): *Fließräume. Die Vernetzung von Natur, Raum und Gesellschaft seit dem 19. Jahrhundert.* Frankfurt/New York: Campus

Heidenreich, Elisabeth (2006): »Natur und Kultur heute: verwickelt in technische Fließräume.« In: Frank, Susanne; Gandy, Matthew (Hrsg.): *Hydropolis. Wasser und die Stadt der Moderne.* Frankfurt/New York: Campus, S. 57–72.

Heintel, Erich (1984): *Grundriß der Dialektik. Bd. I. Zwischen Wissenschaftstheorie und Theologie.* Darmstadt: Wissenschaftliche Buchgesellschaft

Heintel, Erich (1984): *Grundriß der Dialektik. Bd. II. Zum Logos der Dialektik und zu seiner Logik.* Darmstadt: Wissenschaftliche Buchgesellschaft

Heinzlef, Charlotte; Serre, Damien (2020): »Urban resilience. From a limited urban engineering vision to a more global comprehensive and long-term implementation.« In: *Water Security,* Vol. 11. Online unter < doi.org/10.1016/j.wasec.2020.100075 >

Held, Klaus (1980): *Heraklit, Parmenides und der Anfang der Philosophie und Wissenschaft. Eine phänomenologische Besinnung.* Berlin/New York: De Gruyter

Henningsen, Bernd (Hrsg.) (2001): *Die inszenierte Stadt. Zur Praxis und Theorie kultureller Konstruktionen.* Berlin: Spitz

Henrich, Dieter; Iser, Wolfgang (Hrsg.) (1993): *Theorien der Kunst.* Frankfurt am Main: Suhrkamp

Herodot (1955): *Historien*. Deutsche Gesamtausgabe. Horneffer, August (Übers.). Stuttgart: Kröner

Hess, Richard S.; Tsumura, David T. (Hrsg.) (1994): *I studied inscriptions from before the flood. Ancient Near Eastern, literary, and linguistic approaches to Genesis 1-11*. Winona Lake: Eisenbrauns

Hilger, Dietrich (1982): »Industrie als Epochenbegriff; Industrialismus und industrielle Revolution.« In: Brunner, Otto; Conze, Werner; Koselleck, Reinhart (Hrsg.): *Geschichtliche Grundbegriffe. Historisches Lexikon zur politisch-sozialen Sprache in Deutschland*. Bd. 3. Stuttgart: Klett-Cotta, S. 286–296.

Hockerts, Hans Günter; Historische Kommission bei der Bayerischen Akademie der Wissenschaften (Hrsg.) (2010): *Neue Deutsche Biographie*. Bd. 24. Berlin: Ducker & Humblot

Hodge, Trevor (2000): »Aqueducts« In: Wikander, Örjan (Hrsg.): *Handbook of ancient water technology*. Leiden: Brill, S. 39–66.

Hodge, Trevor (2000): »Engineering Works« In: Wikander, Örjan (Hrsg.): *Handbook of ancient water technology*. Leiden: Brill, S. 67–94.

Hodge, Trevor (2000): »Reservoirs and Dams« In: Wikander, Örjan (Hrsg.): *Handbook of ancient water technology*. Leiden: Brill, S. 331–340.

Hoffmann, Michaela (1999): *Griechische Bäder*. München: Tuduv

Hohensinner, Severin (2015): *Historische Hochwässer der Wiener Donau und ihrer Zubringer. Materialien zur Umweltgeschichte Österreichs*. Bd. 1. Wien: ZUG – Zentrum für Umweltgeschichte

Hohensinner, Severin; Hahmann, Andreas (2015): *Historische Wasserbauten an der Wiener Donau und ihren Zubringern: Materialien zur Umweltgeschichte Österreichs*. Bd. 2. Wien: ZUG – Zentrum für Umweltgeschichte

Holt, Emily (2018): *Water and Power in Past Societies*. Albany: State University of New York Press

Homer (1975): *Ilias*. Schadewaldt, Wolfgang (Übers.). Frankfurt am Main: Insel

Hönig, Christoph (2000): *Die Lebensfahrt auf dem Meer der Welt. Der Topos, Texte und Interpretation*. Würzburg: Königshausen & Neumann

Hönigswald, Richard (1957): *Vom erkenntnistheoretischen Gehalt alter Schöpfungserzählungen*. Stuttgart: Kohlhammer

Hooimeijer, Fransje L.; Meyer, Han (2014): »Rotterdam Dynamic Polder and Harbor City.« In: Tvedt, Terje; Oestigaard, Terje (Hrsg.): *A History of Water. Series III, Volume 1: Water and Urbanization*. London/New York: I.B. Taurus, S. 575–603.

Horak, Roman; Maderthaner, Wolfgang; Mattl, Siegfried et al. (1996): »Wiener Beiträge zur Moderne und Hypermoderne. Eine Forschungsskizze« In: *Zeitgeschichte*, Vol. 23 (7/8), S. 243–261.

Horak, Roman (2000): »Josephine Baker in Wien – oder doch nicht? Über die Wirksamkeit des „zeitlos Populären."« In: Horak, Roman; Maderthaner, Wolfgang; Mattl, Siegfried et al. (Hrsg.): *Metropole Wien. Texturen der Moderne*. Bd. 1. Wien: WUV-Universitätsverlag, S. 169–213.

Horak, Roman; Maderthaner, Wolfgang; Mattl, Siegfried et al. (Hrsg.) (2000): *Metropole Wien. Texturen der Moderne*. Bde. 1 u. 2. Wiener Vorlesungen (Bde. 9/I u. 9/II). Ehalt, Hubert Christian (Hrsg.). Wien: WUV-Universitätsverlag

Horak, Roman; Mattl, Siegfried (2001): »„Musik liegt in der Luft…". Die „Welthauptstadt Wien". Eine Konstruktion.« In: Horak, Roman; Maderthaner, Wolfgang; Mattl, Siegfried; Musner, Lutz (Hrsg.): *Stadt. Masse. Raum. Wiener Studien zur Archäologie des Populären.* Wien: Turia + Kant, S. 164–239.

Horkheimer, Max; Adorno, Theodor W. (2001): *Dialektik der Aufklärung. Philosophische Fragmente.* Frankfurt am Main: Fischer

Hornung, Erik; Schweizer, Andreas (Hrsg.) (2007): *Schönheit und Mass. Beiträge der Eranos Tagungen 2005 und 2006.* Basel: Schwabe

Hörz, Peter F. N. (1997): *Gegen den Strom. Naturwahrnehmung und Naturbewältigung im Zivilisationsprozeß am Beispiel des Wiener Donauraumes.* Historisch-anthropologische Studien. Bd. 2. Ehalt, Hubert Christian (Hrsg.). Frankfurt am Main: Lang

Hradecky, Johannes; Chmelar, Werner (2014): »Wiener Neustädter Kanal. Vom Transportweg zum Industriedenkmal.« In: Museen der Stadt Wien – Stadtarchäologie (Hrsg.): *Wien Archäologisch.* Bd. 11. Wien: Phoibos

Humboldt, Alexander von (1858): *Kosmos. Entwurf einer physischen Weltbeschreibung.* Bd. 4. Stuttgart: Cotta. Online unter < www.deutschestextarchiv.de/book/show/humboldt_kosmos04_1858 >

Husserl, Edmund (1966): *Zur Phänomenologie des inneren Zeitbewusstseins.* Husserliana, GW, Bd. X. Böhm, Rudolf (Hrsg.). Den Haag: Nijhoff

Ibsen, Henrik (1999): *Ein Volksfeind. Schauspiel in 5 Akten.* Stuttgart: Reclam

Illich, Ivan (1987): H_2O *und die Wasser des Vergessens.* Reinbek bei Hamburg: Rowohlt

Institut für Assyriologie und Hethitologie (2006): *Leipzig-Münchner Sumerischer Zettelkasten.* München: Ludwig-Maximilians-Universität München. Online unter < www.assyriologie.uni-muenchen.de/forschung/forschungsprojekte/sumglossar/zettelkasten2006_09.pdf >

Intergovernmental Panel on Climate Change, IPCC (2019): *Special Report on the Ocean and Cryosphere in a Changing Climate. Summary for Policymakers.* Online unter <report.ipcc.ch/srocc/pdf/SROCC_FinalDraft_FullReport.pdf>

Ipsen, Detlev; Cichorowski, Georg; Schramm, Engelbert (Hrsg.) (1998): *Wasserkultur. Beiträge zu einer nachhaltigen Stadtentwicklung.* Berlin: Analytica

Jacobsen, Thorkild (1994): »The Eridu Genesis« In: Hess, Richard S.; Tsumura, David T. (Hrsg.): *I studied inscriptions from before the flood. Ancient Near Eastern, literary, and linguistic approaches to Genesis 1-11.* Winona Lake: Eisenbrauns, S. 129-142.

Jansen, Gemma C. M. (2000): »Urban water transport and distribution« In: Wikander, Örjan (Hrsg.): *Handbook of ancient water technology.* Leiden: Brill, S. 103-125.

Jansen, Michael (2014): »Mohenjo-Daro, Indus Valley Civilization: Water Supply and Water Use in One of the Largest Bronze Age Cities of the Third Millennium BC.« In: Tvedt, Terje; Oestigaard, Terje (Hrsg.): *A History of Water. Series III, Volume 1: Water and Urbanization.* London/New York: I.B. Taurus, S. 52-70.

Jefferson, Bruce; Jeffrey, Paul; Lemon, Mark (2006): »My Land, My Water, Your Problem: Co-dynamic Processes and the Development of Appropriate Water Policy Tools.« In: Coopey, Richard; Tvedt, Terje (Hrsg.): *A History of Water. Series I, Volume 2: The Political Economy of Water.* London/New York: I.B. Taurus, S. 529-549.

Jonas, Hans (1979): *Das Prinzip Verantwortung. Versuch einer Ethik für die technologische Zivilisation.* Frankfurt am Main: Suhrkamp

Jordan, David (1996): *Die Neuerschaffung von Paris. Baron Haussmann und seine Stadt.* Frankfurt am Main: Fischer

Kafka, Franz (2002): »Nachgelassene Schriften und Fragmente II.« In: Schillemeit, Jost (Hrsg.): *Schriften, Tagebücher in 15 Bänden.* Frankfurt am Main: Fischer

Kambylis, Athanasios (1965): *Die Dichterweihe und ihre Symbolik. Untersuchungen zu Hesiodos, Kallimachos, Properz und Ennius.* Heidelberg: Winter

Kant, Immanuel (1994): *Kritik der Urteilskraft.* Werkausgabe, Bd. X. Frankfurt am Main: Suhrkamp

Kapp, Ernst (1845): *Philosophische oder vergleichende allgemeine Erdkunde als wissenschaftliche Darstellung der Erdverhältnisse und des Menschenlebens nach ihrem inneren Zusammenhang. In zwei Bänden.* Braunschweig: Westermann

Karamouz, Mohammad; Moridi, Ali; Nazif, Sara (2010): *Urban water engineering and management.* Boca Raton: CRC Press

Keim, Christiane (2006): »Eine Welt für sich - Kurarchitektur und Kurgesellschaft in Baden-Baden im 19. Jahrhundert.« In: Grötz, Susanne; Quecke, Ursula (Hrsg.): *Balnea. Architekturgeschichte des Bades.* Marburg: Jonas, S. 81-98.

Kek, Damir (1996): *Der römische Aquädukt als Bautypus und Repräsentationsarchitektur.* Münster: Lit

Kiby, Ulrike (1995): *Bad und Badekultur in Orient und Okzident. Antike bis Spätbarock.* Köln: DuMont

Killy, Walther (Hrsg.) (1967): *Die deutsche Literatur. Texte und Zeugnisse. Bd. 7. 20. Jahrhundert. Texte und Zeugnisse 1880-1933.* München: Beck

Kimmich, Dorothee; Schahadat, Schamma; Hauschild, Thomas (Hrsg.) (2010): *Kulturtheorie.* Bielefeld: Transcript.

King, Leonard W. (1910): *The Code of Hammurabi*. London: Luzac & Co.

Kirschner, Adele (2020): »Grenzüberschreitende Implikationen eines Menschenrechts auf Wasser? Reichweite, Auswirkungen und Bedeutung für das internationale Wasserrecht.« In: Bogdandy, Armin; Peters, Anne (Hrsg.): *Beiträge zum ausländischen öffentlichen Recht und Völkerrecht*. Berlin/Heidelberg: Springer

Klamper, Elisabeth (1991): »Halte die Poren offen. Einige Überlegungen zu Sauberkeit, Gesundheit und (Rassen-)Hygiene am Beispiel des nationalsozialistischen Regimes.« In: Lachmayer, Herbert; Mattl-Wurm, Sylvia; Gargerle, Christian (Hrsg.): *Das Bad. Körperkultur und Hygiene im 19. und 20. Jahrhundert*. Wien: Eigenverlag der Museen der Stadt Wien, S. 167–176.

Kluge, Friedrich (2015): *Etymologisches Wörterbuch der deutschen Sprache*. Berlin: De Gruyter

Kneissl, Franz; Pirhofer, Gottfried (1991): »Meereswellen aus Hochquellen.« In: Lachmayer, Herbert; Mattl-Wurm, Sylvia; Gargerle, Christian (Hrsg.): *Das Bad. Körperkultur und Hygiene im 19. und 20. Jahrhundert*. Wien: Eigenverlag der Museen der Stadt Wien, S. 139–152.

Köbler, Gerhard (1989): *Gotisches Wörterbuch*. Leiden: Brill

Konapala, Goutam; Mishra, Ashok (2020): »Dynamics of Virtual Water Networks. Role of National Socio-economic Indicators across the World.« In: *Journal of Hydrology*, Vol. 589. Online unter < doi.org/10.1016/j.jhydrol.2020.125171 >

Körner, Swen (2012): »Doping im Spitzensport der Gesellschaft. Systemtheoretische Betrachtungen.« In: Körner, Swen; Frei, Peter (Hrsg.): *Die Möglichkeit des Sports. Kontingenz im Brennpunkt sportwissenschaftlicher Analysen*. Bielefeld: transcript, S. 73–98.

Kos, Wolfgang (1984): *Über den Semmering. Kulturgeschichte einer künstlichen Landschaft*. Wien: Edition Tusch

Kos, Wolfgang (1991): »Zwischen Amüsement und Therapie. Der Kurort als soziales Ensemble.« In: Lachmayer, Herbert; Mattl-Wurm, Sylvia; Gargerle, Christian (Hrsg.): *Das Bad. Eine Geschichte der Badekultur im 19. und 20. Jahrhundert*. Wien: Residenz, S. 220–236.

Kos, Wolfgang; Rapp, Christian (Hrsg.) (2004): *Alt-Wien. Die Stadt, die niemals war*. 316. Sonderausstellung des Wien Museums. Wien: Czernin

Koutsoyiannis, Demetris; Patrikiou, Anna (2014): »Water Control in Ancient Greek Cities.« In: Tvedt, Terje; Oestigaard, Terje (Hrsg.): *A History of Water. Series III, Volume 1: Water and Urbanization*. London/New York: I.B. Taurus, S. 130–148.

Krahe, Hans (1963): *Die Struktur der alteuropäischen Hydronymie*. Mainz: Verlag der Akademie

Kraus, Karl (2013): *Pro domo et mundo*. Hamburg: Severus

Křížek, Vladimír (1990): *Kulturgeschichte des Heilbades*. Stuttgart: Kohlhammer

Krolzik, Udo (1988): »Das Wasser als theologisches Thema der deutschen Frühaufklärung bei Johann Albert Fabricius.« In: Böhme, Hartmut (Hrsg.): *Kulturgeschichte des Wassers*. Frankfurt am Main: Suhrkamp, S. 189–207.

Kuil, Linda; Carr, Gemma; Viglione, Alberto et al. (2016): »Conceptualizing sociohydrological drought processes. The case of the Maya collapse.« In: *Water Resource Research*, Vol. 52/8, S. 6222–6242. Online unter < doi:10.1002/2015WR018298 >

Kulp, Scott A.; Strauss, Benjamin H. (2019): »New elevation data triple estimates of global vulnerability to sea-level rise and coastal flooding.« In: *Nature Communications*, Vol. 10. Online unter: < doi.org/10.1038/s41467-019-12808-z >

Kumar, Prashant; Saroj, Devendra (2014): »Water-energy-pollution nexus for growing cities.« In: *Urban climate*, Vol. 10/5, S. 846–853. Online unter < doi.org/10.1016/j.uclim.2014.07.004 >

Labat, René (1963): *Manuel d'épigraphie akkadienne: signes, syllabaire, idéogrammes*. Paris: Impr. Nationale

Lacan, Jacques (1996): »Das Drängen des Buchstabens im Unbewussten oder die Vernunft seit Freud.« In: Haverkamp, Anselm: *Theorie der Metapher*. Darmstadt: Wissenschaftliche Buchgesellschaft, S. 175–215.

Lachmayer, Herbert; Mattl-Wurm, Sylvia; Gargerle, Christian (Hrsg.) (1991): *Das Bad. Eine Geschichte der Badekultur im 19. und 20. Jahrhundert*. Wien: Residenz

Lachmayer, Herbert; Mattl-Wurm, Sylvia; Gargerle, Christian (Hrsg.) (1991): *Das Bad. Körperkultur und Hygiene im 19. und 20. Jahrhundert*. Katalog anlässlich der 142. Sonderausstellung des Historischen Museums der Stadt Wien (Hermesvilla, Lainzer Tiergarten, 23. März 1991 bis 8. März 1992). Wien: Eigenverlag der Museen der Stadt Wien

Lambert, Wilfred G. (1994): »Enuma Elisch.« In: Hecker, Karl; Lambert, Wilfred G.; Müller, Gerfried G. W. et al. (1994): *Weisheitstexte, Mythen und Epen. Bd. 3, Lfg. 4. Mythen und Epen 2*. Gütersloh: Gütersloher Verlagshaus Mohn, S. 565–602.

Lamprecht, Heinz-Otto (1994): »Bau- und Materialtechnik bei antiken Wasserversorgungsanlagen.« In: Frontinus-Gesellschaft (Hrsg.): *Die Wasserversorgung antiker Städte. Mensch und Wasser: Mitteleuropa, Thermen, Bau/Materialien, Hygiene*. Bd. 3. Mainz: Von Zabern, S. 129–155.

Landa-Cansigno, Oriana; Behzadian, Kourosh; Davila-Cano, Diego et al. (2019): »Performance assessment of water reuse strategies using integrated framework of urban water metabolism and water-energy-pollution nexus.« In: *Environmental science and pollution research international*, Vol. 27/31, S. 4582–4597. Online unter < doi.org/10.1007/s11356-019-05465-8 >

Langdon, Stephen (1923): *Oxford Editions of Cuneiform Texts. The Weld-Blundell Collection, Vol. II. Historical Inscriptions, Containing Principally the Chronological Prism, W-B. 444*. Oxford: Oxford University Press.

LaPiere, Richard (1954): *A Theory of Social Control.* London: McGraw-Hill

Laskowski, Silke R. (2010): *Das Menschenrecht auf Wasser. Die rechtlichen Vorgaben zur Sicherung der Grundversorgung mit Wasser und Sanitärleistungen im Rahmen einer ökologisch-nachhaltigen Wasserwirtschaftsordnung.* Tübingen: Mohr Siebeck

Leick, Gwendolyn (2009): *Mesopotamia. The Invention of the City.* London: Penguin Press

Leinkauf, Thomas (2017): *Grundriss Philosophie des Humanismus und der Renaissance, 1350-1600.* Bde. I u. II. Hamburg: Meiner

Leiss, William (2003): »Naturbeherrschung: die größte politische Tragödie der Neuzeit?« In: Böhme, Gernot; Manzei, Alexandra (Hrsg.): *Kritische Theorie der Technik und Natur.* München: Fink, S. 135–151.

Lefèbvre, Henri (2009): *The production of space. La production de l'espace.* Malden: Blackwell

Leser, Norbert (1985): *Zwischen Reformismus und Bolschewismus. Der Austromarxismus als Theorie und Praxis.* Wien: Böhlau

Lévi-Strauss, Claude (1958): »La geste d'Asdiwal.« In: *École pratique des hautes études, Section des sciences religieuses.* Annuaire 1958–1959, S. 3–43.

Lévi-Strauss, Claude (1972): »Das Zusammenwirken der Kulturen.« In: Ders.: *Rasse und Geschichte.* Frankfurt am Main: Suhrkamp, S. 66–74.

Lévi-Strauss, Claude (1976): *Mythologica II. Vom Honig zur Asche.* Frankfurt am Main: Suhrkamp

Lévi-Strauss, Claude (1978): *Traurige Tropen.* Frankfurt am Main: Suhrkamp

Lévy, Edmond (Hrsg.) (2000): *La codification des lois dans l'antiquité. Actes du colloque de Strasbourg, 27-29 novembre 1997.* Paris: De Boccard

Lieven, Alexandra von (2007): *Grundriss des Laufes der Sterne. Das sogenannte Nutbuch.* Bd. 1. Copenhagen: Museum Tusculanum Press

Love, Christopher (2008): *A Social History of Swimming in England, 1800-1918. Splashing in the Serpentine.* New York: Routledge

Lucero, Lisa J. (2002): »The Collapse of the Classic Maya. A Case for the Role of Water Control.« In: *American Anthropologist,* Vol. 104/3, S. 814-26. Online unter < www.jstor.org/stable/3567259 >

Lucero, Lisa J. (2006): »The political and sacred power of water in classic Maya society.« In: Lucero, Lisa J.; Fash, Barbara W. (Hrsg.): *Precolumbian water management.* Tucson: University of Arizona Press, S. 116–128.

Lucero, Lisa J. (2006): *Water and ritual. The rise and fall of classic Maya rulers.* Austin: University of Texas Press

Luhmann, Niklas (1995): *Die Kunst der Gesellschaft.* Frankfurt am Main: Suhrkamp

Luhmann, Niklas (1998): *Die Gesellschaft der Gesellschaft.* Bde. 1 u. 2. Frankfurt am Main: Suhrkamp

Luhmann, Niklas (2008): *Ideenevolution. Beiträge zur Wissenssoziologie.* Frankfurt am Main: Suhrkamp

Luhmann, Niklas (2008): *Soziale Systeme: Grundriß einer allgemeinen Theorie.* Frankfurt am Main: Suhrkamp

Maderthaner, Wolfgang; Musner, Lutz (2000): »Die Logik der Transgression: Masse, Kultur und Politik im Wiener Fin-de-Siècle.« In: Horak, Roman; Maderthaner, Wolfgang; Mattl, Siegfried et al. (Hrsg.): *Metropole Wien. Texturen der Moderne.* Bd. 1. Wien: WUV-Universitätsverlag, S. 97–168.

Magnusson, Roberta J. (2006): »Water and Wastes in Medieval London.« In: Tvedt, Terje; Jacobsson, Eva (Hrsg.): *A History of Water. Series I, Volume 1: Water Control and River Biographies.* London/New York: I.B. Taurus, S. 299–313.

Mahling, Christoph-Hellmut (2001): »Residenzen des Glücks. Konzert – Theater – Unterhaltung in Kurorten des 19. und frühen 20. Jahrhunderts.« In: Matheus, Michael (Hrsg.): *Badeorte und Bäderreisen in Antike, Mittelalter und Neuzeit.* Stuttgart: Steiner, S. 81–100.

Makowski, Henry; Buderath, Bernhard (1983): *Die Natur dem Menschen untertan. Ökologie im Spiegel der Landschaftsmalerei.* München: Kindler

Mallowan, Max E. L. (1964): »Noah's Flood Reconsidered.« In: *Iraq*, Vol. 26/2. British Institute for the Study of Iraq, S. 62–82. Online unter < www.jstor.org/stable/4199766 >

Manderscheid, Hubertus (1994): »Römische Thermen. Aspekte von Architektur, Technik und Ausstattung.« In: Frontinus-Gesellschaft (Hrsg.): *Die Wasserversorgung antiker Städte. Mensch und Wasser: Mitteleuropa, Thermen, Bau/Materialien, Hygiene.* Bd. 3. Mainz: Von Zabern, S. 99–125.

Manderscheid, Hubertus (2000): »The Water Management of Greek and Roman Baths.« In: Wikander, Örjan (Hrsg.): *Handbook of ancient water technology.* Leiden: Brill, S. 467–535.

Manore, Jean L. (2006): »Rivers as Text: From Pre-Modern to Post-Modern Understandings of Development, Technology and the Environment in Canada and Abroad.« In: Tvedt, Terje; Oestigaard, Terje (Hrsg.): *A History of Water. Series I, Volume 3: The World of Water.* London/New York: I.B. Taurus, S. 229–253.

Mansfeld, Jaap (1995): *Die Vorsokratiker I. Milesier, Pythagoreer, Xenophanes, Heraklit, Parmenides.* Bd. I. Stuttgart: Reclam

Mansfeld, Jaap (1996): *Die Vorsokratiker II. Zenon, Empedokles, Anaxagoras, Leukipp, Demokrit.* Bd. II. Stuttgart: Reclam

Maraini, Silvio (2016): *Geflutete Kathedralen.* Salenstein: Benteli

Marx, Karl (1962): *Das Kapital. Kritik der politischen Ökonomie.* Bd. 1. Wien: Globus

Matheus, Michael (Hrsg.) (2001): *Badeorte und Bäderreisen in Antike, Mittelalter und Neuzeit.* Stuttgart: Steiner

Mathieu, Christian (2007): *Inselstadt Venedig. Umweltgeschichte eines Mythos in der Frühen Neuzeit.* Köln/Weimar: Böhlau

Matthewman, Steve (2006): »Science in the Social Sphere: Weather Modification and Public Response.« In: Tvedt, Terje; Oestigaard, Terje (Hrsg.): *A History of Water. Series I, Volume 3: The World of Water.* London/New York: I.B. Taurus, S. 409–429.

Mattl, Siegfried (2000): »Wiener Paradoxien. Fordistische Stadt.« In: Horak, Roman; Maderthaner, Wolfgang; Mattl, Siegfried et al. (Hrsg.): *Metropole Wien. Texturen der Moderne.* Bd. 1. Wien: WUV-Universitätsverlag, S. 22–96.

Maul, Stefan W. (2007): »Ringen um göttliches und menschliches Mass. Die Sintflut und ihre Bedeutung im Alten Orient«. In: Hornung, Erik; Schweizer, Andreas (Hrsg.): *Schönheit und Mass. Beiträge der Eranos Tagungen 2005 und 2006.* Basel: Schwabe, S. 161–183.

Mauser, Wolfram (2007): *Wie lange reicht die Ressource Wasser? Vom Umgang mit dem blauen Gold.* Frankfurt am Main: Fischer

Mayer-Tasch, Peter C. (Hrsg.) (2009): *Welt ohne Wasser. Geschichte und Zukunft eines knappen Gutes.* Frankfurt am Main: Campus

McCully, Betsy (2014): »New York: Water Management and Metropolitan Development.« In: Tvedt, Terje; Oestigaard, Terje (Hrsg.): *A History of Water. Series III, Volume 1: Water and Urbanization.* London/New York: I.B. Taurus, S. 357–383.

Meißl, Gerhard (2000): »Hierarchische oder heterarchische Stadt? Metropolen-Diskurs und Metropolen-Produktion im Wien des Fin de Siècle.« In: Horak, Roman; Maderthaner, Wolfgang; Mattl, Siegfried et al. (Hrsg.): *Metropole Wien. Texturen der Moderne.* Bd. 1. Wien: WUV-Universitätsverlag, S. 284–375.

Metropolitan Museum of Art, New York (Hrsg.) (2007): *Masterpieces of European Painting, 1800–1920, in the Metropolitan Museum of Art.* New Haven/London: Yale University Press

Morus, Thomas (1995): *Utopia.* Logan, George M. (Hrsg.); Adams, Robert M. (Übers.). Cambridge: Cambridge University Press

Moser, Anne (2003): *Raum und Zeit im Spiegel der Kultur.* Historisch-anthropologische Studien. Bd. 17. Ehalt, Hubert Christian (Hrsg.). Frankfurt am Main: Lang

Müller, Michael (2015): *Kultur der Stadt. Essays für eine Politik der Architektur.* Bielefeld: transcript

Münkler, Herfried (1995): »Visibilität der Macht und die Strategien der Machtvisualisierung.« In: Göhler, Gerhard (Hrsg.): *Macht der Öffentlichkeit – Öffentlichkeit der Macht.* Baden-Baden: Nomos, S. 213–230.

Musil, Robert (1978): *Der Mann ohne Eigenschaften.* Bd. 1. Reinbek bei Hamburg: Rowohlt

Muthesius, Stefan (1991): »The Sanitary Revolution. Englische Badekultur als Vorbild im 19. Jahrhundert.« In: Lachmayer, Herbert; Mattl-Wurm, Sylvia; Gargerle,

Christian (Hrsg.): *Das Bad. Eine Geschichte der Badekultur im 19. und 20. Jahrhundert*. Wien: Residenz, S. 122–135.

Neundlinger, Michael; Gierlinger, Sylvia; Pollack, Gudrun et al. (2014): »An Environmental History of the Viennese Sanitation System – From Roman to Modern Times.« In: Tvedt, Terje; Oestigaard, Terje (Hrsg.): *A History of Water. Series III, Volume 1: Water and Urbanization*. London/New York: I.B. Taurus, S. 328–356.

Nestle, Wilhelm (1975): *Vom Mythos zum Logos. Die Selbstentfaltung des griechischen Denkens von Homer bis auf die Sophistik und Sokrates*. Stuttgart: Kröner

Nigro, Lorenzo (2014): »Aside the Spring: Tell Es-Sultan/Ancient Jericho: The Tale of an Early City and Water Control in Ancient Palestine.« In: Tvedt, Terje; Oestigaard, Terje (Hrsg.): *A History of Water. Series III, Volume 1: Water and Urbanization*. London/New York: I.B. Taurus, S. 25–51.

Ninck, Martin (1960): *Die Bedeutung des Wassers im Kult und Leben der Alten. Eine symbolgeschichtliche Untersuchung*. Darmstadt: Wissenschaftliche Buchgesellschaft

OECD (2015): *Water and Cities – Ensuring Sustainable Futures*. OECD Studies on Water. Paris: OECD Publishing. Online unter: < doi.org/10.1787/9789264230149-en >

OECD (2016): *Water Governance in Cities*. OECD Studies on Water. Paris: OECD Publishing. Online unter: < doi.org/10.1787/9789264251090-en >

OECD (2019): *Responding to Rising Seas. OECD Country Approaches to Tackling Coastal Risks*. Paris: OECD Publishing. Online unter: < doi.org/10.1787/9789264312487-en >

OECD (2020): *Financing Water Supply, Sanitation and Flood Protection. Challenges in EU Member States and Policy Options*. OECD Studies on Water. Paris: OECD Publishing. Online unter: < doi.org/10.1787/6893cdac-en >

OECD (2021): *Toolkit for Water Policies and Governance. Converging Towards the OECD Council Recommendation on Water*. Paris: OECD Publishing. Online unter: < doi.org/10.1787/ed1a7936-en >

Orme, Nicholas (1983): *Early British Swimming, 55 BC – AD 1719. With the First Swimming Treatise in English, 1595*. Exeter: University of Exeter Press

Ortalli, Gherardo (2004): »Forms of Knowledge in the Conservation of Natural Resources: From the Middle Ages to the Venetian Tribe.« In: Sanga, Glauco; Ortalli, Gherardo (Hrsg.): *Nature Knowledge. Ethnoscience, Cognition, and Utility*. New York: Berghahn, S. 391–399.

Osterhammel, Jürgen (2009): *Die Verwandlung der Welt. Eine Geschichte des 19. Jahrhunderts*. München: Beck

Otto, Eckart (2000): »Kodifizierung und Kanonisierung von Rechtssätzen in keilschriftlichen und biblischen Rechtssammlungen.« In: Lévy, Edmond (Hrsg.): *La codification des lois dans l'antiquité. Actes du colloque de Strasbourg, 27–29 novembre 1997*. Paris: De Boccard, S. 77–124.

Otto, Eckart (2008): *Altorientalische und biblische Rechtsgeschichte. Gesammelte Studien*. Wiesbaden: Harrassowitz

Ovid (2004): *Metamorphosen.* Sammlung Tusculum. Fink, Gerhard (Hrsg.). Berlin: Artemis & Winkler

Paavola, Jouni (2006): »Water Quality as Property: Industrial Water Pollution and Riparian Law in Nineteenth-Century USA.« In: Coopey, Richard; Tvedt, Terje (Hrsg.): *A History of Water. Series I, Volume 2: The Political Economy of Water.* London/New York: I.B. Taurus, S. 443–467.

Parrot, André (1953): *Déluge et arche de Noé.* Neuchatel: Delachaux & Niestlé

Pedersén, Olof (2014): »Waters at Babylon.« In: Tvedt, Terje; Oestigaard, Terje (Hrsg.): *A History of Water. Series III, Volume 1: Water and Urbanization.* London/New York: I.B. Taurus, S. 107–129.

Petschar, Hans; Friedlmeier, Heribert (2008): *Wien. Die Metropole in alten Fotografien.* Wien: Ueberreuter

Petschow, Herbert (1965): »Zur Systematik und Gesetzestechnik im Codex Hammurabi« In: *Zeitschrift für Assyriologie und Vorderasiatische Archäologie*, Bd. 57/1. Berlin/New York: De Gruyter, S. 146–172.

Pfabigan, Alfred (1991): »Proletarische Badekultur in der austromarxistischen Gegenwelt« In: Lachmayer, Herbert; Mattl-Wurm, Sylvia; Gargerle, Christian (Hrsg.): *Das Bad. Körperkultur und Hygiene im 19. und 20. Jahrhundert.* Wien: Eigenverlag der Museen der Stadt Wien, S. 159–166.

Pfeifer, Wolfgang et al. (1993): *Etymologisches Wörterbuch des Deutschen.* Online unter < www.dwds.de/wb/etymwb >

Pfleiderer, Beatrix (1988): »Vom guten Wasser. Eine kulturvergleichende Betrachtung.« In: Böhme, Hartmut (Hrsg.): *Kulturgeschichte des Wassers.* Frankfurt am Main: Suhrkamp, S. 263–278.

Pflesser, Wolf (1980): *Die Entwicklung des Sportschwimmens. Mit dem großen statistischen Anhang Meister, Sieger, Rekorde.* Celle: Pohl

Pindar (1986): *Oden.* Griechisch-Deutsch. Dönt, Eugen (Hrsg.). Stuttgart: Reclam

Pirhofer, Gottfried; Reichert, Ramon; Wurzacher, Martina (1991): »Bäder für die Öffentlichkeit. Hallen- und Freibäder als urbaner Raum.« In: Lachmayer, Herbert; Mattl-Wurm, Sylvia; Gargerle, Christian (Hrsg.): *Das Bad. Eine Geschichte der Badekultur im 19. und 20. Jahrhundert.* Wien: Residenz, S. 151–178.

Platon (1993): »Kratylos« In: Ders.: *Sämtliche Dialoge.* Bd. II. Apelt, Otto (Übers.). Hamburg: Meiner

Platon (1993): »Phaidon« In: Ders.: *Sämtliche Dialoge.* Bd. II. Apelt, Otto (Übers.). Hamburg: Meiner

Platon (1993): »Kritias« In: Ders.: *Sämtliche Dialoge.* Bd. VI. Apelt, Otto (Übers.). Hamburg: Meiner

Platon (1993): »Timaios« In: Ders.: *Sämtliche Dialoge.* Bd. VI. Apelt, Otto (Übers.). Hamburg: Meiner

Platon (1993): »Gesetze« In: Ders.: *Sämtliche Dialoge*. Bd. VII. Apelt, Otto (Übers.). Hamburg: Meiner

Pollack, Gudrun; Gierlinger, Sylvia; Haidvogl, Gertrud et al. (2016): »Using and abusing a torrential urban river: the Wien River before and during industrialization.« In: *Water History*, Bd. 8, S. 329–355. Online unter: < doi.org/10.1007/s12685-016-0177-7 >

Pötzl, Eduard (1905): *Zeitgenossen. Satiren und Skizzen aus Wien*. Wien: Mohr

Quenet, Grégory (2015): *Versailles, une histoire naturelle*. Paris: La Découverte

Radkau, Joachim (2000): *Natur und Macht. Eine Weltgeschichte der Umwelt*. München: Beck

Ranke, Hermann (1906): *Babylonian Legal and Business Documents from the Time of the First Dynasty of Babylon, Chiefly from Sippar (BE 6/1)*. Philadelphia: University of Pennsylvania, Dept. of Archaeology

Ranke, Hermann (2009): »Zur Vorgeschichte des Gilgamesch-Epos« In: *Zeitschrift für Assyriologie und Vorderasiatische Archäologie*, Bd. 49/1. Berlin/New York: De Gruyter, S. 45–49.

Reden, Sitta von; Wieland, Christian (Hrsg.) (2015): *Wasser. Alltagsbedarf, Ingenieurskunst und Repräsentation zwischen Antike und Neuzeit*. Göttingen: Vandenhoeck & Ruprecht

Reichsgesetzblatt (RGBl.) für die im Reichsrathe vertretenen Königreiche und Länder (1892): *XL. Stück. – Ausgegeben und versendet am 23. Juli 1892. Enthält Nummer 109*. Wien: Kaiserlich-königliche Hof- und Staatsdruckerei, S. 621–630. Online unter < alex.onb.ac.at/cgi-content/alex?aid=rgb&datum=1892&size=45&page=659 >

Reinhard, Wolfgang (1999): *Geschichte der Staatsgewalt. Eine vergleichende Verfassungsgeschichte Europas von den Anfängen bis zur Gegenwart*. München: Beck

Rojas Rabiela, Teresa; Martínez Ruiz, José Luis; Murillo Licea, Daniel (2009): *Cultura hidráulica y simbolismo mesoamericano del agua en el México prehispánico*. México D. F.: Centro de Investigaciones y Estudios Superiores en Antropología Social (Instituto Mexicano de Tecnología del Agua – Jiutepec, Morelos)

Rolf, Eckard (2005): *Metaphertheorien. Typologie, Darstellung, Bibliographie*. Berlin/New York: De Gruyter

Rollinger, Robert (2013): *Alexander und die großen Ströme. Die Flussüberquerungen im Lichte altorientalischer Pioniertechniken*. Wiesbaden: Harrassowitz

Römer, Willem H. Ph.; Soden, Wolfram von (1990): »Weisheitstexte, Mythen und Epen. Bd. 3, Lfg. 1. Weisheitstexte 1.« In: Kaiser, Otto (Hrsg.): *Texte aus der Umwelt des Alten Testaments (TUAT)*. Gütersloh: Gütersloher Verlagshaus Mohn

Römer, Willem H. Ph. (1993):»Weisheitstexte, Mythen und Epen. Bd. 3, Lfg. 3. Mythen und Epen 1.« In: Kaiser, Otto (Hrsg.): *Texte aus der Umwelt des Alten Testaments (TUAT)*. Gütersloh: Gütersloher Verlagshaus Mohn

Roth, Martha T. (2000):»The law collection of King Hammurabi: toward an understanding of codification and text.« In: Lévy, Edmond (Hrsg.): *La codification des lois dans l'antiquité. Actes du colloque de Strasbourg, 27–29 novembre 1997.* Paris: De Boccard, S. 9–31.

Rüster, Christel; Neu, Erich (1989): *Hethitisches Zeichenlexikon: Inventar und Interpretation der Keilschriftzeichen aus den Boğazköy-Texten.* Wiesbaden: Harrassowitz

Sailer-Wlasits, Paul (2003): *Die Rückseite der Sprache. Philosophie der Metapher.* Wien: Edition Va Bene

Sailer-Wlasits, Paul (2007): *Hermeneutik des Mythos. Philosophie der Mythologie zwischen Lógos und Léxis.* Wien: Edition Va Bene

Sailer-Wlasits, Paul (2012): *Verbalradikalismus. Kritische Geistesgeschichte eines soziopolitisch-sprachphilosophischen Phänomens.* Wien: Edition Va Bene

Sailer-Wlasits, Paul (2016): *Minimale Moral. Streitschrift zu Politik, Gesellschaft und Sprache.* Wien: new academic press

Sailer-Wlasits, Paul (2020): *Uneigentlichkeit. Philosophische Besichtigungen zwischen Metapher, Zeugenschaft und Wahrsprechen.* Würzburg: Königshausen & Neumann

Sakl-Oberthaler, Sylvia; Ranseder, Christine (2007):»Wasser in Wien. Von den Römern bis zur Neuzeit.« In: Fischer Ausserer, Karin (Hrsg.): *Wien Archäologisch.* Bd. 2. Magistrat der Stadt Wien – Stadtarchäologie. Wien: Phoibos

Sallaberger, Walther (2015):»Den Göttern nahe – und fern den Menschen? Formen der Sakralität des altmesopotamischen Herrschers.« In: Erkens, Franz-Reiner (Hrsg.): *Sakralität von Herrschaft. Herrschaftslegitimierung im Wandel der Zeiten und Räume.* Berlin: Akademie, S. 85–98.

Sanga, Glauco; Ortalli, Gherardo (Hrsg.) (2004): *Nature Knowledge. Ethnoscience, Cognition, and Utility.* New York: Berghahn

Scarborough, Vernon L. (2006):»An Overview of Mesoamerican Water Systems.« In: Lucero, Lisa J.; Fash, Barbara W. (Hrsg.): *Precolumbian Water Management.* Tucson: University of Arizona Press, S. 223–235.

Scarborough, Vernon L.; Dunning, Nicholas P.; Tankersley, Kenneth B. et al. (2012): »Water and sustainable land use at the ancient tropical city of Tikal, Guatemala.« In: *Proceedings of the National Academy of Sciences (PNAS)*, Vol. 109/31, S. 12408– 12413. Online unter < doi.org/10.1073/pnas.1202881109 >

Schadewaldt, Wolfgang (1978): *Die Anfänge der Philosophie bei den Griechen. Die Vorsokratiker und ihre Voraussetzungen.* Tübinger Vorlesungen Bd. 1. Frankfurt am Main: Suhrkamp

Schediwy, Robert (2005): *Städtebilder. Reflexionen zum Wandel in Architektur und Urbanistik*. Wien: LIT

Schelling, Friedrich Wilhelm Joseph (1856): »Einleitung in die Philosophie der Mythologie.« In: Ders.: *Sämtliche Werke*. Abteilung 2, Bd. 1. Schelling, Karl Friedrich (Hrsg.). Stuttgart: Cotta

Schelling, Friedrich Wilhelm Joseph (1996): *Philosophie der Mythologie: in drei Vorlesungsnachschriften 1837/1842*. München: Fink

Schier, Kurt (1963): »Die Erdschöpfung aus dem Urmeer und die Kosmogonie der Völospá.« In: Kuhn, Hugo; Schier, Kurt (Hrsg.): *Märchen, Mythos, Dichtung. Festschrift zum 90. Geburtstag Friedrich von der Leyens*. München: Beck, S. 303–334.

Schmid, Christian (2010): *Stadt, Raum und Gesellschaft. Henri Lefèbvre und die Theorie der Produktion des Raums*. Stuttgart: Steiner

Schnitzler, Arthur (2001): *Doktor Gräsler, Badearzt*. Frankfurt am Main: Fischer

Schramm, Engelbert (2006): »Kreislauf, Metabolismus, Netz: Leitbilder für einen veränderten städtischen Umgang mit Wasser.« In: Frank, Susanne; Gandy, Matthew (Hrsg.): *Hydropolis. Wasser und die Stadt der Moderne*. Frankfurt/New York: Campus, S. 41–56.

Schroer, Markus (2005): »Stadt als Prozess. Zur Diskussion städtischer Leitbilder.« In: Berking, Helmuth; Löw, Martina (Hrsg.): *Die Wirklichkeit der Städte. Soziale Welt*. Sonderband 16. Baden-Baden: Nomos, S. 327–344.

Schüle, Klaus (2003): *Paris. Die kulturelle Konstruktion der französischen Metropole*. Opladen: Leske + Budrich

Selbmann, Sibylle (1995): *Mythos Wasser. Symbolik und Kulturgeschichte*. Karlsruhe: Badenia

Siebel, Walter (1989): »Stadtkultur und städtische Lebensweise« In: Haller, Max; Hoffmann-Nowotny, Hans-Joachim; Zapf, Wolfgang (Hrsg.): *Kultur und Gesellschaft: Verhandlungen des 24. Deutschen Soziologentags, des 11. Österreichischen Soziologentags und des 8. Kongresses der Schweizerischen Gesellschaft für Soziologie in Zürich 1988*. Frankfurt am Main: Campus, S. 643–655. Online unter: < nbn-resolving.org/urn:nbn:de:0168-ssoar-148598 >

Siebel, Walter (2015): *Die Kultur der Stadt*. Berlin: Suhrkamp

Sieverts, Thomas (2008): *Zwischenstadt. Zwischen Ort und Welt, Raum und Zeit, Stadt und Land*. Gütersloh: Birkhäuser

Simmel, Georg (1903): »Die Großstädte und das Geistesleben.« In: Petermann, Theodor (Hrsg.): *Die Großstadt. Vorträge und Aufsätze zur Städteausstellung*. Bd. 9. Dresden: Jahrbuch der Gehe-Stiftung, S. 185–206.

Smith, Norman (1978): *Mensch und Wasser. Bewässerung, Wasserversorgung, von den Pharaonen bis Assuan*. München: Pfriemer

Soden, Wolfram von (1984): »Reflektierte und konstruierte Mythen in Babylonien und Assyrien.« In: *Studia Orientalia*, Vol. 55/4. Helsinki: The Finnish Oriental Society, S. 147–157.

Soden, Wolfram von (1994): »Der altbabylonische Atramchasis-Mythos.« In: Hecker, Karl; Lambert, Wilfred G.; Müller, Gerfried G. W. et al. (1994): *Weisheitstexte, Mythen und Epen. Bd. 3, Lfg. 4. Mythen und Epen 2*. Gütersloh: Gütersloher Verlagshaus Mohn, S. 612–645.

Sommerfeld, Walter (2014): »Der Kodex Hammurabi (KH). Transliteration. Auf Basis von Rykle Borger, Babylonisch-Assyrische Lesestücke 3.« In: *Analecta Orientalia*, Vol. 54, Heft I, XIII-XV, S. 2–50. Online unter: < www.uni-marburg.de/cnms/forschung/dnms/apps/ast/ob/kh_transliteration.pdf >

Spagnoli, Federica (2014): »Phoenician Cities and Water: The Role of the Sacred Sources in the Urban Development of Motya, Western Sicily.« In: Tvedt, Terje; Oestigaard, Terje (Hrsg.): *A History of Water. Series III, Volume 1: Water and Urbanization*. London/New York: I.B. Taurus, S. 89–106.

Sprawson, Charles (2002): *Ich nehme dich auf meinen Rücken, vermähle dich dem Ozean. Die Kulturgeschichte des Schwimmens*. Hamburg: mareverlag

Stach, Reiner (2002): *Kafka. Die Jahre der Entscheidung*. Frankfurt am Main: Fischer

Steadman, Sharon R.; McMahon, Gregory (2011): *The Oxford handbook of ancient Anatolia: 10,000 – 323 B.C.E*. Oxford: Oxford University Press

Steffen, Will; Rockströma; Johan; Richardsonc, Katherine et al. (2018): »Trajectories of the Earth System in the Anthropocene.« In: *Proceedings of the National Academy of Sciences (PNAS)*, Vol. 115/33, S. 8252–8259. Online unter < doi.org/10.1073/pnas.1810141115 >

Sternberg el-Hotabi, Heike (1995): »Der Mythos von der Vernichtung des Menschengeschlechtes.« In: Blumenthal, Elke; Junge, Friedrich; Kammerzell, Frank et al.: *Weisheitstexte, Mythen und Epen. Bd. 3, Lfg. 5. Mythen und Epen 3*. Gütersloh: Gütersloher Verlagshaus Mohn, S. 1018–1037.

Strang, Veronica (2004): *The Meaning of Water*. Oxford/New York: Berg

Studt, Birgit (2001): »Die Badefahrt. Ein neues Muster der Badepraxis und Badegeselligkeit im deutschen Spätmittelalter.« In: Matheus, Michael (Hrsg.): *Badeorte und Bäderreisen in Antike, Mittelalter und Neuzeit*. Stuttgart: Steiner, S. 33–52.

Sultana, Farhana; Loftus, Alex (2020): *Water Politics*. London: Routledge.

Tamáska, Máté; Szabó, Csaba (Hrsg.) (2016): *Donau-Stadt-Landschaften/Danube-City-Landscapes. Budapest – Wien/Vienna*. Münster: LIT

Thiele, Jörg (2012): »Der Körper als Medium der Gewissheit in modernen Gesellschaften.« In: Körner, Swen; Frei, Peter (Hrsg.): *Die Möglichkeit des Sports. Kontingenz im Brennpunkt sportwissenschaftlicher Analysen*. Bielefeld: transcript, S. 175–194.

Thomä, Dieter (2016): *Puer robustus. Eine Philosophie des Störenfrieds*. Berlin: Suhrkamp

Thommen, Lukas (2009): *Umweltgeschichte der Antike*. München: Beck

Tölle-Kastenbein, Renate (1990): *Antike Wasserkultur*. München: Beck

Tvedt, Terje; Jacobsson, Eva (Hrsg.) (2006): *A History of Water. Series I, Volume 1: Water Control and River Biographies*. London/New York: I.B. Taurus

Tvedt, Terje; Oestigaard, Terje (Hrsg.) (2006): *A History of Water. Series I, Volume 3: The World of Water*. London/New York: I.B. Taurus

Tvedt, Terje; Oestigaard, Terje (Hrsg.) (2010): *A History of Water. Series II, Volume 1: Ideas of Water. From Ancient Societies to the Modern World*. London/New York: I.B. Taurus

Tvedt, Terje; Oestigaard, Terje (Hrsg.) (2014): *A History of Water. Series III, Volume 1: Water and Urbanization*. London/New York: I.B. Taurus

Ueblacker, Mathias (1985): *Das Teatro Marittimo in der Villa Hadriana. Mit einem Beitrag von Catia Caprino*. Deutsches Archäologisches Institut Rom, Sonderschriften 5. Mainz: Von Zabern

Ünal, Ahmet (1994): »Telipinu und die Tochter des Meeres, CTH 322.« In: Hecker, Karl; Lambert, Wilfred G.; Müller, Gerfried G. W. et al. (1994): *Weisheitstexte, Mythen und Epen. Bd. 3, Lfg. 4. Mythen und Epen 2*. Gütersloh: Gütersloher Verlagshaus Mohn, S. 811–812.

UNESCO, UN-Water (2019): *The United Nations World Water Development Report 2019 – Leaving no one behind*. Paris: UNESCO. Online unter: < unesdoc.unesco.org/ark:/48223/pf0000367306 >

UNESCO, UN-Water (2020): *The United Nations World Water Development Report 2020 – Water and Climate Change*. Paris: UNESCO. Online unter: < unesdoc.unesco.org/ark:/48223/pf0000372985.locale=en >

UNESCO, UN-Water (2021): *The United Nations World Water Development Report 2021 – Valuing Water*. Paris: UNESCO. Online unter: < https://unesdoc.unesco.org/ark:/48223/pf0000375724_eng >

Vaan, Michiel de (2008): *Etymological Dictionary of Latin and the other Italic Languages*. Leiden: Brill

Valéry, Paul (1959): *Windstriche. Aufzeichnungen und Aphorismen. Tel Quel I und II*. Wiesbaden: Insel

Villarroel Walker, Rodrigo; Beck, Michael B.; Hall, Jim W. et al. (2014): »The energy-water-food nexus: Strategic analysis of technologies for transforming the urban metabolism.« In: *Journal of Environmental Management*, Vol. 141, S. 104–115. Online unter < doi.org/10.1016/j.jenvman.2014.01.054 >

Vitruv (1991): *De Architectura Libri Decem. Zehn Bücher über Architektur*. Fensterbusch, Curt (Übers.). Darmstadt: Wissenschaftliche Buchgesellschaft

Wagner, Otto (1902): *Moderne Architektur*. Wien: Schroll

Wagner, Otto (1911): *Die Großstadt. Eine Studie über diese*. Wien: Schroll

Walde, Alois (1906): *Lateinisches Etymologisches Wörterbuch*. Heidelberg: Winter

Wiener Stadtbauamtsdirektion (Hrsg.) (1901): *Die Wasserversorgung sowie die Anlagen der städtischen Elektricitätswerke, die Wienflussregulierung, die Hauptsammelcanäle, die Stadtbahn und die Regulierung des Donaucanales in Wien / im Auftrage des Herrn Bürgermeisters Karl Lueger bearb. vom Stadtbauamte.* Wien: Gerin/Selbstverlag des Wiener Gemeinderathes. Online unter: < www.digital.wienbibliothek.at/wbrobv/content/titleinfo/1927273 >

Wieland, Christian (2015): »Höfische Repräsentation, soziale Exklusion und die (symbolische) Beherrschung des Landes. Zur Funktion von Infrastrukturen der Frühen Neuzeit.« In: Förster, Birte; Bauch, Martin (Hrsg.): *Wasserinfrastrukturen und Macht von der Antike bis zur Gegenwart*. Berlin: De Gruyter, S. 187–205.

Wikander, Örjan (Hrsg.) (2000): *Handbook of ancient water technology*. Leiden: Brill

Wilcke, Claus (2015): »Vom göttlichen Wesen des Königtums und seinem Ursprung im Himmel.« In: Erkens, Franz-Reiner (Hrsg.): *Sakralität von Herrschaft. Herrschaftslegitimierung im Wandel der Zeiten und Räume*. Berlin: Akademie, S. 63–84.

Wilson, Andrew (2000): »Industrial uses of water« In: Wikander, Örjan (Hrsg.): *Handbook of ancient water technology*. Leiden: Brill, S. 127–150.

Wilson, Andrew (2000): »Drainage and Sanitation« In: Wikander, Örjan (Hrsg.): *Handbook of ancient water technology*. Leiden: Brill, S. 151–179.

Wilson, Andrew (2000): »Land Drainage« In: Wikander, Örjan (Hrsg.): *Handbook of ancient water technology*. Leiden: Brill, S. 303–317.

Winckelmann, Johann Joachim (1964): *Geschichte der Kunst des Altertums*. Weimar: Böhlau

Winiwarter, Verena (2016): »Challenges for the Sustainable Development of Cities on the Danube.« In: Tamáska, Máté; Szabó, Csaba (Hrsg.): *Donau-Stadt-Landschaften/Danube-City-Landscapes*. Budapest – Wien/Vienna. Münster: LIT, S. 17–28.

Winiwarter, Verena; Haidvogl, Gertrud; Hohensinner, Severin et al. (2016): »The long-term evolution of urban waters and their nineteenth century transformation in European cities. A comparative environmental history.« In: *Water History*, Bd. 8, S. 209–233. Online unter: < doi.org/10.1007/s12685-016-0172-z >

Winiwarter, Verena (2017): »The Many Roles of the Dynamic Danube in the Early Modern Europe: Representations.« In: Costlow, Jane; Haila, Yrjö; Rosenholm, Arja (Hrsg.): *Water in Social Imagination: from Technological Optimism to Contemporary Environmentalism*. Leiden: Brill Rodopoi, S. 49–76.

Wirth, Louis (1938): »Urbanism as a Way of Life.« In: *American Journal of Sociology*. Bd. 44/1. Chicago: The University of Chicago Press, S. 1–24. Online unter: < www.jstor.org/stable/2768119 >

Wittfogel, Karl A. (1976): *Oriental Despotism. A Comparative Study of Total Power*. New Haven: Yale University Press

Woodbury, Richard B.; Neely, James A. (1972): »Water Control Systems of the Tehuacan Valley.« In: Johnson, Fredrick (Hrsg.): *Prehistory of the Tehuacan Valley. Chronology and Irrigation*. Bd. 4. Austin: University of Texas Press, S. 81–153.

World Bank (2019): *A Water-Secure World for All*. Washington, D. C.: World Bank. Online unter: < documents1.worldbank.org/curated/en/962901566309738776/Working-Together-for-a-Water-Secure-World.pdf >

World Bank (2020): *Knowledge Highlights from the Water Global Practice, 2016–2020*. Washington, D. C.: World Bank

World Economic Forum (2020): *The Global Risks Report 2020*. Online unter: < www3.weforum.org/docs/WEF_Global_Risk_Report_2020.pdf >

Worster, Donald (2006): »Water in the Age of Imperialism – and Beyond.« In: Tvedt, Terje; Oestigaard, Terje (Hrsg.): *A History of Water. Series I, Volume 3: The World of Water*. London/New York: I.B. Taurus, S. 5–17.

Wright, Kenneth R. (2014): »Machu Picchu: Water Engineering in the Mountains.« In: Tvedt, Terje; Oestigaard, Terje (Hrsg.): *A History of Water. Series III, Volume 1: Water and Urbanization*. London/New York: I.B. Taurus, S. 198–220.

Wurzacher, Martina (1991): »Mehr Frust als Lust. Die städtische Badeanstalt zwischen sozialem und kulturellem Anspruch.« In: Lachmayer, Herbert; Mattl-Wurm, Sylvia; Gargerle, Christian (Hrsg.): *Das Bad. Körperkultur und Hygiene im 19. und 20. Jahrhundert*. Wien: Eigenverlag der Museen der Stadt Wien, S. 127–138.

Wyatt, Andrew R. (2014): »The scale and organization of ancient Maya water management.« In: *Wiley Interdisciplinary Reviews: Water*, Vol. 1/5, S. 449–467. Online unter: < doi: 10.1002/wat2.1042 >

Yazdandoost, Farhad; Noruzi, Mohammad M.; Yazdani, Seyyed A. (2021): »Sustainability assessment approaches based on water-energy Nexus. Fictions and nonfictions about non-conventional water resources.« In: *Science of the Total Environment*. Vol. 758. Online unter < doi.org/10.1016/j.scitotenv.2020.143703 >

Yeats, William Butler (2002): *In the Seven Woods and The Green Helmet and Other Poems. Manuscript Materials*. Ithaca: Cornell University Press

Zain, Mahmoud E. (2006): »Reshaping the 'Political': The Nile Waters of the Sudan.« In: Coopey, Richard; Tvedt, Terje (Hrsg.): *A History of Water. Series I, Volume 2: The Political Economy of Water*. London/New York: I.B. Taurus, S. 117–150.

Zukin, Sharon (2008): »Urban Culture. In Search of Authenticity« In: Bosch, Eulàlia (Hrsg.): *Education and Urban Life: 20 Years of Educating Cities*. International Association of Educating Cities Barcelona: IAEC, S. 87–98.

Historisch-anthropologische Studien

Herausgegeben von Hubert Christian Ehalt

Band 1 Hubert Ch. Ehalt (Hg.): Inszenierung der Gewalt. Kunst und Alltagskultur im Nationalsozialismus. 1996.

Band 2 Peter F.N. Hörz: Gegen den Strom. Naturwahrnehmung und Naturbewältigung im Zivilisationsprozeß am Beispiel des Wiener Donauraumes. 1997.

Band 3 Lore Toman: Der neurotische Götterhimmel der Griechen. Europa im falschen Kielwasser? 1998.

Band 4 Andreas Pribersky / Berthold Unfried (Hg.): Symbole und Rituale des Politischen. Ost- und Westeuropa im Vergleich. 1999.

Band 5 Roland Werner: Transkulturelle Heilkunde. Der ganze Mensch. Heilsysteme unter dem Einfluß von Abrahamischen Religionen, Östlichen Religionen und Glaubensbekenntnissen, Paganismus, Neuen Religionen und religiösen Mischformen. 2001.

Band 6 Wolfgang Greif (Hg.): Volkskultur im Wiener Vormärz. Das andere Wien zur Biedermeierzeit. 1999.

Band 7 Maximo Sandín: Lamarck und die Boten. Die Funktion der Viren in der Evolution. 1999.

Band 8 Herbert Frey: Die Entdeckung Amerikas und die Entstehung der Moderne. 2000.

Band 9 Gert Dressel / Gudrun Hopf (Hg.): Von Geschenken und anderen Gaben. Annäherungen an eine historische Anthropologie des Gebens. 2000.

Band 10 Helga Dirlinger: Bergbilder. Die Wahrnehmung alpiner Wildnis am Beispiel der englischen Gesellschaft 1700-1850. 2000.

Band 11 Franz Böhmer (Hg.): Was ist Altern? Eine Analyse aus interdisziplinärer Perspektive. 2000.

Band 12 Gudula Linck: Leib und Körper. Zum Selbstverständnis im vormodernen China. 2001.

Band 13 Hubert Ch. Ehalt / Wolfgang Schulz (Hg.): Ländliche Lebenswelten im Wandel. Historisch-soziologische Studien in St. Georgen/Lavanttal. 2000.

Band 14 Siegfried Pflegerl: Die Aufklärung der Aufklärer. Universalistische Ideologie- und Rassismuskritik. Entwicklungen – Positionen und Thesen – Ein Handbuch. 2001.

Band 15 Siegfried Pflegerl: Ist Antisemitismus heilbar? Zur Bearbeitung einer fatalen Tradition. 2001.

Band 16 Luo Ti-lun: Weigi. Vom Getöne der schwarzen und weißen Steine. Geschichte und Philosophie des chinesischen Brettspiels. 2002.

Band 17 Anne Moser: Raum und Zeit im Spiegel der Kultur. 2003.

Band 18 Caroline Ausserer: Menstruation und weibliche Initiationsriten. 2003.

Band 19 Géza Hajós: Denkmalschutz und Öffentlichkeit. Zwischen Kunst, Kultur und Natur. Ausgewählte Schriften zur Denkmaltheorie und Kulturgeschichte 1981–2002. 2005.

Band 20 Sándor Békési: Verklärt und verachtet. Wahrnehmungsgeschichte einer Landschaft: Der Neusiedler See. 2007.

Band 21 Maria Streßler: Im Klassenzimmer. Der Wandel des Lehrer-Schüler-Verhältnisses in Österreich. Erste und Zweite Republik im Vergleich. 2008.

Band 22 Wolfram Aichinger: Das Feuer des heiligen Antonius. Kulturgeschichte einer Metapher. 2008.

Band 23 Ferdinand Hennerbichler: Die Herkunft der Kurden. Interdisziplinäre Studie. 2010.

Band 24 Stephanie Nestawal: Monstrosität, Malformation, Mutation. Von Mythologie zu Pathologie. 2010.

Band 25 Lebensqualität in modernen Gesellschaften. Festschrift für Wolfgang Schulz. Herausgegeben von Hubert Christian Ehalt, Gilbert Norden, Christoph Reinprecht und Hilde Weiss. 2011.

Band 26 Christa Sütterlin: Urbilder, Suchbilder, Trugbilder. Inszenierungen und Rituale des Sehens. Kunst zwischen Kultur und Evolution. 2012.

Band 27 Kurt Bednar: Österreichische Auswanderung in die USA zwischen 1900 und 1930. 2017.

Band 28 David Manolo Sailer: Die Disziplinierung des Wassers. Eine kultur- und ideengeschichtliche Analyse. 2022.

www.peterlang.com

www.ingramcontent.com/pod-product-compliance
Ingram Content Group UK Ltd.
Pitfield, Milton Keynes, MK11 3LW, UK
UKHW021834210426
5322IPUK00018B/263